對本書的讚譽

「API 正在吞食這個世界。組織與合作越來越依賴 API。對於需要設計的 API 來說，使用模式是解決設計挑戰的有效方法。本書有助於從業人員更有效率地設計出 API：當使用模式解決了標準設計問題後，他們便能專注在設計應用程式領域。如果你在 API 領域工作，本書將改變你設計與看待 API 的方式。」

——*Erik Wilde*，*Axway Catalyst*

「作者以平易近人的方式，捕捉到橫跨 API 生命週期，從定義到設計的設計模式。無倫你是設計過許多 API，或只是剛開始設計 Web API，本書是推動一致性與克服你可能面對的各種設計挑戰寶貴資源，我強烈推薦此書！」

——*James Higginbotham*
《*Web API* 設計原則｜*API* 與微服務傳遞價值之道》作者
LaunchAny API 顧問經理

「在今日的軟體開發景觀中，API 無所不在。API 設計看起來容易，但卻是一項難以精通的技能，且比一開始看上去更奧妙且複雜。作者利用他們的長期經驗和多年的研究工作，建立一個有結構、關於 API 設計的知識主體。本書能幫助你了解建立偉大 API 所需的基礎概念，以及提供你建立 API 時可使用的實用模式組合，推薦給任何參與現代軟體系統設計、建造或測試的人。」

——*Eoin Woods*，*Endava CTO*

「應用程式介面（API）是幫助管理涉及系統設計，尤其是分散式系統的許多權衡最優先要素之一，它日益支配著我們的軟體生態系。根據我的經驗，本書以對實踐工程師和剛開始從事軟體工程與架構者的可理解概念，消除理解和設計 API 的複雜性。渴望在系統設計中扮演關鍵角色的人都應該理解 API 設計概念和本書呈現的模式。」

——*Ipek Ozkaya*

工程智慧軟體系統技術總監

軟體解決方案部

Carnegie Mellon University Software Engineering Institute

2019–2023 IEEE Software Magazine 主編

「我相信我們正進入一個 API 優先設計將成為大型複雜系統中主導形式的時代。因此，本書正好且應該是任何架構師都必須考慮閱讀的必要書籍。」

——*Rick Kazman*，*University of Hawaii*

「終於能有系統地強調 API 設計的重要主題了！真希望我能早幾年擁有這部偉大的模式集。」

——*Dr. Gernot Starke*，*INNOQ Fellow*

「就我觀察，軟體專案之所以會失敗，是因為中間軟體技術向程式開發人員隱藏了系統的分散式特性。他們設計出在遠端執行、非分散式格式塔（gestalt）的有問題 API。本書涵蓋相互依賴世界中需要的軟體分散，並提供設計在不同部件之間介面的永久建議。這些模式指南超越了特定的中間軟體技術，且不只有助於建造和理解，還有助於在今日和未來發展互連軟體系統的必要演進。那些軟體不只橫跨全球的國際業務，也在我們的汽車、房子，和每天賴以生存的幾乎所有技術中運作。」

——*Peter Sommerlad*，獨立顧問，《*Pattern-Oriented Software Architecture: A System of Patterns and Security Patterns*》作者

「本書是軟體工程師和架構師在設計、發展和撰寫 API 文件使用的一把瑞士刀，我特別喜歡本書的地方是，它不僅僅只是丟出模式給讀者；作者還使用實際範例，提供實務架構決策支援及使用案例分析，將模式與決策實例化；因此，他們的模式語言非常容易理解。你可以利用本書為特定問題找到解決方案，或瀏覽全部章節來獲得有關 API 設計問題與解決方案的概述。所有的模式都經過精心製作與命名，並由從業人員社群的同儕審查。真是一本好書。」

——*Dr. Uwe van Heesch*，實踐軟體架構師與
Hillside Europe 前副總裁

「這個全面的 API 模式集，是設計互相操作軟體系統的軟體工程師與架構師的無價資源，對 API 基礎的介紹和大量案例研究範例，使本書成為未來軟體工程師的優秀教材。本書討論的許多模式在實務中非常有用，且應用在設計整合的關鍵任務鐵路營運中心系統的 API。」

——*Andrei Furda*，*Hitachi Rail STS Australia* 資深軟體工程師

API設計模式

簡化整合的訊息交換技術

Olaf Zimmermann
Mirko Stocker
Daniel Lubke
Uwe Zdun
Cesare Pautasso 著
洪國超 譯

Pearson 對多元、平等和包容的承諾

Pearson 致力於建立反映所有學習者多元性的無偏見內容。我們擁抱多元性的多面向，包括但不限於種族、民族、性別、社經地位、能力、年齡、性取向及宗教或政治信仰。

在這個世界，教育是帶來平等和改變的強大力量，具有傳遞改善生活和促進經濟流動性機會的潛力。當我們與各位作者一起合作，為每一個產品和服務建立內容時，也就認清到必須展示包容性及包含多元學術成果的責任，以便每個人都可以透過學習實現他們的潛能。作為世界級的學習領導公司，我們有責任幫助改變和實踐目的，好讓更多人為自身創造更好的生活，並打造更美好的世界。

我們的抱負是有目的性地為世界做出貢獻：

- 透過學習，每人都有平等及終身機會來讓自己更成功。
- 我們的教育產品和服務具有包容性，且代表學習者的豐富多元性。
- 我們的教育內容準確地反映所服務學習者的歷史和經驗。
- 我們的教育內容促進與學習者更深入的討論，並激勵他們擴展學習（和世界觀）

雖然我們努力呈現無偏見內容，但仍想要聽取你對於 Pearson 產品的任何意見或需求，以便深入研究並解決。

- 有任何潛在偏見的意見，請聯絡我們 https://www.pearson.com/report-bias.html

目錄

Part 2 模式

叢書編輯 Vaughn Vernon 推薦序

我欽定的系列書強調機能性成長與精煉，往下會談論到更多細節。但我要先敘述與本書第一作者 Dr. Olaf Zimmermann 教授一起經歷過的這些機能性溝通，才能突顯這一切的意義。

如我經常參考的系統設計康威定律（Conway's Law），溝通是軟體開發中一個相當重要的因素。系統設計不只重組設計者的溝通結構；身為溝通者個人之間的結構與組成也一樣重要，這能將有趣的會話，引導至具啟發性的想法，並持續帶來創新的產品。Olaf 和我第一次見面，是 2019 年 11 月於瑞士伯恩舉辦的 Java 使用者團體，當時的我發表關於響應式架構與程式開發，以及與領域驅動設計搭配使用方式的演講，之後除了 Olaf，我也遇見他的研究生和後來的同事，Stefan Kapferer。他們已經一起設計並打造開源的產品 Context Mapper，一個用在領域驅動設計的領域特定語言和工具。這次的相遇，最後成為本書出版契機，先聽我說完叢書動機和目的之後，我會再說說更多這個故事的細節。

這套精選叢書，是設計和策劃來引導讀者在軟體開發成熟上向前進步，及帶來更多業務中心實務上的成功。本叢書強調以各種方法來進行有機改善，例如響應式、物件以及函式架構與程式開發，領域建模，正確大小服務，模式和 API；且涵蓋相關基礎技術的最佳用例。

從今以後，我只會專注在兩個字：**「有機改善」（organic refinement）**。

第一個字「有機」，是最近當朋友和同事用來描述軟體架構時引起我的注意。在軟體開發關聯上，我曾聽過也用過「有機」，但我沒有仔細去思考這個字，直到我自己一起使用這兩個字：「有機架構」（organic architecture）。

思考一下「有機」，甚至是「有機體」（organism）這個字，這些字大多用在意指生物，但也會用來描述具有一些和生命形式類似特徵的無生命之物。「有機」一詞源於希臘，它的字源是參照身體的功能器官，如果你去讀「器官」的字源，還有更廣泛的用法。事實上有機也是如此：身體器官、實施、描述用來製作或做事的工具或一種樂器。

我們能很快地想到許多「活的」有機物體，從非常龐大到微觀的單細胞生命形式都有。然而再次使用有機體時，可能一時間想不到什麼例子。例子一是組織（organization），包含有機（organic）和有機體（organism）的前綴，在這個有機體的使用中，我正在描述一種以雙向依賴而結構化的某種東西。組織是一個有機體，因為有組織化的部分，這樣的有機體沒有了這些部分就無法存活，而這些部分沒有這個有機體，一樣無法存活。

以這樣的觀點來看，可以繼續套用這種思維在無生命體上，只要它們也表現出生物體的特徵。想想看原子，每一個原子本身就是個系統，而所有的生命體都由原子組成；然而，原子是無機且無法繁殖的。即使如此，把原子想作為生命體並不困難，就它們會無止盡地運行、運作來說，原子甚至能與其他原子綑綁。發生這種情形時，每一個原子本身不只是單一個系統，而是與其他原子一起作為子系統，與它們結合的行為產生更大的整個系統。

因此，關於軟體的各種概念類型在非生命體中可說相當「有機的」，仍有生物體方面的特徵。當我們使用具體情境來討論軟體模型概念、或繪製架構圖、或撰寫單元測試和相關的領域模型單元時，軟體就開始活了起來。它不是靜態的，因為我們不斷討論如何使它變得更好、改善它，在這之間的一個情境會導致另一個情境，而這會影響架構和領域模型，隨著持續迭代，精煉中增加的價值帶來有機體的增長。時代改變，軟體也會跟著進步，透過有用的抽象來爭論及解決複雜性，而軟體會成長及改變形狀，這些都有一個目的，讓全球範圍內的真實生物體更容易工作。

可惜，軟體有機變糟的可能性大於變好。即使它們的生命一開始很健康，也容易生病、變形、長出不自然附屬物、萎縮及惡化。更糟的是，這些症狀來自精煉這個軟體、讓它變好所付出的努力，只是出錯了；而最糟的莫過於，每一次改善失敗，每一個與這些病情複雜身體的出錯，都不會造成它們死亡。喔，如果它們死了倒也一了百了！但不是這樣，我們還必須殺死它們，而這需要拿出屠龍者的勇氣、技巧和毅力。不，不是一個，而是數十個強壯的屠龍者；實際上，是數十個具有聰明大腦的屠龍者。

這就是本叢書的功效。我正在策劃旨在以各種方法來幫助你成長，並迎接更輝煌成功的系列：響應式、物件和函式架構與程式設計，領域建模，適當大小的服務，模式以及 API。此外，本叢書涵蓋相關基礎科技的最佳用法，這並非一蹴可幾，需要具目的和技巧的有機完善，我與其他作者都投身於此，將竭盡所能實現這個目標。

現在回到我的故事。Olaf 與我第一次相遇時，我邀請他和 Stefan 去參加幾週後，我將在德國慕尼黑舉辦的實現領域驅動設計研討會（IDDD Workshop），儘管他們整整三天無法離開，但他們願意參加第三天和最後一天的活動。我的第二個提議是請 Olaf 和 Stefan 在研討會後，抓緊時間演示 Context Mapper 工具。而研討會與會者和我對此印象深刻，促成 2020 年的進一步合作，雖然當時完全無法預料到那年會發生的事。即便如此，Olaf 與我能夠經常見面，繼續討論關於 Context Mapper 的設計，在其中一場會議中，Olaf 提到他公開提供的 API 模式工作，向我展示數個模式，和他與其他人為此打造的附加工具。我因此薦舉 Olaf 成為此系列作者，即你現在看到的成果。

之後，我與 Olaf、Daniel Lübke 在視訊會議中啟動產品開發。我一直沒有機會與其他作者，諸如 Mirko Stocker、Uwe Zdun、Cesare Pautasso 等人合作，但鑑於他們的資歷，我對這個團隊的品質很有信心。值得注意的是，Olaf 與 James Higginbotham 合作，確保本書與同屬本系列的《Web API 設計原則》（Principles of Web API Design）的互補成果；整體看下來，這 5 個人對產業文獻所做出的貢獻讓我感到印象深刻。API 設計是非常重要的主題，世人對本書上市的熱切詢問，已證明它切中主題，相信你也同意這點。

——叢書編輯 *Vaughn Vernon*

Frank Leymann 推薦序

API 無處不在。API 經濟使科技領域的創新成為可能，包括雲端計算和物聯網（IoT），同時也是許多公司啟動數位化的關鍵。幾乎任何企業應用，都需要外部介面來整合顧客、供應商和其他商業夥伴；解決方案內部介面將這些應用程式拆分成更多可管理的部件，例如鬆耦合的微服務。基於 Web 的 API 在這種分散式的設置中扮演著重要角色，但這並非整合遠端團體的唯一方式：基於佇列的訊息通道以及基於發布／訂閱的通道也廣泛用於後端整合，將 API 暴露給訊息生產者與消費者。gRPC 和 GraphQL 也正當紅，因此，人們期望能夠設計「好的」API 的最佳實務；理想上，API 設計能橫跨多種技術，且在技術改變時仍繼續存在。

模式為問題與解決方案領域建立了詞彙，在抽象與具體之間尋求平衡，這賦予了其永久與今日的實用價值。以出於 Addison Wesley 精選叢書，Gregor Hohpe 和 Bobby Woolf 著作的《Enterprise Integration Pattern》為例：自從我成為 IBM MQ 產品家族的架構師組長以來，我一直在教學和產業作業中使用它。訊息技術來來去去，然而訊息概念例如訊息啟動器（Service Activator）和冪等接收器（Idempotent Receiver）仍持續存在。我自己寫過雲端計算模式、物聯網模式、量子運算模式，甚至用於數位人文模式的模式。而同樣出於 Addison Wesley 精選叢書，《Martin Fowler 的企業級軟體架構模式》（Patterns of Enterprise Application Architecture, Fowler 2002），提供遠端門面（Remote Facade）和服務層（Service Layer）概念。因此，本文獻中充分涵蓋分散式應用程式整體設計空間的許多部分，但不是全部，所以很高興也能看到模式現在可以支援 API 設計空間，尤其是 API 客戶端與 API 提供者之間往來的請求與回應訊息。

撰寫本書的團隊是架構師和開發人員的黃金組合，分別由經驗豐富的產業專家、模式社群領導者，以及學界研究員與講師所組成。我與本書其中的三位作者已共事多年，且一直遵循他們在 2016 年開始的 MAP 專案。他們忠實地運用模式概念：每個模式文本遵循一個通用模版，將我們從包含設計力量的問題情境中帶往概念性解決方案，其中也包括具體的範例（通常是 RESTful HTTP）。優缺點的重要討論解決了初始的設計力量，並以相關的模式建議來結束，許多模式都透過模式會議的指導與寫作者研討會，這有助於在幾年內逐漸和反覆地對其改善與加強，從這過程中凝聚眾人知識得到結論。

本書提供多種 API 設計空間觀點，從規模與架構到訊息表現結構和品質屬性驅動設計到 API 演進。其模式語言可透過不同的途徑來瀏覽，包括專案階段和結構元素，例如 API 端點及操作。如我們的《Cloud Computing Patterns》一書中，每個模式的圖示傳達了其本質，這些圖示用作為助記符號及描繪 API 與其元素。本書在提供決策模型中採取了獨特且新穎的一步，蒐集關於應用程式的重複出現問題、選項及標準，提供逐步、容易遵循的設計指南，且不會過度簡化 API 設計固有的複雜性。

在第二部分，模式參考、應用程式與整合架構將找到端點角色的覆蓋範圍，例如處理資源（Processing Resource）和操作職責，例如狀態移轉操作對於設定適當的 API 大小並做出（雲端）部署決策是有用的。畢竟，狀態很重要，且這幾種模式會讓 API 幕後的狀態管理變得很清楚。API 開發人員將受益於謹慎的識別符考量（在模式如 API 金鑰（API Key）及 ID 元素（ID Element）），多種選項用來形塑回應（例如，從 GraphQL 提取的願望清單（Wish Lists）及願望模板（Wish Template）），以及對於如何曝露不同類型元資料的實用建議。

我至今尚未在其他書上看過以模式形式中獲取的生命週期管理和版本控制策略。在此，我可以學習關於有限生命週期保證（Limited Lifetime Guarantees）和雙版本（Two in Production），兩種模式在企業應用程式中非常普遍。這些演進模式將受到 API 產品負責人和維護人員的歡迎。

總之，本書提供理論與實務的健康混合，包含大量有價值的深刻建議而不失大局。其 44 種模式以五種類別和章節來組織，以真實世界的經驗為基礎，並以學術的嚴謹和從業人員社群的回饋方式記錄。我相信不論是現在或是未來，模式將為社群提供良好的服務。與 API 設計與演進有關的，以及研究、開發及教育的 API 設計人員都將獲益於模式。

——*Prof. Dr. Dr. h. c. Frank Leymann* 常務董事
Institute of Architecture of Application Systems
University of Stuttgart

前言

此處對本書的介紹涵蓋以下：

- 本書背景及目的：動機、目標及範圍。
- 誰應閱讀此書？目標讀者與相關使用案例和資訊需求。
- 以一本知識載體的模式而言，本書的組織架構。

動機

軟體和人類一樣使用許多不同的語言溝通。軟體不僅以多種程式語言撰寫，也透過各種協議如 HTTPS，和訊息交換格式如 JSON 溝通。每當有人更新社群檔案（social network profile）和在網路商店刷卡買東西時，HTTP、JSON 和其他技術都會運作：

- 應用程式前端（application frontends），如手機 App 對後端發出交易請求，及在線上購物下單。
- 應用程式部件（application parts）的相互交流，以及與業務夥伴、顧客和供應商的系統交換等長期資料，例如顧客檔案或產品目錄。
- 應用程式後端（application backends）會提供外部服務，例如支付閘道或包含資料和元資料的雲端儲存。

這些情境中的各種大小軟體元件會彼此溝通，以實現個別目標，同時共同服務終端使用者。軟體工程師對這種分散式系統的挑戰回應，是透過**應用程式軟體介面（application programming interface, API）**的應用程式整合。每個整合情境涉及至少兩個對話實體（communication parties）：API 客戶端（API client）及 API 提供者（API provider）；API 客戶端消費 API 提供者暴露的服務，API 文件則控制客戶端與提供者的互動。

軟體元件與人類一樣，會試著努力了解彼此。對設計人員來說，決定訊息內容的適當大小、結構及最適合的會話風格是一件很困難的事。在表達請求及回應的需求時，會話雙方都不想過於沉默或太多話。有些應用程式整合和 API 設計運作良好，表示這些團體彼此互相了解，且實現它們的目標，讓這些參與者能有效地互動及操作。但也有些 API 會因為不夠明確，而讓參與者感到困惑和壓力；冗長且多餘的訊息可能使傳輸通道超載、引入不必要的技術風險，更會增加開發和營運上的額外工作。

因此，決定整合 API 設計的好壞為何？ API 設計人員如何帶來正面的客戶端開發者體驗？理想上，好的整合架構和 API 設計指南不會依賴任何特定科技或產品，技術和產品來來去去，但相關的設計建議必須能長期保持。若以真實世界來類比，就像是西塞羅（Cicero）的修辭及雄辯技巧，或 Rosenberg（2002）的《非暴力溝通：愛的語言》（Nonviolent Communication: A Language of Life，台灣光啟出版社）原則，不限於英文或其他特定自然語言，不會因語言的演進而退流行。本書旨在為整合人員和 API 設計人員建立一個類似的工具箱和詞彙，能將其知識片段呈現為 API 設計和演進的**模式**，以適用不同的會話典範和技術；範例將以 HTTP 及 JSON Web API 為主。

目標與範圍

我們的任務是透過已驗證、可重用的解決方案元素，去克服設計和演進 API 的複雜性。

> 如何從利益相關人員的目標、架構上的明顯需求和已驗證的設計元素出發，來打造可理解和持續的 API ？

雖然已經有許多 HTTP、Web API 和整合架構的討論及文章，包含服務導向；然而，個別 API 端點和訊息交換的設計至今收到的關注仍不算多：

- 應該暴露多少遠端 API 操作？應該交換請求與回應訊息中的哪些資料？
- 如何確保 API 操作和 API 客戶端與提供者互動的鬆耦合（loose coupling）？
- 何謂合適的訊息表現（message representations）：是扁平或巢狀階層訊息表現？如何就表現元素的意義達成共識，以便可以正確和有效地處理這些元素？

- API 提供者是否要負責處理客戶端提供的資料？這些資料可能會改變提供者端的狀態和連接到後端系統。或提供者是否應該僅對客戶端提供共享資料存儲？
- 如何以兼顧擴展與相容性的可控方式引入 API 變更？

本書會藉由描繪出對特定需求情境中重複發生的特定設計問題已驗證解決方案，來幫助回答這些問題；會將重心放在遠端 API 而非程式內部 API，旨在同時改善客戶端和提供者端的開發者體驗。

目標讀者

本書針對想要改善技能和設計的中級軟體專業人員。所介紹的模式主要針對那些對平台獨立架構知識（platform-independent architectural knowledge）感興趣的整合架構師、API 設計人員和 Web 開發人員；後端對後端整合人員，和支援前端應用程式的 API 開發人員，也能從這些模式所傳授的知識中獲益。因為我們專注在 API 端點粒度和訊息中的資料交換，所以 API 產品負責人、API 審查人員及雲端服務用戶及供應商也可說是本書目標讀者。

> 如果你是一名具有一定經驗的軟體工程師，例如開發者、架構師或產品負責人，已熟悉 API 基礎且想改進 API 設計能力，包括訊息資料的規約設計和 API 演進，本書就是為你準備的。

學生、講師、軟體工程研究人員也可從本書的模式與表現找到有用之處。我們提供了 API 基礎介紹和 API 設計的領域模型，因此不必事先閱讀其他初學者入門書籍，也能夠理解本書及其模式。

了解可用模式的優缺點可改進 API 設計與演進效率。將本書中的模式套用在適用的特定情境時，API 及服務的開發、使用和演進會變得容易許多。

使用案例

本書目的是讓設計及使用 API 成為愉快的體驗，為此介紹 3 個主要使用案例及其模式：

1. **促進 API 設計討論及工作坊**，透過建立共同詞彙，指出需要的設計決策，並分享可用選項及相關取捨。有了這些知識，API 提供者能同時在短期和長期下，提供符合客戶品質及風格需求的 API。
2. **簡化 API 設計審查及加速 API 客觀比較**，以確保 API 品質，並以向後相容和可擴展的方式演進。
3. **以平台中性的設計資訊提升 API 文件品質**，如此 API 客戶端開發者便能快速掌握 API 功能及限制。模式設計為可嵌入到 API 規約中，且可在既有設計中觀察。

我們提供一個虛構的研究案例，和兩個真實世界的模式，以故事方式來說明和推動模式的使用。

讀者不需事先知道任何特定的建模方法、設計技巧或架構風格。然而以下概念就有其必要性，例如校正－定義－設計－改善（Align-Define-Design-Refine, ADDR）流程，領域驅動設計（DDD）及責任驅動設計（RDD）；附錄 A 也會簡短地討論這些概念。

現有設計探索（與知識鴻溝）

市面上有不少關於 API 深度見解的好書：《RESTful Web Services Cookbook》（Allamaraju 2010）解釋如何建立 HTTP 資源 API，例如要選用 POST 或 PUT 等哪一種 HTTP 方法。其他書以路由、轉換及傳遞保證，解釋非同步訊息的運作方式（Hohpe 2003），《Strategic DDD》（Evans 2003; Vernon 2013）幫助你了解 API 端點及服務識別。服務導向架構（Service-oriented architecture）、雲端計算及微服務基礎設施模式已發布，結構化資料存儲，如關聯資料庫、NoSQL 也已得到廣泛記錄，以及可用的分散式系統的整體模式語言（Buschmann 2007）；最後，《Release It!》（Nygard 2018a）廣泛地涵蓋營運和部署到生產環境的設計。

在現有書籍中也能找到API設計流程，包括目標驅動端點識別（goal-driven endpoint identification）和操作設計，例如《Web API 設計原則：API 與微服務傳遞價值之道》（Principles of Web API Design: Delivering Value with APIs and Microservices, Higginbotham 2021）的四階段及七步驟。《The Design of Web APIs》（Lauret 2019）提出 API 目標畫布（API goal canvas），《Design and Build Great Web APIs: Robust, Reliable, and Resilient》（Amundsen 2020）搭配 API 故事。

雖然有這些寶貴的設計建議資源，但對遠端 API 設計的討論還是不足，尤其是 API 客戶端和提供者之間往來的 API 請求與回應訊息結構。《Enterprise Integration Patterns》（Hohpe 2003）雖然提到三種模式的訊息類型：事件、命令及文件訊息，但並未提供其內部運作的更多細節。然而系統之間交換的「外部資料」與程式內處理的「內部資料」不同（Helland 2005）。兩種資料類型的可變性、生命週期、準確性、一致性及保護需求有明顯的差異。例如在庫存系統內增加存貨計數的架構設計通常比較簡單，而製造商與物流公司透過遠端 API 交換產品價格和出貨資訊的架構設計則比較複雜。

訊息表現設計：外部資料（Helland 2005），或 API 的「發布語言」（Published Language）模式（Evans 2003）為本書主要關注領域。這縮小了 API 端點、操作和訊息設計的知識鴻溝。

知識分享載體的模式

軟體模式是擁有超過 25 年歷史紀錄的複雜知識分享工具。我們決定用模式格式來分享 API 設計建議，因為模式名稱旨在形成一個領域詞彙，一個「共通語言」（Ubiquitous Language, Evans 2003）。例如，企業整合模式（enterprise integration pattern）已經成為佇列訊息（queue-based mesaging）的通用語；在訊息框架和工具中甚至已經實現了這些模式。

模式是從實務經驗挖掘出來而非創造出來的，並因同儕反饋而更加穩固。模式社群（patterns community）發展出一套回饋流程的實務；領導及寫作者工作坊（shepherding and writers' workshops）是特別重要的兩個實務（Coplien 1997）。

每一個模式中心都是一對問題－解決方案（problem-solution pairs），其力量與結果的討論支持了決策，例如期望和實現的品質特性，以及特定的設計缺點。替代方案的討論，以及相關模式的指標和可能的實現技術會讓全貌更為完整。

注意，模式非旨在提供一個完整的解決方案，而是作為用於特定情境的 API 設計草稿。換言之，模式的邊界是軟性的，能勾勒出可能解法而非盲目複製的藍圖。如何利用模式來滿足專案或產品需求，仍是 API 設計人員和負責人的責任。

業界及學界已使用模式很長一段時間，其中有些人以模式來撰寫程式、設計架構及整合分散式系統（Voelter 2004; Zimmermann 2009; Pautasso 2016）。

我們發現模式的概念相當契合之前「目標與範圍」與「目標讀者」兩節中的使用情境。

微服務 API 模式

微服務 API 模式（Microservice API Patterns, MAP）從訊息交換的角度，在暴露 API 和消費 API 時，提供了 API 設計和演進的綜合觀點。這些訊息與酬載（payload）會結構化為表現元素。由於 API 端點及操作有不同的架構**職責（responsibilities）**，而讓表現元素出現不同的**結構（structure）**和意義。訊息結構強烈影響 API 設計時間與運行**品質（qualities）**及其基礎的實現；例如，少量的大型訊息和多量的小訊息對網路和端點的工作量影響不同。最後，成功的 API 隨時間**演進（evolve）**，而隨時間發生的改變則需要有所管理。

我們選擇以 MAP 為縮寫，是因為「地圖」（map）這個字也有提供方位和指引的意義，正如同模式語言，能指導讀者在抽象解決方案空間中找到可用選擇。API 本身也有和地圖一樣的本質，負責將請求導引到背後的服務實現。

我們承認「微服務 API 模式」有點標題黨（click-bait）。為了避免微服務在本書出版後不再流行，我們保留重新命名的權利。例如改為「訊息 API 模式」（Message API Patterns），也可適切地畫出模式的範圍。但本書大多以 MAP 代稱「模式語言」或「我們的模式」。

本書的模式範圍

本書為一項自願者專案的結果，開始於 2016 年秋天，專注於網路 API 及其他遠端 API 的設計和演進，以及訊息職責、結構、品質與服務發展，本專案希望能回答以下問題：

- 每一個 API 端點在架構上扮演何種角色？端點角色及操作職責如何影響服務大小及粒度？
- 請求與回應中的合理元素數量是多少？元素如何結構化？如何分組及標記補充訊息？
- API 提供者如何在實現特定品質水準的同時，以有效方式使用其資源？如何傳遞和考慮品質取捨？
- API 專業人員如何處理生命週期問題，例如支援期間和版本控制？如何促進向後相容和通知破壞性變更（breaking changes）？

我們研究許多網路 API 和 API 相關規範，在撰寫任何模式以前搭配自身經驗，來搜集模式，也從業界的公開網路 API 和整合專案觀察到許多模式使用，許多模式的中間版本，經過 2017 至 2020 年於 EuroPLoP 舉辦的領導人及寫作者作坊程序 [1]，之後以會議論文 [2] 形式出版。

閱讀切入點、閱讀順序及內容組織

要操作一個複雜的設計空間來解決棘手問題時（Wikipedia 2022a），通常很難見樹又見林；尤其 API 設計有時確實相當棘手（wicked），不可能也不期望將解決問題的活動順序標準化。因此，本書的模式語言有多個閱讀切入點，書中的每一部皆可，附錄 A 也有更多建議。

本書分為三部分：**第一部分「基礎及敘事」，第二部分「模式」，第三部分「模式實戰」（現在和過去）**。圖 P.1 顯示各部分與其章節的邏輯依賴。

---

1 https://europlop.net/content/conference

2 本書不會納入過多模式選集；這些資訊可以從網路上及 2016 至 2020 的 EuroPLop 會議取得；「補充資源」也能找到額外實作提示。

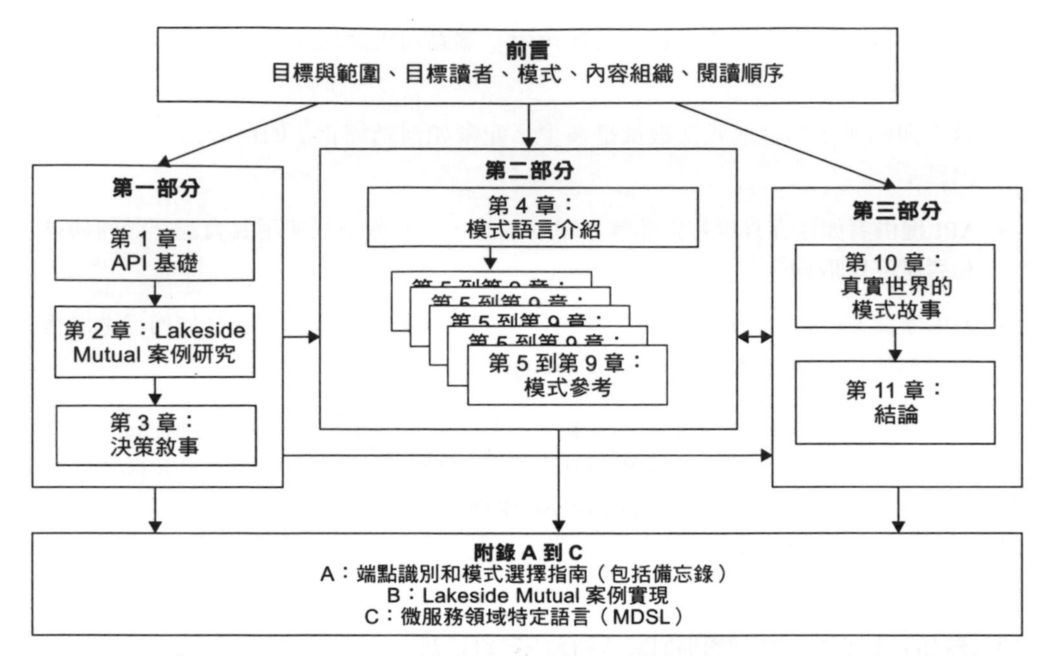

圖 P.1 本書各部分及依賴

第一部分介紹 API 領域概念，從**第 1 章〈應用程式介面（API）基礎〉**開始，**第 2 章〈Lakeside Mutual 案例研究〉**是本書主要範例來源 Lakeside Mutual 案例的初登場，包括其業務背景、需求、現有系統和初步 API 設計。**第 3 章〈API 決策敘事〉**中提供決策模型，展示語言中模式的互相關聯，這章也提供模式選擇準則和 Lakeside Mutual 案例中介紹的決策方式。在閱讀本書和在實務中套用這些模式時，這些決策模型可作為導覽幫助。

第二部分為模式參考，從**第 4 章〈模式語言介紹〉**開始，接續 5 章的全部模式：**第 5 章〈定義端點類型及操作〉，第 6 章〈設計請求與回應訊息表現〉，第 7 章〈改善訊息設計品質〉，第 8 章〈演進 API〉，及第 9 章〈API 規約文件與傳達〉**。

圖 P.2 說明本部各章的閱讀路徑；例如你可以學習基本結構模式，像是第 4 章的*原子參數*（*Atomic Parameter*）及*參數樹*（*Parameter Tree*），然後移往*元素刻板*（*element stereotypes*），像是第 6 章的 *ID 元素*（*ID Element*）與*元資料元素*（*Metadata Element*）。

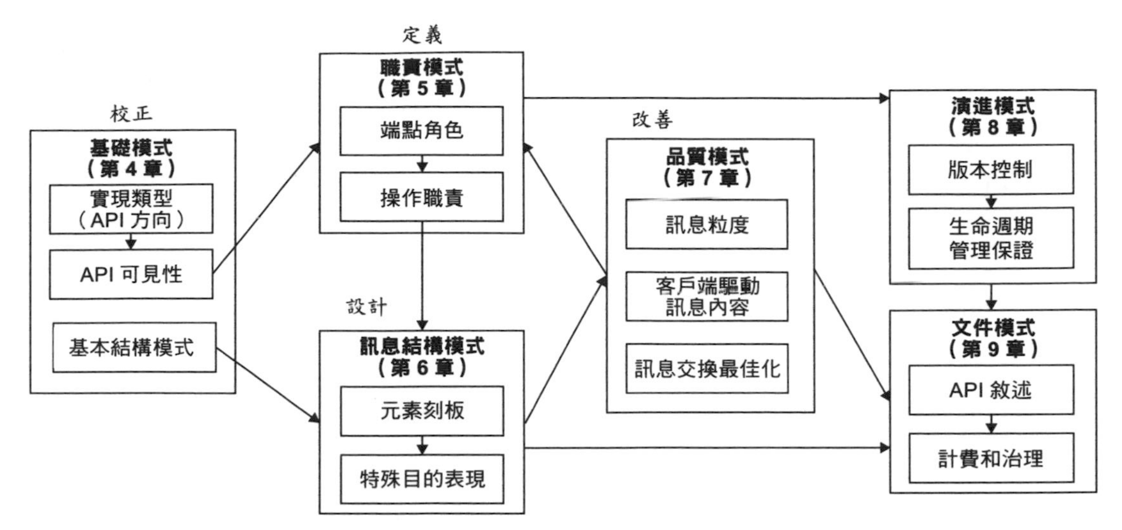

圖 P.2　Über 模式地圖：本書第二部分各章順序

每一個模式可看作是一小篇的獨立文章，通常只有幾頁。這些討論以相同的方式組織：首先介紹套用這個模式的時機及理由，接著解釋模式運作方式，並給出至少一個具體範例；接著討論套用模式的結果，並引導讀者至其他可套用模式。我們把模式的英文名稱設定為「小型大寫字母」（small caps），如：PROCESSING RESOURCE。第 4 章詳細介紹的模式模板來自 EuroPLoP 會議（Harrison 2003），我們把審核時的評論及建議也納入考慮，並稍微重構了一點（感謝 Gregor 與 Peter！）模式處理架構需求時特別強調品質屬性及衝突，因此，從事 API 設計及演進決策時需要做出取捨。

第三部分為兩個不同領域的真實專案模式應用，分別為電子政府及營造業報價及訂單管理專案，依此得出結論及觀點。

附錄 A〈端點識別與模式選擇指南〉提供一個問題導向的備忘錄，以作為另一個開始選項。其中也討論模式與 RDD（責任驅動設計）、DDD（領域驅動設計）及 ADDR（校正 - 定義 - 設計 - 改善）的關係。**附錄 B〈Lakeside Mutual 案例實現〉**分享更多書中案例的 API 設計成果，**附錄 C〈微服務特定領域語言（MDSL）〉**則提供 MDSL 的運作知識，MDSL 是一個以 `<<Pagination>>` 為修飾、支援模式的微服務規約語言，MDSL 支援對 OpenAPI、gRPC、GraphQL 及其他介面敘述及程式語言的綁定及生成器。

你會在書中看到一些 Java 及許多 JSON 及 HTTP，例如以 curl 命令及回應的形式出現。或許還會碰到一點點 gRPC、GraphQL 及 SOAP ／ WSDL，不過設計都非常簡單好懂。有些範例是以 MDSL 描述，如果你好奇為何還要創造另一個介面描述語言，因為 OpenAPI 的 YAML 或 JSON 在超出 HelloWorld 範例以外時的內容結果一頁根本塞不下！

本書隨附的補充資訊網站：

https://api-patterns.org

希望你在本書找到有用之處，讓我們的模式有機會進入架構師及 API 開發者的全球社群的知識體中。我們樂於收到一切回饋和建設性的批評。

Olaf, Mirko, Daniel, Uwe, Cesare

本書更新和／或修訂請至 ***https://www.informit.com/content/images/9780137670109/errata/9780137670109_Errata02092024.doc***。亦可前往 informit.com/register 登入或建立帳號取得。輸入 ISBN：9780137670109 後點選提交（Submet）按鈕，找到 Registered Products 頁籤中的 Access Bonus Content 連結，即可從連結中獲得額外資源。

致謝

感謝 Vaughn Vernon 在本書專案期間的所有回饋和鼓勵，對於能成為 Addison Wesley Signature 系列的一部分我們深感榮幸。也特別感謝 Pearson 的 Haze Humbert、Menka Mehta、Mary Roth、Karthik Orukaimani 和 Sandra Schroeder 的優秀支援，以及感謝 Frank Leymann 提供前瞻性且有價值的回饋；文案編輯 Clarity Editing 的 Carol Lallier，則讓這遲來的活動成為有益而愉快的經驗。

本書中真實世界的模式故事依賴開發專案的合作而完成。因此，我們想要感謝 Terravis 的 Walter Berli 和 Werner Möckli，以及 innoQ 的 Phillip Ghadir 和 Willem van Kerkhof 對於這些故事的投入與工作。Nicolas Dipner 和 Sebnem Kaslacky 在他們的學期和學士論文專案中建立了模式圖示的初始版本，Toni Suter 實現了大部分的 Lakeside Mutual 案例研究應用程式，Context Mapper 的開發者 Stefan Kapferer 也對 MDSL 工具有許多貢獻。

我們想感謝對本書內容提供回饋的所有人。特別感謝 Andrei Furda 對於介紹材料的投入和許多模式的審查；Oliver Kopp 和 Hans-Peter Hoidn 套用了模式和提供回饋，並且和同儕組織許多非正式的工作坊；James Higginbotham 和 Hans-Peter Hoidn 審閱本書的手稿。

此外，許多同事提供有幫助的回饋，特別是 EuroPLoP 2017、2018、2019 和 2020 的領導及寫作者工作坊的參與者。我們感謝以下這些人提供有價值的見解：Linus Basig、Luc Bläser、Thomas Brand、Joseph Corneli、Filipe Correia、Dominic Gabriel、Antonio Gámez Díaz、Reto Fankhauser、Hugo Sereno Ferreira、Silvan Gehrig、Alex Gfeller, Gregor Hohpe、Stefan Holtel、Ana Ivanchikj、Stefan Keller、Michael Krisper、Jochen Küster、Fabrizio Lazzaretti、Giacomo De Liberali、Fabrizio Montesi、Frank Müller、Padmalata Nistala、Philipp Oser、Ipek Ozkaya、Boris Pokorny、Stefan Richter、Thomas Ronzon、Andreas Sahlbach、Niels Seidel、Souhaila Serbout、Apitchaka Singjai、Stefan Sobernig、Peter Sommerlad、Markus Stolze、Davide Taibi、Dominic Ullmann、Martin (Uto869)、Uwe van Heesch、Timo Verhoeven、Stijn Vermeeren、Tammo van Lessen、Robert Weiser、Erik Wilde、Erik

Wittern、Eoin Woods、Rebecca Wirfs-Brock 和 Veith Zäch。我們也想感謝 HSR/OST 講座「進階模式與框架」和「應用程式架構」，和 USI 講座「軟體架構」的學生，感謝他們對於我們模式的討論與額外回饋。

關於作者

Olaf Zimmermann 是一位具架構決策模型博士學位的長期服務導向者。身為 Eastern Switzerland University of Applied Sciences 的軟體架構顧問與教授，他專注於敏捷架構、應用程式整合、雲端原生架構、領域驅動設計和服務導向系統。他早期以軟體架構師的角色服務於 ABB 和 IBM，有遍及世界的電子商務和企業應用開發客戶，且很早就投入於系統和網路管理中介軟體。Olaf 是 The Open Group 的特聘 IT 架構師首席／領導，且共同編輯 IEEE Software 的 Insights 專欄。他是 Perspectives on Web Services 和 IBM Rebbook on Eclipse 的首位作者，也在 ozimmer.ch 和 medium.com/olzzio 撰寫部落格。

Mirko Stocker 是個全心奉獻的程式開發人員，無法決定比較喜歡前端還是後端，所以留在中間，並發現 API 有許多有趣的挑戰。他共同創辦了在法律技術領域的兩個新創公司，且仍是其中一間公司的總經理。這條路徑引領他成為 Eastern Switzerland University of Applied Sciences 的軟體工程教授，他在那研究和教授程式語言、軟體架構和網頁工程領域。

Daniel Lübke 是名獨立的軟體編碼和顧問架構師，專注於業務流程自動化和數位化專案。他的興趣是軟體架構、業務流程設計和系統整合，本來即需要 API 來發展解決方案。他 2007 年在德國的 Leibniz Universität Hannover 取得博士學位，且之後在多個不同領域的產業專案工作過。Daniel 是多本著作、文章和研究報告的作者和編輯；培訓他人；且固定出席 API 和軟體架構主題的會議。

Uwe Zdun 是 Faculty of Computer Science, University of Viennak 的軟體架構正教授。他的工作專注於軟體設計和架構、經驗軟體工程、分散式系統工程（微服務、基於服務的、雲端、API 和基於區塊鏈的系統）、DevOps 和持續交付、軟體模式、軟體建模和模型驅動開發。Uwe 曾在這些領域中的許多研究和產業專案中工作過，且除了他的科學寫作，他也是專業書籍《Remoting Patterns—Foundations of Enterprise, Internet and Realtime Distributed Object Middlewar》、《Process-Driven SOA—Proven Patterns for Business-IT Alignment》，以及《Software-Architektur》的共同作者。

Cesare Pautasso 是瑞士盧加諾（Lugano）Software Institute of the USI Faculty of Informatics 的正教授，他在那領導架構、設計和網頁資訊系統工程研究團體。他主持第 25 屆 European Conference on Pattern Languages of Programs (EuroPLoP 2022)。他在 2004 年於 ETH Zurich 取得博士學位後，在 2007 年 IBM Zurich Research Lab 的短期間內有幸遇見 Olaf。他是《SOA with REST》（Prentice Hall, 2013）的共同作者，且自行在 LeanPub 發布了 Beautiful APIs 系列 RESTful Diction-ary, and Just Send an Email: Anti-patterns for Email-centric Organizations。

Part 1

基礎及敘事

第一部分中的三個章節讓你有效利用本書。**第 1 章〈應用程式介面（API）基礎〉**介紹基本的 API 概念，以及解釋遠端 API 很重要和難以正確設計的原因，以為後續章節打好基礎。

第 2 章〈Lakesie Mutual 案例研究〉介紹一個保險領域的虛構案例，好為本書提供各種範例；Lakeside Mutual 的系統介紹我們的模式實務。

第 3 章〈API 決策敘事〉以需求決策的形式概覽模式；而模式則會在第二部分深入探討。每一個決策都回答一個 API 設計問題；模式提供解法選項。第 3 章提供 Lakeside Mutual 案例的決策結果範例，這一章的決策模型能幫助組織 API 設計，及作為 API 設計審核的檢查表。

第 1 章

應用程式介面（API）基礎

本章首先建立遠端 API 的背景，接著說明為什麼現在 API 如此重要，並提出 API 設計的主要挑戰，包括考慮耦合性及粒度。最後介紹 API 領域模型來建立貫穿本書的術語及概念。

從本地介面到遠端 API

現今很難找到完全沒有連線的應用程式；即使是典型的單機應用也會提供一些外部**介面**。文字檔案的匯出和匯入是個簡單例子；即使是作業系統複製貼上功能也可看成是種介面。應用程式中的每個元件提供一個介面（Szyperski 2002），這些介面描述了元件暴露的各種操作、屬性和事件，但並未暴露元件內部的資料結構或實作邏輯。開發人員使用元件之前必須了解它提供的介面。所選用的元件可能會消費其他元件的服務；在這種情況下，會有一個或多個介面的外部依賴。

有些介面比其他介面暴露更多，例如，中間件平台及框架通常會提供 API。平台 API 原本出現在作業系統的實作，POSIX 及 Win32 API 是平台 API 的兩個例子，這些 API 必須有足夠的通用性及功能表現，讓開發人員能建立不同類型的應用；這些 API 也應該在多個版本間保持穩定，這樣舊應用才能在系統升級後繼續工作。把作業系統內部介面提升為公開 API，能加強對文件品質及嚴格變更的限制需求。

API 不只能跨越作業系統程序邊界，還能暴露在網路上，這樣在不同實體及虛擬硬體節點上運行的應用程式便可以互相溝通。長久以來，企業使用**遠端 API（remote API）**來整合應用程式（Hohpe 2003）；今日，這些 API 普遍存在於行動 App，或網頁應用的前端，和這些應用程式的伺服器後端，通常會部署在雲端資料中心。

應用程式前端經常使用由後端分享的資料，同一個 API 可能支援不同的 API 客戶端，例如行動 App 及豐富桌面客戶端（rich desktop client），及多個並行的客戶端實例。有些 API 甚至開放系統給其他組織開發和營運的客戶端，這種開放提升了安全顧慮，例如允許 API 客戶端或終端用戶存取 API；也有策略性的影響，例如需要對資料所有權與服務水準達成共識。

本地元件介面及遠端 API 兩者都是**分享的知識（shared knowledge）**。多個團體需要這些知識來撰寫可互相操作的軟體，就像把電線插到匹配的插座，API 對相容的系統整合極為必要。分享的知識包括：

- 暴露的操作和計算或資料操作服務。
- 當調用操作時，交換資料的表現和意義。
- 可觀察的屬性，例如元件狀態及狀態移轉資訊。
- 事件通知及元件故障等錯誤狀況的處理。

遠端 API 還定義了：

- 跨網路傳輸訊息的通訊協定。
- 網路端點，包括位置及存取資訊，如位址、安全憑證等。
- 針對分散式系統錯誤的處理政策，包括由通訊基礎設施引發的錯誤，例如：逾時、傳輸錯誤、網路或伺服器故障等。

API 規約表達了兩個互動團體間的期待，遵循基本的資訊隱藏原則，保密實作，只揭露少部分聯繫方式及使用 API 服務的資訊，例如，告知整合 GitHub 軟體工程工具的開發者建立及檢索問題的方式。及某個問題所包含的屬性或欄位。GitHub API 並未公開問題管理應用程式中使用的程式語言、資料庫技術、元件結構或資料庫綱要。

值得注意的是，並非所有的系統及服務一開始都以 API 為主打，且 API 也可能隨著時間消失。例如 Twitter 開放 Web API 給第三方客戶端的開發者來提高知名度，很快地，整個客戶端生態系統吸引許多用戶加入，為了變現使用者產生的內容，Twitter 後來關閉 API，且併購部分客戶端應用後轉由內部維護。由此可導出 API **演進**必須受到管理的結論。

遠端 API 及分散式系統的簡史

遠端 API 有多種形式。過去 50 年來，出現了許多讓拆解應用程式成為**分散式系統**的概念與技術，而讓系統各部分得以彼此溝通。

- 網際網路骨幹，傳輸及網路協議 TCP/IP 與 **Socket API** 發展於 1970 年代。同樣地，檔案傳輸協議 FTP 及基本檔案輸入／輸出，即來自／前往共享磁碟或掛載網路檔案系統，幾乎從一開始到現在都存在於所有程式語言中。
- **遠端程序呼叫（Remote Procedure Calls, RPCs）**，像是分散式計算環境（distributed computing environment, DCE），及物件導向請求中介（object-oriented request broker），像是 CORBA 及 Java RMI，在 1980 至 1990 年代加入抽象及便利層。最近更新的 RPC 變形如 gRPC 變得更為流行。
- **基於佇列、訊息導向的應用程式整合**，像是 IBM MQ 及 Apache ActiveMQ，協助溝通團體間在時間維度上的解耦。佇列及訊息導向技術與 RPC 的歷史一樣悠久，從 2000 年開始出現新的實作樣貌，例如現今主要的雲端服務供應商皆提供自家訊息服務，雲端用戶也能部署其他的訊息中介至雲端基礎設施；實務上最常使用的是 RabbitMQ。
- 因為全球資訊網（World Wide Web）的普及化，**超媒體導向協議（hypermedia-oriented protocols）**如 HTTP 在近二十年竄起。要獲得 RESTful 資格，需要遵從所有表現層狀態轉換（Representational State Transfer, REST）風格的架構限制。儘管並非所有的 HTTP API 都是如此，HTTP 似乎支配現今的公開應用程式整合空間。
- 建構在**資料流（data stream）**上的資料處理管道，例如與 Apache Kafka 共同建構的那些，根源於古典 UNIX pipe-and-filters 架構，在資料分析場合特別流行，例如分析網路流量及線上購物行為。

當 TCP/IP、HTTP 及非同步佇列訊息傳輸在今日更加重要及普遍，一些老舊系統仍使用早已退流行的分散式物件（distributed object），透過協議或共享磁碟的檔案傳輸也仍然非常普遍。時間會告訴你目前選項哪些會留下，又可能出現哪些新的。

所有遠端及整合技術都有一個相同的目標：連接分散式系統與其部件，如此才能觸發遠端處理或檢索，及操作遠端資料。沒有 API 及 API 說明，應用程式便無法知道如何連接及回應遠端系統。

遠端 API：透過整合協議存取服務

本章稍後的「遠端 API 領域模型」會介紹書中所用到的 API 術語，但現在先將之前的觀察總括成單個定義。

API 代表**應用程式介面（application programming interface）**，這個字的詞源來自透過本地 API 的程式內部拆分。API 有兩個本質：同時連接與分隔，因此，在遠端背景中，API 意為透過應用**整合**的通訊**協定（protocol）**，來**存取（access）**伺服器端的資源，像是資料或軟體服務。

圖 1.1 說明目前為止所提到的遠端訊息概念。

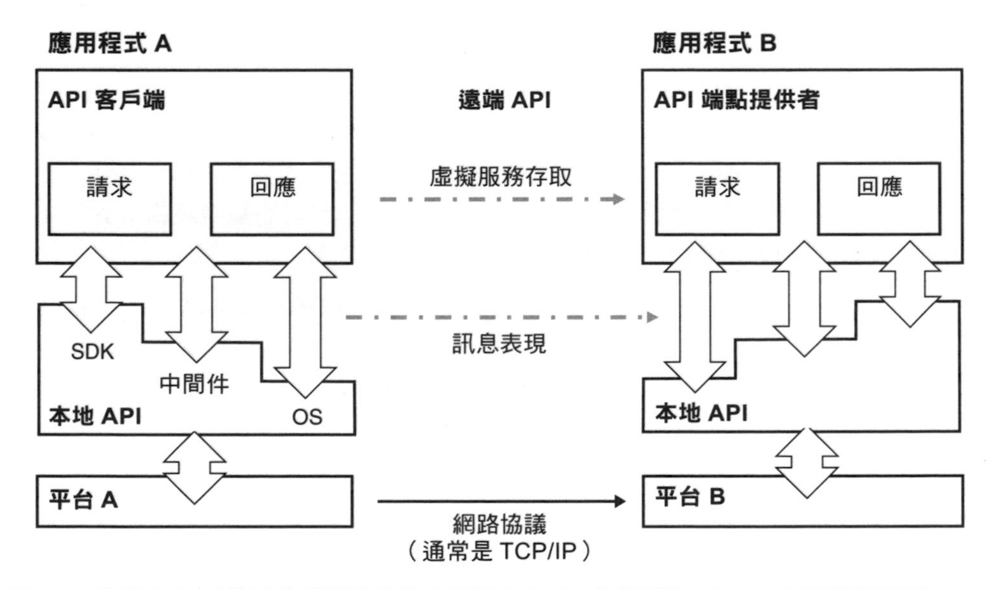

圖 1.1　遠端 API 中以訊息為基礎的的整合及概念（OS：作業系統，SDK：軟體開發工具）

遠端 API 提供連接應用程式部件的虛擬抽象連結。每一個遠端 API 由至少 3 個其他 API 實現：客戶端及提供者端都有的本地 API，加上通訊底層的遠端介面。兩個本地介面是由作業系統、中介軟體或程式語言函式庫或 SDK 所提供，同時由應用程式客戶端及提供者端所使用。這些本地介面將網路／傳輸協議服務，例如基於 TCP/IP socket 的 HTTP，暴露給應用程式元件、子系統或整個應用整合。

為了達成可互相操作的目標，需要建立一個通訊雙方皆可了解的 **API 規約（API contract）**。當定義 API 規約時，支援的協議和端點，以及可以暴露哪些資料是兩個主要問題。請求與回應**訊息呈現（message representation）**必須有某種程度的結構[1]，甚至檔案匯入／匯出或轉移也需要謹慎的訊息設計，在檔案包含訊息的情況下，基於剪貼簿的整合有類似性質。API 規約描述有關訊息語法、結構和語義共享知識，但也同時連結並分隔兩個通訊團體。

若遵循以上想法，會得出遠端 API 定義如下：

> 遠端 API 是一組有完整文件的網路端點，可讓內部及外部應用程式元件互相提供服務，以助於實現領域特定目標，例如業務流程的完全或部分自動化。這些 API 讓客戶端可以啟動提供者端的邏輯處理，或支援資料交換及事件通知。

這個定義建立了本書的設計空間。注意，本書基於遠端 API，因此從這裡開始，**API** 都是指遠端 API，除非明確說明為本地 API。

設計 API 非常具有挑戰性。許多決策驅動要素（decision driver），又稱**力量（forces）**或**品質屬性（quality attributes）**，在設計中扮演著關鍵角色，本章稍後的「API 設計中的決策驅動要素」會討論這些品質期望。

API 的重要性

現在來造訪一些大量使用 API 的商業和科技領域。

最徹底的 API 真實世界

API 在今日已用在廣告、銀行、雲端計算、工商名錄、娛樂、金融、政府、醫療、保險、職缺、物流、簡訊、新聞、開源資料、支付、QR code、房地產、社群媒體、旅遊、短網址、視覺化、天氣預測及 zip 編碼。網路上有數以千計以服務提供可重用元件存取的 API，以下是上面各業務領域的例子：

1 視使用的訊息交換模式是否有回應訊息而定，本章後面介紹的「API 領域模型」會涵蓋此主題。

- 建立與管理廣告活動，獲取關鍵字及廣告的狀態，產生推估關鍵字及廣告效益報告。
- 以客戶身分驗證開立銀行帳戶。
- 在虛擬機管理及部署應用程式，並追蹤資源消耗情形。
- 人員識別，找出指定對象的電話號碼，電子郵件，地點及人口統計資訊。
- 蒐集，發現，分享你喜歡的名言。
- 檢索外匯，股票及大宗物資市場資訊，取得市場的即時價格。
- 取得公共資料如空氣品質監測，停車設施，電力及水資源消耗，新冠肺炎每日確診數及緊急救援呼叫數。
- 啟動健康及體能數據分享，同時保持使用者的隱私和掌控。
- 旅遊、家庭及汽車保險合約報價。提供消費者保險覆蓋範圍。
- 使用基本職缺搜尋，檢索特定職位資料及應徵工作，好整合職缺資料庫至軟體或網站。
- 整合多家貨運商資訊，包括貨運類別評比、運費報價、訂艙及貨物追蹤功能，及具有安排提貨及送貨的能力。
- 發送訊息到世界各處。
- 利用已發布的內容，包括新聞，影片，圖片及多媒體文章。
- 使用線上支付方案，包括發票管理，交易處理及帳戶管理。
- 提供住家估值服務，包括歷史售價、都市及社區市場統計等不動產詳細資訊，房貸利率及每月付款推算。
- 探索社群媒體的言論傳播，一條言論（claim）可能是一個假新聞、詐騙、謠言、陰謀論、諷刺文，也可能是準確的報導。
- 取得依類別、國家、區域或你的位置附近的網路攝影機影像，取得網路攝影機的縮時影片，並加入你的網路攝影機。
- 提供程式使用數位天氣標記語言（Digital Weather Markup Language, DWML），以取得目前的天氣觀測、預測、警示及熱帶氣旋警報。

這些範例中，API 規約定義呼叫 API 的位置和方式，以及要發送的資料和回應訊息格式。有些業務領域及服務必須依賴 API 才能存在，現在讓我們開始更深入地研究這些領域和服務吧！

手機 App 及雲端原生應用程式的 API 消費與供給

從 15 年前 iPhone 這樣的手機，或 AWS 等雲端服務問世以來，軟體建構及取得方式已經有很大的變化。瀏覽器支援的 JavaScript 及 XMLHttpRequest 規格 [2]，也在模式移轉至豐富客戶端，像是單頁應用程式及手機 App 的過程中，扮演各自的角色。

用來服務手機 App 或其他終端使用者前端的後端應用程式，現今都部署至公有或私有雲。今天在不同的 X 即服務（XaaS）模型中數不清的雲端服務，可以各自獨立部署、出租、擴增及計費，這巨大的模組化和（可能）區域分布需要 API，包括雲端內部及租戶所使用的 API。從 2021 年開始，AWS 包含超過 200 種服務，Microsoft Azure 和 Google Cloud 則緊接在後 [3]。

當雲端供應商提供 API 給租戶，應用程式部署到雲端開始依賴這些雲端 API 的同時，這些應用程式也暴露及消費本身的應用程式層級 API。應用程式層級 API 可能把外部的前端應用連接到雲端主機中的後端應用程式，也可能把後端應用元件化，這樣，這些後端應用可從雲端服務的特色中受益，像是使用後付費、彈性擴增，及成為真正的**雲端原生（cloud native）**應用程式（CNA）。圖 1.2 即為典型 CNA 架構。

從架構觀點來看，狀態隔離、分散式、彈性、自動化及鬆耦合（IDEAL）都是 CNA 期望的特性（Fehling 2014）。IDEAL 是描述雲端應用程式特徵文獻中的許多原則之一，作為 IDEAL 的超集，以下 7 個特性概括讓 CNA 的運作如此成功的要素，及利用雲端計算的好處（Zimmermann 2021a）：

1. 符合目的
2. 適切大小及模組化
3. 獨立性與容錯
4. 適應性及保護

2 即 AJAX，Asynchronous JavaScript and XML 的縮寫：https://developer.mozilla.org/en-US/ docs/Web/Guide/AJAX。注意現在多偏好 JSON 勝於 XML，且 Fetch API 相比 XMLHttpRequest，能力更強且更具彈性。

3 確切數字很難取得共識，且要視服務區分方式而定。

5. 可控制及可適應的
6. 工作負載意識及資源效率
7. 敏捷及工具支援

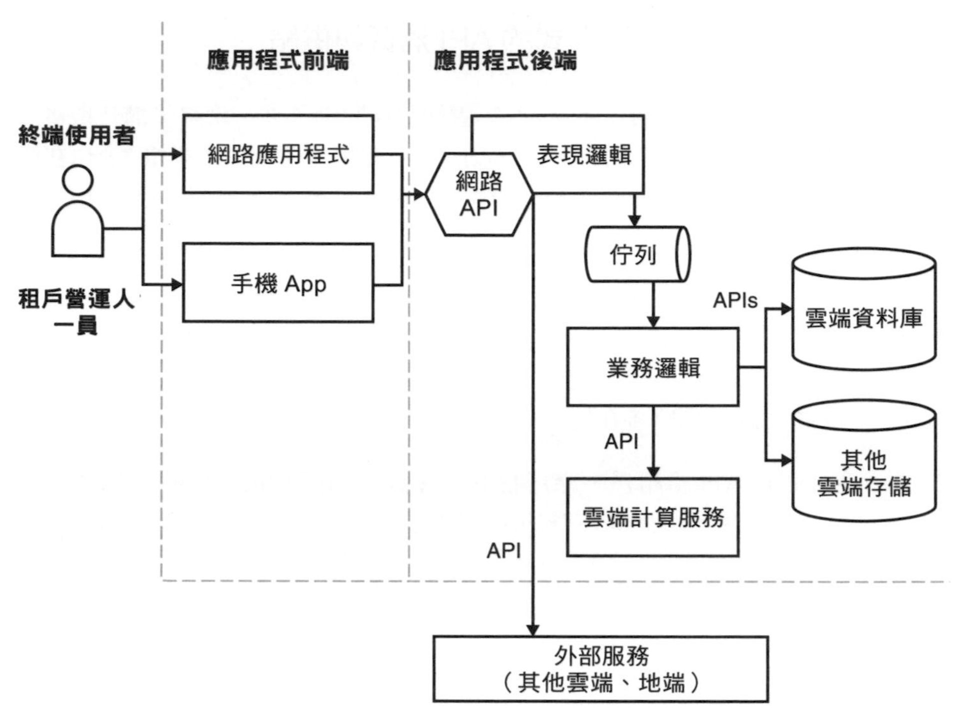

圖 1.2 雲端原生應用程式架構

特性 2「適切大小及模組化」直接導入 API，符合特性 5 的雲端應用管理也需要 API，符合特性 7 的 DevOps 工具鍊也從 API 獲益。

例如在運行應用程式及編排基礎地端及雲端計算資源上，叢集管理軟體 Kubernates 已經是個流行的選擇，它能解決需要重複部署多個應用程式和服務的問題，這些應用服務彼此間及與客戶端都透過 API 來溝通。Kubernates 平台本身也提供管理 API（Kubernate 2022）及命令介面，它的操作概念透過 API 及 SDK 提高可擴充性，讓應用程式 API 也可由 Kubernates 管理。

另一個例子，軟體即服務的提供者通常不只提供可訂製、多租戶終端用戶應用程式，還會透過 HTTP 開放他們的應用程式功能給第三方。Salesforce 即為一例，提供資料存取及整合的 HTTP API，本文撰寫時，已經有 28 個 API 可使用，涵蓋多種領域如行銷、B2C 商業模式及客戶資料管理。

透過 API 溝通的微服務

這幾年已經很難離開**微服務（microservices）**這個詞。從 James Lewis 與 Martin Fowler 在 2014 年 4 月發表文章後（Lewis 2014），微服務這個先進的系統解構方法已引起許多討論，服務導向架構（SOAs）進入軟體持續交付及雲端計算的年代。大肆炒作之餘，微服務已定位為 SOA 的子風格或實現方法，強調獨立的可部署性、可擴充性、服務的可變性，以及分散式、自治決策和容器編排等主題（Pautasso 2017a）。

每一個微服務都有單一職責，應該呈現一個領域特定的業務能力。微服務經常部署在輕量的虛擬化容器，如 Kubernates 及 Docker，封裝各自的狀態，並經常透過 HTTP 或其他協議遠端 API，與這些服務 API 溝通，幫助確保彼此間的鬆耦合，因此就算演進或被替換，仍不影響整體架構的其他部分（Zimmermann 2017）。

微服務有利於軟體的重用，這要歸功其受限範圍，專注於實現個別業務能力。微服務支援敏捷軟體開發實務與持續整合，例如，每一個微服務通常都由一個小組負責，允許該小組獨立開發、部署、營運本身所屬的微服務。微服務也適合用來實現前文提及的 IDEAL CNAs。獨立部署時，水平擴充可透過容器虛擬化及彈性負載平衡達成。藉由維持現存的 API 不變，微服務讓單體應用可逐漸遷移微服務架構，以減少軟體現代化的失敗風險。

微服務也帶來新的挑戰，其分散式、鬆耦合的本質，需要謹慎地設計 API 及全面的系統管理。分散式架構內的溝通成本與不良的 API 設計會對微服務架構的效能造成影響。微服務帶來資料一致及狀態管理的挑戰，例如把一個單體有狀態的應用程式拆分為多個獨立自治的微服務時（Furda 2018），要避免單點故障或連鎖故障擴散效應。採用傳統備份及災害復原策略時，整個微服務架構的自治性和一致性無法同時得到保證（Pardon 2018）。擴充包含大量微服務的架構，需要一套有紀律的方法來處理它們的生命週期管理、監控及除錯。

有些挑戰能用適合的基礎設施克服。例如負載平衡導入的冗餘與線路熔斷，可減少因後面微服務故障導致前面也故障，最終整個系統故障的風險（Nygard 2018a）。服務 API 必須有合適的大小且隨時間進展。

本書主要關注 API 層級的服務最適大小，即端點粒度和操作／資料耦合性，而非微服務基礎設施，不過當 API 服務有正確的大小時，基礎設施的設計也會容易許多，所以也間接地考慮到基礎設施的設計。

API 是產品，且能形成生態系

軟體**產品**是能購買或取得授權的實體或虛擬資產，掏錢的消費者對購入物品的壽命、品質及使用性有一定期待。已經有一些 API 本身即為產品的例子；其他的 API 則隨附在軟體產品，例如將載入產品的主資料，或為特定使用者團體配置和訂製。即使那些沒有商業模式，或直接對商業策略做出貢獻的 API，也都應該「視為產品」（Thoughtworks 2017）。這些 API 應該有專門的業務負責人、管理結構、支援系統和演進藍圖。

以深度學習演算法獲取資料而驅動的資料湖是一個例子。如果資料是數位時代的新石油，訊息通道和事件流則相當於管道，中介軟體／工具／應用程式則是煉油廠；API 則是在管道、生產者與消費者間的閥門。資料湖可以是開放 API 的行銷產品，也可以像是一個需控管的公司內部資產行銷產品。

軟體**生態系**，「是一群在共同技術平台上互動的參與者，產生不少軟體解決方案或服務」（Manikas 2013），由自然成長、獨立但相關的團體和參與者組成，不是完全去中心化，就是以市場創造者為中心。像是 Cloud Foundry Ecosystem 這樣的**開源市場（Open-source marketplaces）**即為生態系的一種；另一種形式是像蘋果 App Store 這樣的**軟體零售生態系統（resale software ecosystems）**。API 在這兩種生態系的成功中扮演著關鍵的角色，允許應用程式加入或離開生態系統，讓成員彼此溝通和協作，分析生態系統的健康度等等（Evans 2016）。

以旅遊管理生態系為例，需要一個 API 用來報到，載入生態系成員如房間租客或運輸業者；另一個 API 可能用來支援旅遊計畫，旅遊報告和分析 App 的開發，如目的地排名、住宿評論等功能。這些生態系中的各部分透過 API 彼此溝通，此外，預訂火車旅行、飛機航班或飯店客房時，生態系的各部分也會與市場／生態系創造者溝通。

生態系的成功取決於 API 設計和演進的正確性，軟體生態系越是複雜和動態，API 設計的挑戰就越多。眾多訊息在參與者間傳輸，API 規約會描述它們的關係；訊息形成執行期更長的對話。生態系成員必須在 API 的格式、協議及對話模式等達成共識。

小結

這個章節所舉的範例、場景和業務領域，都包含且依賴遠端 API 及其規約，而且還有更多例子。如果你要跟上一輪流行語賓果（buzzword bingo）：就算不是全部，API 也是近年來其中一種多數主要趨勢的**促成科技（enabling technology）**：除了稍早提到的手機／網頁和雲端，還包括人工智慧、機器學習、物聯網、智慧城市與智慧電網；甚至雲端量子運算也需要 API，例如 Google Quantum AI 提供的 Quantum Engine API。[4]

API 設計中的決策驅動要素

在圖 1.1 中所顯示架構中，API 獨特的連接及分離角色帶來許多挑戰，有時要擔心設計衝突，例如找出暴露資料好讓客戶端使用，與隱藏其實作細節以配合 API 演進，這兩者間的平衡。API 暴露的資料除了要滿足客戶端的需求，還要撰寫成可理解且可維護文件，向後相容性和可互相操作性是重要的品質特徵。

這一節會介紹幾個重要的驅動要素，並會在書中持續回顧相關部分。就先從關鍵成功要素開始吧！

API 成功的原因？

成功是一個相對來說有點主觀的衡量標準，成功的 API 可能是：

> 多年前設計並啟用，每天以低延遲和零停機的品質來服務付費客戶端數十億個請求，因此有資格稱為成功的 API。
>
> 相反立場則可能是：
>
> 新啟用 API，最終接收並回應外部客戶端的第一個請求，完全根據文件來建構，不用原本實作團隊的幫助或交流，就可視為是成功的 API。

如果 API 是用在商業環境，則可根據**商業價值（business value）**來評估它是否成功，關注的是服務的營運成本，與從每一個 API 客戶產生的直接或間接收益相比。

---

4 沒錯！

可能有不同的商業模式，從廣告商資助的免費 API，對挖掘以 API 打造的應用程式使用者意願（或非意願？）提供的資料感興趣；到不同價格計畫下的訂閱式 API 及依使用付費的 API。例如 Google Maps 一直是獨立的網頁應用程式，Google Map API 只有在使用者開始反向工程解決如何在網站嵌入地圖後才出現，原本的封閉架構因跟隨使用者需求而打開，一開始免費使用的 API 後來轉向依服務的使用收費，OpenStreetMap 是 Google Maps 的可替代開源，也提供數個 API。

第二個成功要素為**可見性（visibility）**，只要客戶不知道 API 的存在，那再好的 API 也是失敗的。例如公開 API 的**發現**途徑，可能是公司產品和產品文件提供的 API 或開發社群中的宣傳；此外，還有像是 ProgrammableWeb 和 APIs.guru 這些 API 目錄的存在。不論以哪一種方式推廣 API 的投資，最終都應該會獲得回報。

衡量 API 的上市時間方式包括，根據 API 部署新功能或修復錯誤的時間，以及根據開發完整 API 客戶端功能的時間。**首次呼叫時間（time to first call）**是 API 文件及客戶端開發者上手經驗的良好指標。學習成本要夠低，才能讓這項指標也是低的。另一項指標可能是**首次等級 n 支援時間（time to first level n ticket）**，需要等級 1、等級 2 或等級 3 支援解決的錯誤，會花上 API 客戶端開發者很多時間才能找到。

另一項成功的指標是 API **生命週期（lifetime）**。API 可能活得比原設計者還久，一個成功的 API 能生存通常是因為它會不斷吸引客戶，能隨時間不斷適應他們的修改需求。然而，客戶也會積極使用長期不變的穩定 API，這包括那些沒有替代選項的客戶，像是為了滿足監管規定的需求，經由標準化且行動緩慢的電子政府 API。

總結來看，API 在短期實現了系統及其部件的**快速整合（rapid integration）**，在長期支援這些系統的自主性和**獨立演進（indepentdent evolution）**。快速整合的目的是減少整合兩個系統的成本，系統的獨立演進則是為了避免系統高度耦合，以至於無法分開或替換。這些目標彼此有某種程度的衝突，這也是整本書中我們會一直探討之處。

API 設計的差異？

API 設計影響軟體設計與架構的每個層面。「從本地介面到遠端 API」一節，曾討論 API 依賴於獨立開發和操作的客戶端和服務提供者對彼此做出的假設。它們的成功需要參與團體達成協議並且長期遵守，這些假設關注於以下問題及利害得失：

- **一個通用的 API 端點 vs 許多特定的 API 端點：**所有客戶端是否都該使用同一個介面？或是提供各自的 API ？哪一個選項能讓 API 更易於使用？例如通用 API 重用性較高，但較難適用某些狀況？
- **細的 vs 粗的端點與操作範圍：**如何找出 API 功能廣度和深度之間的平衡？ API 應該符合、整合或是切開背後的系統功能？
- **少操作攜帶多資料 vs 多操作攜帶少資料：**請求及回應訊息應該詳盡或是限縮於資料本身？哪一種可帶來較好的可理解性、效能表現、可擴展性、頻寬消耗及演進性？
- **資料現時性 vs 正確性：**分享舊資料會比不分享任何資料好嗎？ API 提供者間的可信賴資料一致，和 API 客戶端感受到的快速回應時間，兩者之間的本質衝突該如何解決？狀態的改變應該透過輪詢，或事件通知、串流的推送方式來提報？命令和查詢是否應該分開？
- **穩定規約 vs 快速改變規約：**API 如何在不犧牲可擴展性的情況下保持相容？長期存在且功能豐富的 API 如何導入向後相容的異動？

這些疑問、選項和準則，都是 API 設計者要面對的挑戰；不同的需求背景會做出不同的選擇。以下模式會探討可能的答案及後果。

API 設計的挑戰？

正如同終端使用者介面的設計會引發愉悅或煩躁的使用體驗，API 設計則會影響**開發者體驗（developer experience, DX）**，首先是客戶端開發者學習如何使用 API 來打造分散式應用程式的體驗，還有 API 提供者的開發者實作體驗。API 一旦發布且在生產環境執行，其設計對所整合系統的效能、可擴展性、可信賴性、安全性和可管理性都有很大的影響，必須平衡相關人員的利害衝突。開發者體驗（DX）又可擴充至操作和維護體驗。

API 提供者和客戶端的目標與需求可能重疊也可能衝突，無法總是達到雙贏局面，以下是一些 API 設計困難的非技術原因：

- **客戶端多樣性：**每一個 API 客戶端都有不同的需求且不斷改變。API 提供者必須決定要提供夠好的單一統一 API，或是試著各自滿足所有客戶端特定且多樣的需求。

- **動態市場：**競爭的 API 提供者競逐創新可能引起更多改變及不相容的演進策略，這些改變客戶可能無法且不願接受。此外，客戶端尋求標準化的 API 藉以保持不依賴於特定 API 提供者，而一些 API 提供者則企圖藉由提供誘人的擴增來鎖住客戶。Google Maps 和 OpenStreetMap APIs 若能以同樣的 API 實作不是很棒嗎？ API 客戶端與提供者的開發者對這問題可能有不同的回答。
- **分散式悖論：**遠端 API 有時是透過不穩定的網路存取，發生錯誤可能造成最終錯誤。例如，雖然服務已經在運行了，但客戶端可能因網路不穩暫時無法使用，這樣在提供高服務品質（quality-of-service, QoS）保證的 API 上就會變得極具挑戰性，例如關心 API 的可用性和回應時間。
- **控制錯覺：**API 暴露的任何資料，客戶端都能使用，有時甚至以非預期方式使用。開放一個 API 意味著放棄部分控制權，讓系統開放給外部，可能會有未知客戶的壓力。牽涉到哪些內部系統部件及資料源應該改為 API 存取的決定，都必須小心謹慎，因為一旦失控想再重新獲得控制，會很困難。
- **演進陷阱：**例如當微服務發起頻繁的異動變更，在 DevOps 實務背景中，像是持續交付，第一次只有一次機會做出正確的 API 設計。當 API 發布且有越來越多的客戶端使用時，要修正及改善 API 的成本也會越來越昂貴，而且無法在不影響部分客戶端的情況下移除某些功能。修改 API 需要解決設計對穩定性的需求與對彈性需求之間的緊張關係，並採用適當版本控制實踐。有時 API 提供者有足夠的市場力量（market power），來決定 API 演進策略及節奏，有時客戶端社群則是 API 關係中較強勢的一端。
- **設計不符：**以功能範圍和品質而言，後端系統能做的事，及組織端點和資料定義的方法，可能都會與客戶端的預期不同；想克服這些差異，就必須導入一些形式的轉接器來轉換不相符的部分。有時後端系統必須重構（refactored）或再造（reengineered），以滿足外部客戶的需求。
- **科技轉移與變遷：**使用者介面科技持續進步，例如從鍵盤與滑鼠到觸控螢幕、聲音識別、虛擬及擴增實境，及之後的動作感應，都需要重新思考使用者與應用程式的互動方式。API 技術也是持續改變，新的資料呈現格式，改進的通訊協議，及中間軟體與工具的變化，都需要持續投資以確保持續整合邏輯和通訊基礎設施的最新狀態[5]。

5 現今仍然存在多少個 XML 開發者和工具？

總結來說，API 設計可以造就或破壞軟體專案、產品及生態系。API 不僅僅是一個人造實作，更是一個整合資產，由於它具有連接分離者（connector-separator）的特性，且通常生命週期很長，所以必須具有良好架構。儘管科技持續變化，許多整合設計者面對的基礎設計問題和解決方案，依舊不變。

接下來有關的架構明顯需求會有一點改變，但共通的概念長期仍保持相關。

架構的明顯需求

API 的品質目標有 3 種形式：**開發（developmental）**、**操作（operational）**與**管理（managerial）**。以下初步整理這些目標，後面章節有更多細節。

- **可理解性**：請求及回應訊息中表現元素的結構，是 API 設計的重要開發考量之一。為了確保可理解性和避免不必要的複雜性，適當的做法是在 API 實作程式碼及 API 中緊密遵循領域模型。注意，這裡的「遵循」並非指完全暴露或複製領域模型，還要盡可能隱藏資訊。
- **資訊分享 vs 隱藏**：API 明確指出客戶期待，同時抽象化提供者的期待。將規格從軟體元件的實現分離出來要花點心思，雖然設計 API 的一個快速解決方案可能是暴露已經存在的內容，這樣把實作細節洩漏到介面，會嚴重限制在不影響後續客戶的情況下修改實作。
- **耦合量**：**鬆耦合（loose coupling）**是分散式系統及元件結構設計的一項內部品質，作為一個架構原則，它處在需求（問題），和設計要素（解法）之間。通訊團體間的鬆耦合有不同維度：(a) 參考自主（reference autonomy）處理命名及位址慣例，(b) 平台自主（platform autonomy）隱藏技術選擇，(c) 時間自主（time autonomy）支援同步或非同步通訊，(d) 格式自主（format autonomy）處理資料規約設計（Fehling 2014）。在定義上，一個 API 呼叫耦合了客戶端與提供者；然而耦合越鬆散，客戶端和提供者才越能各自獨立演進。理由之一是提供者與消費者共用的知識影響 API 的可變性；例如暴露資料結構的最適大小帶來某種程度的格式自主。不僅如此，兩個來自相同提供者的 API，也不應該因隱性依賴而造成不必要的耦合。
- **可修改性**：這是可支援性與可維護性之下的關注重點。在 API 設計與演進的背景中，可修改性包含向後相容性，藉此來促進平行開發及部署彈性。

- **效能和可擴充性**：從客戶端的角度來看，受網路影響的**延遲（latency）**是一個重要操作問題，包括頻寬及低層級的延遲，或端點處理酬載時的資料轉換時間。API 提供者主要則是關注**吞吐量**與**可擴充性**，代表回應時間不會因為客戶端用量增加所增加的負載而降級。
- **資料簡約（Data parsimony or Datensparsamkeit）**：這是關注效能及安全的分散式系統中，重要的一般設計原則。然而，藉由明確指出 API 請求及回應訊息來逐漸定義 API 時，這個原則並不總是適用，因為增加東西，例如這裡的資訊項目或值物件屬性，通常會比刪除容易許多。[6] 因此，在設計與演進 API 的過程中，整體的認知負擔和處理工作會不斷增加。

  一旦 API 添加了一些內容，通常很難決定是否能將其安全移除，因為許多客戶端，甚至未知客戶可能都依賴於它。因此 API 合約暴露的部分也許會包含許多複雜資料元素，像是客戶或產品主資料的屬性；而這些複雜度也很可能隨著軟體演進而增加，此時就需要變異性管理和「選項控制」（option control）。
- **安全及隱私**：這經常是設計 API 的重要考量，包括存取權控制以及敏感資料的保密性與完整性。例如 API 需要安全及隱私來避免後端服務暴露機密元素，也應該要能監控 API 流量和運行中的行為，以支持可觀察性及可稽核性。

為了滿足這些有時衝突及不斷在改變的需求，以及在已知或新選項的架構選擇決策，和決策要素或準則中的需求，一定會有所取捨，或必須找出來解決。我們的模式，就是把需求作為設計力量及討論權衡的解決方案。

開發者體驗

近幾年，將 DX 隱喻及類比於使用者體驗（UX）已經變得非常流行。根據 Albert Cavalcante 2019 年的部落格文章〈什麼是 DX ？〉（What is DX?）所述，結合 UX 的經驗及軟體設計原則，而打造出令人愉悅的 DX 四大支柱為：

DX= 功能性、穩定性、易用性、清晰性。

DX 涉及開發者工作要用的所有東西，諸如工具、函式庫、框架及文件等等。它的**功能性**支柱表示，一些軟體暴露的處理及資料管理功能有高優先性，僅僅因為這些是

---

6 想像大型企業的業務流程和要填寫及等待核准的表單：加入許多活動和資料欄位往往是出於好意，但這些額外添加部分其實很少能取代既有部分。

客戶端開發者現在對 API 感興趣的原因；API 的功能應該滿足客戶目標。**穩定性**是指滿足期望和共識的運行品質，像是效能、可靠性及可用性。而對開發者來說，**易用性**可以透過教學、範例、參考資料等文件，和社群知識論壇及其他工具來達成。**清晰性**支柱是關於簡明性，也是可觀察性，如一些操作像是點擊工具按鈕，調用命令列介面或 SDK 提供的命令、產生程式碼的結果，應該要一直都很清楚。如果發生問題，客戶端開發者會想知道原因，是無效輸入還是提供者端的問題？也會想知道他們能做什麼處置，可以稍後重試呼叫？還是更正輸入？

在這背景下，要提醒的是，設計 API 不是只為了我們本身，而是為了客戶和他們的軟體。也就是說，機器與機器的溝通基本上不同於人與電腦的互動，因為人類和電腦的工作及行為方式不同，程式就算有辦法思考，但它沒有感覺也無法意識到本身及所處環境。[7] 因此，不是所有 UX 建議都可以直接套用在 DX 上。

想當然耳，雖然 DX 受到很多注意，並且一般認為它能涵蓋維護者體驗及顧問／教育者／學習者體驗，但我們對操作者體驗（operator experience）有足夠的認識嗎？

結論是，API 的成功需要至少兩個要素，短期積極性（short-term positivity），和長期使用（long-term use）：

> 第一印象會持續很久。發起第一次 API 呼叫，並對回應做出有意義的事越容易且越清楚，就會有越多客戶使用這 API，並享受其帶來的體驗，包括功能性、穩定性、易用性和清晰性等。運行時的品質如效能、可靠性和可管理性，則決定了積極的初次開發者體驗，是否可以繼續維持 API 的使用。

下一節和本章最終節會介紹 API 領域模型，並提供本書詞彙和術語表。

遠端 API 領域模型

本書及模式語言使用一組基本的抽象及概念，組成 API 設計及演進的**領域模型（domain model）**（Zimmermann 2021b）。雖然會介紹這領域模型中模式的所有建構方塊（building blocks），但目的不是描繪現存的全部通訊概念，及整合架構的統一圖像，不過我們會解釋領域模型元素，與 HTTP 和其他遠端技術概念之間的關係。

7　就算可以在某些限定領域如影像識別訓練程式，也無法期待程式建立一套價值系統，且擁有如同人類一般的道德／倫理行為。

通訊參與者

在一個抽象層級之下，會有兩種**溝通參與者**（**communication participants**）（簡稱參與者）透過 API 來溝通，分別是 **API 提供者**（**API provider**）及 **API 客戶端**（**API client**）。API 客戶端可能會使用／消費任意數量的 **API 端點**（**API endpoint**）。溝通交由 **API 規約**（**API contract**）支配，由 API 提供者暴露並由客戶端消費。API 規約包含可用端點的資訊，而這些端點提供規約指定的功能。圖 1.3 可解釋這些基本概念和關係。

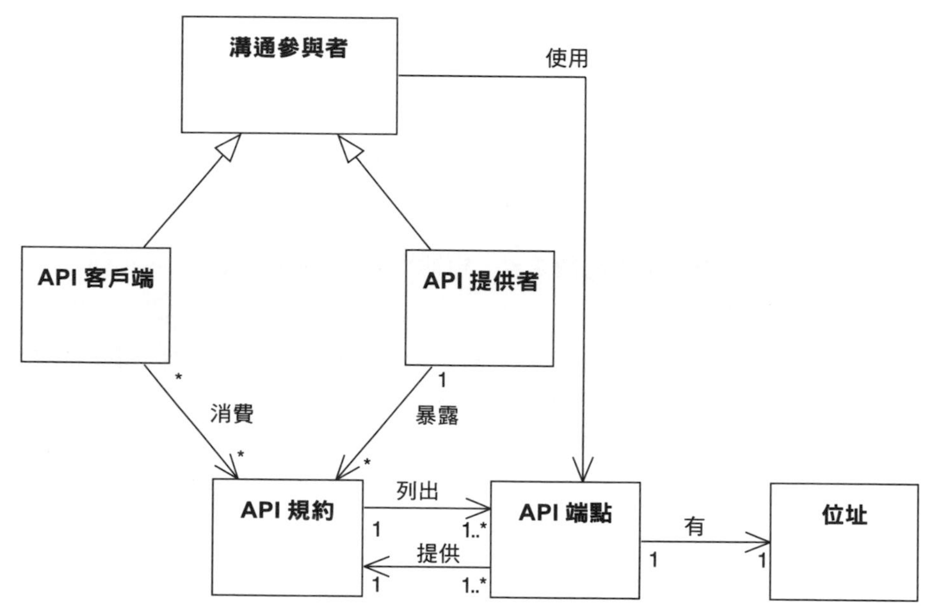

圖 1.3 API 設計及演進領域模型：溝通參與者、API 規約、API 端點

注意，圖中並未顯示 API 整體；API 是規約及其提供的端點集合。一個 API 端點代表提供者端的通訊通道終點；一個 API 至少有一個端點。每一個 API 端點都有唯一的**位址**（**address**）像是 URL，普遍用在全球網際網路、RESTful HTTP 及基於 HTTP 的 SOAP。在客戶端角色中的溝通參與者透過端點來存取 API。一個溝通參與者可能同時扮演客戶端及提供者的角色。在這種情況下，參與者作為提供者，會提供某些 API 服務，但也使用其他 API 提供的服務。[8]

8 通訊通道的客戶端也需要一個網路端點，這裡主要重心是 API 而非通訊通道和網路，所以不特別說明。

在服務導向架構的術語中，**服務消費者（service consumer）**是 API 客戶端的同義詞；API 提供者則稱為**服務提供者（service provider）**（Zimmermann 2009）。在 HTTP 中，一個 API 端點對應於一組相關的資源，預發布 URI 的**首頁資源（home resource）**是入門級 URL，用於找出和存取一個或多個相關資源。

端點提供操作規約

如圖 1.4 所示，API 規約會描述操作（**operation**）。除了端點位址，操作識別符區分不同的操作，例如在 SOAP 訊息主體中的最高級 XML 標籤就有這樣的作用，在 RESTful HTTP，HTTP 方法的名稱在單一資源中是獨一無二，又稱為**動詞（verb）**。[9]

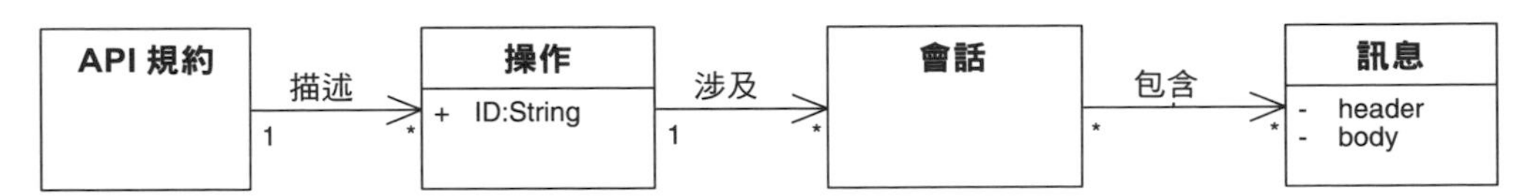

圖 1.4 領域模型：操作、會話、訊息

訊息作為會話建構方塊

由 API 規約描述及端點提供的操作，可以參與**會話（conversation）**。會話結合及組成訊息的方式不同，每一個會話描述溝通參與者之間的訊息序列，圖 1.5 顯示 4 個主要的會話類型。**請求—回應（request-reply）**的訊息交換由單一**請求訊息（request message）**及隨後的單一**回應訊息（response message）**組成。若沒有回應，則會話自然為**單向交換（one-way exchange）**。第三種會話形式為**事件通知（event notification）**，特色為包含觸發事件（triggered event）的單一訊息。最後，會話可以是長時間運行（long running）的，一個初始單一請求的後面也會緊接著**多個回應（multiple repleis）**，在這樣的情況下，客戶端會發送一條有註冊回呼函式（callback）的訊息給提供者，然後提供者再發送一或多個訊息給客戶端，即回呼動作。

9 在 OpenAPI 規範中，操作是透過 HTTP 方法及 URI 路徑來識別；還有一個額外的屬性，operationalId（OpenAPI 2022）。

另有 3 種訊息類型（Hohpe 2003）：命令訊息（command message）、文件訊息（document message）及事件訊息（event message），與各個會話類型相搭配；例如文件訊息能在單向交換中傳遞，如果客戶端關心命令的執行結果，則命令訊息需要請求回覆類型的會話。訊息能以多種網路格式傳輸，像是 JSON 或 XML，本書會探討這三種類型訊息的內容和結構。

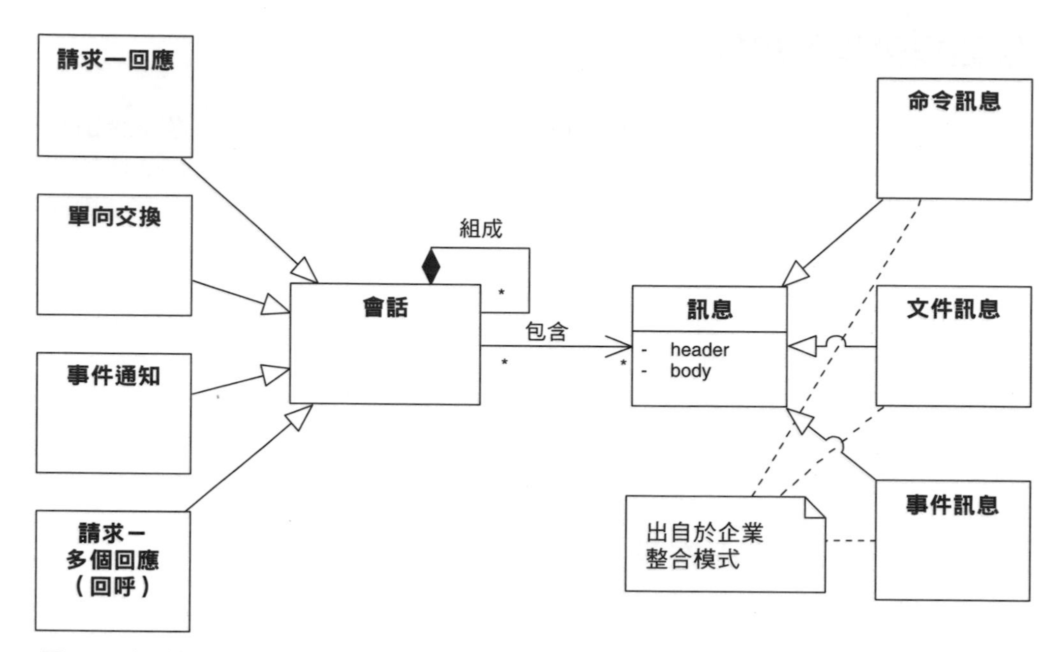

圖 1.5 領域模型：會話類型及訊息類型

還有許多其他種類的會話存在，包括更複雜的會話如**發布訂閱（publish-subscribe）**機制。基本的會話能組成更大的端點對端點會話情境，牽涉多個 API 客戶端與提供者，取決於運行天數、月數、年數的管理**業務流程**（Pautasso 2016; Hohpe 2017）。這些先進的會話經常可以在軟體生態系、企業應用程式和其他 API 使用情境中找到，但非本書關注點。

訊息結構與表現

圖 1.6 說明一或多個**表現元素（representation element）**，又稱作**參數（parameter）**，構成網路上一則訊息的**表現（representation）**；注意，一些技術使用操作**簽章**

（**signature**）這個詞，來代指參數及其類型。訊息攜帶的資料與元資料，能在訊息的**標頭**（**header**）及**主體**（**body**）找到。在位址、標頭及主體內的表示元素不一定會排序，但會進一步形成階層結構。表示元素經常有賦予名稱，且為靜態或動態類型。訊息可能攜帶發送的來源位址（from address），例如為了能發送回覆給該位址，及／或目的位址（to address）。例如，返回位址與關聯編號（correlation identifier）的概念，允許訊息參與以內容為基礎的訊息路由，與複雜、長時間運行的會話（Hohpe 2003）。在 HTTP 資源 API 中，超媒體控制連結包含位址資訊，如果訊息中沒有位址，則會由溝通管道獨立處理訊息路由。

訊息表示也可稱為資料傳輸表示（data transfer representation, DTR）。DTR 不應該對客戶及伺服器端的程式範式，如物件導向（object-oriented）、命令式（imperative）或函式程式設計（functional programming）做出任何假設；客戶與伺服器端的交互是單純的訊息，例如不包含任何遠端替代物件（remote stub）或處理程序（handler）。[10] 把程式語言表示轉成可透過網路傳送的 DTR，稱為序列化（serialization，也稱為 marshalling），相反的操作就是反序列化（deserialization，或 unmarshalling），這些名詞普遍用在分散式計算技術及中介軟體平台（Voelter 2004）。純文本（plain text）和二進位格式經常用於發送和接收 DTR，先前所提到的 JSON 和 XML 都是常見的選擇。

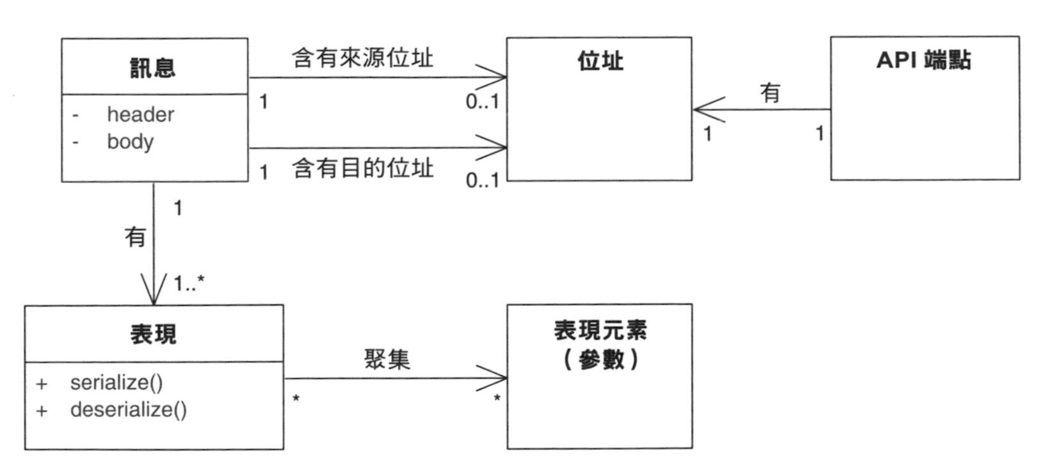

圖 1.6 領域模型：訊息細節

10 DTR 可以看作網路層級一個相當於程式層級模式的資料傳輸物件（data transfer object, DTO）（Fowler 2002; Daigneau 2011）。

API 規約

圖 1.7 顯示所有端點操作都明定在 API 規約中，如圖 1.3 所示。這樣的規約，也許會詳細說明所有可能的會話及訊息，至協議層級的訊息表現，如參數、主體及網路位址。API 規約有必要實現運行期通訊，因為 API 客戶端及 API 提供者要溝通，就必須對規約中明定的共享知識達成共識。

現實中，這種共識是高度不對稱的，因為很多 API，尤其是公開 API，都由 API 提供者以現狀提供，API 客戶端在某些情況下可以使用，但也有可能完全無法使用，而參與者之間在 API 規約上不一定會協商或正式協議。這種不對稱的情況，在 API 客戶端為服務付費時可能會不同，此時 API 規約可能是一份法律合約下的正式協議結果，也有可能只有一部分。所以，一份 API 規約可以是簡單的文件紀錄，或是廣泛的 *API 敘述*（*API Description*）及／或*服務水準協議*（*Service Level Agreement*）的一部分，也是我們的兩個模式之一。

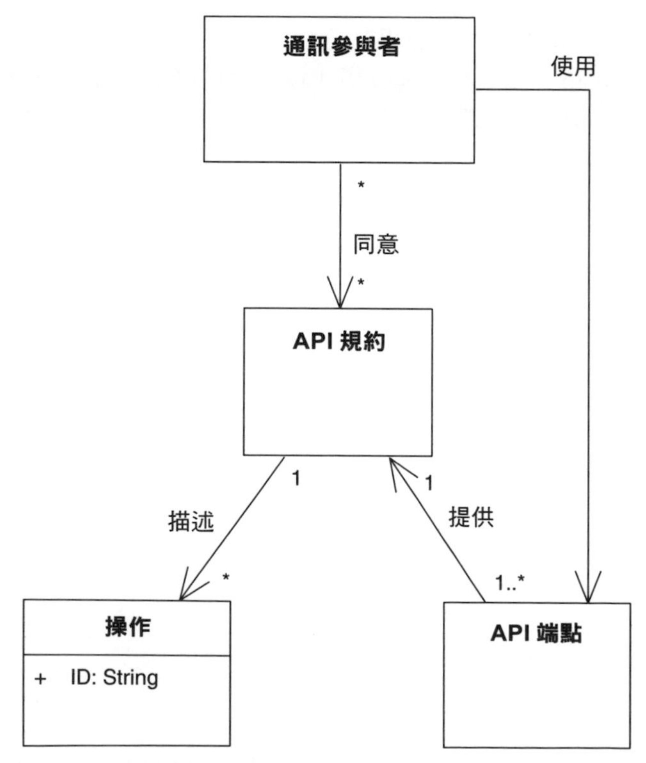

圖 1.7 領域模型：在包含訊息會話中調用的 API 規約描述操作

本書使用的領域模型

領域模型中的抽象概念形成本書模式語言的詞彙，模式文本必須透過定義來保持平台及技術獨立性，說明範例除外。領域模型中的每一個概念及關係，都有可能是決策或反對模式的驅動要素，例如，需要決定每個訊息出現的參數結構，第 3 章〈API 決策敘事〉會更深入探討，並引導我們在領域模型元素和模式決策中選擇。

最後，我們使用來做為一些模型範例的微服務特定領域語言（MDSL），是根據特定領域模型設計，可見附錄 C〈微服務特定領域語言（MDSL）〉。

總結

本章討論以下內容：

- 何謂 API ？設計出好的 API 極具挑戰性且重要之因。
- API 設計的期望品質，包括耦合及粒度的考量，及正面的開發者體驗（DX）要素。
- 本書使用的 API 領域術語及概念。

模組程式內的本地 API，以及連接作業系統程序及分散式系統的遠端 API 已經存在很久了。基於訊息的協議像是 RESTful HTTP、gRPC 和 GraphQL 支配著目前的遠端 API 領域，它提供透過應用系統整合協議來存取伺服器端資源的方式，扮演重要中介的角色，連接數個系統的同時盡可能地分開，來最小化未來改變的影響；API 及其實作可能仍是分開控制及擁有。任何 API，不論本地還是遠端，都應該滿足真實客戶的資訊，或整合需要及目的性。

以真實世界來比喻，可以把 API 看作一棟建築的**入口和大廳**，以門廳迎接訪客，引導他們前往正確的電梯，也檢查他們是否允許進入正門。初次到達時所接收到的第一印象會持續影響，現實生活人與人之間，人們使用軟體，或客戶端使用 API 時也是如此。API 入口可視為 API 應用程式的一組「名片」或建築地圖，為有興趣使用來打造自身應用程式的開發者提服務；且名片和入口大廳都會影響訪客體驗，就是這裡所說的 DX。

理解本地 API 是一回事，遠端 API 則牽涉分散式計算的悖論，基於瀏覽器的單頁應用程式（single-page application）終端使用者介面，與分散式雲端應用程式的後端服務需要遠端 API 來互相溝通時，就不能假設網路一直都很可靠。

在做架構決策時需要考慮不少品質屬性。API 的開發品質範圍從愉悅的客戶開發體驗（DX）、可負擔成本、充足效能，到提供者端可持續及容易改變的操作及維護。整個 API 生命週期中有 3 個特別相關的品質屬性（quality attributes）：

1. **開發品質（development qualities）**：API 對開發者來說，應該要容易發現，學習及了解，且在建構應用程式時使用容易，這裡指的是以 4 個支柱：功能性、穩定性、易用性及清晰性定義的正向開發者體驗（DX）。
2. **操作品質（operational qualities）**：API 及其實現應可靠，並滿足所聲明的效能、可靠性及安全需求。運行期間應該可以管理 API。
3. **管理品質（managerial qualities）**：API 應該隨時間演進及維護。最好是可擴展和向後相容的，可做出改變而不破壞既有客戶，也就是取得敏捷性和穩定性的平衡。

為什麼正確的 API 設計和演進非常困難但有趣？

- API 預期是可以生存很久的；API 的成功有短期和長期觀點。
- API 暴露的功能和相關品質需要不同且多樣的團體達成共識。
- API 粒度決定於端點與暴露的操作數量，以及這些操作的請求與回應訊息的資料規約。
- 需要耦合控制。零耦合代表斷開連接；API 客戶端與 API 提供者越知道彼此，則耦合越高，也就越難以各自獨立演進。
- 儘管 API 技術不斷變化，API 設計及架構決策選項與準則的基礎概念依舊存在。

本書關注連接系統與其部件的遠端 API。API 提供者暴露可操作的 API 端點，並透過訊息交換來呼叫。這些交換訊息形成會話，包含扁平或結構化的訊息表現要素，我們在 API 設計與演進的領域模型中定義這些概念，手上的任務是把這些概念帶到實際生活中，讓 API 能符合客戶端的期待與需求。

接下來是什麼呢？第 2 章〈Lakeside Mutual 案例研究〉會介紹一個大型、虛構但符合真實 API 及服務設計的範例，第 3 章以決策驅動的形式學習這一節的設計挑戰及需求；第二部分模式中的力量及它們的解法，也會詳細說明這些成功因素及品質特性。

第 2 章

Lakeside Mutual 案例研究

本章介紹 Lakeside Mutual 案例作為整本書的範例情境。為了配合情境中的 API 需求，並且證明後面章節 API 設計決策的合理性，我們會展示範例系統及它們面對的需求，以及初始 API 設計的概略與預覽。

Lakesie Mutaul 是一個對消費者、合作夥伴及員工提供多種數位服務的虛構保險公司。這家公司的後端由多個企業應用程式組成，包括客戶、保單及風險管理；應用程式前端服務則有多個訊息通道，包括潛在客戶及已投保客戶使用的手機 App，和給公司職員或第三方銷售經紀人使用的客戶端應用程式。

業務背景及需求

Lakeside Mutual 的 IT 敏捷開發團隊剛接下一項任務，要去擴充顧客應用程式的自助服務功能。開發前期的架構探針（architectural spike）發現需要的顧客和保單資料散落在多個後端系統，而這些系統缺乏合適的 Web API 或訊息通道，無法提供需要資料。

以下是開發團隊建立的分析和設計結果：

- 使用者故事（user story）、系統品質期望屬性，和分析層級的領域模型。
- 描繪可用及所需介面的系統背景圖（context diagram）／背景地圖（context map）。
- 顯示現存系統部件及關係的架構概覽圖。

現在來一一檢視這些結果，為 API 設計提供有價值的輸入。

使用者故事與期望品質

顧客應用程式的下一個版本應該要能支援多個新的自助服務功能，其中一個功能可見以下使用者故事。

> 身為 Lakeside Mutual 的顧客，我想要在線上自行更新聯絡資訊，以保持資料的最新狀態；我不想打電話請保險經紀人來做這件事，因為可能要等很久。

蒐集對期望的系統品質需求，例如效能、可用性和可維護性，更新聯絡資訊的使用者故事在 80% 的執行中不應該超過 2 秒。Lakeside Mutual 預期有 10,000 個顧客會使用新的線上服務，而 10% 會同時使用系統。

不穩定性是另一個重要考量。如果新的自助服務功能無法有效幫助客戶實現目標，可能就要回頭使用成本更高的管道，而讓整個新功能形同失敗；這同樣適用於可靠性需求，雖然影響程度較小。介面在延長的辦公時間和週末假日時也應該可以使用，因為 Lakeside Mutual 的客戶可能只有這時有時間處理他們的保險合約。

在這些需求下，任何架構及框架的選擇，都應該有效地支援 Lakeside Mutual 的開發和營運團隊，他們應該要能夠隨時間監控、管理及維護應用程式。

分析層級的領域模型

顧客及保單構成系統核心，即主資料管理（master data management）。有了新的自助服務前端，顧客不僅能更新聯絡資訊，還能夠申請不同保單的報價，這些全都不需要進公司辦公室，或安排保險員上門服務。企業應用程式使用領域驅動設計（DDD）來結構化他們的領域（業務）邏輯（Evans 2003; Vernon 2013）。圖 2.1 顯示 3 個主要聚合（aggregate）：顧客（Customer）、保險報價請求（InsuranceQuoteRequest）及保單（Policy）。[1]

1 聚合（aggregate）是將領域物件群集（clusters of domain objects）共同載入及儲存，會強制執行相關的業務規則。

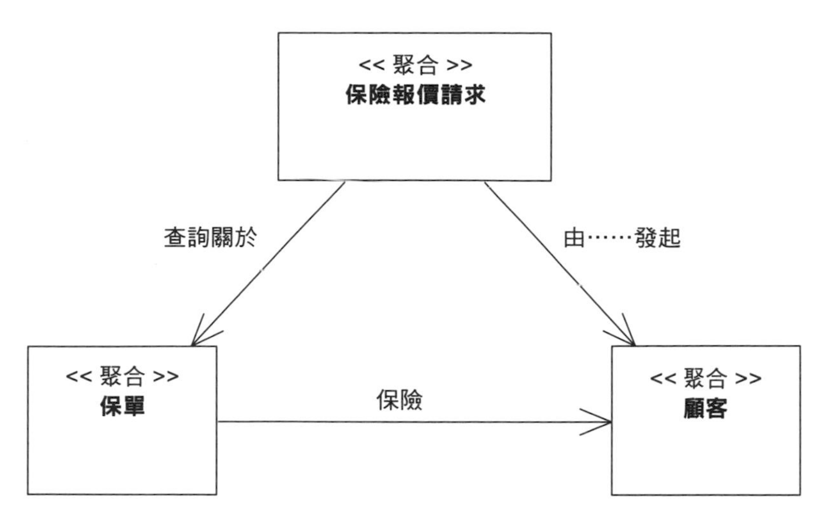

圖 2.1 聚合概覽

現在放大這 3 個聚合，來探索其他 DDD 概念。保險報價請求來自於既有或潛在顧客所詢問的新保單報價，如醫療或汽車保險，報價及保單知道哪些顧客會支付保費，及哪些又有可能在未來申請理賠。

圖 2.2 顯示保險報價請求聚合元件，是短期的操作資料範例。它包含數個身分、生命週期實體及不可變值物件（immutable value object），保險報價請求聚合根（root）是有唯一角色的實體（entity），為聚合進入點，並把聚合元件維持在一起。我們也能看到一些對其他聚合的參考，指向各自的聚合根實體，例如，保險報價請求參考顧客希望修改的現有保單，請求也包含顧客資料（CustomerInfo），參考一或多個位址，因為一份保單可能涉及到數個人，且單一個人可能有多個住處，例如兒童健康保險可以是父母保單的一部分。

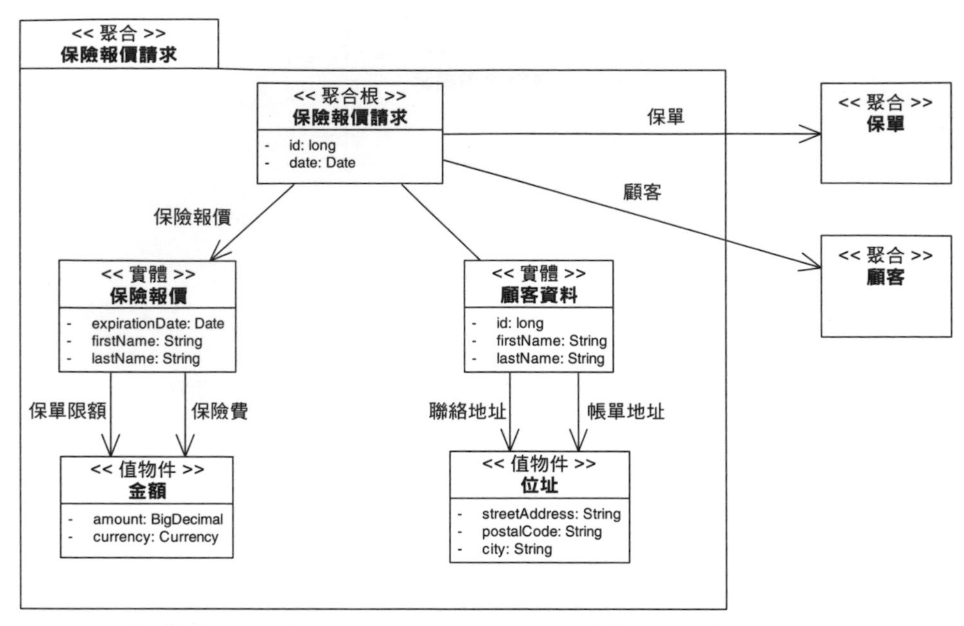

圖 2.2 保險報價請求聚合細節

保單聚合的細節可見圖 2.3。一份保單主要處理值物件（value object），像是金額（MoneyAmounts）、保單類型及日期區段。每一份保單有用外部參考的識別編號（PolicyId），圖的右邊可以看到顧客聚合（Customer aggregate）的參考。

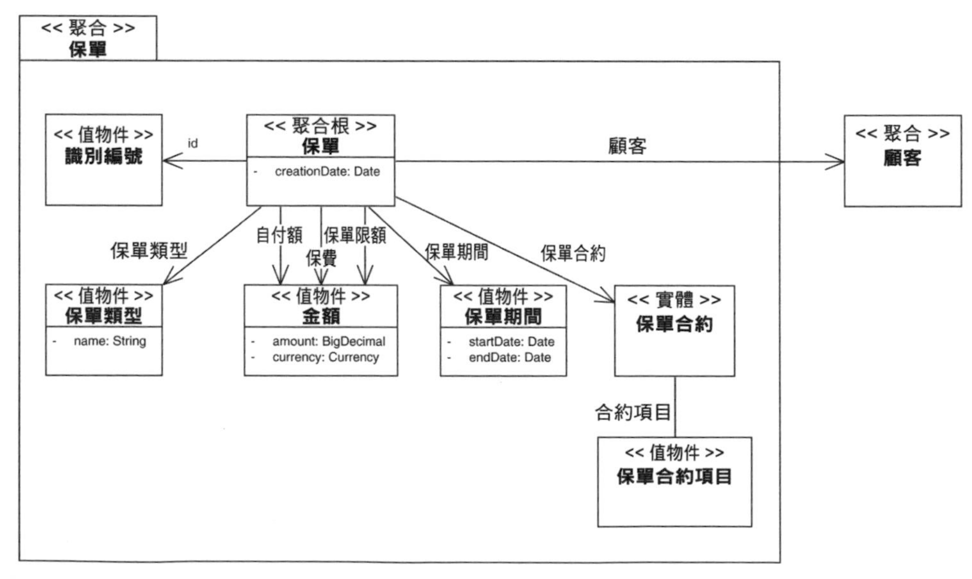

圖 2.3 保單聚合細節

圖 2.4 中是持有一般聯絡資訊和目前及過往地址的顧客聚合。和保單一樣，顧客可以用顧客編號（CustomerId）來做唯一識別。

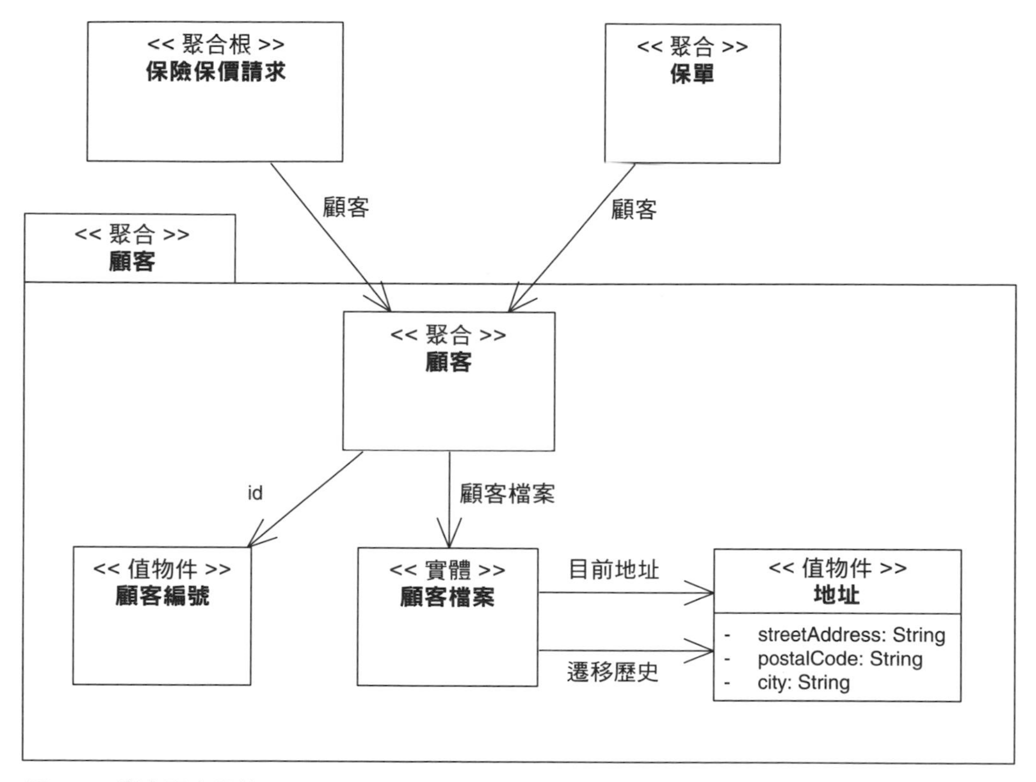

圖 2.4 顧客聚合細節

架構概觀

在知道業務背景及需求後，就可以調查 Lakeside Mutual 架構中的現有系統狀況。

系統背景

圖 2.5 顯示目前系統背景。未在圖中顯示的現有顧客，應該能夠使用顧客自助服務（Customer Self-Service）的前端，來更新他們的聯絡資訊。這個服務從顧客核心服

務（Customer Core service）檢索主資料，保單管理應用程式（Policy Management application）和公司內部的顧客管理應用程式（Customer Management application）也會使用這個服務。[2]

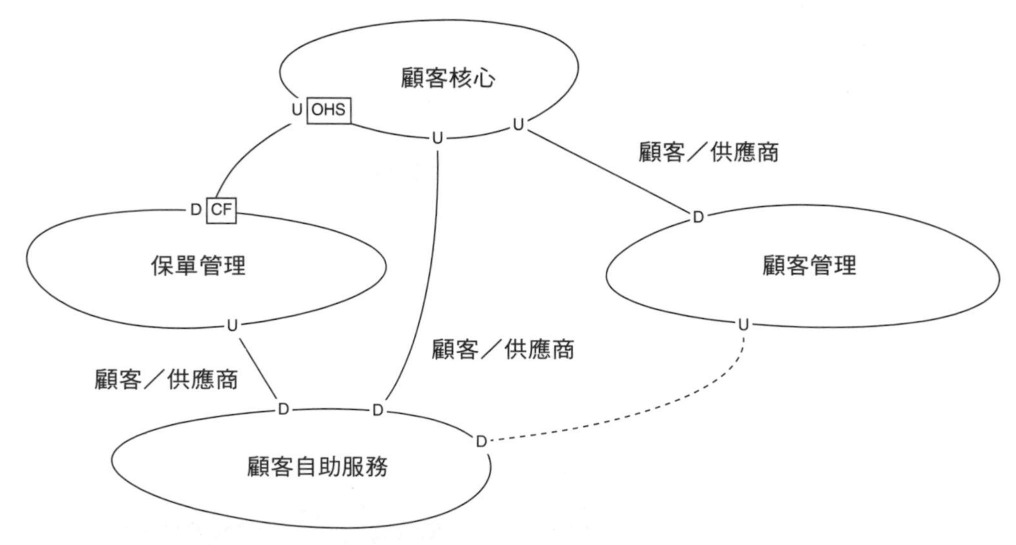

圖 2.5 Lakeside Mutual 的背景地圖，實線為現有關係，虛線為新介面

圖中四個顯示為限界上下文（Bounded Context）的應用程式容易追溯到分析層級領域模型。[3] 顧客自助服務背景目前只和保單管理及顧客核心互動。要實作新的自助功能，需要將顧客管理加入新關係，也就是圖 2.5 的虛線部分。下一節會談到實作這些限界上下文的系統架構。

應用程式架構

改進圖 2.5 的系統情境，圖 2.6 顯示了核心元件概觀，這些元件為 Lakeside Mutual 提供顧客和員工服務的建構方塊。圖 2.5 的限界上下文導致引入相應的前端應用程式，及支援的後端微服務，例如顧客管理前端及顧客管理後端。

---

2 注意，顧客／供應商、上游（Upstream）、下游（Downstream）、開放主機服務（Open Host Service, OHS）及遵從者（Conformist, CF），是 DDD 的上下文關係，需要 API 設計及開發。

3 DDD 模式的限界上下文表示一個模型邊界；是一個團隊、系統及系統部件，如應用程式前後端的抽象化及概括。

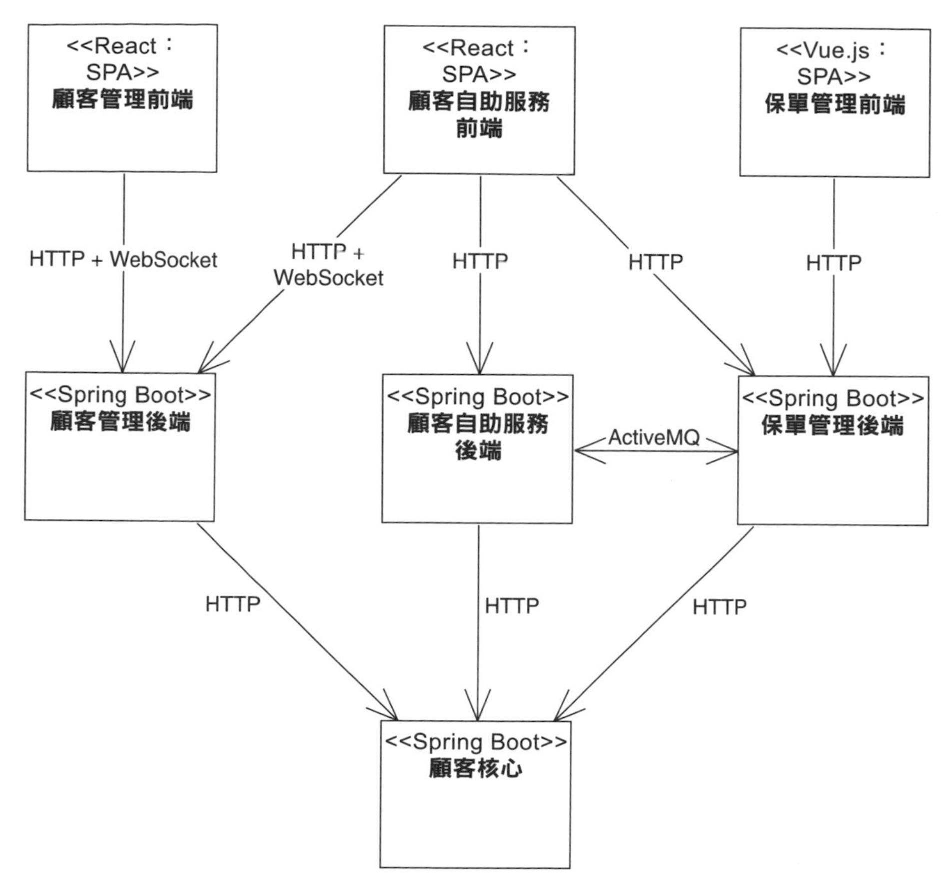

圖 2.6 Lakeside Mutual 的服務元件及關係

前端策略是使用 Web 客戶端，因此單頁應用程式（SPA）會以 JavaScript 實作。由於多年前在公司層級上做出的策略決策，大部分後端是以 Java 實現，所以利用 Spring Boot 的依賴注入容器可以增加彈性及可維護性。Apache ActiveMQ 作為一個普遍且成熟的開源訊息系統，會用來整合客戶自助服務和保單管理。

- **顧客核心（Customer Core）**：管理顧客個人資料，例如姓名、電子郵件和目前地址等等，然後透過 HTTP 資源 API，把這些資料提供給其他元件。
- **顧客自助服務後端（Customer Self-Service Backend）**：提供 HTTP 資源 API 給顧客自助服務系統前端，並連結保單管理後端提供的 ActiveMQ 訊息代理，來處理保險報價請求。

- **顧客自助服務前端（Customer Self-Service Frontend）：**React 應用程式，讓使用者可以註冊，檢視他們目前的保險保單，且可以在未來更改地址，一如範例舉出的使用者故事。
- **顧客管理後端（Customer Management Backend）：**Spring Boot 應用程式，暴露 HTTP 資源 API 給顧客管理前端及顧客自助服務前端。另外，Web Socket 可用來實現即時聊天功能，在使用顧客管理前端的電話客服中心，和登入自助服務前端的顧客之間即時傳送聊天訊息。
- **顧客管理前端（Customer Management Frontend）：**React 應用程式，讓客服人員與顧客互動，並幫助他們解決關於 Lakeside Mutual 的保險產品問題。
- **保單管理後端（Policy Management Backend）：**Spring Boot 應用程式，提供 HTTP 資源 API 給顧客自助服務前端及保單管理前端。
- **保單管理前端（Policy Management Frontend）：**使用 vue.js 的 JavaScript 應用程式，讓 Lakeside Mutual 的員工可以檢視及管理顧客的保險保單。

Lakeside Mutual 已經決定實現微服務架構。這個策略性架構決策的理由，是希望更有彈性地升級系統部件，以回應業務變化請求，並為業務成長做準備，如預期增加的工作量，可能導致後端變成需要獨立擴展的瓶頸。

API 設計活動

現在回到一開始的使用者故事，要提供一個讓保險顧客可以更新聯絡資訊的方式。

顧客自助服務團隊把前述使用者故事，從待辦清單（backlog）取出，並加到目前的 sprint 中。在一次 sprint 計畫會議中，團隊為下一次循環（iteration）確立以下流程：

1. 為上游顧客管理後端設計一個跨平台的 API，供給下游的顧客自助服務前端使用。
2. 詳述 API 端點，也就是假設基於 HTTP 的 Web API 的資源；及操作，像是以 GET 及 POST 為例的 HTTP 動詞／方法，包含請求參數及回應結構，例如 JSON 酬載的物件結構。
3. 根據本章先前列出或參考的分析及設計成果，來合理化地做出決策。

模式如何幫助 Lakeside Mutual 的 API 設計者處理這些任務？這個問題會在本書接下來的內容回答，附錄 B〈Lakeside Mutual 案例實現〉就蒐集一些這案例的 API 實作成果。

API 規範目標

進行 API 設計活動時，下面的 API 草稿顯示更新顧客聯絡資訊端點該有的樣子；注意，這個草稿只是預覽，不用全盤了解細節：

```
API description CustomerManagementBackend
usage context SOLUTION_INTERNAL_API
  for FRONTEND_INTEGRATION

data type CustomerId ID
data type CustomerResponseDto D

data type AddressDto {
  "streetAddress": D<string>,
  "postalCode": D<string>,
  "city": D<string>
}

data type CustomerProfileUpdateRequestDto {
  "firstname": D<string>,
  "lastname": D<string>,
  "email": D<string>,
  "phoneNumber": D<string>,
  "currentAddress": AddressDto
}

endpoint type CustomerInformationHolder
  version "0.1.0"
  serves as INFORMATION_HOLDER_RESOURCE
  exposes
    operation updateCustomer
    with responsibility STATE_TRANSITION_OPERATION
     expecting
    headers
       <<API_Key>> "accessToken": D<string>
    payload {
       <<Identifier_Element>> "id": CustomerId,
       <<Data_Element>>
        "updatedProfile":
```

```
    CustomerProfileUpdateRequestDto
  }
  delivering
  payload {
    <<Data_Element>> "updatedCustomer": CustomerResponseDto,
    <<Error_Report>> {
      "status":D<string>,
      "error":D<string>,
      "message":D<string>}
  }
```

這個 API 以 MDSL 規格語言說明，MDSL 是特定領域語言（DSL），用來說明（微）服務規約、資料表現和 API 端點，可見附錄 C 的介紹。OpenAPI 規格可以從 MSDL 產生；先前規約帳戶的 OpenAPI 版本在 YAML[4] 渲染中有 111 行。

頂層能看到 API 敘述、兩個資料類型定義及單一操作端點。<<API_Key>> 模板、SOLUTION_ INTERNAL_API、FRONTEND_INTEGRATION、INFORMATION_HOLDER_RESOURCE、STATE_TRANSITION_OPERATION 標記，及其他標記全部參考到模式。這些都會在之後詳細說明。

總結

本章介紹 Lakeside Mutual 虛構案例，以做為之後講解的運作範例。Lakeside Mutual 是一家保險公司，將其顧客、合約及風險管理的核心業務能力，實現為一組有應用程式前端的微服務：

1. Web API 連接應用程式前端與後端。
2. 後端之間也透過 API 溝通。
3. API 設計開始於使用者需求、期望品質、系統背景資訊及已決定的架構決策。

本書第 3 章及第二部分會詳細說明這個初始的 API 設計，並再次回顧這些模式及其應用程式，在業務及顧客自助服務 API 設計架構背景的基本原因。

附錄 B 可以找到一些 API 實現的節錄。完整的情境實現可在 GitHub 取得。[5]

4 YAML 原意「又是另一個標記語言」（Yet Another Markup Language），然而，名稱稍後改為「YAML 不是標記語言」（YAML Ain't Markup Language），用來和資料序列語言區分，不是一個真正的標記語言。

5 https://github.com/Microservice-API-Patterns/LakesideMutual

第 3 章

API 決策敘事

API 端點、操作及訊息設計是多方面的，所以並不簡單。彼此衝突的需求隨處可見，需要有所平衡；在有許多解決方案選項可選擇的情況下，也必須做出許多架構決策及實現選擇。一個 API 設計成功的關鍵是做出對的決策，有時開發者不曉得有哪些必要選項，或只知道可用選項的子部分。而且不是所有準則都顯而易見，例如效能及安全性等品質屬性，就會比持續性等其他屬性明顯。

本章將依照主題種類來分辨模式選擇決策，先走過 API 設計迭代，從 API 範圍開始，然後移往端點角色及操作職責的架構決策，也涵蓋品質相關的設計改善決策及 API 演進，說明需要的決策，第二部分模式所涵蓋的最普遍選項，以及已經在實務中看過的模式選擇準則。

序幕：以模式作為決策選項，力量作為決策準則

如同《Continuous Architecture in Practice》（Erder 2021）所提，選擇模式是一個做出架構決策及證明可行的過程，因此，以下敘述會強調 API 設計及演進時需要的架構決策，並討論每一個決策準則和其他設計方案，我們的模式也會提供這些替代方案選項，可見本書第二部分的深入探討。

為了識別需要的決策，將使用以下格式。

決策需要的決策範例

強調哪一個主題？

以下格式中接著呈現合格的模式。

	模式：模式名稱
問題	〔強調哪一個設計問題？〕
解決方案	〔處理問題的可能方式概覽〕

然後總結決策準則，對應第二部分的模式力量（pattern forces），並且給出一些良好的實務建議；但不用逐字遵從，而應該考量特定 API 設計工作的背景。

範例決策結果。呈現第 2 章〈Lakeside Mutual 案例研究〉的決策範例，使用以下架構決策紀錄（ADR）格式：

在〔功能或元件〕的背景中。

想要／面對〔需求或品質目標〕的需求

決定〔選擇選項〕

及忽略的「替代方案」

來達成「好處」

接受「負面結果」

這樣的格式稱為**陳述之因（why-statement）**（Zdun 2013），是一個架構決策紀錄範本，因 Michael Nygard 而盛行（Nygard 2011），這類決策日誌在研究及實務中流傳已久；簡而言之，它可持續追蹤決策成果及在給定背景中的合理性。[1]

一份 ADR 範本的實例可寫成：

在模式決策敘事背景，

面對在範例中描繪選項及準則的需要，

決定注入這類架構決策紀錄，以達到理論和實務的平衡，

接受相關內容會更長，讀者必須從頭閱讀到尾，才能從概念跳到應用。

---

1 見 https://ozimmer.ch/practices/2020/04/27/ArchitectureDecisionMaking.html。

每一個陳述之因皆設為**楷體**，所以能清楚地和本章概念性內容，即決策點、選項及準則有所區分。陳述之因的「被忽略」部分是可選擇的，且此範例不使用。

本章剩餘部分涵蓋以下決策主題：

- 「基礎 API 決策與模式」介紹 API 可見性、API 整合類型及 API 文件。
- 「API 角色及職責決策」討論端點的架構角色，改善資訊持有者的角色及定義操作職責。
- 「選擇訊息表現模式」涵蓋表現元素的扁平及巢狀結構之間的選擇及元素刻板。
- 「治理 API 品質」是多方面的：API 客戶端的識別和驗證、對 API 使用量的計量和收費、防止客戶端過度使用 API、明確的品質目標與罰則規範、錯誤溝通以及外部上下文表示。
- 「API 品質改善決策」處理分頁，避免不必要的資料傳輸其他手段，及處理訊息中的參照資料。
- 「API 演進決策」有兩部分：版本及相容性管理和啟用及停用策略。

另有兩個小節，包括「Lakeside Mutual 案例的職責及結構模式」，以及「Lakeside Mutual 案例的品質及演進模式」。

基礎 API 決策與模式

第 1 章〈應用程式介面（API）基礎〉介紹 API 是暴露計算或資訊管理服務的介面，同時解耦底層服務提供者的實現與 API 客戶端。本節將介紹基礎的架構設計決策，及作為決策選項的模式，詳細說明 API 提供者的服務實現與 API 客戶端之間的關係。本節的模式有管理及組織相關主題，而且將明顯影響重要的技術考量。

本節決策回答以下問題：

- API 應該從哪取得，或是 API 的**可見性**如何？
- API 應該支援何種**整合類型**？
- API 應該**文件化**嗎？如果是的話，應該怎麼寫成文件？

圖 3.1 顯示這些決策關係。

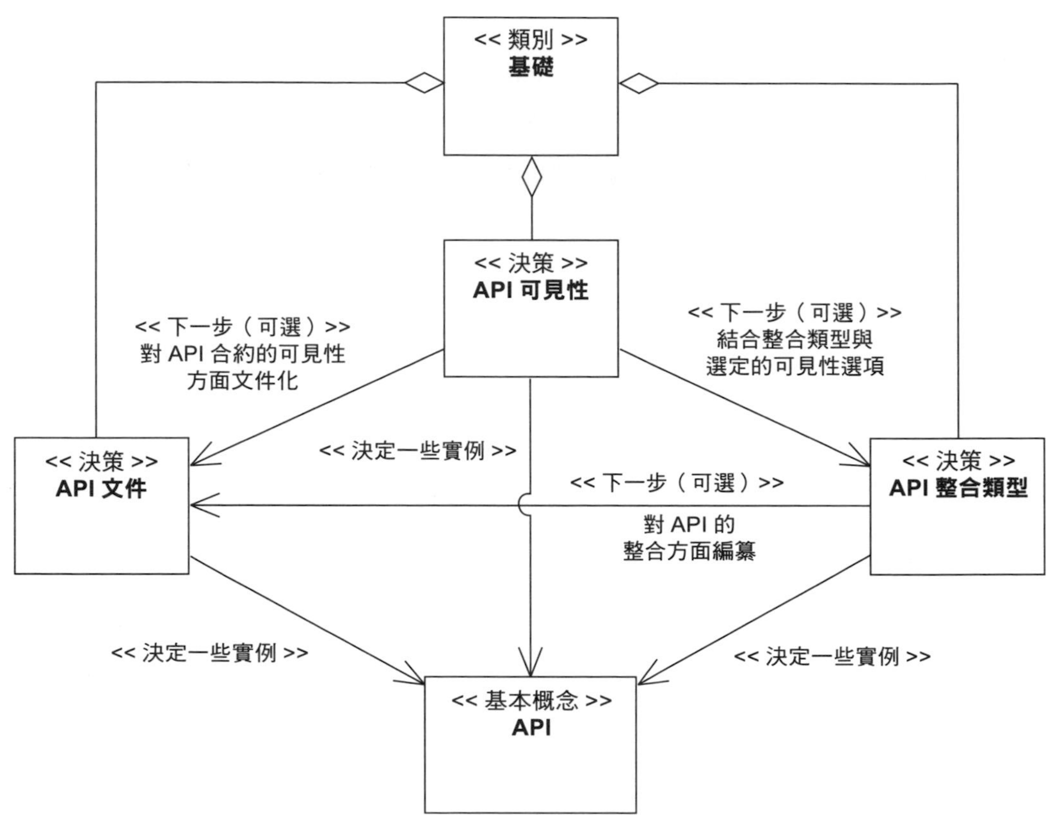

圖 3.1 基礎類別

這個類別中的第一個決策在於 API 可見性。不同的 API 種類中，預計使用 API 的 API 客戶端可能截然不同，範圍從不同組織及地點的大量 API 客戶端，到單一組織及／或同個軟體系統中的少數幾個知名的 API。

除此之外，必須決定物理層系統的組織如何與 API 關聯，進而導致不同的可能整合類型。負責顯示及控制終端使用者介面的前端，可能在物理上與負責資料處理與儲存的後端分離，這樣的後端可能會拆分並分散到多個系統和／或子系統中，例如服務導向架構。這兩種情況下，前端與後端都可能基於 API 而整合。

最後是關於 API 文件需要的決策。當服務提供者決定暴露一個或多個 API 端點時，客戶端必須能夠找出位置，及呼叫 API 操作的方式。這包括技術上的 API 存取資訊，像是 API 端點位置或訊息表現中的參數，以及操作行為的文件，包括前置及後置條件，及相關的服務品質保證。

API 可見性

你可能想以暴露一或多個端點的遠端 API，來提供應用程式的一部分。在這樣的情境下，每個 API 的早期決策都與其可見性相關。從技術觀點來看，API 可見性決定於部署位置及網路連線，例如網際網路、外部網路、公司內部網路或單一個資料中心；而從組織角度來看，API 客戶端服務的終端使用者，將影響可見度的需求等級。

可見性決策主要不是技術上的決策，而是一個管理或組織上的決策，通常與預算和資金考量有關。有時 API 開發、營運和維護是由單一個專案或產品所資助，當然也有多個組織或組織中多個單位共同資助的情況。

然而，可見性決策對技術方面有重要影響。比較在網際網路上由任意數量且部分未知的 API 客戶端使用的公開 API，與一個少數且穩定數量的其他組織系統及／或子系統使用的解決方案內部 API，公開 API 要承受的工作量可能相當高，且包含數個尖峰用量；而只有少數已知客戶端使用的解決方案內部 API，其工作量通常非常低。因此，這兩種 API 的可見性對效能和可擴充性的需求就會非常不一樣。

要採取的核心決策如下：

決策：*API* 可見性

要從哪裡存取 API：網路、存取受控制的網路例如內部或外部網路，或是只有特定解決方案的資料中心？

圖 3.2 顯示這個決策的三個決策選項，描述為模式。

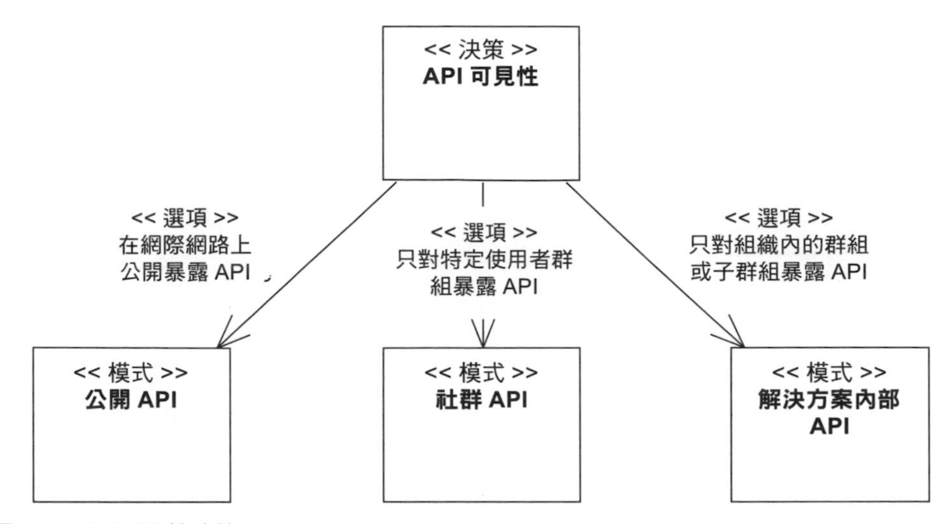

圖 3.2 API 可見性決策

第一個選項是**公開** *API*（*Public API*）模式。

模式：公開 *API*（*Public API*）

問題	如何讓組織外部無限且／或未知數量的 API 客戶端取用 API？且這些客戶端分散於全球、國際和區域面。
解決方案	在公開網際網路上暴露 API 及詳細的 *API* 敘述（API Description），描述 API 的功能及非功能特性。

對於**公開** *API* 來說，更要考量目標聽眾的規模、位置及多樣性。目標受眾的期望及需求、可能使用的開發和中間件平台，以及其他類似考量，都有助於決定是否以及如何公開提供 API。例如，相較於在伺服器上渲染的動態網站，透過瀏覽器存取 API 的單頁應用程式趨勢，會導致可透過網際網路存取的 API 數量增加。

高可見性的**公開** *API* 經常必須應付持續的高工作負載及／或尖峰用量，這樣會增加後端系統和資料存儲的複雜度，和對高成熟度的要求。API 要承受的可能負載取決於目標受眾的規模，而目標受眾的位置，則決定網際網路存取等級及頻寬需要。

可見性高的 API，可能比可見性低的 API 有更高的安全需求。使用 *API* **金鑰**（*API Key*）或驗證協議，通常代表一般**公開** *API* 與開放 API（Open API）變體的不同：一個真正的**開放** API，是沒有 *API* **金鑰**或其他驗證方式的公開 API。當然，*API* **金鑰**及驗證協議也可用於所有其他決策選項。

還必須考慮 API 開發、營運及維護成本。通常 API 必須有一個用來產生資金的商業模型，對於**公開** *API* 來說，付費訂閱及依呼叫次數付費是常見的選項，可見**計價方案**（*Pricing Plan*）模式；另一個選項是交叉出資，例如透過廣告。而這些考量都必須配合預算，雖然提供第一版 API 的初始開發資金可能很容易，但長期營運、維護和演進的籌資也可能較為困難，尤其是有大量客戶的成功**公開** *API*。

可見性限制更多的**社群** *API*（*Community API*）是替代的決策選項。

模式：社群 *API*（*Community API*）

問題	如何將 API 的可見性和存取限制在封閉的使用者群組之下？這個群組不為單一組織單位工作，而是為多個法律實體，如公司、非營利／非政府組織和政府工作
解決方案	將 API 與其實現資源安全地部署在存取受限的位置，以便只有期望的使用者群組，例如外部網路（extranet）可以存取 API，或只與受限的目標聽眾分享 *API* **敘述**。

如同**公開** *API*，**社群** *API* 的開發、營運及維護也一樣需要資金支持。因此預算同樣扮演重要角色，但社群特性及所需的解決方案決定資金獲得方式。例如，在產品使用者社群中，許可證費用可能涵蓋預算，政府及非營利組織可能為特定且受限的使用者群組提供 API 資金，以實現特定社群目標。簡單說，與**解決方案內部** *API*（*Solution-Internal APIs*）的主要差別是，**社群** *API* 通常沒有一個專案或產品預算為 API 支付費用，API 出資者的利益百百種。

通常在公司情境中可觀察到更多模式變體。企業 API（Enterprise API）是只能在公司內部網路使用的 API，產品 API 與購買的軟體或開源軟體一起提供。最後，透過雲端供應商和在雲端環境託管的應用程式服務暴露的服務 API（Service API），若其存取是受限且受保護的，也算是**社群** *API* 的變體。

目標聽眾大小、地點和技術偏好也有影響，這通常和預算考量有關，社群成員可能為 API 支付費用，這些社群特性可能比個別團隊或公開特性更具挑戰性和多樣性。與*公開 API* 相比，API 的開發組織通常可以輕易地設立標準，因為使用者在政治上相對較弱勢，而在有限界的社群中，利害關係者的考量通常多樣且要求較高，例如，應用程式負責人、DevOps 職員、IT 安全官等角色的考量可能不同且彼此衝突。這些考量也可能使 API 生命週期管理有更高的要求，舉例來說，*社群 API* 的付費顧客就可能對 API 版本維持運作有相當高的要求。

最後，可見性最受限的決策選項，是*解決方案內部 API*。

模式：*解決方案內部 API*（*Solution-Internal API*）

問題	如何把 API 存取及使用限制在應用程式內？例如，在同個或另一個邏輯層及／或物理層中的元件。
解決方案	將應用程式依邏輯分解成元件，讓這些元件暴露本地或遠端 API。這些 API 只提供給系統內部通訊夥伴，例如應用程式後端中的其他服務。

就前面兩個模式而言，必須考慮*解決方案內部 API* 開發、營運及維護的資金預算。相比其他兩個 API 可見性類型，即較多的暴露，*解決方案內部 API* 通常問題較少，因為單一專案或產品的預算會包含 API 的成本，專案因此也可以決定生命週期考量，及支援的目標聽眾大小、地點和技術偏好，這些考量的重要性自然取決於專案目標。例如，開立線上購物發票的 API 開發，可以預期 API 開發團隊已經知道產品及出帳需求；而這些需求會隨時間改變。如果團隊推出新的 API 版本，相關改變也會通知依賴團隊，讓這些團隊可以在同一個購物應用程式從事開發工作。

之前提到的其他技術考量也有類似特色，它的工作量通常比*公開 API* 清楚，除非*解決方案內部 API* 接收來自*公開 API* 的呼叫。例如在出帳的情境中，如果公司所有產品本身都透過*公開 API* 提供，那出帳的*解決方案內部 API* 就必須應付來自這些公開 API 的負載。同樣地，後端系統及資料存儲的複雜性與成熟度，以及安全需求也必須滿足解決方案內部的需求，並且能遵循組織中使用的最佳實踐（best practice）。

注意，有時*解決方案內部 API* 會演進成為*社群 API*，或甚至是*公開 API*。這種轉變不應該以範疇蔓延的形式發生，而應該是有意識地決策和計畫；發生這樣的轉變時，有些 API 設計決策，例如 API 安全性決策，就有可能必須重新審視。

也要注意 API 可見性，包括訊息及資料結構的可見性。API 客戶端和提供者需要對交換的資料結構有相同理解。在領域驅動設計（DDD）的詞彙中，這些資料結構是發布語言（Published Language）的一部分（Evans 2003）。豐富的發布語言對貢獻正向的開發者體驗有潛在幫助；然而，它也同時引入了內在耦合。

> **範例決策結果。**Lakeside Mutual 案例的團隊如何決策？為什麼？
>
> **在顧客自助服務通道的背景中，**
>
> **面對服務外部使用者的需求，例如現有顧客，**
>
> **Lakeside Mutual 的 API 設計者決定演進他們的解決方案內部 API，成為社群 API 且忽略公開 API，**
>
> **以滿足已知使用者的期望與需求，以及預測 API 工作量，**
>
> **接受未註冊的使用者或潛在顧客不能使用 API 服務。**

API 整合類型

第二個基礎決策是 API 要支援哪一種整合類型。

> **決策：***API 支援的整合類型*
>
> API 客戶端有對終端使用者顯示表單及處理結果嗎？例如顯示在手機 App、網頁應用程式及豐富客戶端應用程式（rich client application）？或 API 客戶端應該以中間層及管理應用程式元件後端層中的包裝器，或轉接器形式服務？

圖 3.3 顯示兩個決策選項，**前端整合**（*Frontend Integration*）／垂直整合，及**後端整合**（*Bankend Integration*）／水平整合。[2]

---

2 水平整合 vs 垂直整合的概念源自於分散式系統及其分層的常見視覺化表現，前端放在圖的上方，後端放在圖的下方。

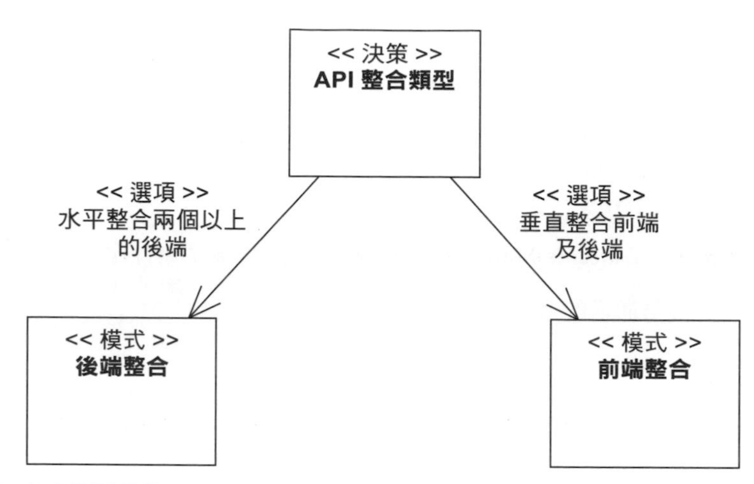

圖 3.3 API 整合類型決策

兩種整合類型能與任何先前討論過的可見模式結合使用。

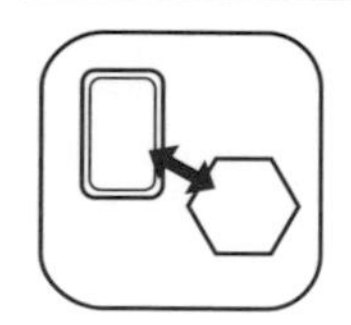

模式：前端整合（*Frontend Integration*）

問題	與伺服器端的業務邏輯，及資料存儲分離的客戶端終端使用者介面，要如何以計算結果、資料源查詢結果，及資料實體的細節資訊來填充及更新？應用程式前端如何調用後端活動，或上傳資料給後端？
解決方案	讓分散式應用程式的後端透過基於訊息的（message-based）遠端前端整合 *API*（*Frontend Integration API*），暴露服務給一個或多個應用程式前端。

設計前端整合 *API*（*Frontend Integration API*）的方式，將強烈取決於前端資訊及業務需求。如果前端含有使用者介面（UI），可能需要豐富且具表達力的 API，來應付所有 UI 需求，例如 API 應該支援分頁（*Pagination*）模式，讓 UI 可有效地逐步獲取額外的資訊；而這樣的 API 會帶來愉悅的客戶端開發體驗。然而，越有表達力的 API，通常開發成本也越高，且可能導致相較於簡單方案更緊密的耦合性；額外的心力及更緊密的耦合性，也可能轉換為更高的風險。

當越多應用程式前端處理敏感資料如顧客資訊時，前端整合 *API* 安全性及資料隱私通常就是最重要的考量。

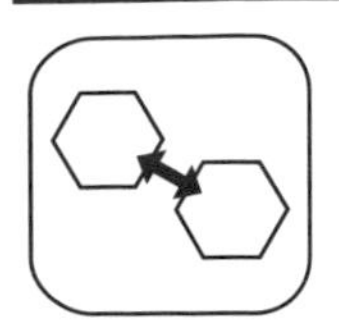

模式：後端整合（*Backend Integration*）

問題	分散式應用程式及其已獨立建置、分別部署的部件，如何在保存系統內部概念完整性的同時，交換資料且觸發相互活動，而不引入不需要的耦合？
解決方案	透過基於訊息（message-based）的**遠端後端整合** *API*（*Backend Integration API*），將分散式應用程式後端，與一個或多個其他在同一或其他分散式應用程式的後端整合。

對於許多後端整合，必須考慮運行時的品質，例如效能及可擴充性，舉例來說，一些後端可能輪流服務多個前端，必須在後端之間傳輸大量資料。當後端整合需要跨越組織邊界時，安全性可能是個重要的考量，而在一些後端整合情境中，可互相操作性同樣是重要力量。例如，系統的應用程式負責人與系統整合人員可能不認識彼此。

對於整合任務，尤其是**後端整合**，開發預算可能也是重要的考慮要素。例如，**解決方案內部** *API* 及**社群** *API* 的成本分配可能不盡明確，且只能花費有限預算在整合任務上；系統整合意味著，要整合的系統開發文化與公司政策可能發生衝突或不相容。

對於這項決策的兩種模式，**前端整合**及**後端整合**，連結到現存的 API 可見性的決策選項，如下：

- **公開** *API* 通常提供**前端整合**能力，來連接網頁應用程式或手機前端。它們也能用來支援**後端整合**，例如以開放資料（open data）提供資料給大數據情境中的資料湖。
- **社群** *API* 通常支援**後端整合**情境，例如，資料複製（data replication）或事件溯源（event sourcing）。它們也可能在入口網站（portal）及混搭網站（mashup）支援**前端整合**。
- 最後，**解決方案內部** *API* 可能支援**前端整合**，以支援 API 客戶端服務僅用於解決方案內的終端使用者介面，也可能支援在本地背景中的**後端整合**，像是本地提取（extract）、轉換（transform）和載入（load）（ETL）程序。

範例決策結果。在討論這項決策時，Lakeside Mutual 中出現哪一個 API 決策？

在顧客自助服務通道背景中，

面對透過使用者介面，提供外部使用者正確資料的需要，

選擇了前端整合模式，而忽略後端整合

好在顧客自助服務時，達成高資料品質及生產力增益（productivity gains），

接受外部介面必須受到適當保護。

後續決策中的 *HTTPS* 及 *API* 金鑰模式，為用來處理在範例決策結果中提到的「接受」（accepting）後果選項。

API 文件

除了 API 可見性及 API 整合類型上的基礎決策，還應該決定 API 是否及如何文件化，這項決策可見圖 3.4。

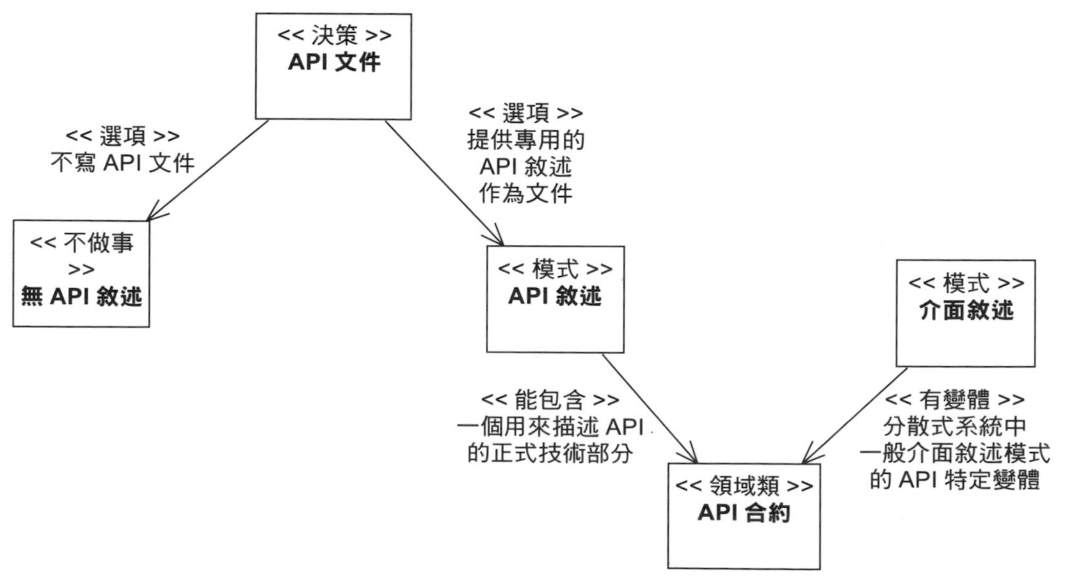

圖 3.4 API 文件決策

*API 敘述*為此決策的基本 API 相關模式。一個小型或簡單專案，或原型專案（prototype project）很可能在不久後就會擴充，可能選擇不套用此模式而選擇「無 *API 敘述*（*no API Description*）」。

決策：*API 文件*

API 應該文件化嗎？如果是的話，應該如何撰寫？

模式：*API 敘述*（*API Description*）

問題	API 提供者和客戶端之間需要共用哪些知識？應該如何把這些知識撰寫成文件？
解決方案	建立 *API 敘述*來定義在提供者與客戶端之間分享的請求，與回應訊息結構、錯誤回報，及其他技術知識相關部分。除了靜態及結構資訊，也涵蓋動態或行為方面，包括調用順序、前置及後置條件，以及不變量（invariants）。以品質管理政策、語義規範與組織資訊，來補充句法介面敘述（syntactical interface description）。

*API 敘述*包含功能性的 API 規約，定義 API 提供者與客戶端之間分享的請求與回應訊息結構、錯誤回報及其他技術知識相關部分，除了句法介面敘述，***API 敘述***包含品質管理政策以及語義規格與組織資訊。API 規約的部分本質上是「介面敘述」（Interface Description）模式的特殊情況或變體（Voelter 2004），其目的為描述 API。例如，前身為 Swagger 的 OpenAPI 規格、API Blueprint（2022）、網頁應用描述語言（WADL）及網路服務描述語言（WSDL），都是用來明確介面的語言，這些介面遵循介面敘述模式，可用來描述 *API 敘述*的技術部分，即 API 規約；或者是更不正式的 API 規約敘述，例如網站上的文本格式，可以結合敘述語言及非正式規格兩種選項。MDSL 為支援模式的一種機器可讀的語言範例，詳見附錄 C。

在模式解決方案，如品質管理政策、語義規範、組織資訊、調用順序、前置及後置條件及不變量等提到的其他部分，實務上常用來非正式地描述 API。許多部分也存在正式的語言，例如用來定義前置及後置條件和不變量（Meyer 1997），或調用順序（Pautasso 2016）。

模式的關鍵面之一是 *API 敘述*，能幫助實現可互相操作性，因為它提供一個普遍、跨程式語言的 API 描述，並有效隱藏資訊，因 API 提供者不應該揭露客戶端不需要的 API 實現細節。同時，客戶端也不必去猜測要如何正確地調用 API，也就是說，API 設計者應該關心可用性及可理解性。一個清晰且精確的 *API 敘述*是達到此目標的基本要求，*API 敘述*能幫助在可用性、可理解性和資訊隱藏間取得平衡。

API 實現細節的獨立幫助確保客戶端與提供者的鬆耦合，而鬆耦合及資訊隱藏能實現 API 的可擴張性及演進性。如果客戶端未高度依賴 API 實現細節，一般來說就會很容易去改變及演進 API。

範例決策結果。Lakeside Mutual 決定套用模式：

在顧客自助服務通道的背景中，

想改善客戶端開發體驗，

Lakeside Mutual 的 API 設計人員選擇詳細撰寫 *API 敘述*及規約語言 MDSL 與 OpenAPI，

來實現可互相操作、容易學習及使用的 API，

接受文件必須與 API 的演進與時俱進。

本節呈現的可見性及整合模式，會出現在第二部分第 4 章〈模式語言介紹〉，*API 敘述*則是第 9 章〈API 規約文件與傳達〉的主題。

API 角色及職責決策

設計 API 端點及操作時，會出現兩個問題：

- API 端點扮演何種架構角色？
- API 操作的職責是什麼？

API 導入的驅動要素及設計需求相當多樣化，因此，API 在應用程式及服務生態系中扮演的角色差異很大。有時候 API 客戶端想要通知提供者意外發生，或傳遞一些資料；有時候客戶端請求提供者端的資料，好讓客戶端可以繼續處理。有時候提供者必須進行許多複雜過程，以滿足客戶端的資訊需求；有時僅回傳一個已存在應用程式狀態一部分的資料元素。有些提供者端的處理工作，不論簡單或複雜都可能改變提供者端的狀態，但也有一些可能保持不變。

一旦端點的角色定義為行動或資料導向後，端點操作的職責就需要更細緻的決策。操作能單獨計算結果，僅讀取狀態、建立新狀態而不讀取狀態、或實現狀態轉換。例如，*API 敘述*中清楚定義這些職責，能幫助開發者進一步設計及選擇更好的 API 端點部署選項；又例如，如果端點只進行無狀態計算及資料讀取，其結果能快取（cache），且複製實現，使擴充更為容易。

如圖 3.5 的種類概覽，職責種類（responsibility category）包含兩個決策。在端點識別期間通常會做出一個架構角色決策，至少是初步的，接著再設計操作職責。注意，必須為每一個端點或資源決定架構角色，而操作職責應該分派到每一個 API 操作。

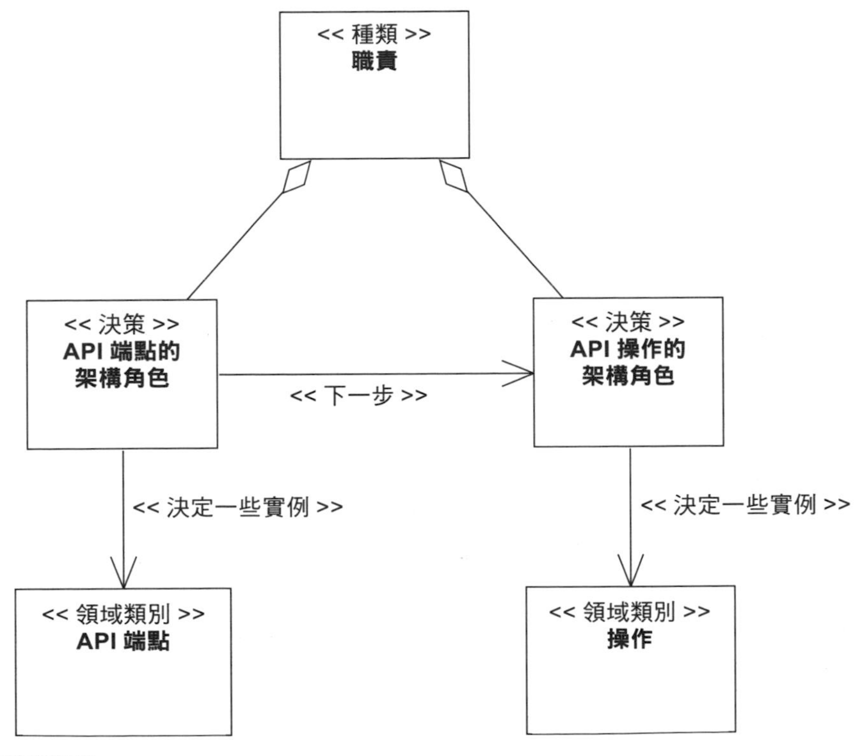

圖 3.5 職責種類

API 端點的架構角色

API 需求分析可能會產生候選 API 端點的列表，例如 HTTP 資源。專案或產品發展剛開始時，這些介面仍不明確，或只有部分明確，API 設計者必須處理語義考量及為 API 暴露的服務找到合適的業務顆粒度。最簡單的敘述如：「在服務導向架構（SOA）中的服務定義是粗粒度的；然而微服務是細粒度的，在一套系統中不能同時有兩者」，或「總是偏好細粒度勝過粗粒度」是不足的，因為專案需求和利害關係人的考量不同（Pautasso 2017a）；背景總是重要的（Torres 2015）；內聚性和耦合度的準則有多種形式（Gysel 2016）。也因此，服務設計的非功能需求經常有所衝突（Zimmermann 2004）。

回應這些普通挑戰，API 端點主要決策是要決定應該要扮演哪一個架構角色，這樣才能在接下來幫助改善（候選）API 端點的選擇和拆分。

> **描述：端點的架構角色**
>
> API 端點在架構中應扮演哪一種技術角色？

這個決策有兩個主要可以選擇的選項，見圖 3.6。

處理資源（*Processing Resources*）主要功能為處理傳入的動作請求，又稱為命令或活動。

模式：處理資源（*Processing Resource*）

問題	API 提供者如何允許客戶端觸發其中的活動？
解決方案	在 API 暴露的操作加入**處理資源**端點，以操作用來細綁及包裹應用程式層級的活動或命令。

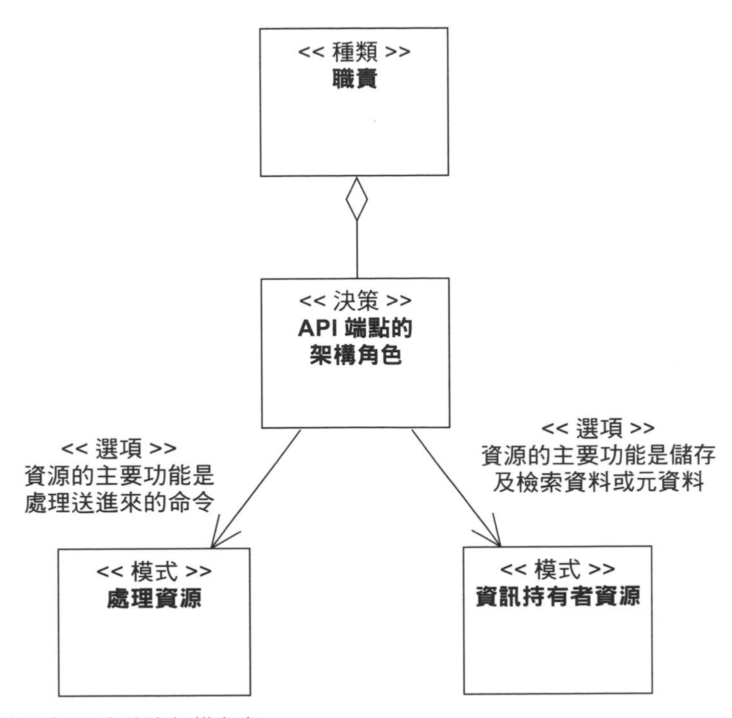

圖 3.6 職責種類：端點的架構角色

相較下，資訊持有者資源（*Information Holder Resources*）的主要功能是暴露資料及元資料的儲存與管理，包括建立、操作及檢索。

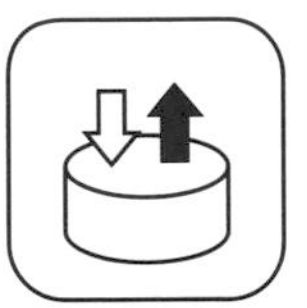

模式：資訊持有者資源（*Information Holder Resource*）

問題	API 如何暴露其內的領域資料而隱藏實現？ API 如何暴露資料實體好讓 API 客戶端可以存取，和／或修改這些實體的同時，又不影響資料完整性及品質？
解決方案	在 API 端點加入資訊持有者資源端點，呈現資料導向的實體。在端點暴露建立、讀取及搜尋操作，來存取及操作實體，在 API 實現中，協調呼叫這些操作來保護資料實體。

這兩種資源類型之間的決策相對容易，因為都是基於客戶端請求的功能。然而，在決定要提供哪些功能，及如何解耦 API 仍有更多空間。例如，API 設計者必須考慮規約的表現力及服務粒度：簡單的互相操作給予客戶端好的控制及處理效率，但動作導向的能力能促進品質，像是一致性、相容性、可進化性。這些設計選擇對 API 的可學習性和可管理性，可以是正面但也可以是負面的。另外也可確保語義的互相操作性，包含對資料交換的意義有共同了解。如果沒做好，所選擇的端點操作設計在回應時間會有負面影響，並造成冗長的 API。

現實中要達成無狀態（stateless）*處理資源*相當困難。API 安全性及請求／回應資料隱私需要維護狀態，例如，當必須維護所有 API 調用，及伺服器端處理結果的完全稽核日誌（audit log）的時候。

對其背後的耦合性影響也應該納入考慮，尤其是有狀態的資源。高度以資料為中心的方法易於產生建立、讀取、更新、刪除（CRUD）API，這對耦合性有負面影響。稍後會更深入討論不同種類的資訊持有者角色細節。有些後端結構遵循現狀（as-is）會導致高耦合的 API；然而 API 設計者可以任意設計 API 作為額外的一層，特別用來支援 API 與客戶端間的互動。在此，不僅要考量 API 設計，還要考量後端服務各種品質要素的衝突與妥協，像是同步性、一致性、資料品質及完整性、可復原性、存取性及可變性或不可變性。而且，這些決策經常取決於架構設計原則的符合性，像是鬆耦合（Fehling 2014）、邏輯及物理資料獨立性，或微服務原則，像是獨立可部署性（Lewis 2014）。

範例決策結果。案例研究團隊要如何解決考量要素？

在 Lakeside Mutual 的顧客自助服務通道的背景中，

面對使客戶能夠輕鬆更新合約資訊的需求，

Lakeside Mutual 的整合架構師決定引入資料導向的*資訊持有者*（*Information Holder*）模式，而非動作導向的*處理資源*模式。

來提供具表達性、容易理解的建立、讀取、更新及刪除功能，

接受合約資訊的公開暴露會使自助服務通道與顧客管理後端形成某些程度上的耦合。

改善資訊持有者角色

*資訊持有者資源*的主要功能是資料或元資料的儲存與管理，包括建立及檢索。有幾種涵蓋資訊持有者類型的模式，這些模式改進一般的*資訊持有者資源*模式，可見圖 3.7 的概覽。

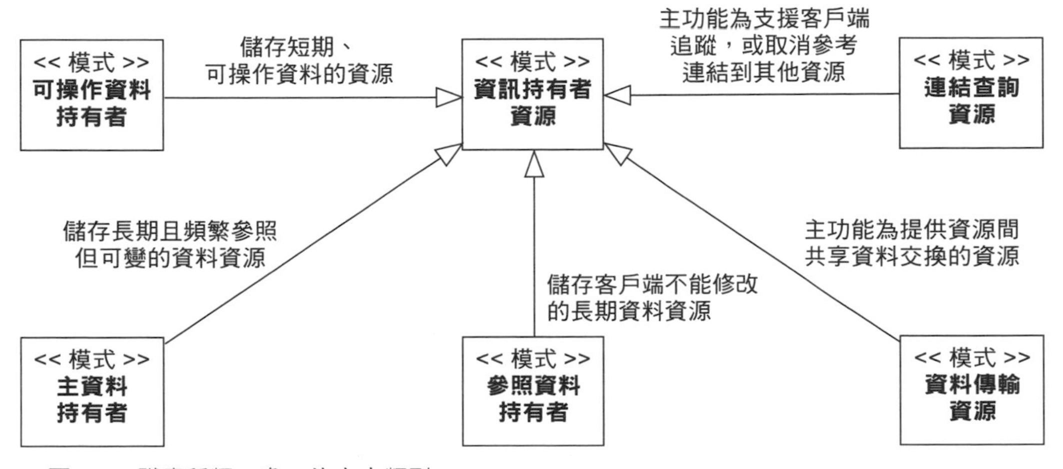

圖 3.7 職責種類：*資訊持有者類型*

在這些資訊持有者角色的背景下，可區分 3 種資料類型，定義開頭 3 個模式中描述的角色基礎。

- **可操作資料（Operational data）**涵蓋組織中的交易事件。例如，向公司下訂單、運送產品給顧客，或雇用員工皆為業務交易，這些交易形成了可操作資料，又稱交易資料（transactional data），通常本質是短期、可交易，並且具有許多對外關係。
- **主資料（Master data）**是支援系統業務交易實現的基本資訊，通常涵蓋組織各團體，像是個人、顧客、員工或供應商的數位表現。也涵蓋與組織有關的主要**事物**，如產品、材料、品項及工具。最後，主資料可以實體或虛擬的地點呈現，如位置或基地；且主資料通常是長期、頻繁參照的資料。
- **參照資料（Reference data）**是一或多個系統中，及構成系統微服務與元件之間參照及分享的靜態資料。例子包括國家代碼、郵政代碼及交付狀態代碼，如待處理、資訊已接收、傳輸中、運送中、嘗試失敗、已送達等。參照資料是長期、簡單且客戶端無法直接改變的資料。

支援可操作資料的**資訊持有者資源**角色，為**可操作資料持有者**（*Operational Data Holder*）。這個選項的一個重要決策驅動要素，通常是更新操作的高速處理；處理可操作資料的服務必須容易修改，才能支援業務靈活性及更新彈性。然而，可操作資料的建立及修改也必須滿足許多業務情境中的高度準確及品質標準，例如概念完整性，及一致性的必要支援品質。

模式：可操作資料持有者（*Operational Data Holder*）

問題	API 如何支援客戶端建立、讀取、更新、及／或刪除呈現可操作資料的領域實體實例？這些資料存在時間相當短，經常在每日業務營運期間改變，並有許多對外關係。
解決方案	把**資訊持有者資源**標記為**可操作資料持有者**，並加上允許 API 客戶端，可頻繁快速地建立、讀取、更新及刪除資料的 API 操作。

不同於可操作資料，主資料是生命週期長，且頻繁參照但仍可改變的資料。**主資料持有者**（*Master Data Holder*）儲存這類的資料。主資料品質常是一個中央決策要素，包括主資料一致性及其保護，例如對攻擊及資料洩漏的防護。設計**主資料持有者**時，常必須考慮外部依賴，像是不同組織單位的資料所有權。

模式：主資料持有者（*Master Data Holder*）

問題	要如何設計提供可存取主資料的 API ？主資料是長期存在、很少改變，以及許多客戶端會參照的資料。
解決方案	標記**資訊持有者資源**為專用的**主資料持有者**端點，以端點綁定主資料存取及控制操作，像是保持資料一致性及適當地管理參照的操作。把刪除操作當作是一種特殊的更新形式。

對**可操作資料持有者**與**主資料持有者**兩種模式來說，簡單的設計是每個識別介面元素都是一個 CRUD 資源，暴露可操作資料或主資料。在先前模式速寫使用的「建立、讀取、更新及刪除」一詞，不代表這樣的設計是實現模式的計畫或唯一解決方案。這種設計很快會導致效能及擴充性不良的冗長 API，也可能導致不需要的耦合及複雜性。要小心！相反地，我們推薦在資源辨識過程中的漸進方式，旨在先識別出範圍清楚的介面元素，例如領域驅動設計中的聚合根（Aggregate root）、業務能力或業務流程。甚至更大的型態，像是限界上下文也可能作為設計起點；在少數情況下，也可把領域實體（domain Entity）視為提供端點候選的對象；對於 API 與 DDD 關係的進一步討論請見 Singjai 2021a、2021b 及 2021c。這方式導致**可操作資料持有者**及**主資料持有者**設計在語義上更豐富，從 DDD 的領域模型方面來看，目標是豐富且深入的領域模型，而非「貧血的領域模型」（Fowler 2003）；這模型應該表現在 API 設計中，但不需要完全對映。

對於一些長期資料，客戶端不想也不被允許修改。這樣的參照資料應該由**參照資料持有者**（*Reference Data Holder*）提供。可以對這樣的資料作快取以提高效能，如果使用快取，就要決定一致性與效能的取捨，既然參照資料極少或不會改變，就很容易把參照資料寫死在 API 客戶端，或僅檢索一次，然後將拷貝存放在本地。這樣違反**不要重複自己（do not repeat yourself, DRY）**原則的設計，並只適合用在短期。

模式：參照資料持有者（*Reference Data Holder*）

問題	多個地方參照、生存期長且對客戶端不可變的資料，在 API 端點中該如何處理？這種參照資料如何被用在處理資源和資訊持有者資源的請求與回應中？
解決方案	提供資訊持有者資源的一種特別類型端點，即**參照資料持有者**，作為參照靜態、不可變資料的單一參照點。端點提供讀取操作，但沒有建立、更新或刪除操作。

作為支援角色，還有**連結查詢資源**選項，主要功能是支援客戶端追蹤，或取消參照連結到其他資源。連結是改善 API 消費者與提供者之間的耦合及內聚手段；不過，也要考量**連結查詢資源**之間的耦合。連結有助於減少訊息大小，藉由在訊息中放置連結而非內容，就如同**嵌入實體**（*Embedded Entity*）模式，但如果客戶端需要全部

或部分的資訊，這作法會增加需要呼叫的次數。在訊息中放置連結，及把內容包於嵌入實體中，會影響整體資源使用狀況，為了讓連結運作良好，理想上應該建立在運行期能改變的動態端點參照。連結查詢資源增加 API 的端點數量，且會導致更高的 API 複雜性；後果的嚴重性取決於連結查詢資源**集中化**還是**分散化**的程度。最後，必須考量處理損壞連結的一致性問題：一個連結查詢提供選項來處理問題，沒有查找的損壞連結通常會馬上導致例外狀況，例如「找不到資源」錯誤。

模式：連結查詢資源（*Link Lookup Resource*）

問題	如何使訊息表現能夠參照其他可能變化頻繁的 API 端點和操作，而不將訊息接收方綁定到這些端點的實際地址？
解決方案	引入一種特別類型的資訊持有者資源，即專門的連結查詢資源，來暴露特別的檢索操作，該操作回傳表示參照 API 端點目前位址的連結元素（*Link Element*）單一實例或集合。

資料傳輸資源（*Data Transfer Resource*）是一種端點角色模式，代表主要功能是提供客戶端之間共用資料交換的資源。這可能有助於減少與資料傳輸資源互動的通訊參與者之間的耦合；就時間而言，API 客戶端不必同時運行；就位置而言，API 客戶端只要能找到資料傳輸資源，就不必知道彼此的位址；這個模式有助於克服某些通訊限制，比方說一個團體無法直接連到另一個團體時。非同步、持久的資料傳輸資源，比客戶端／伺服器端通訊更為可靠，並提供良好的擴充性，但必須採取措施來處理妨礙擴充性的未知接收者數量。不過間接通訊會引入額外的延遲，交換資料要儲存在某處，且必須有足夠儲存空間。最後，也必須建立共用資訊的所有權，來達成對資源可用性生命週期的明確控制。

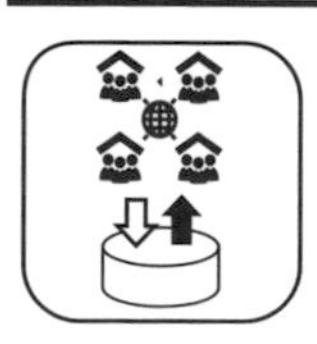

模式：資料傳輸資源（*Data Transfer Resource*）

問題	兩個或更多的通訊參與者要如何在不知彼此、無法同時可用，且甚至接收者知道之前已送出資料的情況下，進行資料交換？

解決方案	引入資料傳輸資源作為共用儲存端點，它可被兩個或更多的 API 客戶端存取。提供這個特別的資訊持有者資源與全球唯一的網路位址，如此一來，兩個或更多個客戶端就可以使用它作為共用的資料交換空間。加入至少一個狀態建立操作，與一個檢索操作（*Retrival Operation*），這樣資料就能存放在共用空間，並從那獲取。

範例決策結果。Lakeside Mutaul 的 API 設計者決定以下資料持有者的特性：

在顧客管理後端的背景中，

面對長期保存及使用顧客資料的需求，

Lakeside Mutual 的 API 設計者決定使用主資料持有者模式，並將其引入顧客核心服務（Customer Core service），忽略其他 4 種資訊持有者類型，

來達成在跨系統間顧客資料的單一整合視圖（single consolidated view），

接受如果沒有適當架構及實現，則主資料持有者可能成為效能瓶頸及單點失效。

定義操作職責

一旦決定端點角色，還要對其操作做出更細粒的決策，這涵蓋於 4 個廣泛使用的 API 操作職責模式。這些模式是圖 3.8 中所示決策的解決方案選項。

決策：操作職責

每個 API 操作的讀寫特性為何？

第一個模式為狀態建立操作（*State Creation Operation*），模擬在 API 端點上建立狀態且本質上僅能寫入（write-only）的操作。這邊的**本質上（in essence）**，意指這樣的操作可能需要讀取一些提供者的內部狀態，例如，建立之前在現有資料中檢查重複主鍵（duplicated key）。然而，主要目的仍是建立狀態。

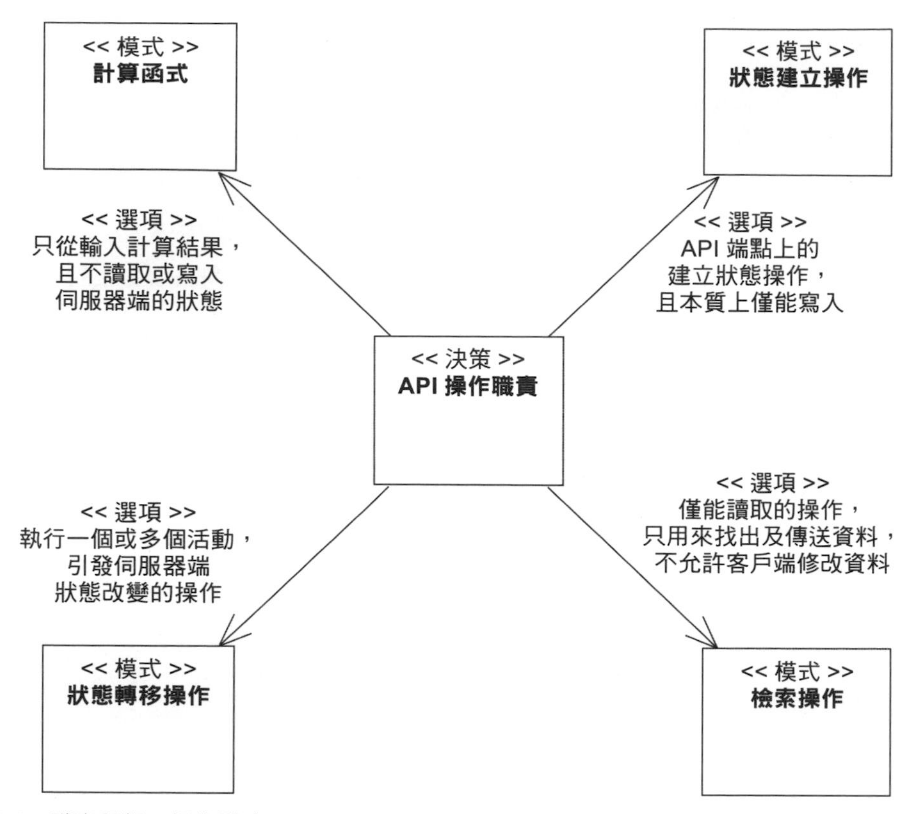

圖 3.8 職責種類：操作職責

在狀態建立操作的設計中，應該考慮對耦合性的影響。因為未讀取提供者的狀態，使確保一致性變得困難。由於客戶端報告的事件發生在事件抵達提供者之前，設計時也需要考慮時間要素。最後，可靠性是一個重要的關注點，因為訊息可能會以不同的順序出現，或在 API 提供者重複出現。

模式：狀態建立操作（*State Creation Operation*）

問題	API 提供者如何允許客戶端報告已發生事件，例如觸發立即或後續處理？
解決方案	加入狀態建立操作：`sco: in -> (out,S')`，其有本質上僅能寫入的 API 端點，這端點可以是處理資源，或資訊持有者資源。

下一個選項是**檢索操作**，表示一個僅能讀取（read-only）的存取操作，只能找出及傳送資料，且不允許客戶端更改任何資料。資料在送給客戶端之前可能已經在**檢索操作**中處理過，例如，藉由聚合資料元素來最佳化資料傳輸。有些檢索操作是搜尋資料，其他則是存取單一資料元素，在設計操作時應考慮資料的特性，如真實性、多變性、速度和容量，因為資料以多種形式存在，且客戶對各種資料會有不同興趣。此外，也應該考量工作量管理，尤其是傳輸大量資料時；同樣地，從客戶端傳送越多資訊到 API 提供者及回應，會導致更高的耦合及更大量的訊息。

模式：檢索操作（*Retrieval Operation*）

問題	如何能從遠端團體（remote party），即 API 提供者獲得資訊，來滿足終端使用者的資訊需求，或允許客戶端的進一步處理？
解決方案	在 API 端點加入一個僅限讀取（read-only）操作：`ro: (in,S) -> out`，該端點通常是**資訊持有者資源**，用來請求含有機器可讀的被請求資訊表現結果，在操作簽章加入搜尋、篩選及格式化能力。

狀態轉移操作（*State Transition Operation*）是執行一個或多個活動，引發伺服器端狀態改變的操作。這樣的操作範例是對伺服器端資料完全或部分更新，以及刪除這些資料。進展長時間運行的業務流程實例也需要**狀態轉移操作**，要更新或刪除的資料可能來自之前的**狀態建立操作**，或是由 API 提供者內部初始化；換句話說，資料的建立可能不是由 API 客戶端引起，且 API 客戶端看不到。

選擇這個模式有以下決策要素：必須考慮服務粒度（service granularity），因為大型服務可能包含複雜且豐富的狀態資訊，而這些狀態資訊只在少數轉移中更新，較小的服務就狀態轉移而言可能簡單但冗贅。對長期運行的流程實例來說 ，要保持客戶端狀態與提供者後端狀態的一致性並不容易，此外，考慮是否存在對先前流程中狀態改變的依賴也很重要，舉例來說，由其他 API 客戶端、下游系統的外部事件，或提供者內部批次工作觸發的系統交易，可能與**狀態轉移操作**觸發的狀態改變互有衝突。在網路效率（network efficiency）及資料簡約（data parsimony）兩個目標之間有一個取捨：訊息越小，需要越多訊息交換來達到特定目標。

模式：狀態轉移操作（*State Transition Operation*）

問題	客戶端如何發起處理動作，來改變提供者端的應用程式狀態？
解決方案	在 API 端點引入操作，結合客戶端輸入及目前狀態來觸發提供者端的狀態改變：`sto: (in,S) -> (out,S')`。在端點中建立有效（valid）的狀態移轉模型，檢查送來的改變請求，及運行時的業務活動請求有效性（validity），端點可能是**處理資源**，或**資訊持有者資源**。

計算函式（*Computing Function*）是只從客戶端輸入計算結果，而不讀取或寫入伺服器端狀態的操作，之前詳述的不同效能及訊息大小的考量，也與**計算函式**有關。在許多情況下，**計算函式**需要執行的可重複性（reproducibility），有些計算可能需要很多資源，像是 CPU 時間與主記憶體（RAM）；對於這些函式，工作量管理是必要的。由於許多**計算函式**經常改變，維護性需要特別考量，即更新提供者端會比更新客戶端容易。

模式：計算函式（*Computing Function*）

問題	客戶端如何調用提供者端的無副作用（side-effect-free）遠端程序，從輸入得出計算結果？
解決方案	在 API 端點引入 `cf` 操作：`cf: in -> out`，端點通常是**處理資源**。讓**計算函式**驗證接收的請求訊息，執行期望的函式 `cf`，在回應中回傳計算結果。

範例決策結果。Lakeside Mutaul 的 API 設計者決定如下：

在顧客核心資訊持有者資源的背景中，

面對達成高度自動化及類型多樣的客戶端需求，

Lakeside Mutual 的 API 設計者決定引入實現 4 種職責模式：讀取、寫入、讀寫及計算的操作

來達成對顧客主資料的讀取、寫入存取及驗證支援

接受必須協調併發存取，且當指定過於細粒的建立、讀取、更新、寫入操作時，互動可能會太頻繁。

模式涵蓋第二部分第 5 章〈定義端點類型與操作〉中出現的端點架構角色，操作職責模式也是那一章的特點。

選擇訊息表現模式

除了端點與操作，API 規約還定義調用操作時的訊息交換結構。模式語言的結構表現種類處理設計訊息表現結構的方式，包括以下設計問題：

- API 訊息參數及主體部分的最佳數量，和這些表現元素的適合結構為何？
- 表現元素的意義及刻板（stereotype）是什麼？

例如，就第一個問題而言，HTTP 資源 API 通常使用訊息主體（message body），來傳送資料給提供者，或從提供者接收資料，例如以 JSON、XML 或其他 MIME 類型表示，以及使用 URI 的查詢參數（query parameters）來指明要請求資料。在 WSDL ／ SOAP 上下文中，能將這樣的設計問題解釋為，SOAP 訊息部分應該如何組織，又應使用哪個資料類型定義 XML Schema Definition（XSD）中的相應元素。在 gRPC 中，這個設計問題是關於 Protocol Buffer 規格定義的訊息結構，包含訊息和資料類型細節。

設計或重構訊息的任何時候，很可能都必須做出這類決策。在訊息中傳輸的表現元素，包括請求參數和主體元素，都是這些決策要考慮的部分。

如圖 3.9 所示，這包含 4 個典型決策。第一個是參數表現結構，據此可以決定訊息元素的含義及職責，接著，也能決定多個資料元素是否需要額外資訊；最後，訊息整體是否能擴展上下文資訊。

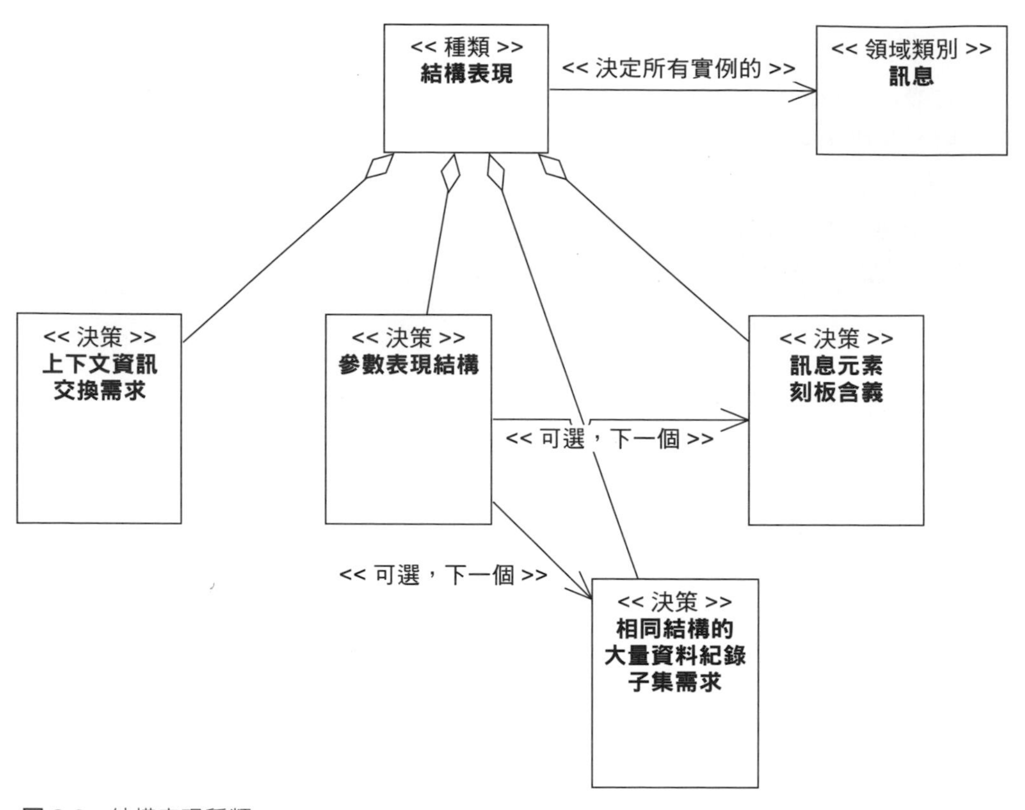

圖 3.9 結構表現種類

表現元素的扁平 vs 巢狀結構

結構表現設計中主要的決策如下：

> **決策：參數表現結構**（*Structure of parameter representation*）
>
> 訊息中傳輸的資料元素的合適整體表現結構為何？

圖 3.10 說明這決策的典型選項。

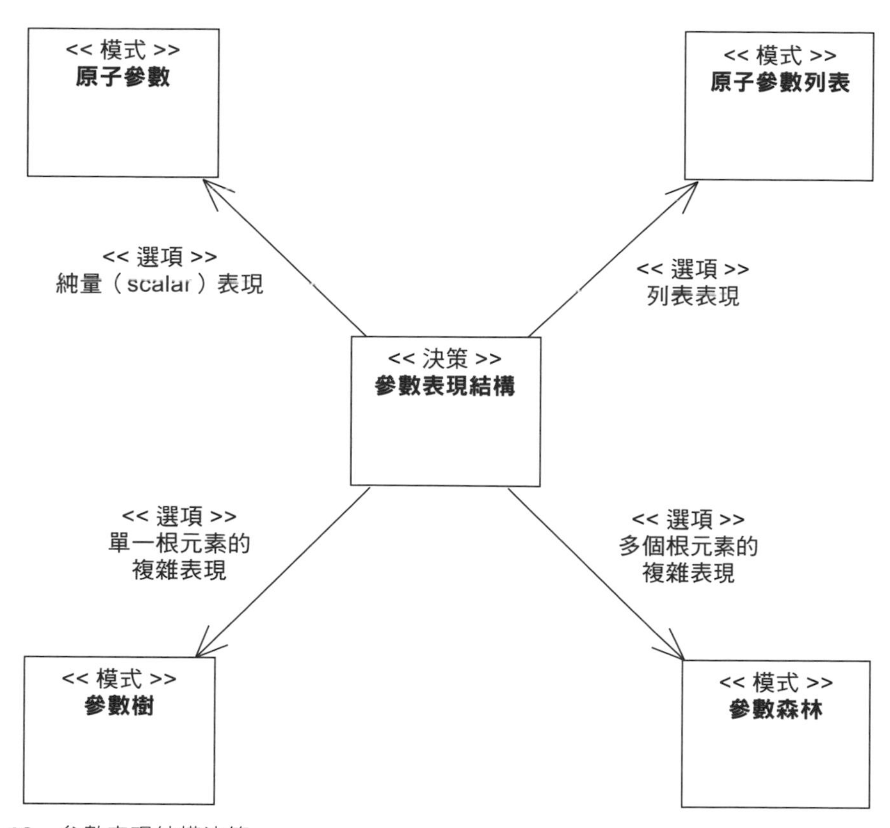

圖 3.10 參數表現結構決策

最簡單的決策選項是純量（scalar）表現就足夠的情況，這種情況應該選擇原子參數模式。

模式：原子參數（*Atomic Parameter*）

問題	簡單、無結構的資料，如數值、字串、布林值或二進位資料塊，如何在 API 客戶端與 API 提供者間交換？
解決方案	定義簡單參數或實體元素。從所選的訊息交換格式類型系統中挑選基本類型。若接收方在使用上是合理的，用一個名稱來識別這個原子參數。將名稱（有的話）、類型、基數（cardinality）及可選性，撰寫在 *API* 敘述中。

有時候需要傳送多個純量（scalar），在這情況下，以表格方式呈現通常是最好的決策選項，以下是原子參數列表（*Atomic Parameter List*）模式。

模式：原子參數列表（*Atomic Parameter List*）

問題	多個關聯的原子參數如何在一個表現元素中作結合，以便使每個參數保持簡單，且相關性在 *API* 敘述與執行時的訊息交換中變得明確？
解決方案	在單一內聚的表現元素中，結合兩個或多個簡單、無結構的資料元素來定義原子參數列表，包含多個原子參數。透過位置：索引（index）或字串鍵值（string-valued key）來識別其中項目。若在接收端需要處理整體的原子參數列表，則以列表本身名稱識別。指明需要及允許出現的元素數量。

如果兩種選項，純量或表格表現都不適用，就選擇將其中一個用更複雜的方式表現。若單一根元素（root element）呈現於資料中，或能輕易地設計為要傳輸的資料，表現元素就能包裝在採用參數樹模式的階層結構中。

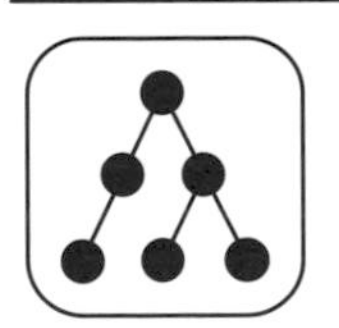

模式：參數樹（*Parameter Tree*）

問題	在定義複雜表現元素，及在運行中交換這樣的相關元素時，如何表達包含關係？
解決方案	以一個或多個子節點的專用根節點來定義參數樹為階層結構。每個子節點可能是單一個原子參數、原子參數列表，或另一個在內部以名稱，且／或位置來識別的參數樹。每一個節點可能有正好一個（exactly-one）基數，但也可能是 0 或 1 個（zero-or-one）基數；至少一個（at-least-one）基數，或 0 或多（zero-or-more）個基數。

由於任何複雜資料結構都可以放在單一根元素下，因此參數樹選項永遠能適用，但若資料元素之間在內容上沒什麼關係，那使用它就可能不太合理。如果用單一個樹結構來傳輸資料元素覺得不合適或不自然，也能把多個樹分組為參數森林（*Parameter Forest*）模式中的結構列表。

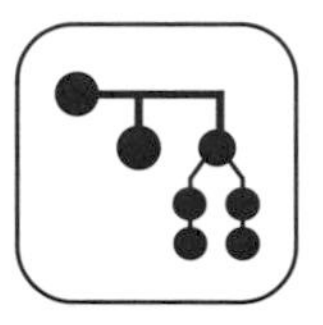

模式：參數森林（*Parameter Forest*）

問題	如何把多個參數樹暴露為 API 操作的請求，或回應酬載（payload）?
解決方案	定義參數森林，結合兩個或多個參數樹，透過位置或名稱找出參數森林中的成員。

在這決策種類中更複雜的模式，全都使用**原子參數**來建構更複雜的結構。也就是說，**原子參數列表**是一**原子參數**序列，而**參數樹**中的樹葉，則是**原子參數**。**參數森林**的結構，使用其他 3 種模式來建構，那些模式之間的利用關係可見圖 3.11。因此，先前說明的兩種決策需要再次遞迴決定，以得出複雜模式中的細部結構。例如，參數樹中的每一個資料結構都必須再次決定，本身是否為純量、列表或樹的表現。模式對映的技術會在第 4 章討論。

如果使用技術沒有其他方式來支援傳送多個扁平參數，可以把**原子參數列表**表現為**參數樹**，作為傳送用的包裝結構。這樣的樹在根節點下面只有純量的葉節點（scalar leave）。

在參數表現結構決策的 4 個模式之中作選擇時，有幾個共用的決策驅動要素。

一個明顯的驅力為領域模型的固有結構及系統行為。為了確保可理解性及簡單性，以及避免不必要的複雜性，通常在程式碼與訊息中的參數表現，維持與領域模型相近是比較適合的做法。重要的是要小心套用這個一般建議：應該只暴露接收者需要的資料，來避免不必要的耦合。例如，若領域資料元素結構是樹，套用**參數樹**就是自然的選擇，從領域模型或程式語言資料結構到訊息結構都能夠容易追蹤。同樣地，應該密切反映預期的行為：在物聯網（IoT）的情境中，感應器頻繁地發送一筆資料項目到邊緣節點（edge node），最自然的選擇是**原子參數**。在訊息數量及每一個訊息結構的決策，需要小心分析何時需要哪一個資料元素，有時這無法以分析來推斷，而是需要大量測試，以最佳化訊息結構。

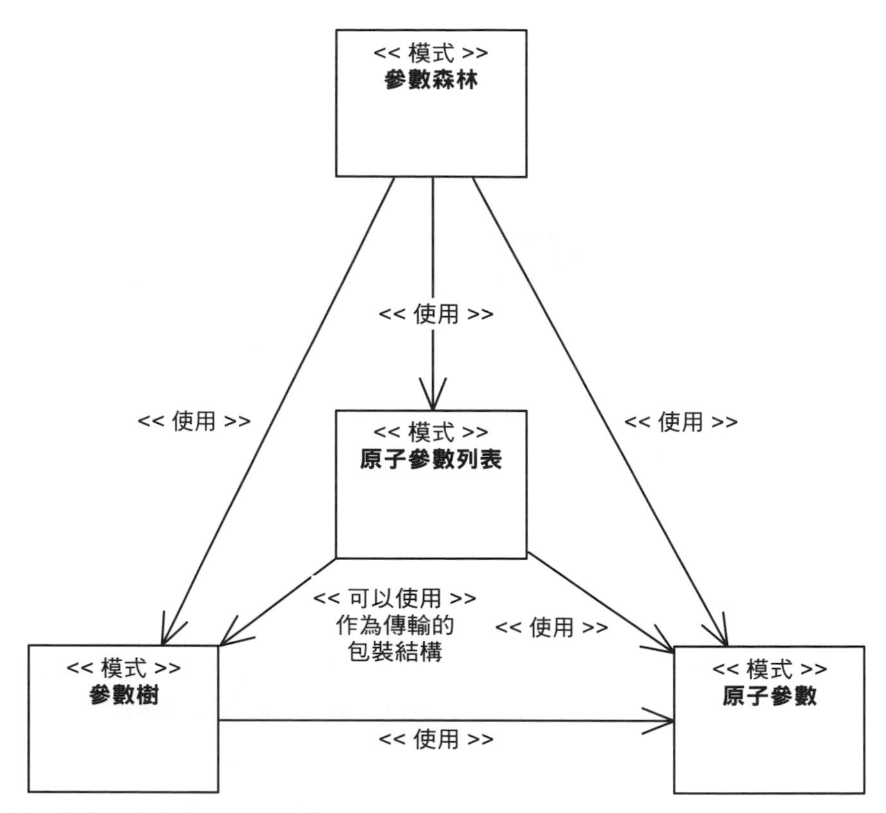

圖 3.11 參數表現結構的依賴模式

隨訊息傳送的所有額外資料也必須考量進去，像是安全相關的資料，例如安全權杖（security token），或其他元資料，例如訊息和相關性識別碼（correlation identifier）或錯誤代碼等。這樣的額外資訊實際上會改變訊息的結構表現，例如，如果除了參數樹之外還要傳送元資料，那元資料不會整合至樹中，有兩個頂級的樹元素，也就是包含訊息內容及元資料的參數森林可能比較合理。

不必總是傳送背後業務邏輯或領域模型中可取得的整個資料元素，為了達到更好的效能，應該只傳送資料元素相關的部分。這能最佳化資源利用，即使用較小的頻寬及較低的記憶體消耗和訊息處理效能，例如，客戶需要一組員工紀錄中的薪資資料，來執行無關特定員工的計算，就可以單純地在參數樹傳送所有資料。但由於需要的只有薪資數字，所以只在原子參數列表傳送那些數值，會大大地減少訊息大小。

另一方面，把資料拆分成太多的小訊息也會對資源利用造成負面影響，因為這樣會增加網路流量，且需要更多的頻寬；因此，大量的小訊息整體上可能需要更多效能處理，如果伺服器必須在每一次的訊息處理回復工作階段（session）狀態，情況會變得更糟。例如，如果之前範例的客戶端在第一次計算後沒多久，需要員工紀錄中的其他資料，及傳送一些成功請求，則總資源利用及效能，可能會比直接在第一次傳送整組所選的員工紀錄還糟糕許多。

有時候可以在一條訊息中傳送許多資料元素群組，進一步改善資源利用與效能。例如，如果一個雲端 IoT 的邊緣節點從感測器蒐集資料，像是一段時間間隔內的一組測量值，在批次（batch）中傳送這些資料到雲端，而非分開傳送每筆資料元素通常比較合理。當在邊緣執行預計算（precalculation）時，其計算結果可能甚至可以放入**原子參數**中。

考量訊息酬載的可快取性及可變性，可以幫助改善效能和資源消耗。

最佳化的資源利用和效能可能對其他品質，如可理解性、簡易性及複雜性產生負面影響。例如，在員工紀錄上執行的 API，在 API 端點中提供每個特定任務一條訊息，會比只允許傳送整個員工紀錄中的特定一組紀錄，包含更多操作。前者可能有較好的資源利用和效能，但 API 設計會更加複雜，且因此更難以理解。

API 提供者與客戶端之間，請求與回應結構是重要 API 規約要素；這些要素促成溝通參與者的共用知識。這共用知識決定了 API 提供者與客戶端之間的部分耦合性，闡述為鬆耦合的格式自治面（Fehling 2014）。例如，可能考慮總是交換字串或鍵值對（key-value pair），但這樣通用的解決方案增加顧客與提供者間的隱含共用知識，導致更強的耦合性，這會使測試和維護更為複雜，也可能使訊息內容產生不必要的膨脹。

有時只需要交換訊息結構中的少數資料元素，即可滿足溝通參與者間的資訊需求，例如，檢查在列舉中定義的不同值形式的處理資源狀態時。如果 API 規約不夠明確（underspecified），可能出現可互相操作性問題，例如，處理可選性（optionality），可以透過缺漏或專用的 `null` 值指明與其他形式的可變性，例如，選擇不同的呈現時。如果規約過度明確（overspecified）則缺乏彈性，向後相容性難以維護。簡單的資料結構帶來細粒的服務規約；複雜的資料結構則通常用於粗粒的服務，包含大量業務功能。

在少數情況中，與標準化相關的可交互性考量可能影響決策。例如，如果存在一個標準交換格式，即使客製、有特定目的的格式更容易理解且傳輸效率更高，仍可能為了省下設計工作，而選擇這個標準格式結構。

開發人員的方便性和經驗，包含學習與程式工作，也可能影響訊息表現結構的決策。這與可理解性、簡易性及複雜性的考量有密切關係。例如，容易建立和生成資料的結構可能難以理解或除錯，而在傳輸上輕量的緊密格式可能難以文件化、理解和解析。

安全性與資料隱私的考量也與結構有關，尤其是資料完整性和機密性，因為安全方案可能需要額外的訊息酬載，像是金鑰和權杖（token），以用於登入及／或加密。另一個重要考量是，哪一個酬載該實際送出且應如何得到保護，經常需要所有訊息內容的完整稽核，傳輸的資料不應該遭到竄改，且不應該有假冒身分的可能，通常把套用在最敏感資料元素的安全措施，套用在整個訊息就可以了。某些情況下，這樣的考量可能導致不同的訊息結構或 API 重構，例如，分割端點或操作（Stocker 2021b）。又例如，當單一訊息中的兩個資料元素需要不同安全層級，如不同許可與規則時，把一個複雜訊息分割為不同方法保護的兩個訊息可能是必要的。**原子參數**的使用相較於其他更複雜的模式，就不同參數的安全層級及其**語義代理（semantic proximity）**來看，需要設計和處理工作也最少（Gysel 2016）。

先前那些模式的決策問題是，API 提供者經常不知道 API 客戶端在未來有可能出現的使用案例。例如，以我們的範例說明，設計 API 時，提供員工紀錄的 API 提供者，可能不知道客戶要執行那些不同的計算；因此，實際的使用上，重構介面及擴展會比較合適（Stocker 2021a; Neri 2020）。然而，這些 API 設計的持續演進，對 API 設計的穩定性會造成負面影響，重要的設計考量很難在一開始參與時就做對，原因之一就是關於未來使用情況的不確定性，這是 API 提供者與 API 客戶端每天都在經歷的事。

範例決策結果。Lakeside Mutual 的 API 設計者決定以下：

在更新顧客狀態轉移操作的請求背景中，

面對集中顧客資訊的需求，

Lakeside Mutual 的 API 設計者決定結合參數樹和原子參數模式，

來達成具表達性的資料規約，以暴露領域模型的期望視圖（view），

接受必須以可互相操作的方式對巢狀樹結構序列化（serialized）及反序列化（deserialized）。

注意，除了本節凸顯的許多概念性考量，也必須決定許多技術決策，包括如 HTTP、HTTPS、AMQP、FTP 和 SMTP 等等的通訊協議，以及訊息交換格式，如 JSON、SOAP 或純文本 XML、ASN.1（Dubuisson 2001）、Protocol Buffers（Google 2008）、Apache Avro schemas（Apache 2021a），或 Apache Thrift（Apache 2021b）。也可以引入 API 查詢語言像是 GraphQL（GraphQL 2021）。

元素刻板

稍早說明的參數結構決策，會用來定義請求及回應訊息的資料傳輸表現（data transfer representation, DTR）。然而這決策尚未定義個別表現元素的意義，圖 3.12 顯示的 4 種元素刻板模式，會定義元素刻板決策的典型設計選項。

決策：元素刻板

個別元素表現的意義是什麼？這些元素在 DTR 中的目的為何？

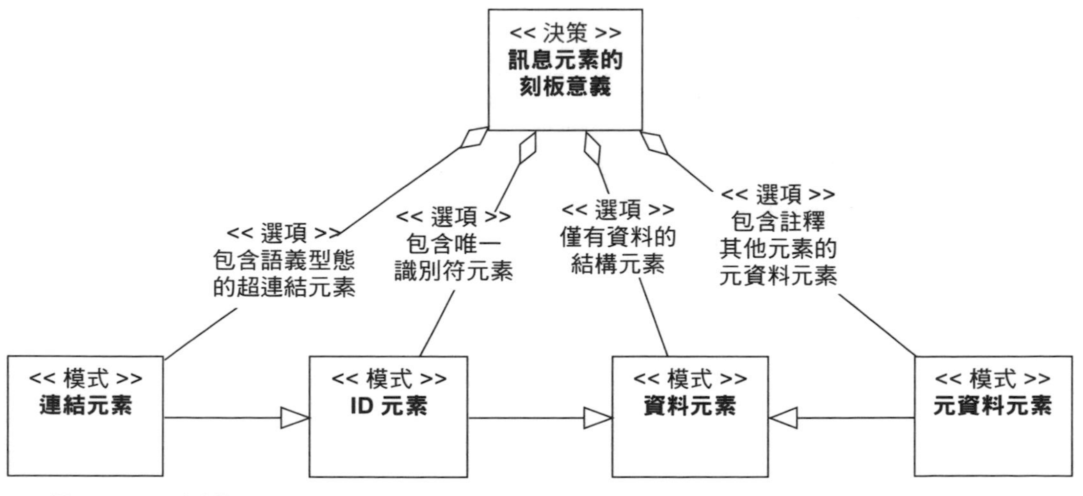

圖 3.12 元素刻板決策

表現元素普遍的意義或職責，為用來傳輸一般的應用程式資料。例如，如果結構化應用程式的業務邏輯結構使用 DDD 時，領域模型中的實體資料（Evans 2003）。

模式：資料元素（*Data Element*）

問題	如何在 API 客戶端和 API 提供者間交換領域／應用程式層級的資訊，而不在 API 暴露提供者端的內部資料定義？從資料管理的觀點，API 客戶端和 API 提供者如何解耦？
解決方案	為請求及回應訊息定義專用的資料元素字彙。這些訊息包裝及／或映射 API 實作業務邏輯中的資料相關部分。

有許多決策要素可用於任何種類的資料元素，當設計用來表示資料為中心的領域元素，像是實體（Entity）的 API 元素時，映射這些元素到 API 最簡單且最具表達力的方式，就是在 API 中完全地展現實體。這往往不是一個好辦法，因為會增加通訊參與者處理選項的次數，而限制處理資料的容易性。可操作性會有風險，且 API 文件工作增加，可能引入不必要的有狀態通訊，違反 SOA 原則及微服務原則，並導致效能問題（Zimmermann 2017）。

安全性和資料隱私可能也有賴於謹慎選擇 API 資料元素。如果通訊夥伴接收大量的細節資料，尤其是不需要的資料元素，就會帶來不受歡迎的安全威脅，例如像是篡改資料的風險；此外，額外的資料保護也會造成配置負擔。

API 中的任何資料很可能必須長期維護。因為在許多整合情境中，都期望有向後相容性，所以 API 很難變更，需要持續測試所有 API 功能。靈活適應持續變化的需求，隨之而來的是 API 維護性和演進的取捨。

元資料元素是包含元資料的一種資料元素。

模式：元資料元素（*Metadata Element*）

問題	如何以額外資訊來補充訊息，讓接收者可以正確解讀內容，而無須對資料語義（data semantic）寫死假設（hardcode assumption）呢？
解決方案	引入一或多個*元資料元素*，來解釋並提升請求和回應訊息中的其他表現元素。完全且一致地填入*元資料元素*的值；對其處理以引導可互相操作、有效的訊息消費和處理。

*元資料元素*的關鍵決策要素與普通*資料元素*類似。然而還有許多特定的額外方面必須考量。如果資料傳輸伴隨著相應的型態、版本和作者資訊，接收者可以使用這些額外資訊來解決歧義，以此改善可互相操作性。如果運行資料伴隨額外的說明資料，則資料會更容易解釋和處理；另一方面，這可能增加通訊團體間的耦合。為了讓使用時更為方便，*元資料元素*可以幫助資料接收者了解訊息內容並有效地處理。不過，包含*元資料元素*時，訊息會變大，而可能對執行效率造成負面影響。

一種有特別意義或職責的*資料元素*，是可表示識別符的元素。

模式：*ID 元素*（*Id Element*）

問題	API 元素在設計與運行如何區分彼此？當套用領域驅動設計時，如何識別發布語言（Published Language）元素？
解決方案	引入一種特別種類的*資料元素*，即唯一的 *ID 元素*，來識別必須區分的 API 端點、操作及訊息表現元素。在整個 API 敘述及實現中使用這些 *ID 元素*，決定 *ID 元素*是否為全域唯一，或只在特定 API 上下文中有效。

對於 *ID 元素*中使用的識別方案，重要的是這些元素在多個方面是準確的，這樣在整個 API 生命週期中就不會發生歧義。在前面使用省力簡單的方案，像是以扁平、無結構的字元字串作為識別符，長期下來會導致穩定性問題，而且需要更多工作去修正累積的技術債。例如，新需求會導致元素名稱改變，而讓 API 版本與之前的版本不相容，因此，可能的話，通用唯一辨識碼（UUID），通常比簡單或只有本地唯

一識別符來得適合（Leach 2005）。這些識別符通常易於機器讀取，但不適合人閱讀，這是另一個取捨。最後，可能有安全考量，如在許多應用程式環境，應該不可能或極度困難去猜測實例識別符。對於 UUID 來說這就是使用情況，但對非常簡單的識別方案來說則並非必要。

遠端識別符的可定址性（addressability）有時很重要，如果是這樣，URI 或其他遠端定位器可做為 *ID 元素*。在這些情況下，同樣必須決定是否使用可讀名稱或機器可讀的唯一識別符，例如，UUID 可以是 URI 的一部分。這帶領我們前往下一個特別資料元素種類，提供連結的元素。

模式：連結元素（*Link Element*）

問題	要如何參考請求與回應訊息酬載中的 API 端點與操作，從而由遠端呼叫？
解決方案	請求或回應訊息包含一種特別的 *ID 元素*，即*連結元素*，讓這些*連結元素*作為人類及機器可讀、網路可存取的指向其他端點及操作指標。選擇性地讓補充的*元資料元素*標註及解釋關係性質。

*連結元素*模式與 *ID 元素*共享決策驅動要素，因為基本上所有*連結元素*都是可遠端訪問的 *ID 元素*。反之則不成立；在 API 中使用的某些識別符（identifier）並不包含網路可存取的地址，例如，客戶端不應該遠端存取，但仍必須參考的領域資料元素，像是後端或第三方系統的關鍵資料元素，這種情況下就不能使用 URI，也就讓人懷疑，這樣的元素是否應該交給客戶端。有時這可能是糟糕的設計選擇，不過在其他情況下可能是必要的，例如，考慮後端「關聯識別符」（Correlation Identifier）（Hohpe 2003），或關聯識別符的代理（proxy）（替代品）情況：必須傳送給客戶端以便應用。

範例決策結果。Lakeside Mutual 的 API 設計者決定以下：

在讀取顧客檢索操作的背景中，

面對識別顧客唯一性的需求，

Lakeside Mutual 的 API 設計者決定使用客製化 *ID 元素*模式實現，範例："customerId": "bunlo9vk5f"

來達成小巧且精確的顧客識別形式，

接受這樣的識別符是不可網路定址的（network-addressable），且人類不易閱讀。

插曲：Lakeside Mutual 案例的職責及結構模式

前面已經記錄多種 Lakeside Mutual 架構師與 API 設計者所做的整合架構決策，現在來看看到目前止的設計結果。

把從第 2 章開始的 API 設計 MDSL 片段轉為實現層級的類別，並走過至今在本章所見的決策與模式選項，最終可能得到如圖 3.13 所示的 `CustomerInformationHolder` Spring Boot controller。

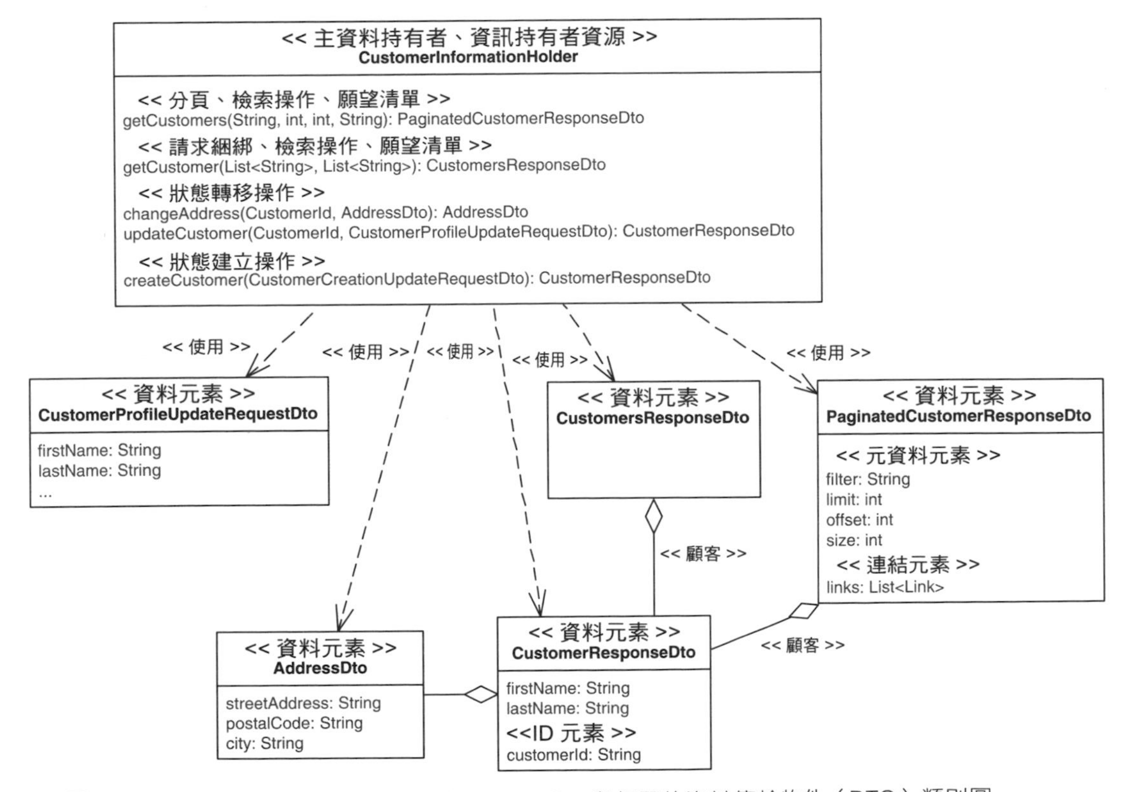

圖 3.13 `CustomerInformationHolder` controller 與相關的資料傳輸物件（DTO）類別圖

要讓客戶端可與顧客主資料互動，就要讓 `CustomerInformationHolder` 實現為資訊持有者資源，具體上是暴露多個操作的主資料持有者。在這些操作中，請求及回應訊息傳輸不同的資料元素，例如顧客資料；且不直接暴露實現類別，而是以 DTO 來暴露，因 DTO 不像實體，也持有 *ID* 元素和連結元素，好讓客戶端檢索更多資料。

因為 Lakeside Mutual 服務大量的顧客，`getCustomers` 檢索操作使用分頁，讓客戶端瀏覽可處理的一部分資料。分頁是我們到目前為止尚未看過的模式。

分頁和其他與 API 品質有關的模式，會在接下來的兩個決策敘事中介紹。

治理 API 品質

API 提供者必須在提供高品質的服務與合乎成本的方式之間妥協，在品質種類中的模式強調或貢獻主要設計議題：

如何達到某種程度的 API 品質同時，又以合乎成本的方式來利用資源？

API 品質有多個面向，除了 API 規約描述的功能，還包括可靠性、效能、安全性及可擴展性。有些技術品質稱為**服務品質（QoS）**屬性，可能與經濟需求，例如成本或上市時間衝突，或一直需要與之平衡。

不必要求對所有客戶的 QoS 保證都相同。在這個種類中，大多數決策都需要考量 API 客戶端和所存取的 API 組合，許多決策可針對這些組合的大部分群體，例如所有可免費增值（freemium）存取 API 的客戶端，或所有存取特定 API 的客戶端。

品質治理的主要決策圖可見圖 3.14。

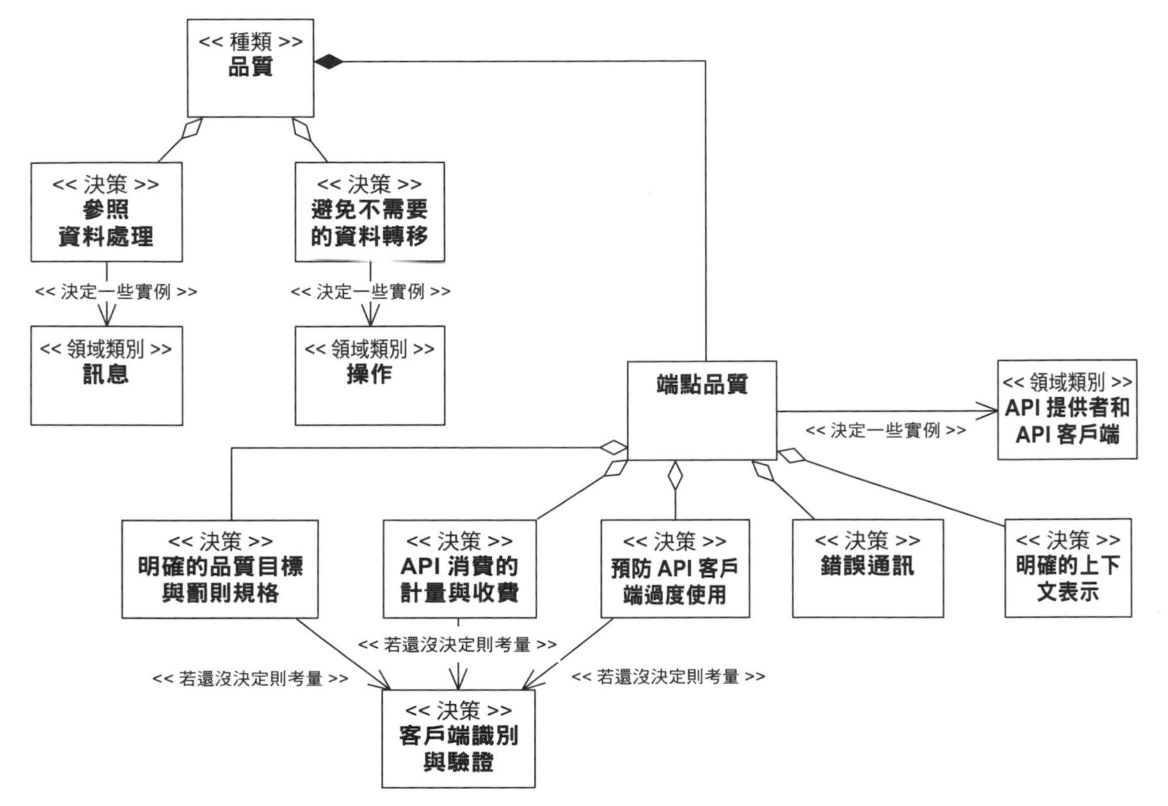

圖 3.14　API 品質與治理決策

API 品質必須得到治理，及在需要時改進。本節先關注治理與管理，下一節會介紹品質改善。關於這種類中的模式決策主題如下：

- API 客戶端的識別與驗證
- API 消費計量與收費
- 防止客戶端過度使用 API
- 錯誤通訊
- 上下文表示

API 客戶端的識別與驗證

識別（**Identification**）的意思是區別哪個客戶端在與 API 互動，**驗證**（**authentication**）則是指提供 API 身分。為了建立**授權**（**authorization**），識別和驗證對付費 API 和／或使用免費增值模式的提供者來說非常重要，API 客戶端一旦得到識別及驗證，API 提供者會根據 API 客戶端核實的身分和授權來允許存取，例如，商業 API 提供者必須識別其客戶端，以判斷 API 呼叫是否實際來自於已知的如付費顧客，或未知客戶。

驗證與授權對於確保安全性來說很重要，但它們也會實施其他措施，來確保各項品質。例如，如果未知的客戶端能任意存取 API，或已知的客戶端能過度使用 API，則整體系統效能會降低。在這種情況下，可靠性會受到威脅，操作成本也有可能會意外上升。

QoS 相關的要素如效能、可擴展性及可靠性，能受到 API 提供者和 API 客戶端某種程度的確保或監控；此外，這些要素也可在對 API 客戶端的 QoS 保證中獲得確保。這樣的保證通常和客戶的一些價格方案或訂閱模型有關，而這也就需要 API 客戶端的識別和驗證。

總結來說，客戶端識別與驗證是達成某些安全品質的基礎，且支援許多建立 QoS 及成本控制的技術。圖 3.15 說明這些情況中要決定的典型決策，這些決策與其他決策與實踐的連結可見圖 3.14，顯示一些需要考量客戶端識別及授權的決策。

第一個且最簡單的選項，是決定不需要安全的身分識別及驗證，這適合非生產環境的 API，或在受控、限制客戶端數的非公開網路 API，以及限制客戶端數目，且沒有太多濫用或過度使用風險的**公開** *API*。

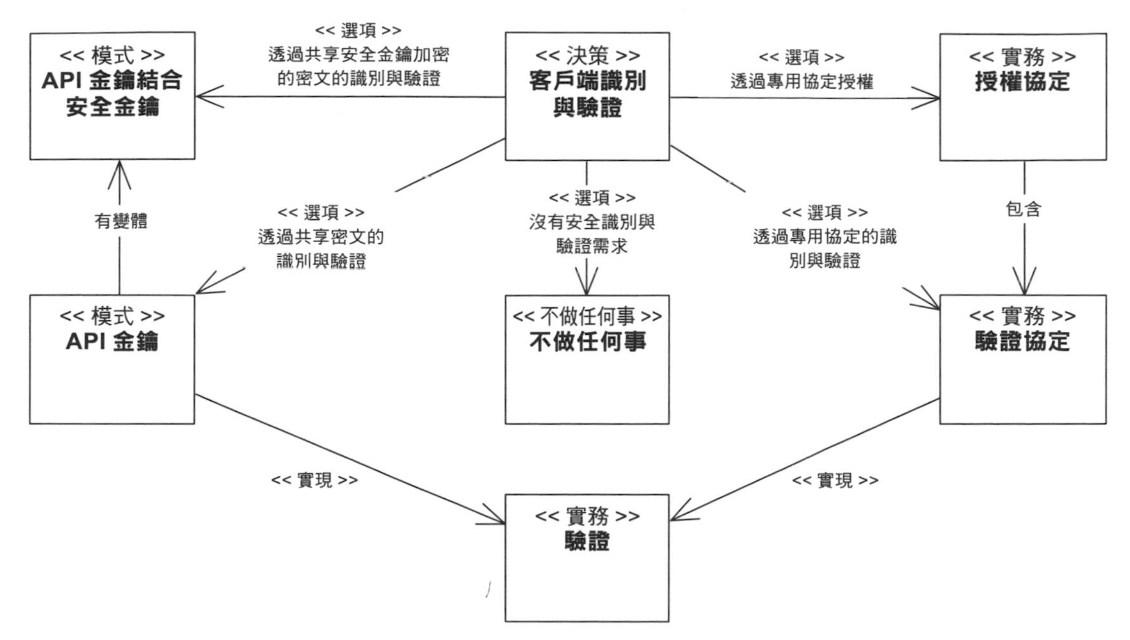

圖 3.15　客戶端識別及驗證決策

另一個方案為 API 引入驗證機制。可識別客戶端的 *API 金鑰*是對此問題的最基本解決方案。

模式：*API 金鑰*（*API Key*）

問題	API 提供者如何識別與驗證客戶端及其請求？
解決方案	API 提供者為每個客戶端分派一個唯一的令牌（token）：*API 金鑰*，客戶端可以向 API 端點出示以達到識別目的。

若安全性是重要議題，光靠 *API 金鑰*本身是不夠的。在與附加的未傳送密鑰（secret key）結合下，*API 金鑰*可安全地驗證 API 客戶端。且 *API 金鑰*能識別客戶端身分，而以密鑰製作且從不傳送的附加簽章（signature）來核實身分，並確保請求沒有遭到篡改。

現存有許多 *API* 金鑰的補充或替代方案，因為安全是一個具有挑戰且多面向的主題，例如，OAuth 2.0（Hardt 2012）是一個授權用的產業標準協議，且為透過 OpenID Connect（OpenID 2021）安全驗證的基礎，Kerberos（Neuman 2005）是另一個成熟的驗證或授權協議，常用於網路內的單一登入（single sign-on），結合輕量目錄存取協定（Lightweight Directory Access Protocol, LDAP）（Sermersheim 2006）也可提供驗證，LDAP 本身也提供驗證功能，因此能作為驗證且／或授權協議。點對點驗證協議範例有詢問握手認證協議（Challenge-Handshake Authentication Protocol, CHAP）（Simpson 1996），及可擴展驗證協議（Extensible Authentication Protocol, EAP）（Vollbrecht 2004）。

這項決策必須考量一些力量要素，首先是最重要的安全等級，若需要安全識別及驗證，選擇無安全識別及驗證或 *API* 金鑰是不夠的。*API* 金鑰幫助建立基本安全。雖然需要註冊過程，但一旦獲取後，就使用容易性而言，相較於無安全識別與驗證它僅會造成輕微影響。其他選項則較不容易使用，因為需要處理更複雜的協議，及設置需要的服務和基礎設施。在驗證及授權協議中需要的使用者帳戶憑證管理，在客戶端和提供者端可能會很繁瑣；而使用 *API* 金鑰可避免這種情況，包括與密鑰結合。

至於效能表現，不需安全識別與驗證的決策沒有固定開銷（overhead）；*API* 金鑰則有些許用來處理金鑰的固定開銷，且與密鑰結合後，則需要更多會稍微減少效能的處理。由於驗證與授權協議提供額外功能，如 Kerberos 與信任的第三方聯繫或 OAuth 或 LDAP 中的授權，所以容易有更多固定開銷。最後，*API* 金鑰選項對呼叫 API 的客戶端與客戶端組織進行了解耦，因為使用顧客帳戶憑證，不必給系統管理員和開發者完整帳戶存取權限，在驗證與授權中，可藉由建立子帳戶憑證來解決這個問題，該憑證僅允許 API 客戶端的 API 存取權，而不提供顧客帳戶的其他權限。

> **範例決策結果**。Lakeside Mutual 的 API 設計者決定如下：
>
> **在用於顧客管理的前端整合的社群 *API* 背景中，**
>
> **面對保護機敏個人資訊，如顧客紀錄需求，Lakeside Mutual 的 API 設計者決定採用 *API* 金鑰模式，好讓只有已識別的顧客可以存取 API。**
>
> **接受 *API* 金鑰需要管理，會增加操作成本，並接受這僅是一個基本的安全方案。**

API 消費計量及收費

若 API 是商業版本，API 提供者可能想要對使用 API 收費，因此，需要識別與驗證客戶端的方法。通常會使用既有的驗證實踐，提供者便可以監控客戶端，並為 API 的使用分派**計價方案**。

模式：計價方案（*Pricing Plan*）

問題	API 提供者如何計量 API 服務的消費並收費？
解決方案	在 *API 敘述*中，為 API 的使用分派**計價方案**，以對 API 顧客、廣告商或其他利害關係者出帳。定義及監控 API 用量的計量指標，像是每個操作的 API 用量統計。

當然，也可以選擇不對顧客計量及收費。

圖 3.17 說明**計價方案**模式的可能變體：計價可以基於實際用量、某種基於市場分配，例如拍賣，或固定費率的訂閱方式；這些變體都可與免費增值模式（freemium model）結合。**計價方案**有時會以**速率限制**（*Rate Limit*）來確保使用公平。圖 3.16 為 API 消費決策的計量與收費。

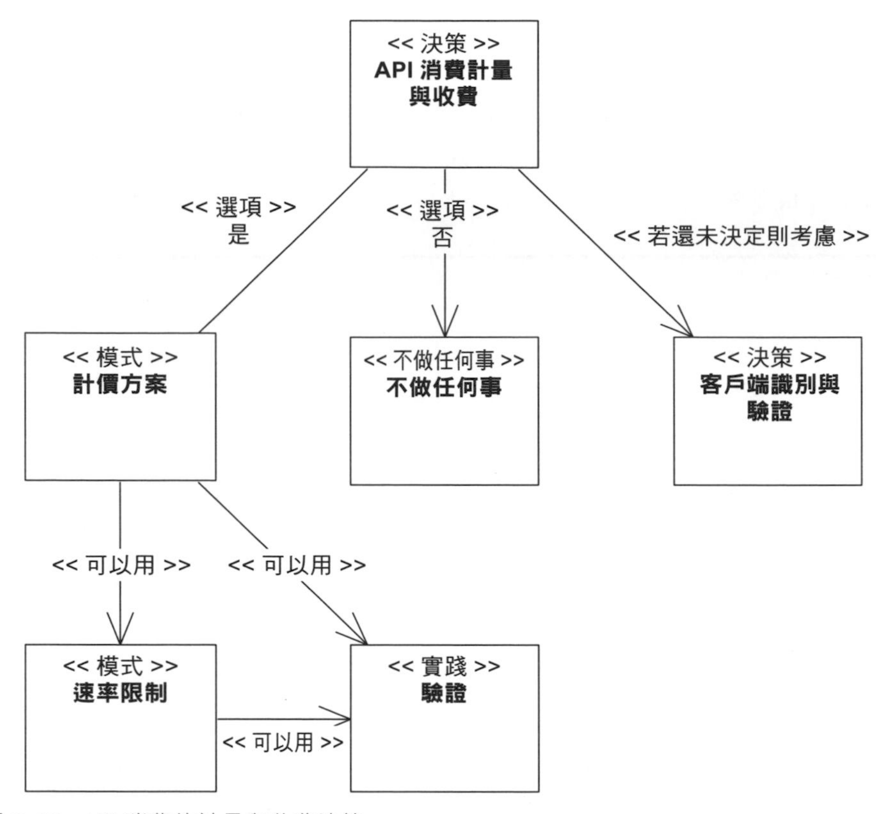

圖 3.16 API 消費的計量與收費決策

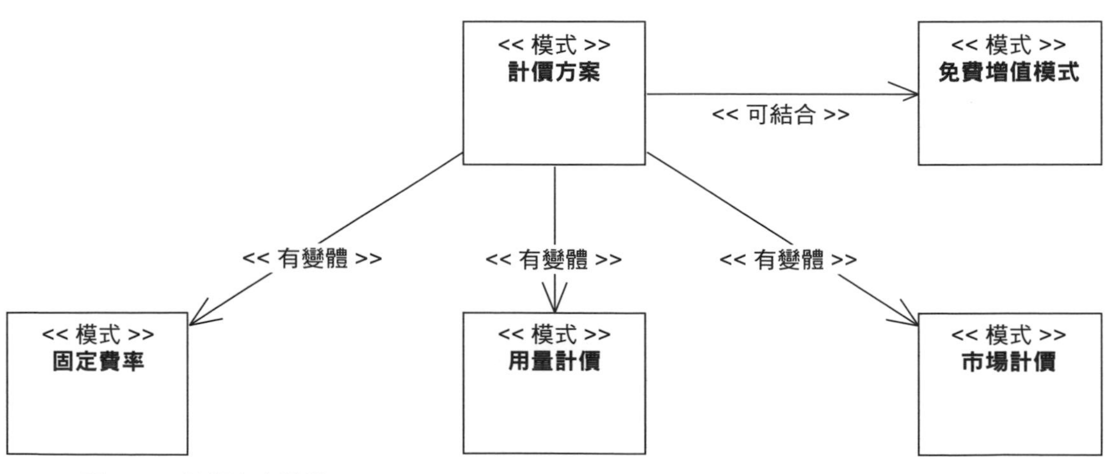

圖 3.17 計價方案變體

此決策的主要驅動要素通常是經濟面向，例如定價模型與選出最適合商業模式的模式變體。套用模式的好處，應該拿來與對顧客計量與收費所需付出的心力及成本比較。準確性很重要，因為 API 消費者只願為他們真正有消費的服務買單，準確計量需要合適的計量粒度，因為計量與收費紀錄也會包含顧客的機敏資訊，必須提供額外保護以確保安全性。

範例決策結果。Lakeside Mutual 的 API 設計者決定如下：

在顧客自助服務通道的背景中，

面對吸引及維持顧客的需求，

Lakeside Mutual 的 API 設計者決定不引入計價方案，而是免費提供 API

來讓 API 獲得接受與成功，

接受 API 必須採用其他方式來獲取資金。

防止客戶端過度使用 API

API 被少數客戶端過度使用，會嚴重限制服務其他客戶端的可用性，僅靠增加更多運算能力、儲存空間及網路頻寬來解決這個問題，通常在經濟上並不可行；因此，必須找出方式，防止顧客過度使用 API。一旦能識別 API 客戶端，其個別的 API 用量就可受到監控，如前文所提，驗證是識別客戶端的典型方式。速率限制模式會透過限制每一期間的請求次數，來解決 API 過度使用問題。

模式：速率限制（*Rate Limit*）

問題	API 提供者如何防止客戶端過度使用 API ？
解決方案	引入及實施速率限制，防止客戶端過度使用 API。

相對於使用**速率限制**的另一種方案，是不防止客戶端過度使用 API，若是問題不太可能繼續惡化時，這樣的評估是合理的；例如，所有客戶端都是組織內的客戶端或可信任的夥伴，則**速率限制**的固定開銷可能就有點沒必要。

圖 3.18 顯示兩種方案，以及連結到客戶端識別與驗證，及驗證實踐。

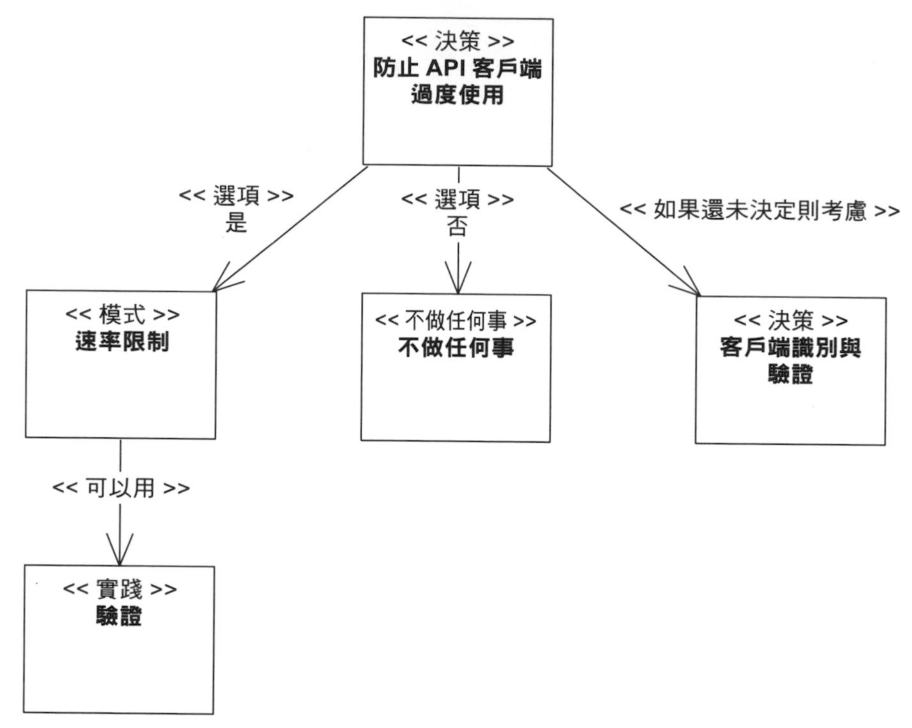

圖 3.18 防止 API 客戶端過度使用決策

此決策的主要驅動要素如下：提供者必須維持一定程度的效能，有時甚至是正式的**服務水準協議**保證；若客戶端濫用 API 的話，會影響效能。需要支持客戶端了解**速率限制**的方法，這樣客戶端才可以知道在某段時間已用了多少限制，建立**速率限制**能幫助提供者支持與可靠性相關的品質，因為這將使客戶端比較不容易因濫用 API，而讓品質面臨風險。所有這些潛在利益，都必須與 API 濫用造成的影響與嚴重性以及經濟方面相比。引入**速率限制**，會產生成本和客戶的負面感受，因此必須判斷只由少數客戶端造成的 API 濫用風險，是否高出對所有客戶端引入**速率限制**的成本。

範例決策結果。Lakeside Mutual 的 API 設計者決定如下：

在顧客自助服務通道的背景中，

面對吸引及維持顧客的需求，

Lakeside Mutual 的 API 設計者決定採用速率限制模式，

來達成公平的工作量分配，

並接受必須強制選擇施行速率限制，而這會造成實現工作，且高需求 API 客戶端超過限制時，速度也會變慢。

明確的品質目標與罰則規範

許多 API 的品質目標不明確且含糊。若客戶端需要，甚至想付費以取得更強的保證，或提供者想要做出明確保證好與競爭者區分，則明確的品質目標規格與罰則就會有其價值。服務水準協議模式是 *API 敘述*及 API 規約的更正式擴展和補充實例，詳述可測度的服務水平目標（service-level objective, SLO），和可選的違規罰則，來提供編纂規格的方式。

模式：服務水準協議（*Service Level Agreement*）

問題	API 客戶端如何了解 API 與其端點操作的具體服務品質特性？這些特性與未滿足時的結果要如何定義？且以可測度的方法傳遞？
解決方案	作為 API 產品負責人，應建立起結構化、品質導向的服務水準協議，以定義可測試的服務等級目標。

圖 3.19 說明引入服務水準協議（SLA）的決策。為了讓 SLA 不含糊，必須識別具體的 API 操作，並且包含至少一個可測度的 SLO，它能明確 API 的可測度方面，例如效能或可用性。

這模式有一些典型的變體：只在內部使用的 SLA、有正式指定 SLO 的 SLA，和僅以非正式指定 SLO 的 SLA。

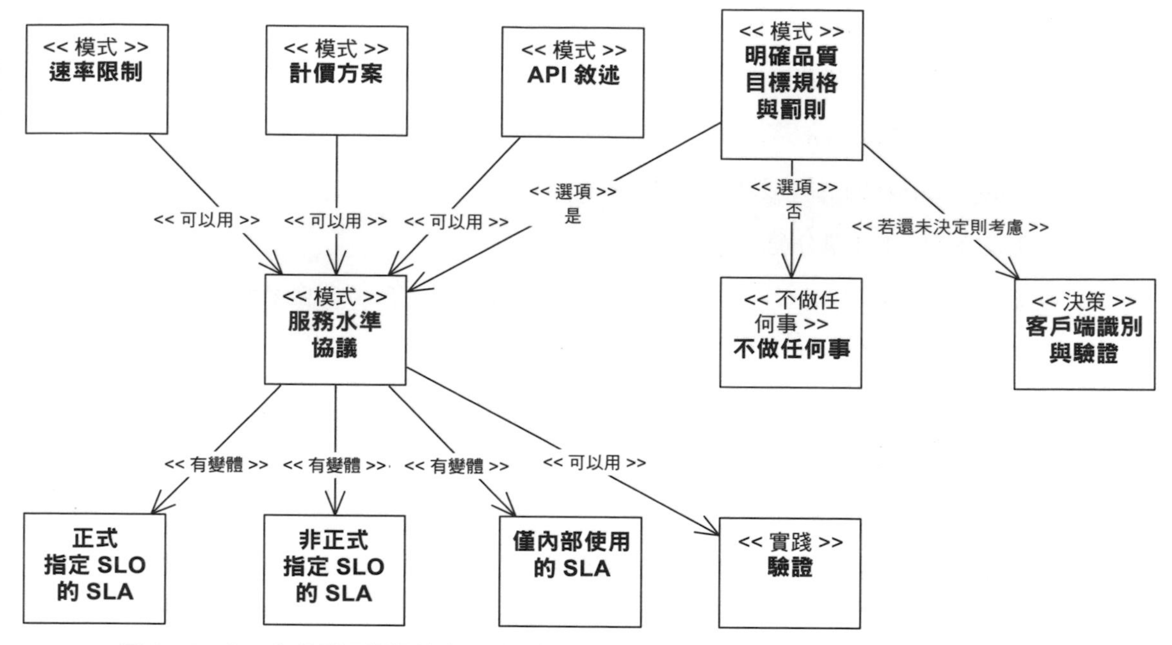

圖 3.19 SLA 和品質目標規格與罰則決策

若有使用**計價方案**和**速率限制**，則應該參考**服務水準協議**。與這些模式類似，**服務水準協議**需要識別與驗證客戶端的方法；通常也必須使用像 *API* 金鑰或驗證協議之類的驗證實踐方式。

有幾種主要的驅動要素引導這個決策，這與業務靈活度和活力有關，因為 API 客戶端的商業模型，可能依賴於一或多個先前提到的特定服務品質，若有提供品質相關的保證並傳達給客戶端，以消費者觀點來看會更有吸引力。然而，這必須比較一下提供者的成本效益和商業風險相關問題，有些保證是政府法規及法律責任所要求，像是與個人資料保護有關的部分。SLA 中常見的保證選項則有可用性、效能及安全性。

範例決策結果。Lakeside Mutual 的 API 設計者決定如下：

在全部保險管理 API 的背景中，

面對協調 API 客戶端和供應商開發的需求，

Lakeside Mutual 的 API 設計者決定不採用明確的服務水準協議，即不做任何事，

來達成保持輕量的文件與操作固定開銷，

接受客戶期待可能與實際體驗的服務品質（QoS）不相符。

注意，當產品或服務持續演進時，通常也會修改一些架構決策。在我們的保險案例中，SLA 實際上會在後面的階段引入，可在第 9 章的 SLA 模式表現中看到。

錯誤通訊

一個普遍的 API 品質考量是回報及處理錯誤方式，因為這會直接影響像是避免及修正缺陷、缺陷修正成本、缺陷未修正帶來的強健性與可靠性問題等方面。如果錯誤發生在提供者端，可能是因為不正確的請求、無效權限，或許多其他可能是客戶端、API 實現或基礎設施錯誤而產生的問題。

一種選項是完全不通報，並接著處理錯誤，但這通常不可行。若只使用一種通訊協定，例如基於 TCP/IP 的 HTTP，常見的解決方案是利用通訊協定的錯誤通報機制，例如 HTTP 的狀態碼（status code），即通訊協定層級的錯誤代碼。如果錯誤通報必須涵蓋多種協定、格式及平台，則此做法並不可行，在這種情況下，適合使用**錯誤回報**（*Error Report*）模式。

模式：錯誤回報（*Error Report*）

問題	API 提供者如何通知客戶端通訊及處理錯誤？這資訊如何獨立於其背後的通訊科技與平台，例如通訊協定層級的請求頭（header）表示的狀態代碼？
解決方案	藉由回應訊息中的錯誤代碼，以簡單、機器可讀的方式指明及分類錯誤。此外，為 API 客戶端的利害關係者，包括開發人員及／或終端使用者如管理員等，加入錯誤文字描述。

此決策可見圖 3.20。引入任何形式的錯誤通報主要決策驅動要素，是幫助修正缺陷，及增加強健性與可靠性的承諾。錯誤通報能帶來更有效的可維護性和演進性，詳細的錯誤說明，會減少找出缺陷根本原因的工作量；因此**錯誤回報**模式經常比簡

單的錯誤代碼有效。錯誤資訊的目標受眾包括開發與操作人員，以及服務台（help desk）和其他支援人員，因此**錯誤回報**應該設計為具高度表達性，及滿足目標受眾的期待。相較於簡單的錯誤代碼，**錯誤回報**通常在相互操作性及可攜性上有更理想的設計，然而，詳細的錯誤訊息會揭露對安全性造成問題的資訊，因為披露更多系統內部資訊會開啟攻擊媒介（attack vector）；如果需要國際化的話，則**錯誤回報**需要更多工作，因為必須翻譯更多之中的細節資訊。

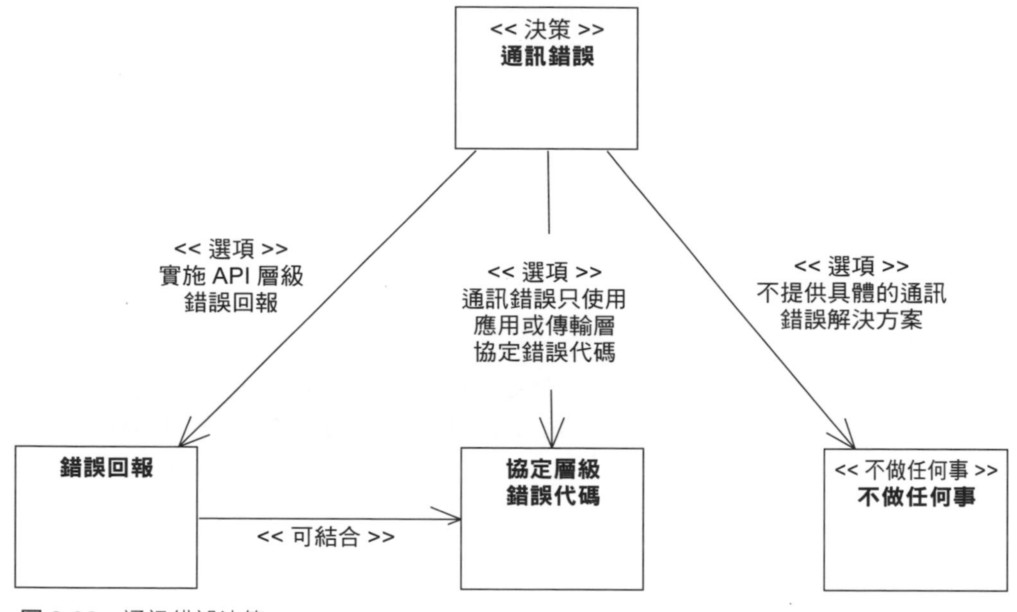

圖 3.20 通訊錯誤決策

範例決策結果。Lakeside Mutual 的 API 設計者決定如下：

在全部後端整合 *API* 的背景中，

面對操作失敗的可靠性需求，

Lakeside Mutual 的 API 設計者決定採用**錯誤回報**模式，

來讓客戶端可以使用錯誤資訊決定回應動作，

接受必須準備及處理錯誤報告，且將增加回應訊息的大小。

明確上下文表示

在有些訊息中，客戶端與提供者之間除了一般資料，也必須交換上下文資訊。上下文資訊的例子有位置和其他 API 使用者資訊、形成**願望清單**（*Wish List*）的偏好設定，或安全資訊像是用來驗證、授權及出帳的登入憑證，例如包含 ***API* 金鑰**。

為了促進跨協定及平台的設計，有另一種替代預設使用網路協定的標準標頭，及標頭擴展能力的選擇：每一則訊息主體增加一個**上下文表示**（*Context Representation*）。圖 3.21 顯示在預設選擇，即不做任何事，以及另一基於模式的解決方案選擇之間的決策。這邊的「不做任何事」，意思是完全沒有傳送上下文資訊，或不以上下文資訊作為協定標頭來傳送，且未在訊息酬載中明確表示。

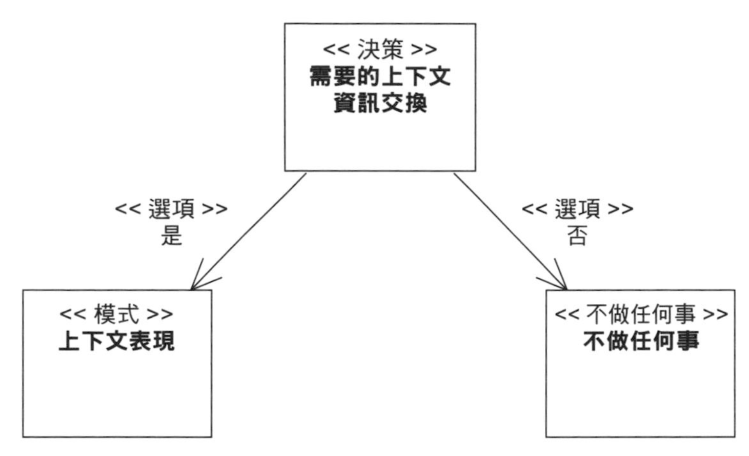

圖 3.21 上下文表示決策

決策：上下文表示

明確的上下文資訊交換是適當的嗎？

這選擇決定是否採用**上下文表示**模式。

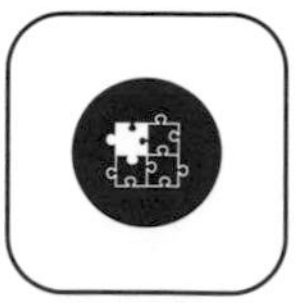

模式：上下文表示（*Context Representation*）

問題	API 消費者與提供者如何不依靠任意遠端協定來交換上下文資訊？在對話中，如何將請求中的身分資訊和品質特性顯示給相關的後續請求？
解決方案	結合並分組攜帶所需資訊的所有**元資料元素**，至請求及／或回應訊息中的自訂表現元素。不要在協定標頭中傳輸這單一的**上下文表示**，而是將其放置在訊息酬載。透過相應地對**上下文表示**結構化，把一次對話中的全域與本地上下文分開。定位及標示統一的**上下文表示**元素，以便容易查找及與其他**資料元素**區分。

如果上下文資訊是在協定層級標頭外傳輸，就可以提升可相互操作性及技術可修改性；否則，會變得難以確保上下文資訊交換能通過每一種分散式系統中的中介，例如「代理」（Proxy）（Gamma 1995）和「API 閘道」（API Gateway）（Richardson 2016）。當協定升級時，可能會改變事先定義的協定標頭可用性及語義。此外，**上下文表示**有助於應付許多分散式應用程式需要支援的協定多樣性，接著可以幫助改善可演進性，且減少對技術的依賴。這模式會增加開發人員的生產力：

使用協定標頭是方便且可能利用協定特定的框架、中間件及基礎設施，例如負載平衡器和快取，但這會把控制權委託給協定設計者與實現者。相較之下，自訂方法能最大化控制權，但也會導致開發和測試工作的增加。

為了達成端點至端點的安全性，權杖與數位簽章必須橫跨多個節點傳輸。這樣的安全憑證是一種消費者和提供者要直接交換的控制元資料，牽涉的中介與協定端點會破壞需要的端點至端點安全性。日誌和稽核資訊是重要的上下文資料，應該是由端點到端點傳輸，而不能受到任何中介干擾。

範例決策結果。Lakeside Mutual 的 API 設計者決定如下：

在全部後端整合 *API* 的背景中，

必須跨越科技邊界來滿足點對點（end-to-end）的服務品質需求，

Lakeside Mutual 的 API 設計者決定採用明確的上下文表示，

讓顧客可以在一個地方找到全部的元資料，

接受背後的網路可能無法存取酬載中的上下文資料。

這個決策敘述涵蓋 API 品質治理主題；下一組決策針對改善某些品質，例如效能。

API 品質改善決策

前一節是討論品質治理與管理，本節將研究品質改善，會從分頁開始，然後研究其他方式來避免不必要的資料傳輸，及處理訊息中參照資料的方式。

分頁

有時複雜的表現元素會包含大量本質上重複的資料，例如紀錄集（record set）。如果顧客在一定時間只需要這資訊的子集，將資訊以小量多次傳送可能會比一次大量傳輸好。例如，考慮資料中包含了幾千筆紀錄，但顧客每頁顯示 20 筆；需要使用者輸入來前往下一頁。僅顯示目前頁面及事先獲取前後的一或兩個頁面，就效能和使用頻寬而言，可能會比在顯示資料之前就先下載全部資料紀錄遠遠來得有效率。

一開始，API 設計者必須決定要用**參數樹**或**參數森林**，兩種模式皆能用來表現複雜的資料紀錄。在這種情況下，設計者應該思考以下決策（圖示於圖 3.22）：

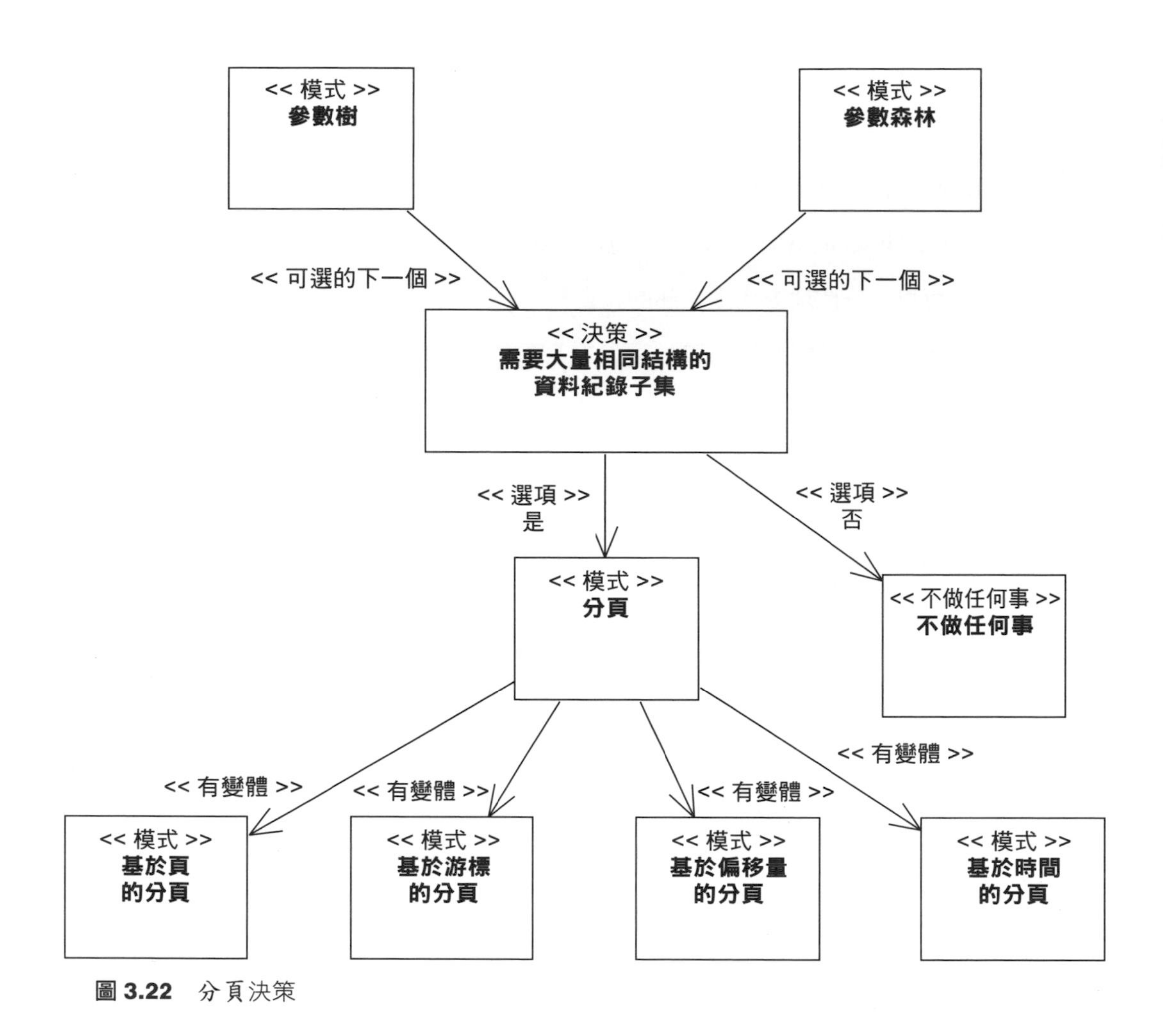

圖 3.22　分頁決策

決策：分頁決策

傳送給 API 客戶端的資料結構，是否包含大量相同結構的資料紀錄？若是，API 客戶端的工作是否只需要少量的資料紀錄？

若兩個情況都滿足的話，則適用**分頁**模式。

模式：分頁（*Pagination*）

問題	API 提供者如何傳輸大量的結構化資料序列，而不使客戶端難以承受？
解決方案	將大的回應資料集分開為可管理且容易傳輸的小塊資料，也就是分頁。每個回應訊息傳送部分結果的一小塊資料，並通知客戶端小塊資料的總數及／或剩餘數。提供可選的篩選功能讓客戶端能請求特定的選擇結果，為了更加便利，包含從目前頁面往下一塊／頁的參照。

圖 3.23 顯示**分頁**模式關係。

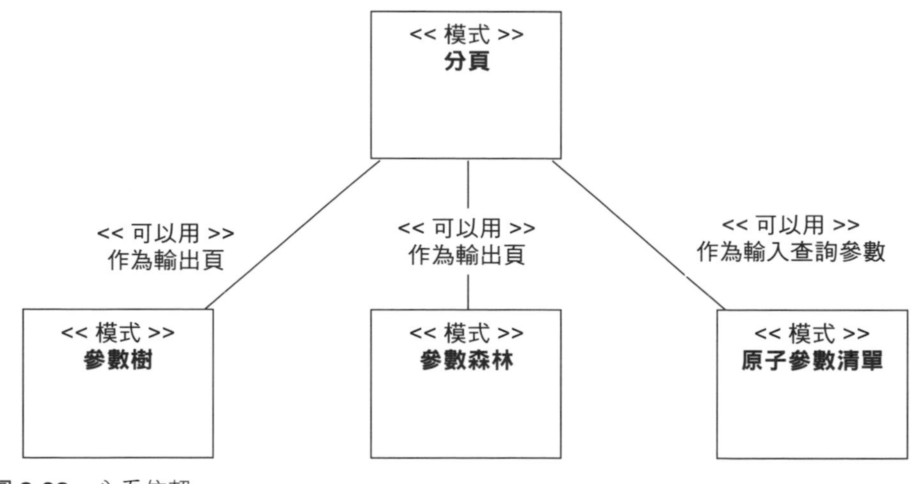

圖 3.23 分頁依賴

這模式與之前介紹的模式有以下關係：

- **原子參數列表**通常做為包含查詢參數的請求訊息。
- **參數樹**或**參數森林**通常用作為回應訊息中的資料結構。

除了基於索引和頁面的分頁，此模式還有下面三種變體。

- **基於偏移量的分頁：**相較於簡單頁面，由 API 客戶端指定偏移量，在控制請求結果數量或改變分頁大小，可以有更多彈性。
- **基於游標的分頁：**這個變體不依賴元素索引，而是依賴 API 客戶端能控制的游標。
- **基於時間的分頁：**這個變體類似**基於游標的分頁**，但是使用時間戳記而非游標來請求資料。

套用**分頁**有一些關鍵決策驅動要素。與訊息傳送的資料元素或其他資料的結構在本質上需要重複，即包含資料紀錄。應該考慮資料的變化：所有的資料元素都有同樣的結構嗎？資料定義多久會改變？

分頁目的在透過盡快傳送只在某個時刻需要的資料給 API 客戶端，以從本質上改善資源消費與效能。單一個大回應訊息可能在交換與處理上會沒有效率。

在這情況下，資料集要設定大小，和源於使用者想要及需要的資料存取剖析，尤其是要考慮 API 客戶端當下和隨時間需要的資料紀錄數量。特別是當回傳給人類消費的資料時，可能不是所有資料都立刻需要。

一樣與資源消費有關，必須考慮請求在 API 提供者與 API 客戶端兩邊可用的記憶體，以及網路能力。應該有效使用網路和端點處理能力，但所有的結果也應該得到準確且一致地傳輸及處理。

一般文本訊息交換格式，例如標籤表示的 XML 或 JSON，會因為資料的冗長和文本表現的固定開銷，而導致高解析成本和傳輸資料大。透過二進位格式像是 Apache Avro 或 Protocol Buffers 可大大減少一些固定開銷，然而，許多格式需要專用的序列化／反序列化函式庫，可能無法在所有消費者環境中取得，例如瀏覽器中的 API 客戶端。此模式特別適用這類狀況。

底層網路，例如 IP 網路，以封包傳輸資料，這導致非線性的傳輸時間與資料大小，例如 1500 位元組放可入一個透過乙太網路傳輸的封包（Hornig 1984）。一旦資料只多了一位元組，兩個分開的封包必須在接收端傳送及組裝。

從安全性觀點來看，檢索和對大量資料組編碼，會使提供者端遭受高工作量與成本，且因此開啟阻斷服務攻擊（denial-of-service attack）的攻擊媒介（attack vector）。此外，跨網路傳輸大量資料組會導致中斷，因為網路不保證可靠，尤其是蜂巢式網路（cellular netowrk）。

最後，比較不使用分頁的參數樹和參數森林模式，這模式在理解上更複雜，因此對開發人員較不方便，且通常需要更多經驗。

範例決策結果。Lakeside Mutual 的 API 設計者決定如下：

在消費者核心主資料持有者**的檢索操作背景中，**

面對平衡請求／回應數量和訊息大小的需求，

Lakeside Mutual 的 API 設計者，決定採用基於游標的分頁**模式變體，**

在回應中切分大資料集，

接受必須協調這些請求－回應對，這需要控制元資料。

其他避免不必要資料傳輸的方式

有時呼叫 API 操作時會傳輸不必要的資料，除了可以用已經學到的分頁來減少回應訊息大小，還有其他 4 個針對這情形的模式。

先前討論到的大部分 API 品質，可用來決定更廣泛的 API 和客戶端組合，例如所有客戶端都可存取免費增值（freemium）API。相較之下，本節模式的決策必須以各別操作進行，因為只有分析客戶端對特定操作的所需個別資訊，才能確定是否能減少資料傳輸。

API 提供者經常服務許多不同的客戶端，要設計能提供這些客戶端正好所需資料的 API 操作有點困難，有些客戶可能只使用操作提供的資料子集，其他則可能需要更多資料。資訊需求在執行之前可能無法預測，一種解決此問題的方法，是讓客戶端在執行時通知提供者資料獲取偏好，另一個能做到的簡單選項，是讓客戶端傳送需求清單。

模式：願望清單（*Wish List*）

問題	API 客戶端如何在執行期通知 API 提供者感興趣的資料？
解決方案	作為 API 客戶端，在請求中提供一份**願望清單**，列舉所有請求資源的需要資料元素。作為 API 提供者，只在回應訊息中傳輸**願望清單**中列舉的那些資料元素，即「回應塑形」（response shaping）。

要列出簡單的**願望清單**並不容易，例如，如果客戶端想要只請求深層巢狀或重複參數結構中的某一小部分。對複雜參數來說更好的替代方案，是讓客戶端在請求中送出模板或假物件（mock object）表達願望，以作為範例。

模式：願望模板（*Wish Template*）

問題	API 客戶端如何通知 API 提供者其所感興趣的巢狀資料？像這樣的偏好如何有彈性及動態地表達？
解決方案	向請求訊息加入一或多個其他參數，這些參數反映回應訊息中的參數階層結構。讓這些參數為可選或使用布林（Boolean）為參數型態，以便參數的值可指示是否應包含參數。

雖然**願望清單**一般是**原子參數列表**，並進而獲得基於**參數樹**的回覆，而**願望模板**通常以假**參數樹**表示願望規格明細，其結構也會用於回應。

讓我們考慮另一個情形，分析 API 提供者的操作使用狀況，顯示一些客戶端一直請求相同的伺服端資料，這些請求資料的改變頻率，比客戶端發送的請求數要少得多。在這情況下，能透過使用**條件請求**（*Conditional Request*），來避免不必要的資料傳輸。

模式：條件請求（*Conditional Request*）

問題	當頻繁地調用 API 操作，但回傳資料很少變動時，如何能避免不必要的伺服端處理和頻寬用量？
解決方案	藉由在訊息表現或協定標頭增加**元資料元素**，讓請求條件化，且只有在元資料所指示的條件相符時才處理請求。

例如，提供者可以為每個存取的資源套用指紋（fingerprint），客戶端可以將指紋包含在隨後的請求中，來指出本地已快取了哪一個資源「版本」（version），所以只會發送較新的版本。

在其他情形下，已部署 API 的使用分析，可能顯示客戶端正發送許多相似的請求，且對一個或多個呼叫回傳個別回應，這些請求批次可能對可擴展性和吞吐量有負面影響。在這種情況下，可使用**請求綑綁**（*Request Bundle*）模式。

模式：請求綑綁（*Request Bundle*）

問題	如何減少請求及回應的數量，來增加通訊效率？
解決方案	定義**請求綑綁**作為資料容器，讓它在單一請求訊息中集合多個獨立請求。增加元資料，例如個別請求的識別符及綑綁元素計數器。

圖 3.24 概括避免不要的資料傳輸決策方式。

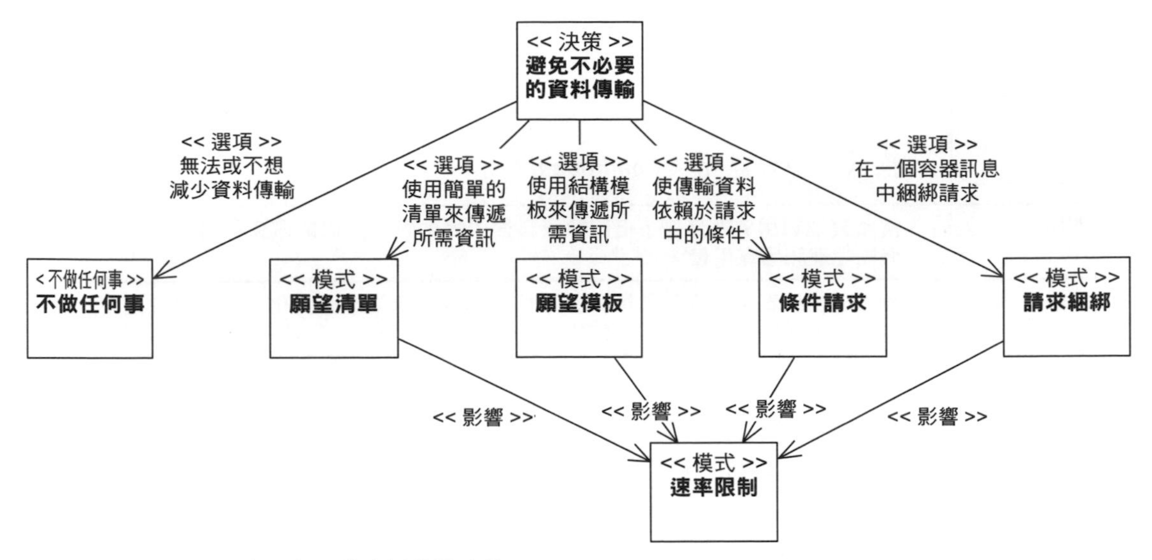

圖 3.24 避免不必要的資料傳輸決策

對許多操作來說，可能或希望目標操作不減少資料傳輸。或是透過**願望清單**和**願望模板**兩種模式之一，來避免不必要的資料傳輸，這兩種模式在執行期間告知提供者所需資料。其他選擇是**條件請求**，可避免對相同請求重複回應，及**請求綑綁**，可在單一訊息中集合多個請求。

結合**條件請求**和**願望清單**或**願望模板**，是相當有用的方法，來指示條件評估資源應該重送的情況下，得到請求的資源子集。**請求綑綁**原則上可與之前的**條件請求**，或**願望清單**、**願望模板**結合。然而，結合 2 或甚至 3 個模式，會大大增加 API 設計和程式的複雜性，但獲益不多，因為 4 個模式全都積極影響相似的一組期望品質。圖 3.25 圖示可能的模式結合。

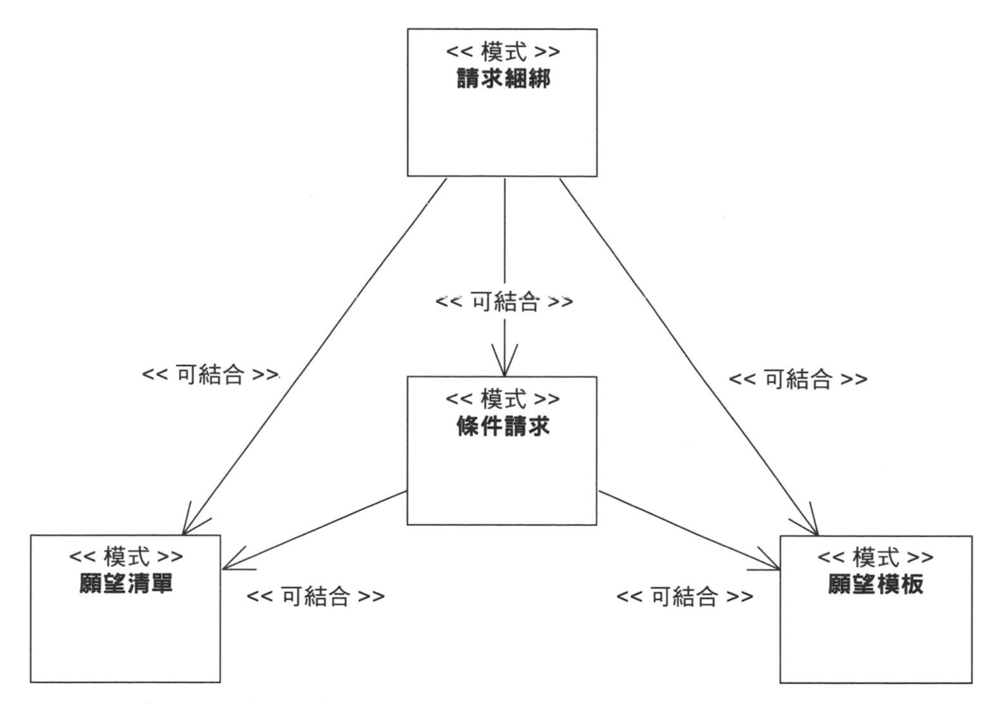

圖 3.25 避免不必要的資料傳輸：模式結合

此決策的主要驅動要素考量客戶端個別的資訊需求，必須分析需求以找出最適用，且可能帶來足夠好處的模式和結合方式。考慮到網路上的資料傳輸可能是潛在瓶頸的狀況，資料節約（data parsimony）會進一步影響此決策。資料節約在分散式系統是重要的一般設計原則，而這 4 種模式能幫助提升資料傳輸的節約方式。

選擇這 4 個模式中的任一個，通常能對**速率限制**及頻寬使用帶來正面影響，因為傳輸資料較少。這可能也將改善效能，因為傳輸所有資料元素到所有客戶端，甚至到只有限制或最小資訊需求的客戶端，都會浪費資源，包括回應時間、吞吐量及處理時間。

安全性是不適用**願望清單**和**願望模板**的驅動要素。讓客戶端提供會接收哪些資料的選項，可能會在無意間暴露敏感資料給非預期的請求，或開啟額外的攻擊媒介（attack vector），例如，發送長資料元素清單，或使用無效的屬性名稱，可能會用來引入 API 特定的阻斷服務攻擊型式，沒有傳輸的資料無法竊取及竄改。最後，正如這 4 個模式所做的，複雜的 API 也會增加 API 客戶端撰寫程式的困難度。目前流行的 GraphQL 技術可視為一種極端的宣告式**願望模板**形式。此外，由模式引入的特殊調用情況需要更多測試和維護工作。

> **範例決策結果。**Lakeside Mutual 的 API 設計者如何提供合適的訊息粒度和呼叫頻率？架構師和設計師選擇模式如下：
>
> **在顧客管理前端，於員工和代理商使用案例的背景中，**
>
> **必須應付大量的顧客紀錄，**
>
> **Lakeside Mutual 的 API 設計者選擇了願望清單模式，而不選這節中的其他模式，**
>
> **因此回應訊息很小，**
>
> **接受願望必須在客戶端準備好，並在提供者端處理，且需要額外的元資料。**

與訊息大小最佳化緊密相關的決策，是關於串聯或分割結構資料，即在其各部分之間的複雜資料與多面向關係。以下研究兩種替代方案模式，來處理下一個設計議題。

處理訊息中的參照資料

訊息中不是每一個**資料元素**，都能以簡單的資料紀錄方式呈現，因為會有一些資料紀錄，含有對其他資料紀錄的參照。一個重要的疑問是，這些本地資料參照應該如何在 API 中反映，對此疑問的解答，會決定 API 粒度及耦合特性。

> **決策：參照資料處理**
>
> 在 API 中應該如何表現資料紀錄中的參照資料？

這決策有兩種主要選項，圖示於圖 3.26。

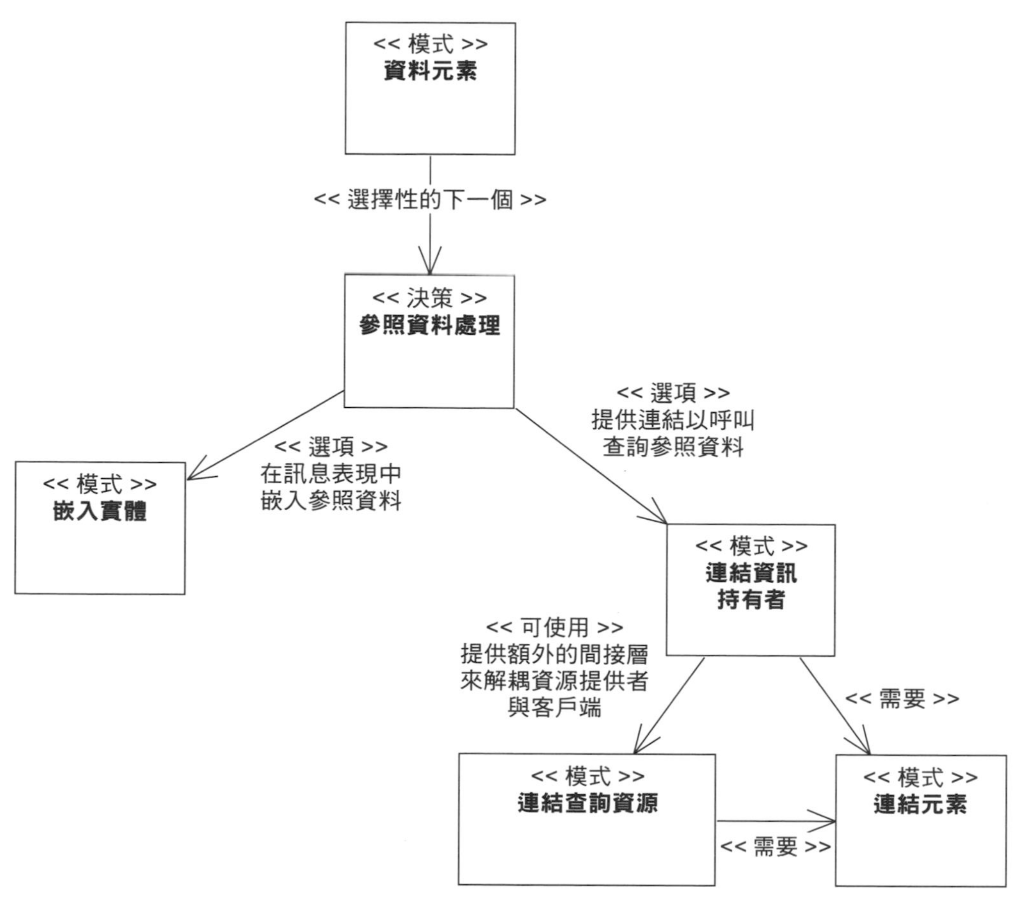

圖 3.26 參照資料處理決策

處理此問題的一種選項，是把參照資料紀錄嵌入資料元素來傳送。

模式：嵌入實體（*Embedded Entity*）

問題	當接收者需要多個相關資訊元素的洞察時，如何避免發送多個訊息？
解決方案	對客戶端想要追蹤的任何資料關係，在請求或回應訊息中嵌入資料元素，包含關係的目標端資料。把這個嵌入實體放入關係來源的表現中。

替代方案是使參照資料可遠端存取並指向它，引入**連結元素**到訊息中。

模式：連結資訊持有者（*Linked Information Holder*）

問題	當 API 處理多個彼此參照的資訊元素時，如何保持訊息小巧。
解決方案	在關聯多個相關資訊元素的訊息中加入**連結元素**，讓它參照另一個代表連結元素的 API 端點。

圖 3.26 說明這模式可以使用**連結查詢資源**（*Link Lookup Resource*），以提供額外的間接層來解耦資源客戶端與提供者。**連結資訊持有者**和**連結查詢資源**，需要使用**連結元素**。

可能結合兩種模式，例如，當使用頂級**嵌入實體**，其本身以**連結資訊持有者**來表示（部分）參照資料紀錄的情況。

作為決策驅動要素，效能和可擴充性經常扮演主要角色。訊息大小和執行整合需要的呼叫次數應該要低，但這兩種期望會彼此衝突。

也必須考慮到可修改性和彈性：要改變包含在結構化自含資料（self-contained data）中的資訊元素可能很困難，因為任何本地更新，都必須與相關資料結構，及發送與接收資料的 API 操作更新協調與同步。包含參照外部資源的結構化資料，通常會比自含資料更難以改變，因為對客戶端有更多結果與依賴。

嵌入實體資料有時會儲存一段時間，而連結總是參照到最後更新的資料，因此經由連結在需要時存取資料，對資料品質、資料新鮮度和資料一致性是有益的。就資料隱私來看，關係來源與目標可能有不同的防護需求，例如個人及私人信用卡資訊，在請求個人資料的訊息中嵌入信用卡資訊之前就必須先考慮這點。

範例決策結果。Lakeside Mutual 偏好多個小訊息或少數幾個大訊息？決定如下：

在顧客自助服務通道的背景中，

面對暴露包含兩個實體，及使用兩個資料庫表的顧客集合需求，Lakeside Mutual 的 API 設計者決定使用嵌入實體模式

而忽略**連結資訊持有者**

以便所有相關資料可在單一請求中傳輸，

接受雖然在某些情況下不需要傳輸的地址資料。

API **金鑰**、**上下文表示**和**錯誤回報**模式，主要用於詳細說明或定義階段，可見第 6 章〈設計請求與回應訊息表現〉的介紹。第 7 章〈改善訊息設計品質〉會接著介紹建構或設計階段，包含**條件請求**、**請求綑綁**、**願望清單**、**願望模板**、**嵌入實體**和**連結資訊持有者**模式。最後，**計價方案**、**速率限制**和**服務水準協議**會在第 9 章介紹，因為聚焦點是 API 傳輸階段。

以上完整涵蓋本書中關於 API 品質的決策及模式選項，接下來將辨識組織 API 演進需要的決策及可用模式。

API 演進決策

API 要成功，應該暴露穩定的規約，以此作為建構應用程式的底線，並平衡開發人員期待和傳送保證。也必須維護 API，且當 API 修復錯誤和增加功能時，必須**演進**（**evolve**）。API 的演進通常需要不同生命週期的 API 提供者和客戶端建立規則和政策，以確保（1）提供者能改善及擴展 API 及其實現，（2）客戶端在盡可能不用，或只需要少許更改的情況下仍可保持運作（Murer 2010）。修改 API 可能造成客戶端的破壞性變更，而這應該最小化，因為它們可能造成大量客戶端的遷移工作，且有時數量還是未知的。如果必要的修改導致 API 版本升級，必須對這些改變和升級進行良好管理與溝通，來減少相關的風險與成本。

API 提供者和客戶端必須平衡不同且衝突的考量，以遵從各自的生命週期；他們需要找到一定程度的自治，以避免彼此之間的高耦合。為回應這項衝突，以下呈現的模式同時支援尋找這些問題答案的 API 負責人、設計者和使用者。

在 API 演進期間，平衡穩定性、相容性，與可維護性和擴展性的支配規則為何？

如圖 3.27 所示，API 演進圍繞 3 個決策。第一：API 是否支援一些清楚定義的版本識別計畫？是的話要如何交換版本資訊？第二：API 的新版本何時且如何導入，好讓舊版本退役？並提供 3 種替代策略作為決策選項。最後：決定 4 種策略是否增加額外的實驗性預覽。所有這些決策組成 **API** 水準。

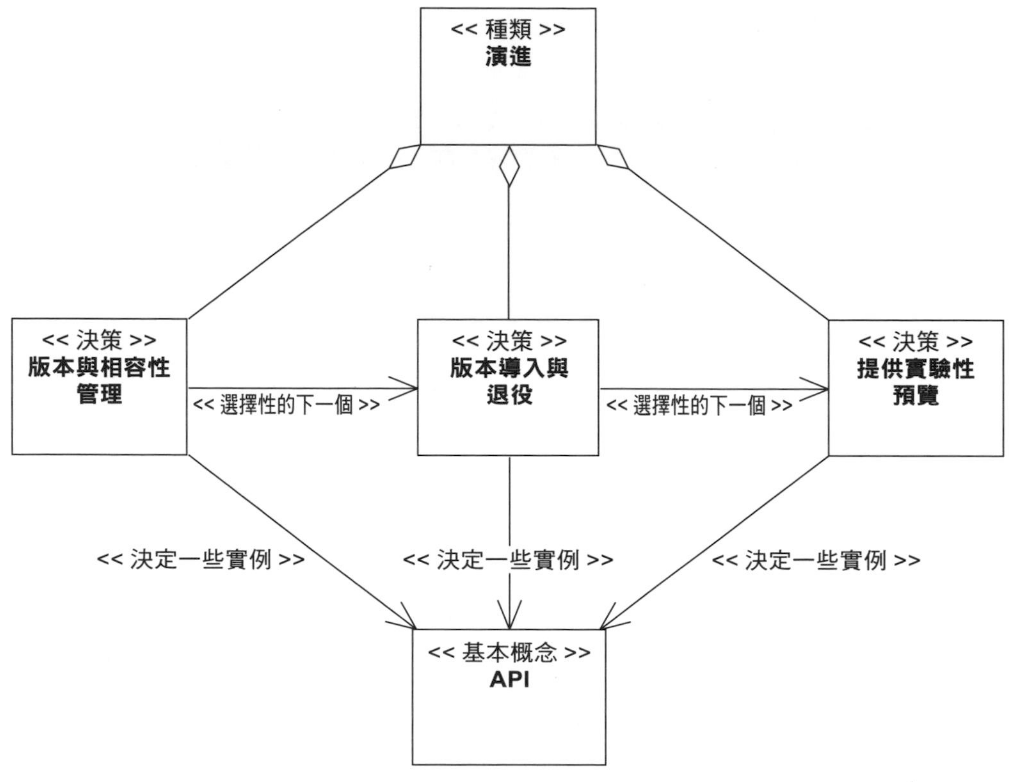

圖 3.27 演進種類

版本控制與相容性管理

關於 API 演進的一項重要初期決策是，應該如何支援版本控制？在少數案例中，沒有版本控制也可能是一個選項，例如概念驗證（proof-of-concept）、實驗性預覽或業餘專案。

決策：版本控制與相容性管理

是否應該支援 API 版本控制與相容性管理？要如何支援？

圖 3.28 說明此決策的代表選項。第一，必須決定是否使用清楚的版本識別及傳送方案，**版本識別符**（*Version Identifier*）模式涵蓋此選項。其次，**語義版本控制**（*Semantic Versioning*）描述關於結構化**版本識別符**的使用，會把破壞性從非破壞性變更分離開來。

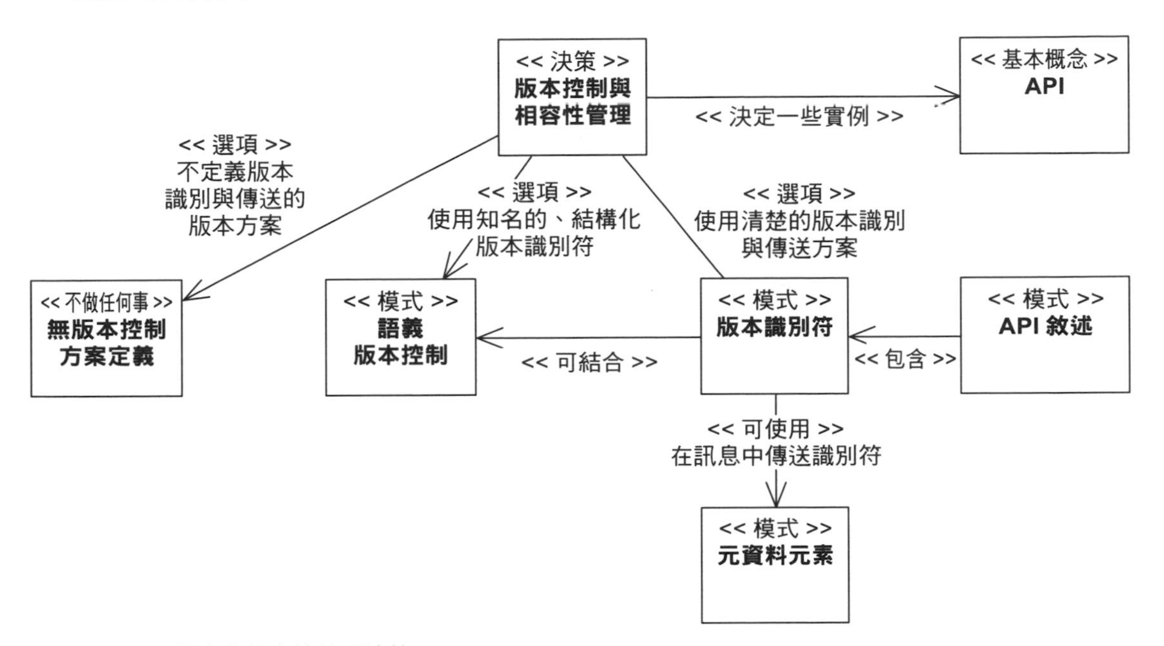

圖 3.28　版本與相容性管理決策

版本識別符定義在 API 中傳送明確的版號的方式，以表示 API 版本。相關的決策提問，是否應該導入這樣明確的版本控制和版本傳輸方案，透過套用模式可達成的重要品質要素，為準確性及識別的確切性。當 API 使用它時，客戶端可依賴特定 API 版本中定義的語法和語義；只要**版本識別符**保持不變，訊息交換就可以相互操作。這方式能最小化對客戶端的影響，客戶端可以安全地假設只有後續版本才會導入「破壞性變更」；不僅如此，API 提供者也會想要避免意外破壞相容性，如果**版本識別符**是訊息的一部分，則接收者可以拒絕未知版號的訊息。最後，明確的版本控制能讓 API 提供者更容易管理 API，因為它提供使用中的 API 版本可追蹤性：API 提供者可以監控有多少及哪一個客戶端依賴特定 API 版本。

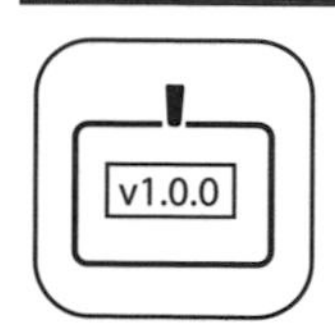

模式：版本識別符（*Version Identifier*）

問題	API 提供者如何向客戶端指示目前的功能，以及可能存在的不相容改動，以避免客戶端因為未發現的解讀錯誤而故障？
解決方案	引入明確的版本指示符，在 *API* 敘述中和交換訊息中包含此**版本識別符**，可在端點位址、協定標頭或訊息酬載加入**元資料元素**以實現後者。

通常會在 *API* 敘述中指定**版本識別符**。一般來說，此類別中的所有模式都和 *API* 敘述關係密切，它們最初能指定 API 版本和提供一種機制，不僅用來定義語法結構，如技術 API 規約，還涵蓋組織事務，像是所有權、支援和演進策略。

有許多將**版本識別符**包含在訊息中的可能方法。一種簡單、與技術無關的方法是，把**元資料元素**定義為訊息主體中的一個特別位置，以存放**版本識別符**，這個特別位置可以是專用**上下文表示**的一部分。協定標頭和端點地址例如 URL，也是可能的替代方法。

雖然有許多可以遵循的慣例，**版本識別符**也常與**語義版本控制**結合使用。**語義版本控制**模式描述定義混合版本號碼的方式，透過主要（major）、次要（minor）及修正（patch）版號，表示向後相容性和功能變更的影響。

版本識別符應該要精準且正確，破壞性變更需要客戶端修改，因此與軟體演進步驟對客戶端的影響考慮緊密相關。為了不讓破壞向後相容性意外發生，接收者應該能夠拒絕未知版本號碼的訊息。最後，應該考量**版本識別符**可以幫助建立使用中 API 版本的可追溯性。

模式：語義版本控制（*Semantic Versioning*）

問題	利害關係者如何比較 API 版本來立刻察覺是否相容？
解決方案	引入階層式的三號碼的版本設計 x.y.z，讓 API 提供者以混合識別符表示不同程度的變更。這三個號碼通常稱為主要、次要及修正版本。

語義版本控制可花費最小力氣來檢測版本不相容性，尤其是對客戶端。而且藉由查看**版本識別符**的一部分，可更清楚了解改變的影響。有名的**語義版本控制**設計，如階層式的三號碼版本設計，能以不同程度的影響和相容性來清楚劃分改變，這使 API 演進的時間線更清楚。此外，新 API 版本發布造成的改變影響，對 API 客戶端和提供者開發人員來說也應該要很清楚。

API 提供者必須留意，不要同時支援太多 API 版本，而細粒度的版本控制方案能夠幫到他們的忙。對 API 提供者來說，API 版本的可管理性和相關治理工作很重要：越多 API、API 平行版本及給客戶端的擴展保證，也就代表有越多 API 管理和治理工作。

範例決策結果。Lakeside Mutual 的 API 產品經理決定如下：

在保單管理 API 提供報價功能的背景中，

面對整合第三方開發人員和滿足稽核需要的需求，

Lakeside Mutual 的 API 設計者決定結合版本識別符模式，與語義版本控制模式

以達成盡快發現破壞性變更且維護容易，

接受必須傳輸元資料，且當版本演進時需要更新 API 敘述。

引用與停用策略

許多 API 提供者急著推新版本上線。然而，他們經常忽略停用舊版的重要性，這能讓他們避免被維護工作和其所造成的成本壓垮。

如果開發並部署新的 API 版本於生產環境，則存在引入新版本和停用舊版本的不同策略，本節涵蓋以下決策：

決策：版本引用與停用

應何時且如何引用 API 新版本，且停用舊版本？

圖 3.29 說明這決策的典型選擇，本節說明的模式是可替代選項，提供引用和停用版本的不同策略。

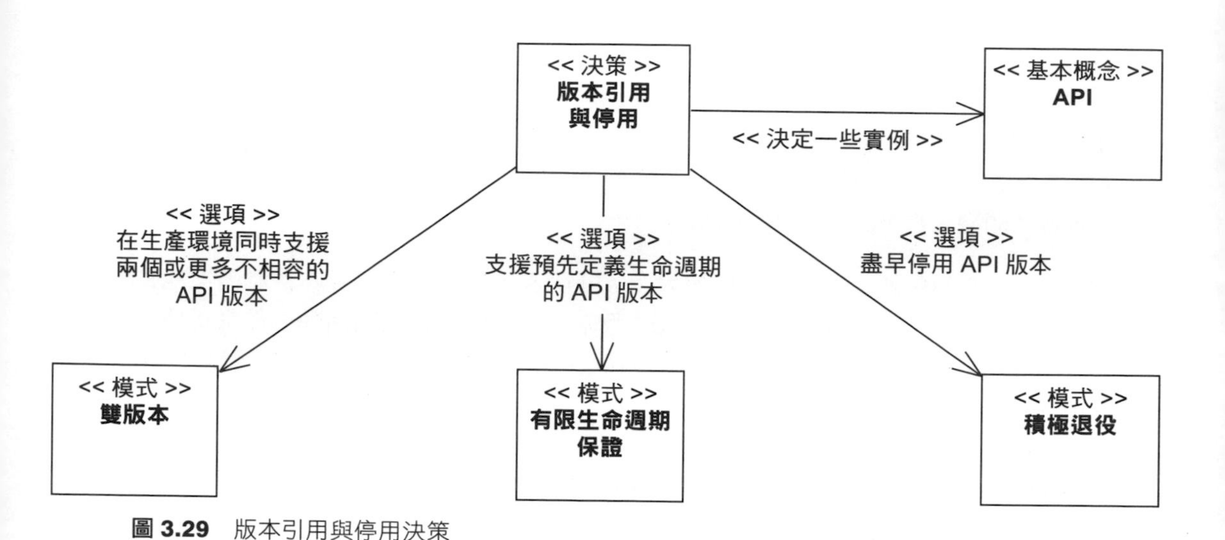

圖 3.29 版本引用與停用決策

第一個選項是**有限生命週期保證**（*Limited Lifetime Guarantee*），為初次發布後的 API 版本建立固定時間範圍的生命週期。

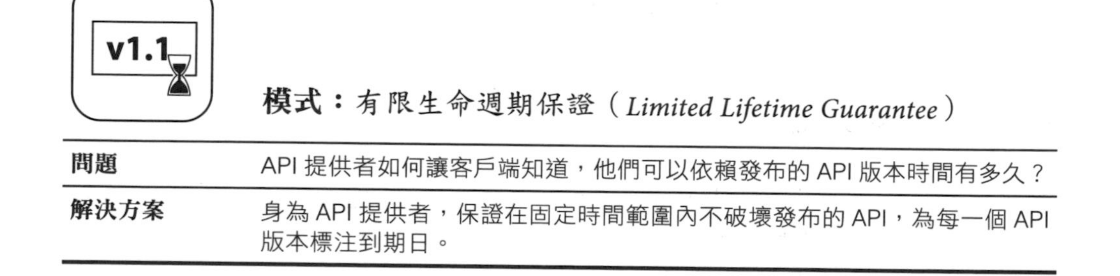

模式：有限生命週期保證（*Limited Lifetime Guarantee*）

問題	API 提供者如何讓客戶端知道，他們可以依賴發布的 API 版本時間有多久？
解決方案	身為 API 提供者，保證在固定時間範圍內不破壞發布的 API，為每一個 API 版本標注到期日。

套用這模式，意味著在生產環境中維持有限的 API 版本數量，目標是保證 API 變更不會造成提供者與客戶端之間無法察覺的向後相容性問題，尤其是語義部分。這是妥協下的結果：由 API 變更引起對客戶端的改變可減到最低，因為支援多個版本，且客戶端可以在定義時間內維持在最新版本。不過，這個模式也限制 API 提供者支援的 API 版本數量，因此可把支援依賴這些 API 版本客戶端的心力減到最少。因此，這模式保證 API 變更不會造成客戶端和提供端之間無法察覺的向後相容性問題。

有限生命週期保證透過生命週期保證中的具體日期完成這種組合影響，這有助於讓由 API 變更造成的客戶端改變，更具有可計畫性，它也限制 API 提供者為支援舊客戶端所必須策劃的維護工作量。

積極退役（*Aggressive Obsolescence*）模式則可用來儘早淘汰現存的功能。

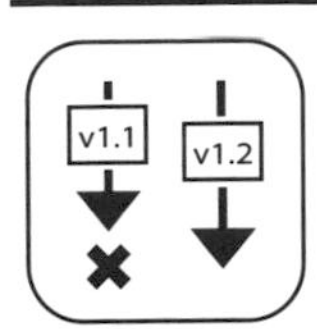

模式：積極退役（*Aggressive Obsolescence*）

問題	API 提供者如何減少維護整個 API，或端點、操作及訊息表現等部分的保證服務品質水準工作量？
解決方案	儘早宣布整個 API 或部分停用日期。宣告退役的 API 部分仍可使用但不建議，客戶端所依賴的 API 部分在消失之前，有足夠時間去升級為更新或替代版本。一旦超過過截止日期，就移除廢棄的 API 部分及其支援。

相較這決策中的其他選項，**積極退役**能徹底減少 API 提供者的維護工作，且實際上不必對舊客戶端提供支援。然而，對沒有遵循與提供者相同生命週期的客戶端來說，這模式會迫使客戶端在給定時間範圍內，因 API 變更而改動；而不太可能一直發生，客戶端可能會發生故障。這模式承認或尊重 API 提供者和客戶端之間的權力動態（the power dynamics）[3]，但此時的 API 提供者是關係中的「強勢」夥伴，在變更發生時可要求變更，常見於 API 提供者的商業目標和限制，例如，如果 API 收益很小且要支援多個客戶端，API 提供者可能無法維持其他生命週期保證。

雙版本（*Two in Production*）模式制定出一個相當嚴謹的策略，即有多少不相容的版本應該同時維持運作。

3 譯註：指兩者間的權力消長。

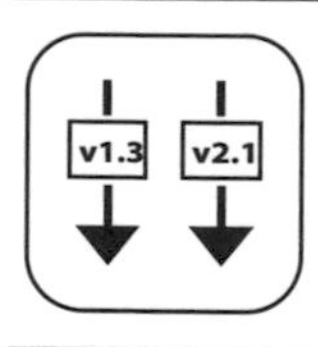

模式：雙版本（*Two in Production*）

問題	API 提供者如何逐漸更新 API 而不破壞現有客戶端，也不必維護生產環境中大量的 API 版本？
解決方案	部署和支援 API 端點與操作的兩種版本，提供同功能變體但彼此不相容，以重疊、滾動的方式更新和停用這些版本。

當發布新的 API 版本時，原本生產環境中運作的第二舊版會變為最舊版而退休。作為變體，可支援超過兩個版本以上，如三個版本，在這種情況下，可選擇使用模式的變體「N 版本」。為了維持此模式的特色和好處，重點在縮小 N 的數值。

雙版本允許 API 提供者和客戶端遵循不同的生命週期，因此提供者可以推出新的 API 版本，而不破壞客戶端使用之前的 API 版本，它對力量決定的影響，類似**有限生命週期保證**。差別在於兩個版本支援平行，或一般情況下的 N 個，這樣為客戶端與提供者之間的目標衝突帶來充分妥協。對提供者來說，額外好處是，若客戶端因為臭蟲（bug）、效能差或不好的開發者體驗而不接受新版本，這模式能回滾到舊的 API 版本。

最後，為了使設計新 API 更容易、累積經驗及蒐集回饋，**實驗性預覽**（*Experimental Preview*）模式可以用來指示不保證 API 的可用性和支援，但或許有機會用這 API 來蒐集給提供者的回饋，和滿足客戶端提前學習的目標。

決策：使用實驗性預覽

新的 API 版本或新的 API 應該有實驗性預覽嗎？

圖 3.30 說明相當直觀的允許／不允許**實驗性預覽**決策。

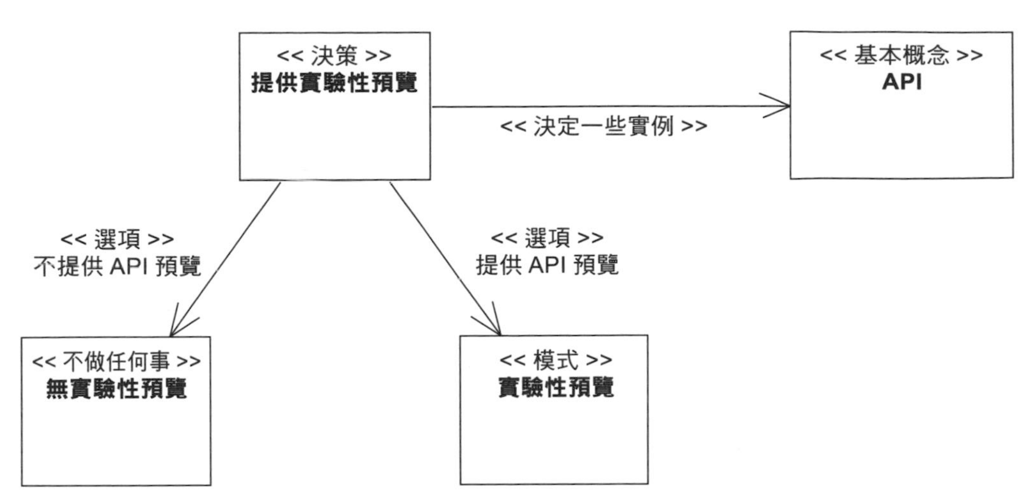

圖 3.30 使用額外的實驗性預覽決策

可應用這模式來支援創新和新功能，它能顯示提升新 API（版本）的知名度、促進回饋，並給顧客時間決定是否使用新 API 及啟動開發專案。

實驗性預覽是一或多個官方版本的替代方案。當提供者不想管理和支援太多 API 版本，而想專注精神時，這就是一個適合的模式。

消費者想要早點學習新的 API 或 API 版本，才能事先規劃、打造創新的產品和影響 API 設計。在規劃上，客戶端尤其需要穩定的 API，以便把修改工作減到最少。

模式：實驗性預覽（*Experimental Preview*）

問題	API 提供者如何以較少的風險為客戶端引入新的 API（版本），並獲得早期採用者的回饋，而不用過早確定 API 設計？
解決方案	盡力提供 API 的存取，而不做出任何關於功能性、穩定性和長期性的承諾。清楚且明確地表達 API 成熟度不足的情況，來管理顧客期望。

這個模式可視為對稍早介紹的版本引用與停用決策的附加考量策略，因為可以提供**實驗性預覽**，而非完整的額外版本；也就是說，決定了版本控制和停用策略後，可以將採用額外的實驗性預覽作為後續。此外，在其他任何策略，或甚至沒有這樣的策略時，也可以使用**實驗性預覽**，像是支援 API 實驗和蒐集早期回饋。舉例來說，**實驗性預覽**可用在**雙版本**中新版本引入的初期階段，一旦夠成熟，就轉移為生產環境中支援的兩個版本之一。

範例決策結果。Lakeside Mutual 的 API 產品負責人決定如下：

面對需要支援多個有不同發布生命週期的 API 客戶端，

Lakeside Mutual 的 API 設計者決定採用雙版本和實驗性預覽模式

這樣破壞性變更出現時，客戶端就有選擇且有時間遷移，還可以試用即將推出的新功能，

接受必須同時支援雙版本的操作及支援。

API 演進模式可見第 8 章，會聚焦在 API 轉移及後續階段。

插曲：Lakeside Mutual 案例的品質及演進模式

Lakeside Mutual 的開發人員在不同服務中應用許多品質模式。為了服務各種客戶端的不同需求，引入**願望清單**，所以客戶端可以檢索符合他們需要的資料，例如，客戶端可能為了統計調查而需要郵遞區號和顧客生日，而非完整地址。

```
curl -X GET --header 'Authorization: Bearer b318ad736c6c844b'\
http://localhost:8080/customers/gktlipwhjr?\
fields=customerId,birthday,postalCode
```

回傳的回應現在只包含所請求的欄位。完整範例請見第 7 章〈改善訊息設計品質〉中的**願望清單**模式：

```
{
  "customerId": "gktlipwhjr",
  "birthday": "1989-12-31T23:00:00.000+0000",
  "postalCode": "8640"
}
```

所有操作都受到 *API* **金鑰**的防護，金鑰以先前命令中的 `Authorization` 標頭表示。在顧客核心服務中，數個請求可以結合為**請求綁定**，以**錯誤回報**來傳遞請求失敗。下面的呼叫使用了 `invalid-customer-id`：

```
curl -X GET --header 'Authorization: Bearer b318ad736c6c844b'\
http://localhost:8080/customers/invalid-customer-id
```

錯誤回報通知客戶端找不到顧客：

```
{
  "timestamp": "2022-02-17T11:03:58.517+00:00",
  "status": 404,
  "error": "Not Found",
  "path": "/customer/invalid-customer-id"
}
```

更多 *API* **金鑰**和**錯誤回報**範例，請參考第 6 章的模式內容。

許多回應訊息含有**嵌入實體**或**連結資訊持有者**。例如，在保單管理（Policy Management）後端，`CustomerDto` 含有所有顧客保單的巢狀表現。然而，當客戶端存取顧客資源時，可能不在乎保單，為了避免發送包含許多不在客戶端處理的資料龐大訊息，能用**連結資訊持有者**來參照回傳顧客保單資料的個別端點。

```
curl -X GET http://localhost:8090/customers/rgpp0wkpec
{
  "customerId": "rgpp0wkpec",
  ...
  "_links": {
    ...
    "policies": {
      "href": "/customers/rgpp0wkpec/policies"
    }
  }
}
```

接著可以分開請求保單資料：

```
curl -X GET http://localhost:8090/customers/rgpp0wkpec/policies
[ {
  "policyId": "fvo5pkqerr",
  "customer": "rgpp0wkpec",
  "creationDate": "2022-02-04T11:14:49.717+00:00",
  "policyPeriod": {
    "startDate": "2018-02-04T23:00:00.000+00:00",
    "endDate": "2018-02-09T23:00:00.000+00:00"
```

```
  },
  "policyType": "Health Insurance",
  "deductible": {
    "amount": 1500.00,
    "currency": "CHF"
  },
  ...
```

要實施**版本識別符**、**語義版本控制**、**實驗性預覽**和**雙版本**，Lakeside Mutaul 的 API 負責人、架構師和開發人員，可能在 URI 增加如 `v1.0` 的識別符，並使用其原始碼倉庫（repository）和協作平台的發布管理功能。這裡擷取的程式碼，沒有展示版本控制和生命週期管理決策。

假設選擇 git 作為提供原始碼倉庫的版本控制系統，可能會有兩個生產分支及一個實驗性分支。每一個分支可以供給不同的持續整合，和持續交付／持續部署（CICD）的部署管線，分別用於測試或生產。

Lakeside Mutual 的更多實現細節可見附錄 B〈Lakeside Mutual 案例實現〉。要注意的是，本章所有決策都沒有完全實現；案例研究的實現仍持續演進。[4]

總結

本章識別出 API 設計與演進需要的模式相關架構決策，涵蓋以下主題：

- 選擇代表可見性的基礎模式，如公開、社群、內部解決方案，和 API 類型，如前端 vs 後端整合等特性。
- 選擇端點角色和操作職責，這些職責有不同的本質，如活動 vs 資料導向，和對提供者端狀態，如可讀和／或寫的影響。
- 選擇結構相關的模式，在語法如扁平或巢狀參數，和語意如元素刻板的資料、元資料、識別符和連結元素上，描述個別的訊息元素。
- 決定 API 品質治理和管理，例如**服務水準協議**。
- API 品質模式的改善效能和適合訊息大小，包括**分頁**和**願望清單**。

4 Lakeside Mutual 的開發人員，是否有點與範本案例的架構師和產品負責人脫節？

- 對適合的 API 生命週期和 API 演進版本控制方法達成共識。
- 簡單或詳盡的 API 規約和敘述文件，包括技術和商業層面，例如出帳。

這 44 種模式中的任一種，都可在已知的架構決策問題中作為選項或替代方案；由這些模式在設計力量的優缺點組成決策準則，本章以「陳述之因」開始的 Lakeside Mutual 案例示範決策結果。

到此，完成本書第一部分，接下來要進入包含模式文本和模式語言概覽的第二部分。

Part 2

模式

這部分會展示 API 設計和演進模式種類。補充說明，第一部分第 3 章〈API 決策敘事〉不必逐頁閱讀，僅供參考使用。

以下提到的種類，整理自《Web API 設計原則：API 與微服務傳遞價值之道》（Principles of Web API Design: Delivering Value with APIs and Microservices, Higginbotham 2021）一書介紹的校正 - 定義 - 設計 - 改善（ADDR）的四階段過程：

- 早期階段，API 的範圍源於並緊隨著客戶目標和其他需求，例如在使用者故事（user story）或工作故事（job story）中說明的需求，會簡短摘要此階段適用的相關**基礎**模式。
- API 設計早期階段，端點及其操作**定義**於相當高的抽象性和細節，**職責**模式會在這階段參與進來。
- 接下來，設計技術細節和技術綁定，是訊息**結構**和 API **品質**模式發揮作用之處。
- 最後，在 API **演進**期間持續改善 API 設計和實現。這一步驟還可以應用其他品質模式，通常以 API 重構（模式）的形式進行。

在整個設計與演進階段中，API 設計的進展持續且逐步地文件化。附錄 A〈端點識別與模式選擇指南〉說明 ADDR 四階段、七步驟，例如「建立 API 概要模型」（Model API profiles），和我們的模式之間的關係。

本部各章結構來自於以上考量，每一章至少針對目標受眾中的一個角色。

- **第 4 章〈模式語言介紹〉**，提供模式語言概覽並介紹基礎結構模式，會作為後續章節模式的建構模塊。
- **第 5 章〈定義端點類型與操作〉**，討論端點角色和操作職責，以概念性架構觀點來看 API 設計與演進。

- **第 6 章〈設計請求與回應訊息表現〉**，有關請求和回應訊息結構，針對整合架構師和開發人員。
- **第 7 章〈改善訊息設計品質〉**，介紹改善訊息結構品質的模式，本章也是針對架構師和開發人員。
- **第 8 章〈演進 API〉**，討論 API 演進和生命週期管理，API 產品經理以其他目標角色參與。
- **第 9 章〈API 規約文件與傳達〉**，涵蓋 API 文件化和商業層面，本章適合所有角色，尤其是 API 產品經理。

以下就開始模式概覽和介紹！

第 4 章

模式語言介紹

第一部分已了解遠端 API 成為現代分散式軟體系統的重要特色。API 提供整合介面，對終端使用者應用程式如手機客戶端、網頁應用程式和第三方系統暴露遠端系統功能；且不只終端使用者應用程式消費和依賴 API，分散式後端系統和之中的微服務，也都需要與 API 相互合作。

虛構保險公司 Lakeside Mutual，與其基於微服務的應用程式提供不少示範案例，說明 API 設計與演進所牽涉的許多反覆出現設計問題，並提出解決衝突的需求，和找出適合的妥協方法。對相關問題的決策模型提供選項和準則來指引我們進行需要的設計工作。模式在這些決策中作為替代選項。

本章邁向下一步，從模式語言概覽開始，提出通過語言的導覽路徑；同時，介紹一組基本範圍和結構模式。閱讀完本章後，你將可以解釋我們的模式語言範圍，包括主題和架構相關考量，並依照專案階段找出讓你感興趣的模式。透過基礎模式，你還可以由 API 的可見性和整合類型描述建構中的 API，並了解組成請求和回應訊息語法建構模塊的基本結構模式，以及相關語言中的其他許多模式。

定位及範圍

按照第 1 章〈應用程式介面（API）基礎〉建立的領域模型，API 客戶端和提供者交換請求和回應訊息，來呼叫 API 端點中的操作，許多模式都關注這些訊息的酬載**內容**，其包含一或多個有可能是巢狀的表現元素。**企業整合模式（Enterprise Integration Patterns）**提供 3 種關於訊息內容的替代模式（Hohpe 2003）：文件訊息（Document Message）、命令訊息（Command Message）和事件訊息（Event Message），在訊息系統中，這些訊息從發送端經由通訊「通道」（Channel），傳遞到接收端。這些通道可能以佇列訊息系統提供，也可以是 HTTP 連線或其他整合技術，例如 GraphQL 和 gRPC。協定能力和配置，以及訊息大小和內容結構，影響 API 及其實現的品質要素。在這訊息情境中，可把 API 視為「服務催化劑」（Service Activator）（Hohpe 2003），從通訊通道的角度來看，在 API 實現中 API 是可用的應用程式服務的「轉接器」（Adapter）（Gamma 1995）。

在我們的模式語言中，就內部結構來研究命令、文件和事件訊息，也調查表現元素、操作和 API 端點扮演的角色，不論使用的通訊協議為何，並討論如何把訊息分組到端點中，以達到適合的 API 粒度和耦合性，以及如何 API 文件化及管理 API 端點和部件的演進。

以 JSON 物件交換的訊息酬載尤其讓人感興趣，例如，經由 HTTP GET、POST 和 PUT，以及由雲端服務提供者或訊息系統，諸如 ActiveMQ 或 RabbitMQ 提供的訊息佇列。JSON 是流行的 Web API 訊息交換格式，而以 XML 文件或其他文本結構交換時，我們的模式一樣有用，甚至可以用在定義二進位編碼的訊息內容。

圖 4.1 顯示我們的模式在 Web API 範例中的範圍。一個以 curl 命令顯示的 HTTP GET，詢問關於第 2 章〈Lakeside Mutual 案例研究〉介紹案例的單一顧客，`rgpp0wkpec` 的資訊。

示範的回應訊息是巢狀的：顧客資訊不僅包含生日，且還有許多 `moveHistroy` 格式的地址異動。透過 JSON 陣列符號 `[...]` 指示，可能會返回一組搬遷動作；範例中，陣列只包含一個移動目的地。每一個移動目的地由包在 JSON 物件符號 `{...}` 中的三個字串 `"city"`、`"postal- Code"`、`"street-Address"` 所描述。這雙層結構提出重要且常出現的 API 設計問題：

> **包含其他領域關係的複雜資料是否應該嵌入訊息表現中，或是應該提供連結在另外呼叫同個／其他 APIs 端點中的其他操作，來查詢這些資料？**

對於這個問題，我們的模式有兩個可選答案：圖 4.1 中所示的**嵌入實體**，和**連結資訊持有者**，**嵌入實體**將巢狀資料表現注入到酬載中，**連結資訊持有者**則是將超連結放在酬載中。碰到後者的情況時，客戶端必須依這些超連結中的端點位置，在後續請求中獲取參照資料，這兩種模式的結合選擇對 API 品質影響很大，例如，訊息大小和介面數影響效能和可交換性。兩種模式都是有效的選擇，取決於網路和端點能力、客戶端的資訊需求，及資料存取配置、後端資料源位置等等。因此這些準則是模式選擇和採用的力量，第 7 章〈改善訊息設計品質〉會回顧。

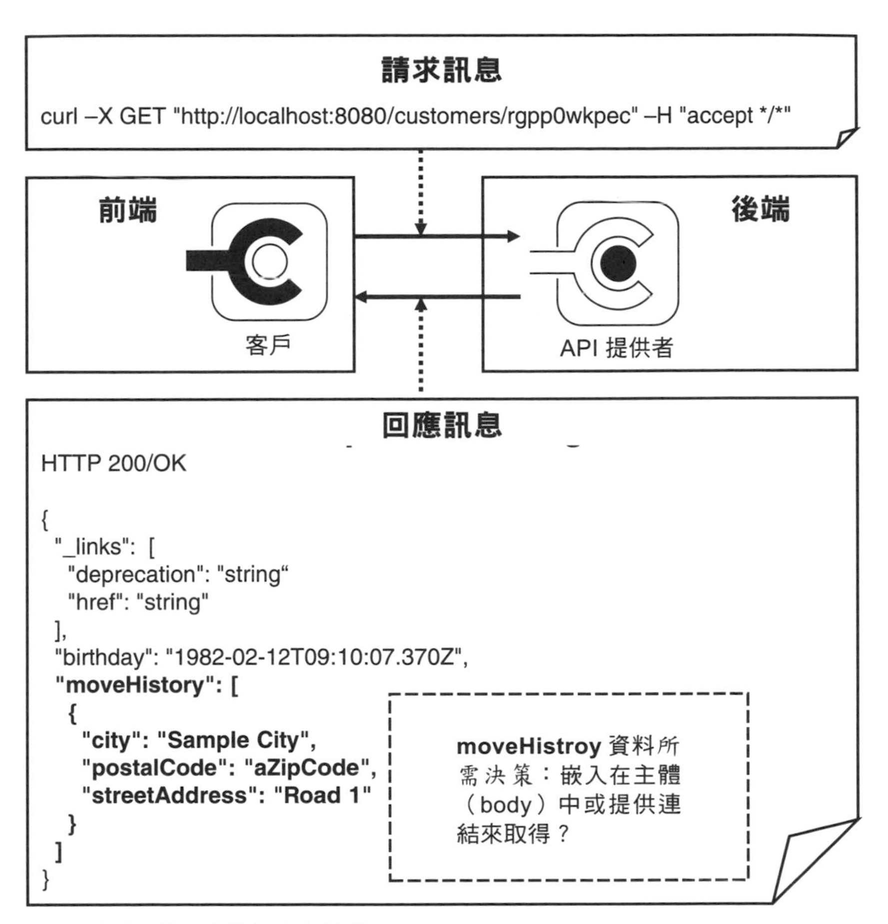

圖 4.1　API 呼叫示範：交換訊息與結構

模式：原因及方法

模式可以幫助解決 API 設計問題，提出對特定情境中重複出現的問題解決方案，以這邊為例就是 API 設計與演進。模式與平台無關，因此避免了概念、技術和廠商鎖定（vendor lock-in）等，它是領域形成的一種共同語言，適當使用模式，可以使採用這些模式的設計更容易理解、移植和演進。

每一種模式文本可視為一篇短小、特定且獨立的文章。這些文本會根據共同的樣板來組織：

- **使用時機及方法**，建立模式適用的情境和前置條件，接著是問題敘述，明確指出需要解決的設計問題。在設計上，不同的影響要素能說明問題難以解決之因，在此經常會參考架構決策要素和衝突的品質要素；也可能提出無解方案。
- **運作方式**，介紹對設計問題的概念性、通用的解決方案，這些設計問題來自於描述解決方案的運作方式，以及如果有的話，實務中觀察到變體的問題敘述。
- **範例**，顯示解決方案在具體應用程式情境中實現的方式，例如使用 HTTP 和 JSON 等特定技術組。
- **討論**，解釋解決方案在解決模式影響要素的程度，也可能包含其他優缺點，以及找出替代解決方案。
- **相關模式**，指向下一個模式，一旦應用特定模式，該模式就會變得適合且有趣。
- 最後，**更多資訊**有提供其他指示或參考。

回到我們的兩個示範模式，**連結資訊持有者**和**嵌入實體**在第 7 章會依此格式記錄。

注意，使用模式不要求特定實現方式，而是為其專案上下文的採用留下許多彈性。事實上，不應該盲目遵從模式，它只是工具或指引，只有在產品或專案特定的設計了解其具體、實際需要，才能滿足這些需求，模式的泛用化產物將無法達到這點。

模式導覽

決定要組織模式時，可以看另外兩本書來獲得靈感：《Enterprise Integration Patterns》（Hohpe 2003）依照訊息在分散式系統中傳遞，從建立、發送、路由、轉換和接受的生命週期來編排；《Martin Fowler 的企業級軟體架構模式》（Patterns of Enterprise Application Architecture, Fowler 2002），則使用邏輯層作為章節和主題結構，從領域層進展到持久層和展現層。

遺憾的是，對 API 領域來說，單靠層級或生命週期似乎不太適用。因此可能無法決定最佳的組織方式，而是提供多種方式來指引你理解模式，像是第 1 章 API 領域模型定義的架構範圍、主體種類和改善階段。[1]

1 這種「要一個，給三個」的策略是一般規則的例外，「若存疑，則忽略」（Zimmermann 2021b），幸運的是，這只存在於元級別（meta-level）。希望標準委員會和 API 設計者比我們更堅持這一規則 ;-)。

結構組織：以範圍找出模式

大部分模式聚焦不同抽象和細節層次的 API 建構模塊，有些涉及 API 整體及其技術和商業文件，由此產生的架構範圍包括 API 整體、端點、操作和訊息。第 1 章的 API 領域模型曾介紹這些基本概念。圖 4.2 列出這 5 種範圍的模式。

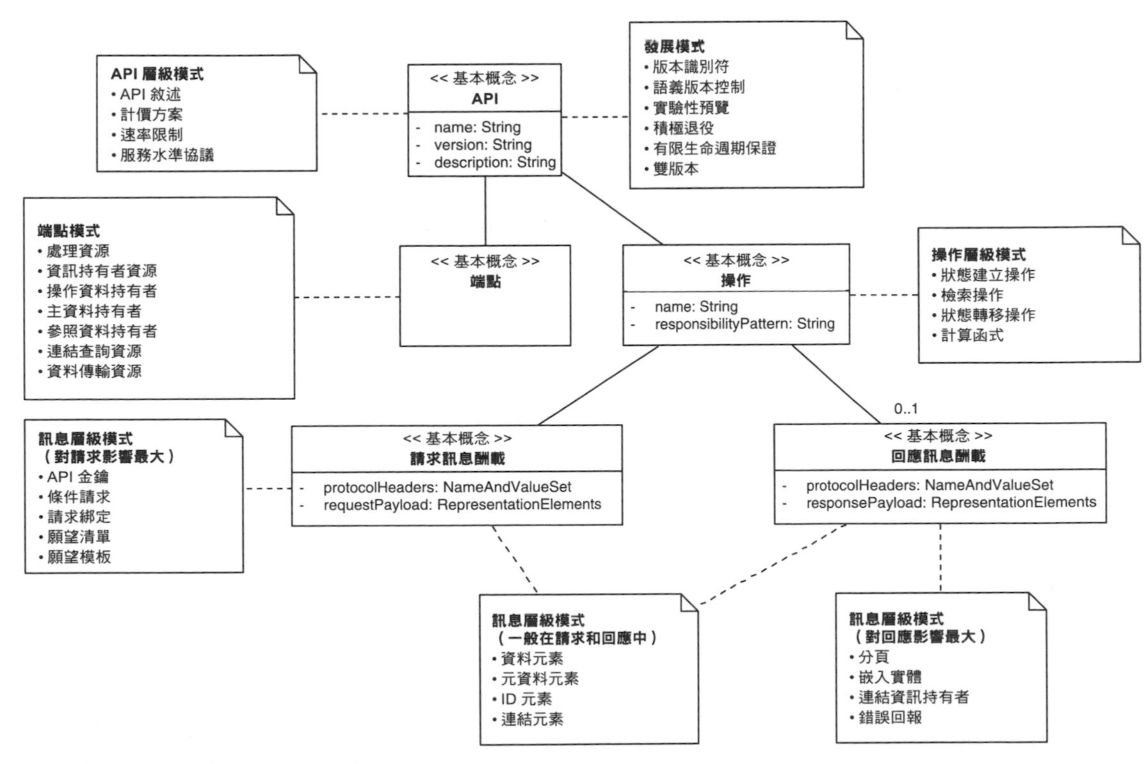

圖 4.2 按領域模型元素和架構範圍分類的模式

*API 敘述*和*服務水準協議*等模式，考量的是 API 整體；其他模式，例如*處理資源*和*資料傳輸資源*是在單一端點操作。許多模式與操作或訊息設計有關，其中一些主要針對請求訊息，如 *API 金鑰*、*願望清單*，而其他較多針對回應訊息，如*分頁*、*錯誤回報*；元素刻板則可能出現在請求和回應兩邊，如 *ID 元素*和*元資料元素*。

行動呼籲：當面對 API 設計任務時，問自己這些範圍中哪一個是你要處理的，並參考圖 4.2，來找到對這任務有興趣的模式。

主題種類：搜尋主題

這裡把模式分組為 5 個種類。每一種類回答幾個相關的主題問題：

- **基礎模式：**整合了哪些系統類型和元件？ API 應該從何處存取？應該如何文件化？
- **職責模式：**每個 API 端點扮演什麼樣的架構角色？操作職責是什麼？這些角色和職責如何影響服務拆分和 API 粒度？
- **結構模式：**請求與回應訊息的表現元素適當數量為何？應該如何結構化這些元素？如何將它們分組及標注？
- **品質模式：**API 提供者如何以有成本效益的方式使用資源，以達成一定程度的設計與運行品質。
- **演進模式：**如何處理生命週期管理問題，例如支援期間和版本控制？如何促進向後相容性及溝通不可避免的破壞性變更？

這些主題種類構成第 3 章〈API 決策敘事〉的決策模型和本書支援網站。[2] 圖 4.3 依照本書各章對模式分組，主題種類對應第 4 到第 8 章，但有兩個例外：基礎種類的 *API 敘述*，及 3 個與品質管理相關的模式：**速率限制**、**計價方案**、**服務水準協議**，提取到第 9 章〈API 規約文件與傳達〉。*API* **金鑰**、**錯誤回報**和**上下文表示**模式與品質有關，因為它們的特定目的表現角色，所以出現在第 6 章〈設計請求與回應訊息表現〉，附錄 A 的備忘單也依循同樣結構。

> **行動呼籲：**想一想你最近碰到的 API 設計問題，是否符合前面的任一種類？這些問題和模式名稱中，是否有任一暗示這模式有可能解決問題？如果是的話，你可能想馬上前往各別章節再回來這；如果需要更多資訊，可以查看附錄 A 中的備忘錄。

2 https://api-patterns.org

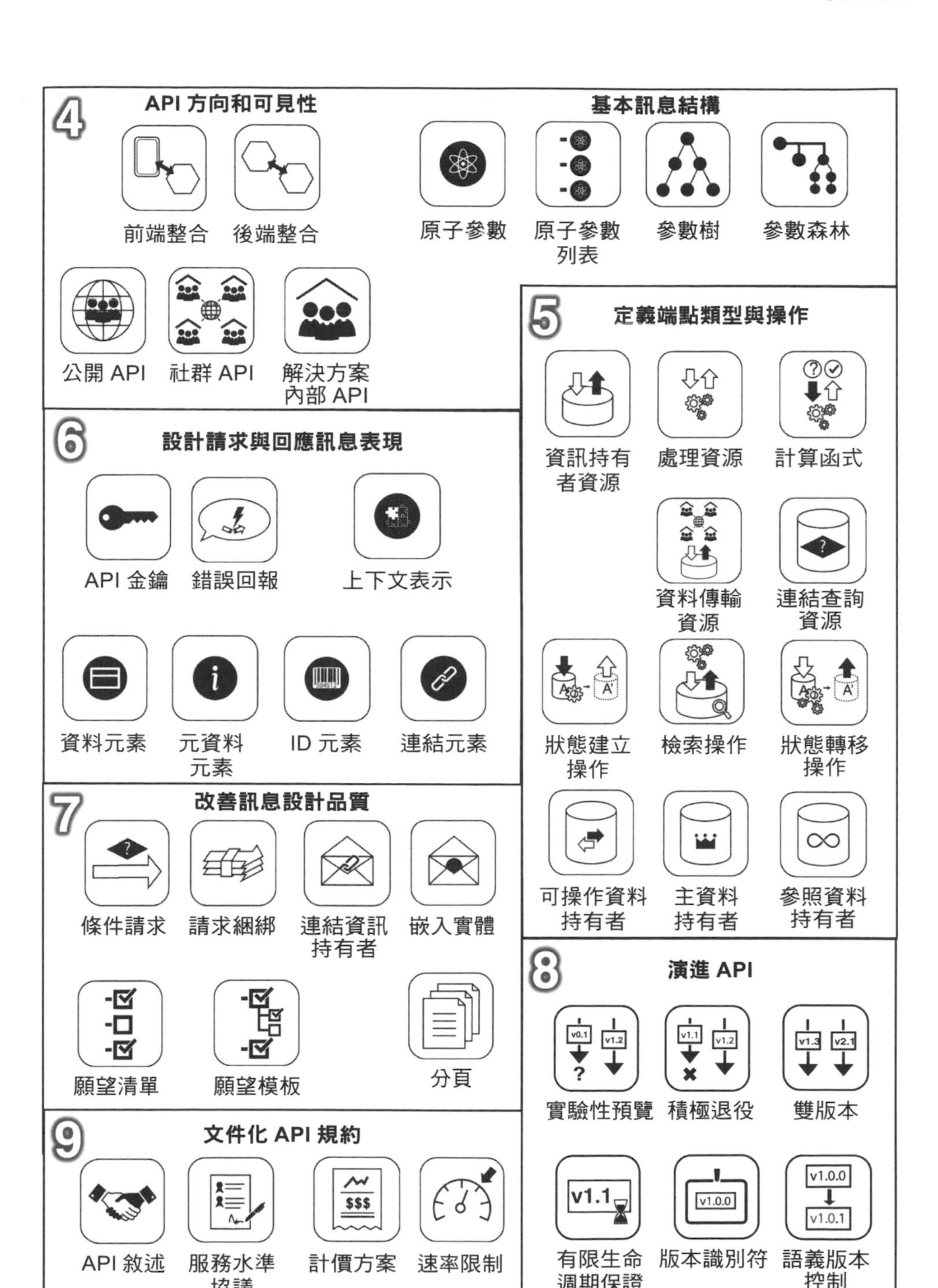
4
API 方向和可見性
前端整合
後端整合
基本訊息結構
原子參數
原子參數列表
參數樹
參數森林
公開 API
社群 API
解決方案內部 API
5
定義端點類型與操作
資訊持有者資源
處理資源
計算函式
資料傳輸資源
連結查詢資源
狀態建立操作
檢索操作
狀態轉移操作
可操作資料持有者
主資料持有者
參照資料持有者
6
設計請求與回應訊息表現
API 金鑰
錯誤回報
上下文表示
資料元素
元資料元素
ID 元素
連結元素
7
改善訊息設計品質
條件請求
請求綑綁
連結資訊持有者
嵌入實體
願望清單
願望模板
分頁
8
演進 API
v0.1
v1.2
v1.1
v1.2
v1.3
v2.1
實驗性預覽
積極退役
雙版本
v1.1
v1.0.0
v1.0.0
v1.0.1
有限生命週期保證
版本識別符
語義版本控制
9
文件化 API 規約
$$$
API 敘述
服務水準協議
計價方案
速率限制

圖 4.3 各章模式

時間維度：遵循設計改善步驟

API 設計從專案／產品啟動創立到設計細節詳述、實現建構迭代，以及專案／產品過渡過程，大致遵循「統一過程」（Unified Process）（Kruchten 2000）。表 4.1 依照過程階段分類模式，注意，有些模式可以用在多個階段。

表 4.1 各階段模式

階段	種類	模式
創立（Inception）	基礎	公開 *API*、社群 *API*、解決方案內部 *API*
		後端整合、前端整合
		API 敘述
詳述（Elaboration）	職責	資訊持有者資源、處理資源
		主資料持有者、可操作資料持有者、參照資料持有者
		資料傳輸資源、連結查詢資源
	品質	*API* 金鑰、上下文表示、錯誤回報
建構（Construction）	結構	原子參數、原子參數列表、參數樹、參數森林
		資料元素、*ID* 元素、連結元素、元資料元素
	職責	狀態建立操作、狀態轉移操作
		檢索操作、計算函式
	品質	分頁
		願望清單、願望模板
		嵌入實體、連結資訊持有者
		條件請求、請求綑綁
過渡（Transition）	基礎	*API* 敘述
	品質	服務水準協議、計價方案、速率限制
	演進	語義版本控制、版本識別符
		積極退役、實驗性預覽
		有限生命週期保證、雙版本

API 端點透過在早期階段的整體系統／架構角色來識別與描繪，此為創立；接下來是草擬操作，藉此在一開始概念化及設計的請求與回應訊息結構，此為詳述；之後是品質改善，此為建構。當 API 上線時，會為 API 指定版本控制及支援／生命週期策略的方法，在之後更新，此為過渡。

雖然如同大多數的表，表 4.1 有從上至下的閱讀順序，但也可以來回閱讀，甚至在一個為期兩週的衝刺（sprint）期間內。這裡不建議瀑布模型（waterfall model）；前後來回多次完全沒問題，例如在應用敏捷專案組織實務時。換句話說，每一次衝刺可能包含了創立、詳述、建構和過渡任務，及應用相關模式。

你可能會想知道第二部分介紹的校正 - 定義 - 設計 - 改善（ADDR）階段，與統一過程及表 4.1 中階段的關係，可參考如下：校正對應創立，定義活動發生在詳述期間，設計工作從詳述延伸到建構迭代；建構及過渡，與之後的演進與維護階段是持續改善設計的機會。

> **行動呼籲：**哪一個階段是你目前的 API 設計工作？列出的模式建議是否適合考慮用在你的設計中？設計達成某個里程碑，或在每次衝刺開始，從產品待處理工作（backlog）中揀選一個 API 相關故事時，你可能都會想再回來看看表 4.1。

導覽方式：MAP 地圖

若你尚未準備好逐頁閱讀第二部分，可以使用這一節的 3 個導覽輔助結構：結構／範圍，主題種類／章節、和時間／階段，來探索語言以滿足你的即時需求。選擇好一或多個切入點後，接著可以依循每一個模式的「相關模式」指標來前進；也可回到 3 個組織結構：範圍、主題、階段其中之一。學習一些模式後，你可能想看看 Lakeside Mutaul 案例研究，或第 10 章〈真實世界的模式故事〉來獲得全貌，及學習如何結合個別模式。

下一節會介紹適用於 ADDR 校正階段的基本 API 基礎和訊息結構模式，以及其他第 5 章到第 9 章涵蓋的階段定義、設計及改善與其他主題。

基礎：API 可見性與整合類型

本節介紹的模式在設計力量要素及解法方面相當簡單，但它們是作為後續更進階模式的建構模塊；因此，這裡以簡化形式呈現：背景與問題、解決方案以及細節。若有需要可先前進到第 5 章〈定義端點類型與操作〉，再返回這裡。

基礎模式處理兩種策略決策：

- 要整合哪一種系統、子系統及元件？
- API 要從何處存取？

回答這兩個問題有助於界定和描繪 API 及其目的：*前端整合*和*後端整合*，是兩種 API 方向或目的及架構定位類型，*公開 API*、*社群 API* 及*解決方案內部 API* 則定義 API 可見性。圖 4.4 為這 5 種模式的地圖。

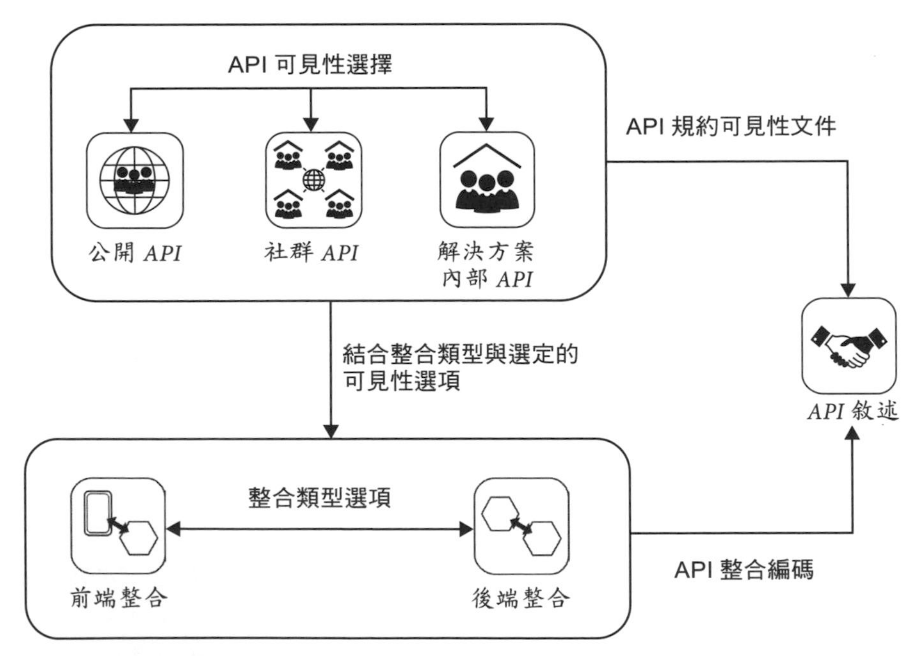

圖 4.4 基礎模式地圖

注意，第 9 章會介紹 *API 敘述*模式。

模式：前端整合

第 1 章曾舉手機 App 和雲端原生應用程式為例，說明 API 如此重要的理由之一。API 把 API 提供者端的資料與處理能力，提供給手機 App 和雲端應用程式網頁客戶端。

> 客戶端的終端使用者介面，在物理上與伺服器端的業務邏輯與資料存儲分開的情況下，如何以計算結果、從資料源搜索的結果集，以及資料實體的詳細資訊來填充與更新？應用程式前端如何調用後端活動或上傳資料給後端？
>
> 讓分散式應用程式後端，經由基於訊息的遠端**前端整合** API，來暴露其服務給一或多個應用程式前端。

服務終端使用者的應用程式前端，可能是內部或是外部系統的一部分，在這些類型的應用程式前端中，API 客戶端會消費**前端整合** API。圖 4.5 的情境可見**前端整合**模式。

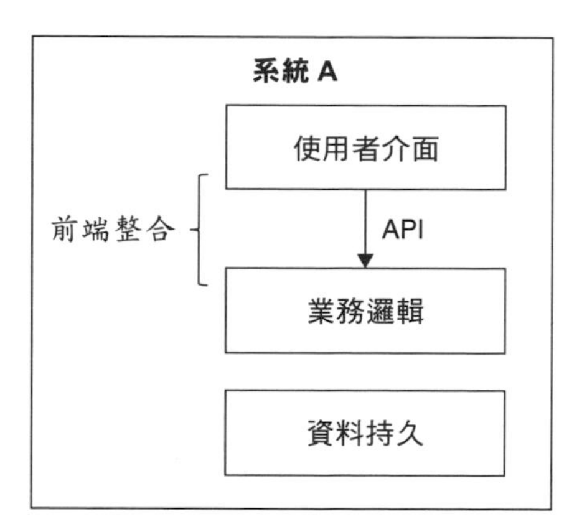

圖 4.5 前端整合：API 連接後端邏輯與資料的遠端使用者介面

後端的業邏輯層（Fowler 2002）是自然的進入點。有時使用者介面也會在客戶端和伺服器端之間分割，在這種情況下，API 也可能存在於使用者介面層上。

細節

決定 API 是*公開 API*、*社群 API* 或*解決方案內部 API*。以一或多個**原子參數**和**參數樹**組成 API 操作的請求和選填的回應訊息，可見後面章節對這些模式的說明。

利用角色與職責模式（第 5 章）、訊息結構模式（第 6 章）以及品質模式（第 6 章和第 7 章）實現選定的 API 端點候選項目；在決定是否及如何版本化整合 API 時，考慮演進模式（第 8 章〈演進 API〉）；在 *API 敘述*和補充文件中記錄 API 規約及其使用條款和條件（第 9 章）。

基於訊息的遠端**前端整合** API，常以 HTTP 資源 API 的形式實現。[3] 也可使用其他遠端技術，例如 gRPC[gRPC]、HTTP/2 傳輸（Belshe 2015），或 Web Socket（Melnikov 2011）。GraphQL 最近開始流行起來，可避免資料獲取不足和過度獲取。[4]

前端整合 API 具有適用所有客戶端的通用目的，或專門為每一個客戶端或使用者介面技術，提供不同的「供前端用的後端」（Newman 2015）。

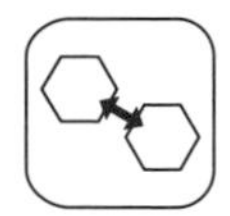

模式：後端整合

第 1 章中曾討論雲端原生應用程式和微服務系統，都需要 API 來連結與分離其部件，API 也在軟體生態系中扮演重要角色，更一般地說，任何後端系統想要從其他系統獲取資訊或操作時，大概都會依賴遠端 API 並從中獲益。

各自建構且分開部署的分散式應用程式與其部件，在交換資料及觸發相互活動的同時，如何保存系統內部的概念完整性，而避免引入耦合？

藉由基於訊息的遠端**後端整合** API 暴露的後端服務，整合分散式應用系統後端，與相同或其他分散式應用系統的一個或多個其他後端。

---

3 HTTP 資源 API 使用 REST 風格的統一介面，並在 URI 調用 HTTP 方法，如 POST、GET、PUT、PATCH 和 DELETE。如果它們遵從其他 REST 約束，例如使用超連結傳輸狀態，則可以稱為 RESTful HTTP API。

4 GraphQL 可看作是第 7 章願望清單模式的大型框架實現。

這樣的**後端整合 API**，不會直接讓分散式應用系統的前端使用，而是專門由其他後端消費。

圖 4.6 把模式定位在這兩種應用情境的第一種：企業對企業／系統對系統整合。

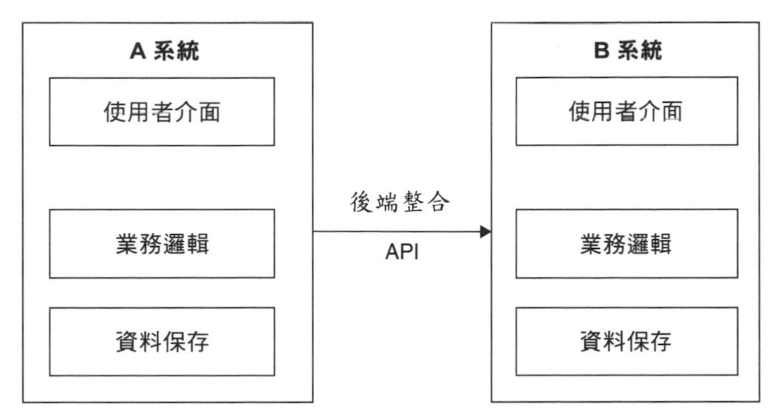

圖 4.6　後端整合速寫 1：系統對系統訊息交換

圖 4.7 描繪第二種使用情境，將應用系統內部業務邏輯分解成為暴露**解決方案內部 *API*** 的服務元件。

業務邏輯層的進入點是**後端整合 API** 的合適位置。存取控制、授權執行、系統交易管理及業務規則評估，通常皆已座落於此。在一些不需要太多邏輯的資料中心情境中，在資料持久層整合可能反而是有道理的；而這未顯示在圖 4.7 中。

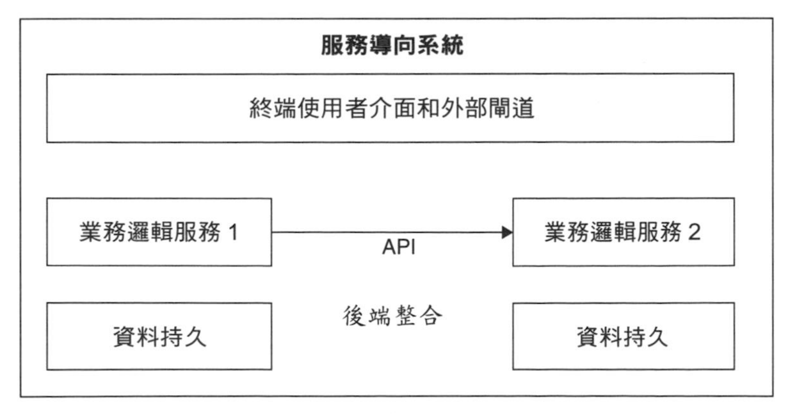

圖 4.7　後端整合速寫 2：微服務透過解決方案內部 API 通訊

細節

決定整合 API 的可見性：選項有**公開 *API***、**社群 *API***、**解決方案內部 *API***，從一或多個可能嵌入在**參數樹**中的**原子參數**，來構成 API 操作的請求及選填回應訊息，稍後的「基本結構模式」會有更多討論。定義**後端整合**中的 API 端點角色及其操作職責（第 5 章），使用元素刻板和品質改善模式設計訊息細節（第 6 和第 7 章），整合 API 的生命週期時，清楚決定是否及如何進行版本控制，建立 ***API* 敘述**和補充資訊（第 9 章）。

將有系統的方法用在應用程式景觀規劃（application landscape planning），即系統的系統設計。考慮將策略領域驅動設計（DDD，Vernon 2013）視為簡單輕便的一種企業架構管理方法，即「軟體都市規劃」（software city planning）。應用切割準則，將單一系統拆解為多個服務，切割準則源自於功能需求和領域模型（Kapferer 2021; Gysel 2016），以及操作需求例如擴展需求，和開發考量，例如獨立可變更性（Zimmermann 2017）；此外也考慮雲端成本和工作量模式（Fehling 2014）。

選擇一個支援標準訊息協定的成熟遠端技術，和已建立的訊息格式，來提升可互相操作性。除了那些實現**前端整合**的條列選項外，基於非同步、佇列的訊息傳遞，常用在**後端整合**，尤其是那些不同系統的整合。請見第 1 章的討論以取得相關原因及範例。

模式：公開 API

面向全球資訊網的 API 不只在於限制其目標受眾和可存取性，但通常會使用 ***API* 金鑰**，來控制對它們的存取。

API 如何讓分散於全球、國際和／或區域間，組織外無限及／或未知數量的 API 客戶端存取？

在公開網路暴露 API 與其詳細的 ***API* 敘述**，以描述 API 的功能與非功能性屬性。

圖 4.8 在描繪範例情境中的*公開 API* 模式。

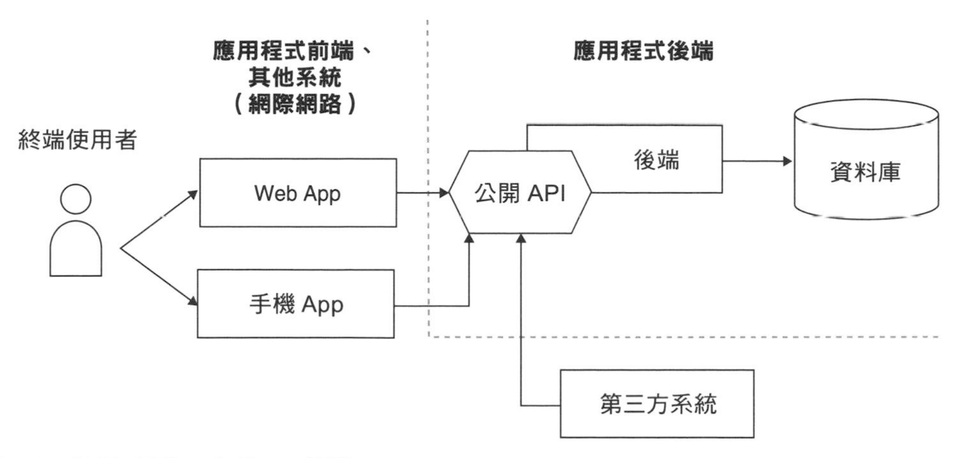

圖 4.8 API 可見性：*公開 API* 情境

細節

明確指定 API 端點、操作、訊息表現、服務品質保證及生命週期支援模型。透過選擇職責模式，和選擇一或多個演進模式持續整合設計，可見第 5 和第 8 章。例如，把 API 標記為*處理資源*、引入*版本識別符*及*應用語義版本控制*。

使用 *API 金鑰*或其他安全性手段來控制對 API 的存取，見第 7 章。從安全性和可靠性的觀點來加固 API，並且投資 *API 敘述*及支援程序的品質，見第 9 章。從 API 的經濟觀點定義*計價方案*和實現出帳／訂閱管理。考慮對免費方案引入*速率限制*。記錄 API 使用條款與條件、例如*服務水準協議*，以及讓 API 消費者同意為使用 API 的前提條件。在這些條款與條件中包含公平使用及賠償。[5] 以上模式介紹於第 9 章。

---

5 合法綁定成品、條款與條件文件及公開 API 的服務水準協議，應該由法律事務專家撰寫或審視，並核准。

模式：社群 API

有些 API 由不同組織的客戶端分享，且部署在只對社群成員開放存取的網路。

如何把 API 的可見性與存取限制於封閉的使用者群體，其不為單一組織工作，而是為多個法律實體，例如公司、非營利／非政府組織及政府工作？

安全部署 API 與其實現資源在限制存取的位置，只有需要的使用者群體可以存取 API，例如在外部網路（extranet）。只對限制的目標受眾分享 *API 敘述*。

圖 4.9 描繪在架構情境中的*社群 API* 模式。

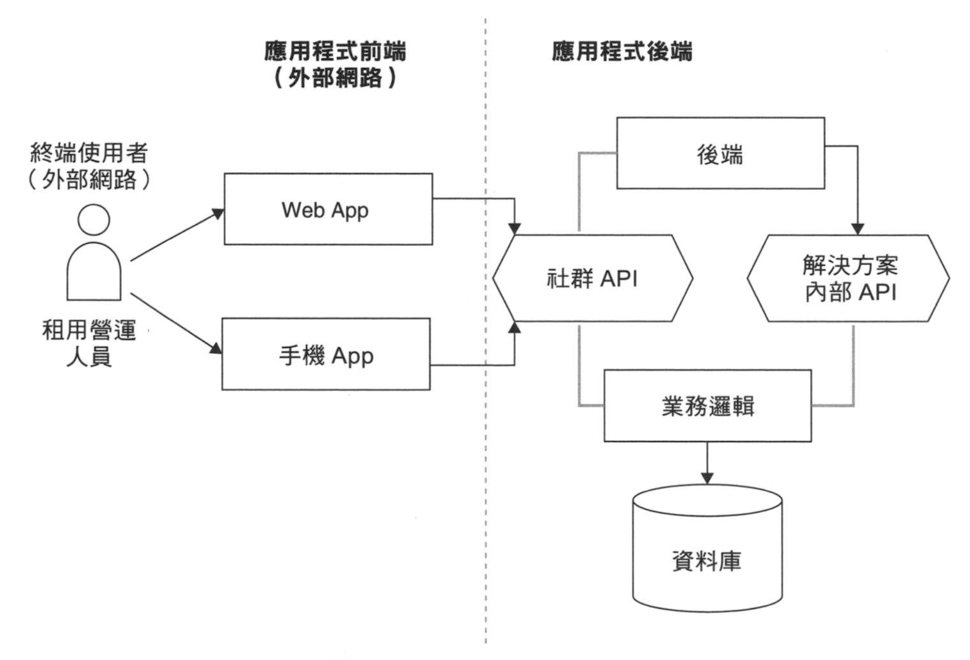

圖 4.9 API 可見性：*社群 API* 情境

細節

明確指定 API 端點、操作、訊息表現、服務品質保證及生命週期支援模型。參考**公開 *API*** 的解決方案細節，來獲得更全面且同等有效的提示和相關模式。

從安全性和可靠性的觀點來加固 API，並且投資 ***API* 敘述**及支援程序的品質，包括社群管理的成員支援。指派全社區的 API 負責人並尋求共同基金。

這個模式結合同儕可見性模式，**公開 *API*** 和**解決方案內部 *API*** 的要素，且可視為這兩種模式的混合。例如，可以定義社群專用的計價模型，這類似於**公開 *API*** 的方式，並且可以考慮把 API 端點與其實現放在同個位置，如同許多**解決方案內部 *API*** 方式。

模式：
解決方案內部 API

有些 API 把應用程式結構化為元件，例如，服務／微服務或程式內部模組。在這種情況下，API 客戶端與其提供者經常在同一個資料中心，或甚至同一個物理或虛擬電腦節點上運行。

如何存取及利用受限於應用程式的 API，例如在同一個或另一個邏輯層和／或物理層的元件？

依邏輯將應用程式拆分為元件，讓這些元件暴露本地或遠端 API。只提供這些 API 給系統內部通訊夥伴，例如在應用程式後端中的其他服務。

圖 4.10 描繪兩個**解決方案內部 *API*** 模式的實例，及 API 客戶端和後端實現；兩個模式實例分別支援應用程式前端和另一個後端元件。

細節

相關的**解決方案內部 *API*** 集合，有時會稱為**平台 API（Platform API）**。例如，在單一個雲端供應商或類似服務的集合，暴露的所有 Web API 皆可視為平台 API；

例子包括在 Amazon Web Service 存儲服務與 Cloud Fundry 中的 API。這同樣適用在軟體產品，例如訊息導向中介軟體中的所有*解決方案內部 API*；在 ActiveMQ 和 RabbitMQ 中的端點和管理 API，也可作為這種平台 API 的範例。

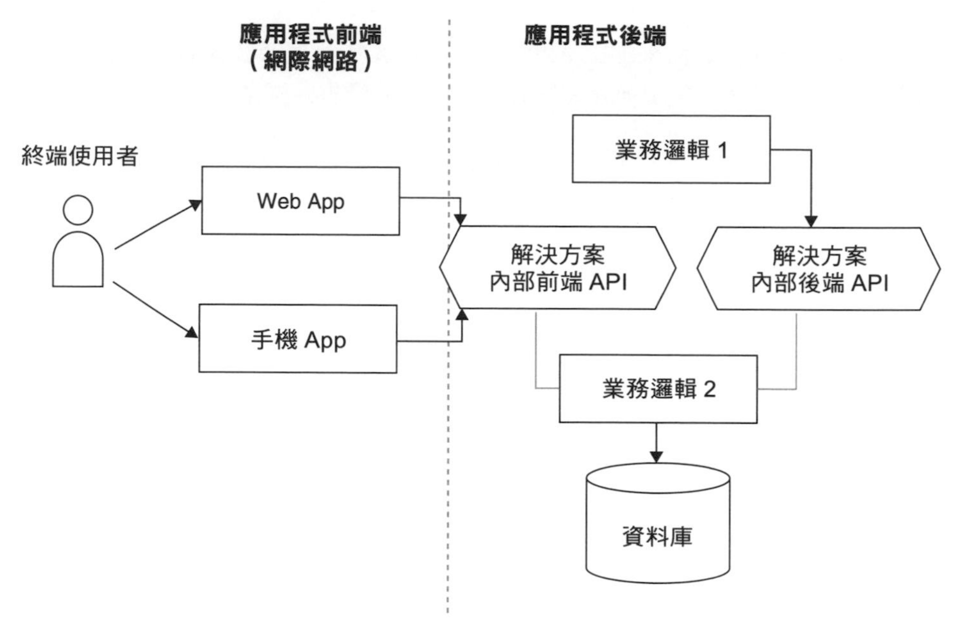

圖 4.10 API 可見性：*解決方案內部 API*

注意，獨立的**可部署性**並不一定意味著獨立**部署**。例如模組化的單體應用（monolith）（Mendonça 2021），透過本地 API 使用簡單的訊息交換資料傳輸物件；這種模組化單體應用，相對於運行期間由於遠端方法之間的參考呼叫（call-by-reference），和分散式垃圾回收造成物件間高度耦合的物件導向「實例叢林」來說，轉換為基於微服務的系統會容易得多。

設計和部署用於*後端整合*的*解決方案內部 API*，以改善應用程式與部件的耦合性是一件複雜的工作；在 2000 年代的第一波服務導向架構，和從 2014 開始迅速發展的微服務趨勢，都以此為設計領域目標，已經有許多相關書籍和文章，包括本系列的一些書籍（Vernon 2021）；第 5 章會繼續談這個主題。

基礎模式總結

至此，介紹完本章 5 個基礎模式。第 3 章以需要的一對問題－解決方案來介紹這些模式。

注意，前端整合有時也稱作**垂直**整合，而後端整合則稱為**水平**整合。這概念源自於相當普遍的分散式系統和各階層視覺化，把前端放在圖像／模型圖的頂端，並把後端放在底部；如果是多個系統，則會沿著圖像的 x 軸來展示；也常看到這類圖像從左到右的組織結構。

你可能好奇，為什麼要以模式形式提出整合類型與 API 可見性，這些 API 不就只是有端點、操作和訊息的 API 而已嗎？確實如此。然而，實務經驗告訴我們，兩種整合類型的業務背景和需求並不相同；因此，服務前端和後端的 API 滿足其他目的和設計方式也不同。例如，通訊協定的選擇可能在兩種場景是不同的：HTTP 通常是**前端整合**中的自然或唯一選擇，然而訊息佇列在**後端整合**則比較有吸引力。請求與回應訊息結構，就寬度與深度來看也可能非常不同，同時兼顧兩者的 API 得做出設計妥協，或必須提供可選功能，這往往令使用更為複雜。API 可見性也有類似的考量，例如***公開 API***，經常比內部 API 有更高安全和穩定性需求，錯誤回報時必須考慮 API 客戶端和提供者可能不知道彼此的存在，而這在***解決方案內部 API*** 則不太可能發生。

接下來要看請求與回應訊息的建構模塊，是從交換格式例如 JSON 中的資料定義概念所抽象出來。

基本結構模式

API 規約描述一或多個 API 端點，例如 HTTP 資源 URI 的唯一的地址、操作，例如支援的 HTTP 動詞或 SOAP Web 服務操作名稱，加上各操作的請求和回應訊息結構。定義這些訊息的資料結構是 API 規約的必要部分；第 1 章的領域模型以**表現元素**呈現。本章一開始的圖 4.1 也介紹示範請求和回應訊息。

產生關於資料結構（表現元素）的設計問題：

- 請求與回應訊息的適當表現元素數量是什麼？
- 應該如何結構化和替這些元素分組？

例如，當 HTTP 是訊息交換協定時，設計議題影響資源 URI，包括路徑參數、查詢、cookie、標頭參數和訊息內容，又稱**訊息主體**。GET 和 DELETE 請求通常沒有主體，但這種請求的回應訊息則有主體，HTTP POST、PUT 和 PATCH 常包含請求和回應訊息主體，但可能也定義一或多個路徑、查詢、標頭和 cookies 參數。在 WSDL ／ SOAP 上下文中，可以把這設計議題解釋為應該如何組織 SOAP 訊息部分，且應該使用哪種資料類型，來定義相應的 XML schema 元素。gRPC Protocol Buffer 和 GraphQL 提供類似概念，以所需的類似粒度決策闡明訊息。

本節的四個模式以不同方式回答兩個問題。**原子參數**描述單純資料，如文本和數字；而**原子參數列表**則將數個此類基本參數分組。**參數樹**提供原子參數或其他參數樹的巢狀嵌套，**參數森林**則將多個這樣的樹參數在訊息頂層分組。圖 4.11 的模式地圖展示這 4 個模式與彼此的關聯性。

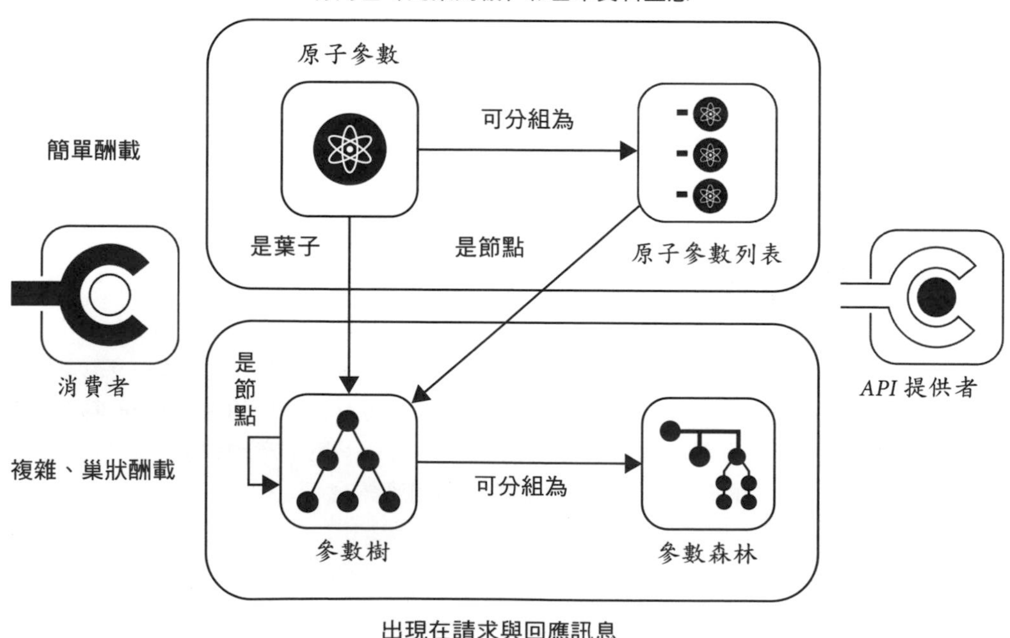

圖 4.11 結構訊息與其表現元素的模式

模式：原子參數

從程式語言得知，基本型別是 API 客戶端與 API 提供者間，最簡單的訊息交換傳輸單位，見本節稍早介紹的所有可見性和整合類型。

簡單、無結構的資料，例如數字、字串、布林值或二進位資料塊，如何在 API 客戶端與 API 提供者間交換？

定義單一參數或主體元素。從選定的訊息交換格式型別系統中，挑選使用的基本型態。如果接收方有使用需要，給予*原子參數*一個可識別名稱，在 *API 敘述*中記錄有呈現的名稱、型別、基數（cardinality）和可選性。

決定原子是否為單值或集合值。至少非正式地描述所傳輸值的含義，例如包括測量單位。考慮指定值的範圍來限制*原子參數*的類型。讓這個值範圍的資訊明確：靜態地顯示在選定訊息交換格式的綱要（schema）定義語言，例如 JSON Schema、Protocol Buffer、GraphQL Schema 語言或 XML Schema，且／或動態地顯示在運行時期的元資料。

圖 4.12 將單值字串參數，圖解為在請求訊息中的模式單一實例。

圖 4.12 *原子參數*模式：單一（基本型別）純量（scalar）

在 Lakeside Mutual 範本案例中，*原子參數*可以在所有 API 操作中找到，例如那些處理顧客資料的服務。第一個例子是單值的：

```
"city":Data<string>
```

這範例的概念是微服務領域特定語言（MDSL），可見附錄 C 介紹。在 Lakeside Mutal 的顧客核心應用 API 中，這種參數可以用於檢索顧客所在城市。

```
curl -X GET --header 'Authorization: Bearer b318ad736c6c844b' \
http://localhost:8110/customers/gktlipwhjr?fields=city
{
  "customers": [{
    "city": "St. Gallen",
    "_links": {
      "self": {
        "href": "/customers/gktlipwhjr?fields=city"
      },
      "address.change": {
        "href": "/customers/gktlipwhjr/address"
      }
    }
  }],
  ...
}
```

注意，`city` 在範例中不僅是**原子參數**，URI 路徑的顧客識別符 `gktlipwhjr` 也屬於此。

原子參數可能以基本型態集合出現，在原子集合值前加上 * 表示，如以下 MDSL 範例所顯示：

```
"streetAddress":D<string>*
```

先前定義的 JSON 實例為

```
{ "streetAddress": [ "sampleStreetName1", "sampleStreetName2"]}
```

原子參數出現在所有操作定義和其綱要元件中。附錄 B 會介紹 Lakeside Mutal 的 OpenAPI 規格。

細節

來自 API 所屬領域的具表達性名稱，可讓 API 客戶端開發者和非技術相關人士理解。每一個原子可能正好有一個基數，也可能選擇 0 或一個、至少一個集合值或兩者兼具（0 或多個）。二進位資料可能必須編碼，例如 Base64（Josefsson 2006）。

注意，在*原子參數*中傳遞的文本和數字可能實際上有內部結構，例如，一段字串必須符合某些正則表示式，或相同結構輸入的集合，例如 CSV 格式中的一行；然而，這結構不是 API 提供者和 API 客戶端在序列化反序列化期間處理的東西。準備和處理有效資料，仍是 API 客戶端所在的應用程式及提供者端的 API 實作職責。*API 敘述*可能定義某種值範圍及驗證規則，但是，通常這些規則的執行不屬於可操作性合約的一部分，而是如先前所解釋的，是實作層級工作。也要注意，「穿隧」（tunncling）方法有時會視為一種反模式，因為它繞過序列化／反序列化工具和中介軟體；這方法似乎很方便，但也引入技術風險和潛在的安全威脅。

原子參數經常在請求與回應訊息中扮演某種角色。第 6 章的「元素刻板」一節會強調 4 個同等角色：*資料元素*、*元資料元素*、*ID 元素*及*連結元素*。

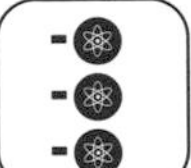

模式：
原子參數列表

有時單一個*原子參數*的表達性不足，兩個或更多這種*原子參數*可能具有強烈的語義關聯，或者請求及回應訊息的內容，需要從 API 客戶端、API 提供者或中介觀點等部分來區分為多個部分。

如何將多個相關的*原子參數*結合在一個表現元素中，以便每一個參數保持簡單的形式，但它們的關聯性在 *API 敘述*和運行時的訊息交換中又能變得明確？

把多個簡單、無結構的資料元素，在單一凝聚的表現元素中分組，以定義包含多個*原子參數*的*原子參數列表*。藉由位置（索引）或字串值鍵來識別其中項目，如果接收方需要就整體識別*原子參數列表*，一樣使用其所有名稱來識別。明確指定需要及允許出現的元素數量。

---

*原子參數列表*就整體及其元素而言，可以是可選或集合值。這些特性應該在 API 敘述中以基數表示。

圖 4.13 說明在請求訊息中的模式應用。圖中的資料傳輸表現有 3 個*原子參數*項目。

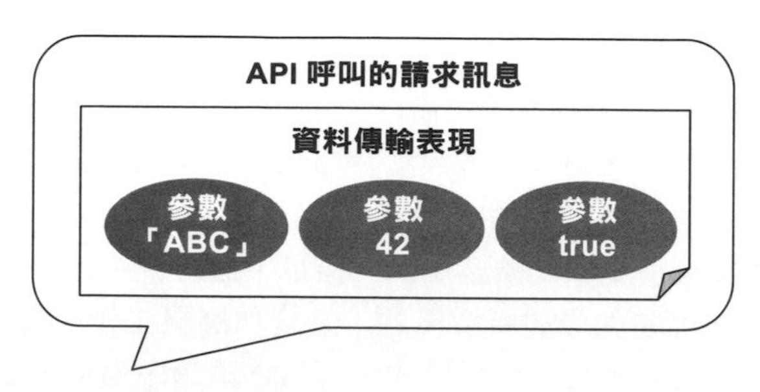

圖 4.13 原子參數列表模式：原子分組

在 Lakeside Mutal 案例中，**原子參數列表**可能以 MDSL 標記顧客地址：

```
data type AddressRecord (
  "streetAddress":D<string>*,
  "postalCode":D<int>?,
  "city":D<string>
)
```

`streetAddress` 是集合值，以星號 * 表示。在這範例中 `postalCode` 標註為可選，以問號 ? 表示。

符合這個定義的範例資料的 JSON 表現為

```
{
  "street": ["sampleStreetName"],
  "postalCode": "42",
  "city": "sampleCityName"
}
```

回顧**原子參數**中的顧客核心範例，可能需要在請求中指定多個欄位。在這情況，單一 `fields=city,postalCode` 參數，為**原子參數列表**，允許 API 客戶端指出想要提供者回應時包含的某些而非全部欄位：

```
curl -X GET --header 'Authorization: Bearer b318ad736c6c844b' \
http://localhost:8110/customers/gktlipwhjr?\
fields=city,postalCode
```

客戶端不使用鍵值識別個別欄位，而是以 GET 請求中的位置。API 提供者迭代參數列表來決定是否在回應中包含欄位，事實上，這是稱為**願望清單**的基本 API 品質模式，可見第 7 章。

細節

對*原子參數*的設計建議，在這也一樣適用；例如，參數應該以有意義且一致的方式命名，選擇的名稱應該是領域詞彙的一部分。列表中原子的順序應該符合邏輯，並表達元素的關係來改善人類的可讀性。*API 敘述*應該提供允許的組合，即有效列表實例的代表範例。

有些平台不允許通訊參與者在一個特定訊息型態中發送多個純量。例如，許多程式語言允許一個回應訊息只有一個回傳值或物件，這些語言對應到 JSON 和 XML 綱要預設都遵循此慣例，例如 Java 中的 JAX-RS 和 JAX-WS。這種情況下，此模式無法使用，但*參數樹*具有所需的表達能力。

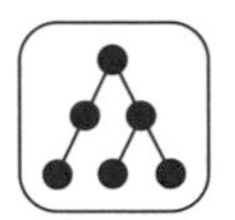

模式：參數樹

在只含單純原子參數的扁平*原子參數列表*，列出基本表現元素經常不夠，舉例來說，發布豐富領域資料如包含訂單項目，或向依序購買許多產品的多名顧客售出的產品訂單。

定義複雜的表現元素，和在運行時交換這種關聯元素時，如何表達包含關係？

定義*參數樹*為一個有專用根結點的階層結構，且根節點有一個或更多個子節點。每個子節點都可以是單一個*原子參數*、*原子參數列表*，或其他*參數樹*，透過名稱及／或位置來在本地識別。每一個節點可能有正好一個基數，也有 0 或一個基數，至少一個基數，或 0 或多個基數。

注意這模式是遞迴定義的，以此來產生需要的巢狀結構。在 HTTP API 中，巢狀 JSON 物件提供這模式表達的樹狀結構；集合值的樹節點可以 JSON 陣列表示，其中包含對應節點的 JSON 物件。

圖 4.4 說明此模式概念。

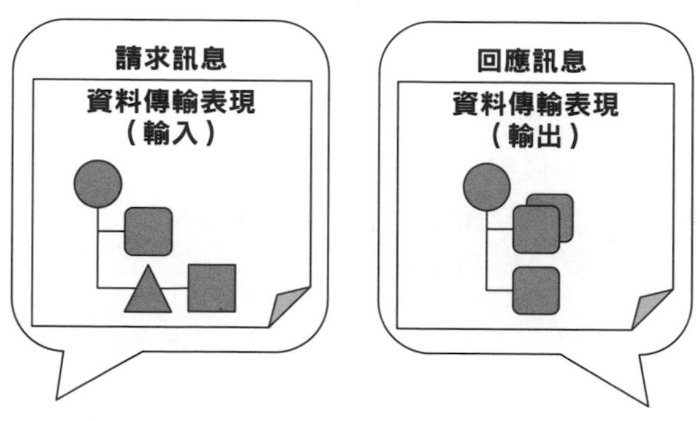

圖 4.14 參數樹模式：兩個 vs 一個巢狀層級

在 Lakeside Mutal 案例中，可以在許多處理顧客和合約資料的 API 操作找到參數樹蹤跡。回到本章開頭的圖 4.1 範例來看，一個雙層巢狀結構的範例如下，注意，範例中的 AddressRecord 已經定義為上述*原子參數列表*：

```
data type MoveHistory {
  "from":AddressRecord, "to":AddressRecord, "when":D<string>
}
data type CustomerWithAddressAndMoveHistory {
  "customerId":ID<int>,
  "addressRecords":AddressRecord+, // 一或多個
  "moveHistory":MoveHistory*       // 型別參照，集合
}
```

MDSL 資料定 CustomerWithAddressAndMoveHistory 可能在運行期間生成下面的 JSON 物件陣列結構：

```
{
  "customerId": "111",
  "addressRecords": [{
    "street": "somewhere1",
    "postalCode": "42",
    "city": "somewhere2"
  }],
  "moveHistory": [{
    "from": {
      "street": "somewhere3",
      "postalCode": "44",
      "city": "somewhere4"
    },
    "to": {
      "street": "somewhere1",
```

```
      "postalCode": "42",
      "city": "somewhere2"
    },
    "when": "2022/01/01"
  }]
}
```

MDSL 網站[6] 有更多範例。

細節

如果領域模型元素表現的參數結構是階層或關聯，如 **1:1** 關聯的顧客概覽和細節，或 **n:m** 關聯的顧客購買商品，則使用**參數樹**是很自然的選擇，相較於其他選項，例如在平坦列表中表現複雜結構，**參數樹**對理解性比較有幫助。如果其他資料例如安全資訊必須以訊息傳輸，**參數樹**的階層本質結構上可以在領域參數之外設立另外的資料，因此非常適合這種使用情境，即第 6 章會介紹的**上下文表示**。

參數樹在處理上比原子參數複雜，且如果包含不必要的元素或太多巢狀結構層，則在訊息傳輸期間會浪費頻寬；但如果需要傳輸的結構是深層結構，通常在處理和頻寬上會比發送多個簡單結構訊息來得更有效率。引入**參數樹**，會有在 API 客戶端和提供者之間共享不必要資訊，和／或更多結構資訊的風險，例如未明確定義資訊可選性的時候；這模式在鬆耦合方面的格式自治可能不是最好的。

注意這個模式的遞迴定義。例如，當定義 HTTP POST 請求主體的 JSON 綱要時，使用這種遞迴定義可能很優雅，且有時無法避免；節點的選擇與可選性給予樹的建構處理器有機會終止。然而，這種遞迴定義也可能導致龐大訊息酬載，使工具和運行時的序列化器如 Jackson 壓力加大，甚至讓它們崩潰。

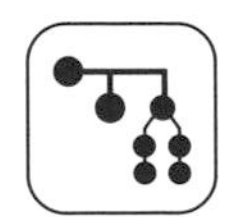

模式：參數森林

正如**原子參數**可以形成**原子參數列表**，**參數樹**也可組成群組，但只在請求或回應訊息標頭或酬載頂層才有用。

6 https://microservice-api-patterns.github.io/MDSL-Specification/datacontract

如何在 API 操作的請求或回應酬載中暴露多個**參數樹**？

定義**參數森林**，來包含兩個或更多**參數樹**，透過位置或名稱來找出森林成員。

圖 4.15 圖解此模式。

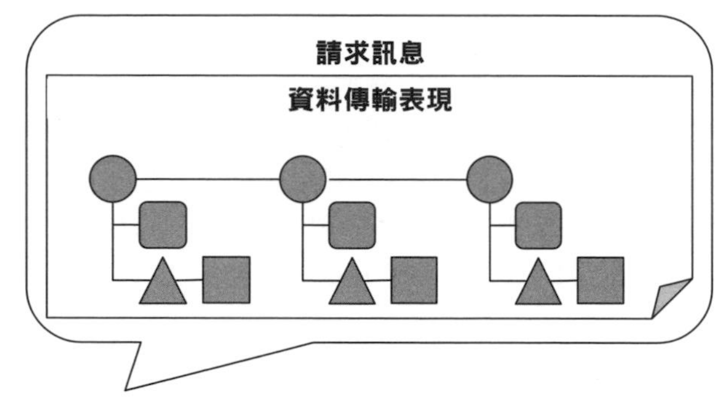

圖 4.15 參數森林模式

參數森林中的**參數樹**可透過位置或名稱來存取；和包含其他參數樹的參數樹相比，**參數森林**可能不會包含其他參數森林。

```
data type CustomerProductForest [
  "customers": { "customer":CustomerWithAddressAndMoveHistory }*,
  "products": { "product":ID<string> }
]
```

這規格的 JSON 轉譯結果和有同樣結構的參數樹非常類似。

```
{
  "customers": [{
    "customer": {
      "customerId": "42",
      "addressRecords": [{
        "street": "someText",
        "zipCode": "42",
        "city": "someText"
      }],
      "moveHistory": []
    }}],
```

```
  "products": [{ "product": "someText" }]
}
```

不過服務的 Java 介面在操作簽章（operation signature）上會顯示出些微差異：

```
public interface CustomerInformationHolder {
    boolean uploadSingleParameter(
        CustomerProductForest newData);
    boolean uploadMultipleParameters(
        List<Customer> newCustomer, List<String> newProducts);
}
```

`uploadSingleParameter` 方法使用單一類別 `CustomerProductForest` 作為輸入，包含顧客和產品參數樹，而 `uploadMultipleParameters` 則需要兩個參數型別：`List<Customer>` 和 `List<String>`，注意，後者可以輕易重構為前者。

細節

這個模式呈現兩個或更多巢狀頂級參數或訊息主體元素的特別情況。這模式在多數技術對照中，語義上等同於一個**參數樹**，其巢狀層級第一級為參數森林成員，見稍早介紹的 JSON 範例。

在 HTTP 資源 API 中，可以把查詢參數、路徑參數、cookie 參數和主體參數的集合，視為一個參數森林，這也是有這模式的理由之一。

藉由引入一個「人造」根節點，**參數森林**可以轉成**參數樹**；同樣地，**原子參數列表**和扁平的**參數樹**是相同的。因此，遞迴的**參數樹**和**原子參數列表**為葉節點足以代表任意的複雜資料結構。或許有人會好奇為何是 4 種不同的模式，而非 2 種。我們決定介紹 4 個設計模式選項，來模擬不同技術的複雜性，例如 HTTP、WSDL／SOAP、gRPC 等等，而不去隱藏它們在概念上的差異，且不失去通用性。

基本結構模式總結

API 規約的資料部分會直接促進或損害開發者體驗，這些資料是由請求與回應訊息的酬載結構所建立。品質像是可互相操作性和可維護性正受到威脅。第 1 章對這些議題有更深入的討論，且提到更多品質期望和相關的設計挑戰。

這些模式的使用帶來平台獨立的綱要定義，相當於在 OpenAPI 使用的 JSON 綱要、Protocal Buffer 規格或 GraphQL 綱要語言（見表 4.2）。

表 4.2 基本結構模式與所知應用

主題	模式	JSON	XML、XML 綱要	Protocol Buffer	GraphQL
純資料	原子參數（單值）	基本／原始型別	簡單型態	純量值型態	純量型態
映射／記錄	原子參數列表	物件 `{...}`，不含其他物件	大小 1 的序列，參照內建或自訂型態	巢狀型態	`input` 與 `type` 定義
巢狀	參數樹	物件包含其他物件 `{...{...}...}`	複雜型態	訊息參照其他訊息	參照其他 `input` 與 `type` 定義
巢狀元素群組	參數森林	頂級的物件陣列	可在 WSDL 中模擬（但不用於實務）	無	無
集合	其他模式變體（原子、樹）	陣列 `[...]`	`maxOccurs="unbounded"`	`repeated` 旗標（flag）	陣列 `[...]`

扁平的***參數樹***和***原子參數列表***可以對應到路徑參數或 URI 查詢字串（query string），例如透過「深層物件」序列化（OpenAPI 2022）。對於深層巢狀的樹來說，這會變得更困難，或甚至不可能；而根據 OpenAPI 規格，「巢狀物件與陣列的行為是未定義的」。

可使用與結合這 4 種基本結構元素型態來建立***元資料元素***、***ID 元素***和***連結元素***，為***通用資料元素***的變體，見第 6 章的模式。***嵌入實體***經常以***參數樹***的形式出現，而***連結資訊持有者***則使用***原子參數列表***來定義連結目標，見第 7 章。***版本識別符***通常是一個***原子參數***，見第 8 章。

資料來源資訊可以在 API 敘述中選擇性提供。這種資訊可能包含涉及生成表現元素的實體、人和過程，及資料來源和隨時間改變的資料。注意，這種資訊可能增加耦合，因為訊息接收者可能開始解釋並依賴它，使得 API 更難以變更。第 6 章的元素刻板一節，會描述在表現元素加入這個和其他語義資訊，如***元資料元素***、***ID 元素***和***連結元素***的方式。

第 3 章涵蓋本節介紹的 4 種基本結構模式及其問題 — 解決方案配對。

總結

本章建立了模式語言範圍，介紹其組織方式和討論可能的導覽路徑，也介紹 5 種基礎和 4 種基本結構模式，全書只在這裡說明。

這些模式捕捉已驗證的解決方案，用來處理指定、實現及維護基於訊息的 API 時常碰到的設計問題，為了方便導覽，這些模式以生命週期階段、範圍和設計考量種類來分組。以下章節在介紹每一種模式時，都會遵循共同的模板，從情境與問題到解決方案與範例，再到討論與相關模式。

本章介紹模式語言的基本建構模塊，從**前端整合的公開 *API***，到**前端整合與後端整合的社群 *API*** 和**解決方案內部 *API***，再到扁平與巢狀訊息結構，包括**原子參數**與**參數樹**。

一旦決定要建造的 API 型態與暴露位置，便可識別端點和操作。指派端點角色與操作職責有助於此，這是第 5 章的主題，訊息和資料規約設計會在第 6 章繼續。**連結資訊持有者**與**嵌入實體**是本書 44 個模式的其中兩種，本章一開始就以它們為範例，第 7 章會再回顧。

第 5 章

定義端點型態與操作

API 設計不只是影響第 4 章〈模式語言介紹〉的請求與訊息結構，同樣或甚至更重要的是，在建造中的分散式系統架構定位 API 端點與操作；**端點**和**操作**這兩個詞可見第 1 章〈應用程式介面（API）基礎〉中的 API 領域模型介紹。如果 API 定位未仔細思考，或匆忙進行甚至完全沒定位，當遇上不一致而使概念整合降級時，所造成的 API 提供者實現會有難以擴展與維護的風險；API 客戶端的開發人員，也可能發現難以學習與利用雜亂的 API。

本章的架構模式在我們的語言中扮演核心角色，目的在於連接高層次的端點識別活動和操作，與訊息表現的細節設計，這裡將採用角色與職責驅動方法轉換。了解 API 端點的技術角色與其操作的狀態管理職責，能讓 API 設計者在之後進行更多細節決策，也有助於運行時的 API 管理，例如基礎設施能力規劃。

本章對應本書第二部分介紹的 ADDR 流程的定義階段，但你不必熟悉 ADDR，也能套用其模式。

API 角色與職責介紹

業務層級的構思活動通常產生**候選 API 端點**集。這種初步試驗的成品通常開始於不同形式呈現的使用者故事、事件風暴輸出，或合作場景所表達的設計目標（Zimmermann 2021b）。當開始實現 API 時，必須更詳細地定義這些候選介面，API 設計者在架構問題上，例如 API 暴露的服務粒度：小而特定或大而通用，和 API 客戶端與 API 提供者實現的耦合度之間：盡可能低還是盡可能滿足需求，尋求適當平衡。

API 設計的需求非常多樣。如前所述，源自業務層級的活動是主要的輸入來源，但不是唯一；例如，外部治理規則和既有系統施加的限制也要一起考慮。因此，應用程式和服務生態系中的 API 架構規則差異很大，有時 API 客戶端只想通知提供者一個事件或交付一些資料；有時需要提供者端的資料來繼續處理。當回應客戶端請求時，提供者可能僅回傳已經可用的資料元素，或執行相當複雜的處理步驟，包含呼叫其他 API。不論簡單與否，有些提供者端的程序可能改變提供者的狀態，有些則維持不變。對 API 操作的呼叫可能是，也可能不是複雜互動情境與會話的一部分，例如，長運行的業務流程，像是線上購物或保險理賠管理，皆涉及多個團體間的複雜互動。

操作的粒度變化很大。小型 API 操作容易撰寫，但數量可能很多，必須在時間上協調對它們的調用；少數幾個大型 API 操作可能獨立且自主，但它們在配置、測試及演進上較為困難。多個小單位在運行時的操作管理上不同於少數大單位，需要在彈性與效率之間妥協。

API 設計者必須決定如何賦予操作業務意義，舉例來說，這也是服務導向架構中的一種原則（Zimmermann 2017）。他們必須決定如果及如何管理狀態；操作可能僅回傳計算後的回應，也可能對提供者端的儲存資料造成永久影響。

作為對這些挑戰的回應，本章的模式處理了 API 設計與使用中的端點與操作語義，凸顯出 API 端點的架構角色，如強調資料還是活動；與操作職責，如讀和／或寫的行為。

挑戰與品質期望

以 API 規約表示的端點與操作設計，就功能、穩定性、使用容易與清楚度上，會直接影響開發者體驗。

- **準確性：**呼叫 API 而非親自實現其功能需要一定程度的信任，經呼叫的操作會確實傳送正確的結果；在這情境下，準確性意指 API 規約所實現的功能正確性，這樣的準確性確實有助於建立信任。關鍵任務功能值得特別關注，業務流程與活動的正確運作越是重要，就應該花越多心力在設計、開發和營運上。API 規約中的操作前置條件、不變量和後置條件，傳達了客戶端與提供者在請求與回應訊息上對彼此的期望。
- **控制分散與自主：**工作越分散，可能也會有越多平行處理及專門化。然而，業務流程實例的職責分派與共同所有權需要 API 客戶端與提供者之間的協調與共識，必須定義完整性保證以及設計一致活動的中止。端點越小與越自主，重寫也就越容易。只是，許多小單位之間經常有許多依賴，讓隔離重寫活動變得有風險；要考慮前置與後置條件的規格、端點到端點測試和合規管理。

- **可擴充性、效能及可用性：**關鍵任務 API 與其操作的 *API 敘述*，通常伴隨**服務水準協議**，兩個關鍵任務元件的例子分別是股票交易所的每日交易演算法，和線上商店的訂單處理和出帳。24/7 的可用性需求是高要求的例子，通常是不切實際的品質目標。在這方面，許多以分散式實現，涉及大量 API 客戶端及多次操作呼叫的並行實例的業務流程，只和其最弱的元件一樣好。API 客戶端期望當客戶端與請求數量增加時，操作呼叫的回應時間可以保持相同的量級。否則他們將開始對 API 的可靠性存疑。

  評估故障或無法使用的結果，是軟體工程中的一項分析和設計工作，同時也是業務領導和風險管理活動，暴露業務流程與活動的 API 設計，可以讓從故障中復原變得容易，但也可能變得更困難。例如，API 可能提供補償操作來撤銷同一 API 之前調用所做的事；然而，缺乏架構清晰度和請求協調，也可能導致 API 客戶端和提供者內部的應用程式狀態不一致。

- **可管理性：**雖然可以設計運行時的品質，例如效能、可擴展性及可用性，但只有運行系統才能判斷 API 的設計和實現是否適當。監控 API 與其暴露的服務，有助於確定其適當性，及解決所聲稱的需求與觀察到的性能、可擴展性和可用性之間的不匹配；監控支援包括故障、配置、會計、效能，和安全管理等管理專業。

- **一致性與原子性：**業務活動應該具有全有或全無的語義；一旦執行完成，API 提供者會處於一致的狀態。然而，業務活動的執行可能會失敗，或者客戶可以選擇明確地中止或**補償**它，這裡的補償指的是應用層級的復原或其他後續操作，將提供者端的應用狀態重置為有效狀態。

- **冪等性（Idempotence）：**是另一個影響甚至指引 API 設計的特性。如果多次呼叫一個 API 有狀態操作，如使用相同輸入以返回相同輸出，且對 API 狀態產生相同的影響，則該 API 操作就具冪等性。冪等性有助於藉由簡單的訊息重送來處理通訊錯誤。

- **可稽核性：**對業務流程模型的遵守，是透過企業中的風險管理小組執行稽核檢查來確保。所有受稽核的暴露功能性 API，都必須支援這種稽核，並實現相關**控制**，如此便可能利用無法竄改的日誌記錄來監控業務活動的執行。滿足稽核需求是一種設計考量，但對運行時的服務管理也有很明顯的影響。例如，〈Compliance by Design—Bridging the Chasm between Auditors and IT

Architects〉一文引入「完整性、準確性、有效性、限制存取」（CAVR）合規性控制，並提議實現這些控制的方法，例如在服務導向架構中（Julisch 2011）。

本章模式

解決前面的設計挑戰是一個複雜的工作，已存在許多設計策略和模式，其中許多已發表，例如前文〈前言〉列出的書籍。我們在此介紹的模式能夠凸顯 API 端點與操作的重要架構特性，以簡化這些策略和模式的應用。

API 設計必須回答一些關於操作輸入的架構問題：

> **API 提供者可以並且應該期望客戶端提供什麼？例如，數據有效性和完整性的前置條件是什麼？操作調用是否意味著狀態轉移？**

操作呼叫時由 API 實現所產生的輸出也需要注意：

> **操作的後置條件是什麼？當 API 客戶端發送符合前置條件的輸入時，又可以期望提供者提供什麼？請求是否會更新提供者的狀態？**

以線上購物為例，訂單狀態可能會更新並在後續 API 呼叫中獲取，而確認訂單會包含所有已購買產品而無其他資訊。

不同 API 類型以不同方式處理這些問題，關鍵決策在於端點是否應該具有活動或資料導向語義，因此本章引入兩種**端點角色**。這些端點類型對應到以下架構角色：

- 處理資源模式有助於實現活動導向 API 端點。
- 資料導向 API 端點以資訊持有者資源為代表。

「端點角色」一節介紹處理資源和資訊持有者資源。存在特殊的資訊持有者資源類型，例如，資料傳輸資源支援整合導向 API，而連結查詢資源具有目錄角色。可操作資料持有者、主資料持有者及參照資料持有者對暴露資料的生命週期、相關性和可變性上有不同考量。

在這些類型的端點中，可以找到 4 種**操作職責**，分別是計算函式、檢索操作、狀態建立操作和狀態轉換操作，這些類型介紹可見「操作職責」一節。它們在客戶端承諾，即 API 規約中的前置條件；和期待，即後置條件，以及對提供者端應用程式狀態和處理複雜度的影響上不同。

圖 5.1 為本章模式的摘要。

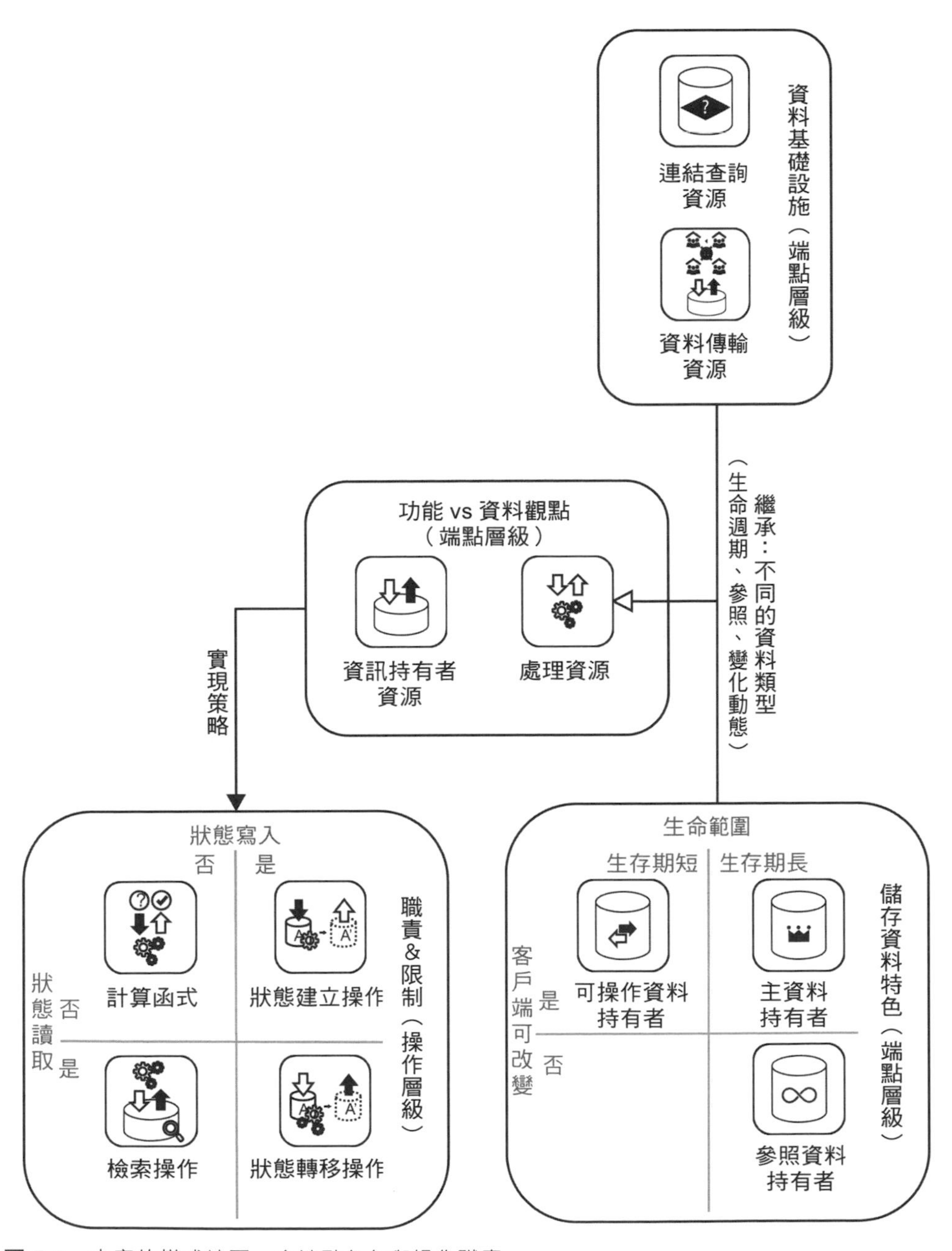

圖 5.1 本章的模式地圖，含端點角色與操作職責

端點角色（又稱服務粒度）

要完善本章的模式地圖，見圖 5.2 顯示兩種通用的端點角色，和 5 種資訊持有者角色模式。

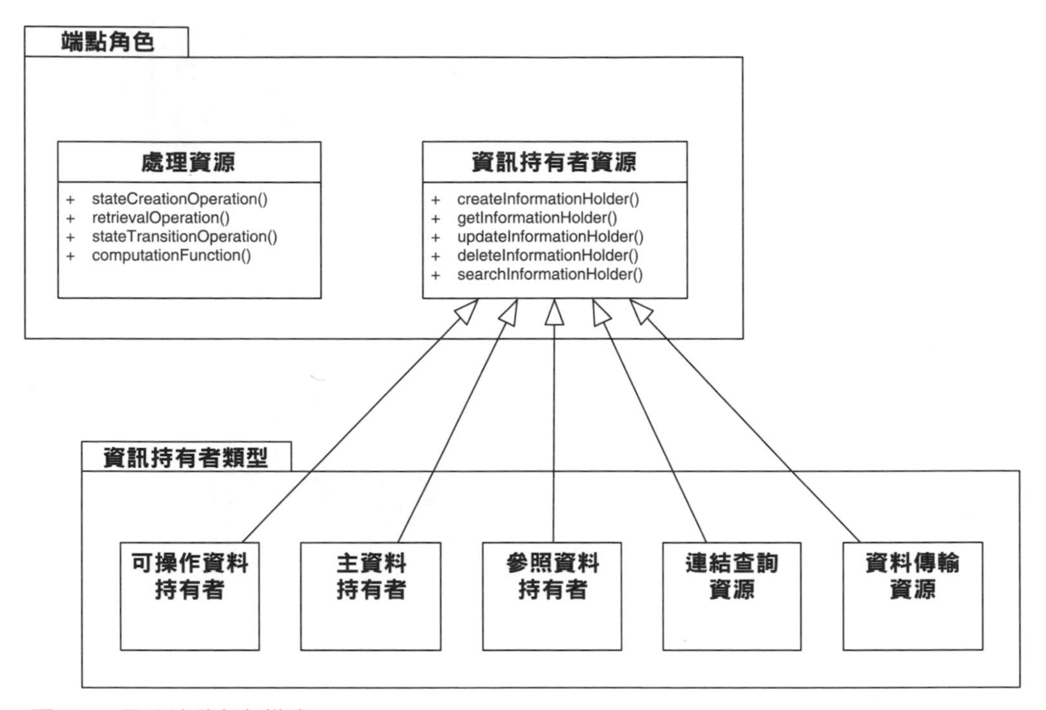

圖 5.2 區分端點角色模式

兩種通用的端點角色為*處理資源*和*資訊持有者資源*。它們暴露不同的操作類型，包括寫、讀、讀寫及僅計算的操作。有 5 種特殊化的*資訊持有者資源*，分別以不同方式回答以下問題：

資料導向的 API 端點如何以資料生命週期、連結結構和可變性特徵分類？

以下先介紹*處理資源*，接著是*資訊持有者資源*和其 5 種特殊類型。

模式：處理資源

使用時機及原因

應用程式的功能需求已經明確，例如，以使用者故事、使用案例，和／或分析層級的業處流程模型的形式。功能需求分析提議計算某些東西或需要某些活動，這不能也不應在本地完成，而是需要遠端**前端整合**，和／或**後端整合** API。有可能已經蒐集初步的候選 API 端點清單。

> 如何讓遠端客戶端觸發 API 提供者中的動作？

這些動作可能是生存期短、獨立的命令和計算，也就是應用領域特定或技術功能性操作，或是業務流程中的長時間運行活動；可能讀取和寫入提供者端的狀態，也可能不會。

可以更具體的問：

> 客戶端如何要求 API 端點執行代表業務能力或技術功用的功能？API 提供者如何向客戶端暴露執行命令的功能，以從客戶端輸入和可能從提供者自身狀態計算出某些輸出？

當遠端客戶端的請求調用提供者端的處理時，一般的設計考量如下：

- **規約表達性與服務粒度，及對耦合的影響：**模糊的調用語義會傷害互相操作性，並導致無效的處理結果，進而做出不好的決策而導致其他傷害。因此，*API* 敘述中，獨立命令或對話的一部分等調用動作，與交換訊息表現的含義和副作用必須清楚，API 實現中的狀態變更、冪等性、交易性、事件發送和資源消耗也應該定義下來，不是所有這些要素都要揭露給 API 客戶端，但它們仍必須在提供者端的 API 文件中描述。

API 設計者必須決定應該暴露多少個 API 端點與操作。簡單互動多，會讓客戶端有更多控制權，且提高處理效率，但也會引入協調工作和演進挑戰；少數的豐富 API 能增進品質，例如一致性，但可能不適合每個客戶端且可能浪費資源。*API* 敘述的正確與其實現同等重要。

- **可學習性與可管理性：**過多 API 端點與操作數量，會導致客戶端的程式開發人員、測試人員和 API 維護與演進職員的定位挑戰，他們可能屬於或不屬於原開發者，且要找出及選出適合特定使用案例的 API 就變得困難。選項越多，必須隨時間提供和維護的說明和決策支援就越多。
- **語義可互相操作性：**語法的可互相操作性是中間件、協定和格式設計者的技術考量。通訊雙方必須在任何操作執行前後，就交換資料的含義和影響達成共識。
- **回應時間：**在調用遠端動作後，客戶端可能會阻塞直到結果可用。客戶端等待的時間越長，故障的可能性就越高，無論是提供者端還是客戶端應用程式。客戶端與 API 之間的網路連線可能隨時逾時。等待緩慢回應結果的終端使用者可能會點擊重新整理，因此對服務終端使用者應用程式的 API 提供者增加了額外的負擔。
- **安全與隱私：**如果必須保留所有 API 調用，和伺服器端處理的完整稽核日誌，例如因應資料隱私要求，即使從功能需求的觀點來看不需要應用程式狀態，提供者端的無狀態性仍然只是個幻想。請求與回應訊息表現中可能含有個人的敏感資訊，和／或其他政府及企業等機密資訊。此外，在許多情況下，必須確保只有授權的客戶端才能調用某些動作，即命令、對話部分；例如，在經由社群 API 整合與微服務實現的員工管理系統中，通常不允許普通員工自行增加薪水。因此，安全架構設計必須考慮以處理為中心的 API 操作需求，例如在政策決策點（policy decision point, PDP）和政策執行點（policy enforcement point, PEP）設計中，以及在選擇基於角色的存取控制（role- based access control, RBAC），和基於屬性的存取控制（attribute-based access control, ABAC）之間做出決策時。處理資源是 API 安全設計的主題（Yalon 2019），也是將 PEP 加入整體控制流程中的機會。安全顧問、風險管理人員和稽核人員建立的威脅模型和控制措施，也必須考慮處理特定的攻擊，例如阻斷服務（denial-of-service, DoS）攻擊（Julisch 2011）。

- **相容性與演進性：**提供者和客戶端應該就輸入／輸出形式，以及執行的功能語義上達成共識，客戶端的期待應該與提供者所提供的相符，請求與回應訊息結構可能隨時間改變，例如，如果測量單位改變或引入可選參數，客戶端必須有機會注意這點到並做出反應，比方說透過開發轉接器或演進到新版本，可能使用新版 API 操作。理想上，新版本會與現有的 API 客戶端前後相容。

這些考量彼此衝突，例如，規約越豐富且具表達性，關於可互相操作性就需要越多的學習、管理和測試。較細粒度的服務可能比較容易保護和演進，但要整合的數量就會很多，而這些增加了效能固定開銷和一致性問題（Neri 2020）。

以預存程序形式提供操作和命令的「共享資料庫」（Hohpe 2003），可能是一個有效的整合方式，且可用於實務中，但創造了單點失效、無法隨客戶端數量擴展、且無法獨立部署或重新部署。預存程序中含有業務邏輯的共享資料庫，不太符合服務設計原則，例如單一職責及鬆耦合。

運作方式

將**處理資源**端點加入封裝應用層級活動或命令的 API 操作。

為新端點定義一或多個操作，每一個負責專門的處理職責，以符合操作需要。**計算函式**、**狀態建立操作**和**狀態轉移操作**，常見於活動導向的**處理資源**；**檢索操作**大多限於狀態檢查，且多見於資料導向**資訊持有者資源**。對於這些操作，在請求定義「命令訊息」；當操作為「請求 - 回應」訊息交換時（Hohpe 2003），在回應加入「文件訊息」；透過提供唯一的邏輯位址，例如 HTTP API 的統一資源識別（URI），讓端點可由一或多個客戶端存取。

圖 5.3 以 UML 類別圖描繪這端點－操作設計。

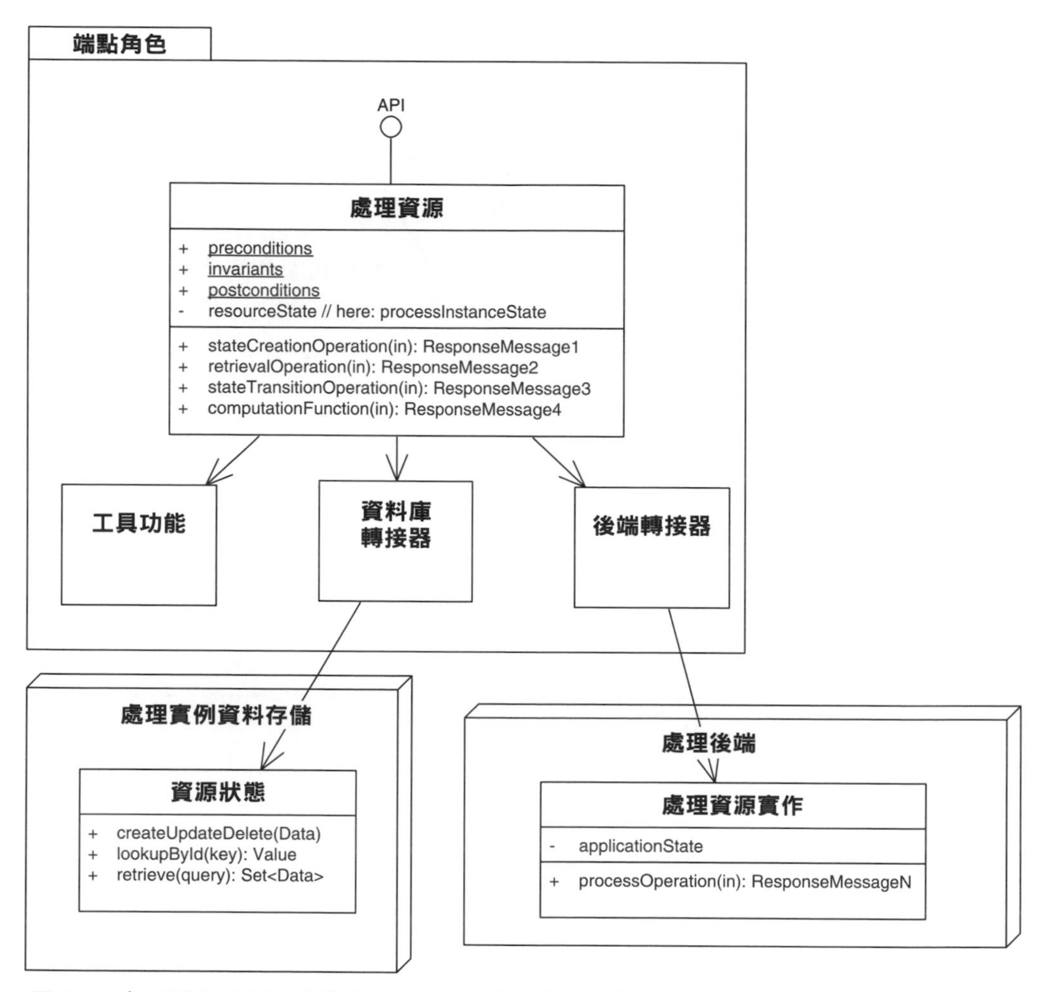

圖 5.3 處理資源表示活動導向 API 設計。端點中的某些操作存取及改變應用程式狀態，其他則否。資料只暴露在請求和回應訊息中

請求訊息應該使執行動作明確，並允許 API 端點決定要執行的處理邏輯。這些動作可能代表通用目的，或應用領域特定的功能性系統能力，這些能力在 API 提供者中得到實現，或存在於某些後端並經由出口埠／轉接器存取；或技術工具功能。

可以根據 4 種結構表現模式結構化請求與回應訊息：*原子參數*、*原子參數列表*、*參數樹*和*參數森林*。*API 敘述*必須文件化*處理資源*的語法和語義，包括操作前置、後置條件以及變體。

處理資源可以是「有狀態元件」或「無狀態元件」（Fehling 2014）。如果其操作調用造成提供者端狀態改變，則必須謹慎設計資料管理的方法；需要的決策包括嚴格 vs 弱／最終一致性、樂觀鎖 vs 悲觀鎖等等。不應該在 API 中暴露資料管理政策，因會見於 API 客戶端，而應該將開啟和關閉，或提交／回滾系統交易，放置在 API 實現內，最好在操作邊界處。應該提供 API 層級的補償操作，來處理無法輕易透過系統交易管理員復原的事務。例如，在 API 實現中送出的 E-Mail，一旦離開郵件伺服器後便無法取回；而是要送出第二封「請忽略前一封郵件」的郵件（Zimmermann 2007; Richardson 2018）。

範例

Lakeside Mutual 案例的保險管理後端含有一個有狀態的**處理資源**：`InsuranceQuoteRequestCoordinator`，來提供**狀態轉移操作**，將保險報價請求移動到各個階段。資源在 Java 和 Sprint Boot 中實現為 HTTP 資源 API：

```
@RestController
@RequestMapping("/insurance-quote-requests")
public class InsuranceQuoteRequestCoordinator {

  @Operation(
    summary = "Updates the status of an existing " +
    "Insurance Quote Request")
  @PreAuthorize("isAuthenticated()")
  @PatchMapping(value = "/{id}")
  public ResponseEntity<InsuranceQuoteRequestDto>
    respondToInsuranceQuote(
        Authentication,
        @Parameter(description = "the insurance quote " +
          "request's unique id", required = true)
        @PathVariable Long id,
        @Parameter(description = "the response that " +
          "contains the customer's decision whether " +
          "to accept or reject an insurance quote",
           required = true)
        @Valid @RequestBody
        InsuranceQuoteResponseDto insuranceQuoteResponseDto) {
```

Lakeside Mutual 應用程式服務還有 `RiskComputationService`，這是一個無狀態的**處理資源**，實現單一個名為 `computeRiskFactor` 的**計算函式**：

```
@RestController
@RequestMapping("/riskfactor")
public class RiskComputationService {
  @Operation(
    summary = "Computes the customer's risk factor.")
  @PostMapping(
    value = "/compute")
  public ResponseEntity<RiskFactorResponseDto>
    computeRiskFactor(
        @Parameter(description = "the request containing " +
          "relevant customer attributes (e.g., birthday)",
          required = true)
        @Valid @RequestBody
          RiskFactorRequestDto riskFactorRequest) {

        int age = getAge(riskFactorRequest.getBirthday());
        String postalCode = riskFactorRequest.getPostalCode();
        int riskFactor = computeRiskFactor(age, postalCode);
        return ResponseEntity.ok(
          new RiskFactorResponseDto(riskFactor));
    }
```

討論

業務活動與流程導向可以減少耦合和增進資訊隱匿性。不過，這模式的實例必須確保不會成為在訊息 API 中傳遞的遠端程序呼叫（RPC），且因為 RPC 增加耦合而受批評，例如在時間與格式的自主維度上。許多企業級應用程式和資訊系統確實有「業務 RPC」語義，因為它們執行來自使用者的業務命令或交易，這些命令或交易必須以某種方式觸發、執行和終止。根據原始文獻和後續的設計建議集合（Allamaraju 2010），HTTP 資源不必建模資料（或只有資料），就可以表示這種業務交易，尤其是長期運行交易。[1] 注意，「REST 從來就不是 CRUD」（Higginbotham 2018）。*處理資源*的演變介紹於第 8 章。

當實施服務識別技術，例如**動態處理分析**或**事件風暴**時，就可以識別出*處理資源*（Pautasso 2017a）；這對於服務導向架構中的「業務對齊」（business alignment）原則有正面影響。可以根據在使用案例或使用者故事中出現的後端整合需求，來定義模式的實例；如果*處理資源*端點中包含單一個執行操作，則它可以接受自我描述

1 注意，HTTP 是種同步協定；因此非同步（asynchrony）必須加在應用程式層，或用 QoS 標頭或 HTTP/2（Pautasso 2018）。資料傳輸資源模式會描述這種設計。

（self-describing）的動作請求訊息，並回傳自包含（self-contained）的結果文件。API 中的所有操作都必須依安全需求規定而受到保護。

在許多整合場景中，必須強制將活動與流程導向納入設計中，在其他負面結果之中，這會增加解釋和維護的困難度；在這種情況下，**資訊持有者資源**就是比較好的選擇。有可能將 API 端點同時定義為處理導向和資料導向，就像物件導向程式設計中的許多類別也會結合儲存與行為。甚至**處理資源**可能會保存狀態，但希望對 API 客戶端隱藏其結構。由於可能引入大量耦合，不建議在微服務架構中聯合使用**處理資源**和**資訊持有者資源**。

不同類型的**處理資源**需要不同的訊息交換模式，這決定於（1）需要的處理時間，及（2）客戶端是否必須立即接收結果以繼續處理流程；要不然可以在之後傳送。處理時間可能難以估計，因為這取決於執行活動的複雜度、客戶端發送的資料量，和提供者的負載／資源可用性。請求 - 回覆模式需要至少兩個可經由一個網路連線的交換訊息，像是 HTTP 資源 API 中的 HTTP 請求 — 回應配對。或者可以使用多個技術連接，例如透過 HTTP POST 發送命令，然後藉由 HTTP GET 輪詢結果。

應該考慮將**處理資源**拆解為呼叫其他 API 中的端點操作；由於組織或老舊系統的限制，通常沒有單一個或待建構的系統可以滿足所有處理需求。大部分的設計難處在於，如何將**處理資源**拆分為可管理的粒度，和具表達性且容易學習的操作組合。我們的《設計實務參考》（Design Practice Reference, DPR）中的逐步服務設計（Stepwise Service Design）活動，就針對此問題集展開調查。

相關模式

這個模式解釋了如何強調活動；其同類**資訊持有者資源**則專注於資料面。**處理資源**可能含有數個操作，分別以不同方式來處理提供者端的狀態，如無狀態服務 vs 有狀態處理器：**狀態轉移操作**、**狀態建立操作**、**計算函式**和**檢索操作**。

處理資源通常出現在***社群 API***，但也可能出現在***解決方案內部 API***。其操作經常以 ***API 金鑰***和**速率限制**保護。附帶技術 API 規約的**服務水準協議**可能掌控它們的使用。為了避免技術參數混入請求與回應訊息的酬載內，這些參數可以被隔離在**上下文表示**中。

實現這個模式時，使用了「命令訊息」、「文件訊息」和「請求 - 回覆」三個模式組合（Hohpe 2003），其中，「命令」模式（Gamma 1995）將處理請求，及其調用資料分別編碼為物件和訊息。**處理資源**可視為「應用程式服務」模式（Alur 2013）的遠端 API 變體，其提供者端的實現用來作為「服務啟動器」（Hohpe 2003）。

其他模式強調可管理性；請見第 8 章〈演進 API〉作為設計時的建議，並參考遠端模式書籍（Voelter 2004; Buschmann 2007）作為運行時的考量。

更多資訊

處理資源可對應於責任驅動設計（RDD）中，用來提供與保護存取服務提供者的「介面器」（Interfacer）（Wirfs-Brock 2002）。

《SOA in Practice》（Josuttis 2007）的第 6 章談到服務分類，比較幾種分類法，包括《Enterprise SOA》（Krafzig 2004）書中的一種。這些 SOA 書籍中處理服務類型／種類的一些範例，皆符合這模式的已知用途，兩本書都有包括來自如銀行和電信領域的專案範例和案例研究。

《Understanding RPC vs REST for HTTP APIs》（Sturgeon 2016a）談到 RPC 與 REST，但仔細看，實際上也是有關**處理資源**和**資訊持有者資源**之間做出決策。

《API Stylebook》中的活動資源主題領域／種類，提供了一種這模式的（元）已知用途。它的「復原」（undo）主題也有相關，因為復原操作參與了應用程式層的狀態管理。

模式：資訊持有者資源

使用時機及原因

領域模型、概念實體關係圖或其他形式的重要應用概念，與它們的相互關聯已有所指定。模型包含具身分、生命週期和屬性的實體；而實體間彼此互相參照。

從這邊的分析和設計工作，可以明顯看出結構化資料必須用於設計中的多個分散式系統中之處；因此，共享資料結構必須由多個遠端客戶端存取。不可能或不容易去隱藏領域邏輯背後的共享資料結構，即處理導向動作，例如業務活動與命令；建構中的應用程式沒有工作流程（workflow）或其他處理本質。

如何在 API 中暴露領域資料並隱藏其實現？

更具體地問，

API 要如何暴露資料實體，讓 API 客戶端因此可以同時存取，和／或修改這些實體，而不用對資料完整性和品質做出妥協？

- **建模方式與其對耦合的影響：**某些軟體工程和物件導向分析與設計（OOAD）方法，平衡其步驟、成品和技術中的處理與結構方面；某些方法強調計算或資料。例如領域驅動設計（DDD）就是平衡方法的一種範例（Evans 2003; Vernon 2013）。實體關係圖針對資料結構與關係而非行為，如果選定以資料為中心的建模和 API 端點識別方法，會有許多操作資料的 CRUD：建立、讀取、更新、刪除 API 遭暴露的風險，因為每一個授權客戶端都可以任意操作提供者端資料，這可能對資料品質造成負面影響。CRUD 導向的資料抽象在介面中引入了操作和語義的耦合。
- **品質要素衝突與權衡：**設計時間品質如簡單性及清晰性；執行期品質如效能、可用性和擴展性；以及演進時期的品質如可維護性和彈性，經常彼此互相衝突。
- **安全性：**跨邊界問題，如應用程式安全也讓處理 API 中的資料變得困難。透過 API 暴露內部資料的決策，必須考慮客戶端需要的資料讀取／寫入存取權限。請求與回應訊息可能含有個人敏感資訊和／或機密資訊，這類資訊必須受到保護，例如必須評估訂單造假、索賠詐騙等風險，並引入安全控制來減輕風險（Julisch 2011）。
- **資料新鮮度 vs 一致性：**客戶端希望從 API 獲得盡可能最新的資料，但需要心力來保持資料一致與即時（Helland 2005）。此外，如果這些資料在未來可能暫時或永久無法獲得，客戶端會有什麼後果？
- **遵循架構設計原則：**建構中的 API 可能是已有邏輯與實體軟體架構專案的一部分，應該也要遵守組織的架構決策（Zdun 2018），例如鬆耦合、邏輯與實體資料分離，或微服務原則，如獨立部署性這些架構原則。這些原則可能包括資料是否及如何在 API 暴露的建議下，或受規範指引；這需要許多模式選擇決策，以及作為決策驅動要素的原則（Zimmermann 2009; Hohpe 2016）。我們的模式提供具體選擇方案和準則，來建立這些架構決策，可參考第 3 章。

可以考慮隱藏所有處理導向 API 操作和資料傳輸物件（DTO）背後的資料結構，類似物件導向程式設計，也就是本地物件導向 API 暴露存取方法和外觀（facade），同時保持所有個別資料成員為私有（private）。這種方法是可行，且會促進資料隱藏，不過可能限制部署、擴展和替換遠端元件的機會，因為需要細粒且頻繁的 API 操作，或資料必須冗餘儲存。這方法也引入不需要的額外間接層，例如建立資料密集應用程式和整合方案時。

另一種可能是允許直接存取資料庫，消費者可以親自看有哪些可用資料，允許的話還可以直接讀取甚至寫入。在這情況下，API 成為一種連接到資料庫的通道，消費者可以任意透過它發送查詢和交易；資料庫如 CouchDB 提供這類開箱即用的資料層 API。這種方案完全移除設計和實現 API 的需求，因為內部資料會直接暴露給客戶端，然而，打破基本的資訊隱藏原則也將導致高耦合架構，無法在更改資料庫綱要（schema）的同時不影響每一個 API 客戶端。直接存取資料庫也會帶來安全威脅。

運作方式

將代表資料導向實體的*資訊持有者資源*端點加入至 API。在端點中暴露建立、讀取、更新、刪除和搜尋操作，來存取和操控這個實體。

在 API 實現中，協調這些操作的呼叫來保護資料實體。

透過提供唯一的邏輯位址，讓端點可由一或多個 API 客戶端從遠端存取。讓每一個*資訊持有者資源*操作只有一個 4 種操作職責中的一種職責，可見下一節的深入介紹：*狀態建立操作*建立*資訊持有者資源*表示的實體，*檢索操作*存取和讀取實體，而不更新，可以搜尋並回傳這些實體可能經篩選過的集合。*狀態轉移操作*存取現有的實體，並完全或部分更新，也可能刪除它。

為每一個操作設計請求與需要的回應訊息結構，例如將實體關係以*連結元素*表示。如果尋找的是基本參照資料如國家代碼或貨幣代碼，回應訊息通常是一個*原子參數*；如果尋找的是一個豐富有結構的領域模型實體，則回應訊息比較可能包含*參數*

樹，代表所尋找資訊的資料傳輸表現，見第 1 章 API 領域模型的名詞介紹。圖 5.4 描繪了這個解決方案。

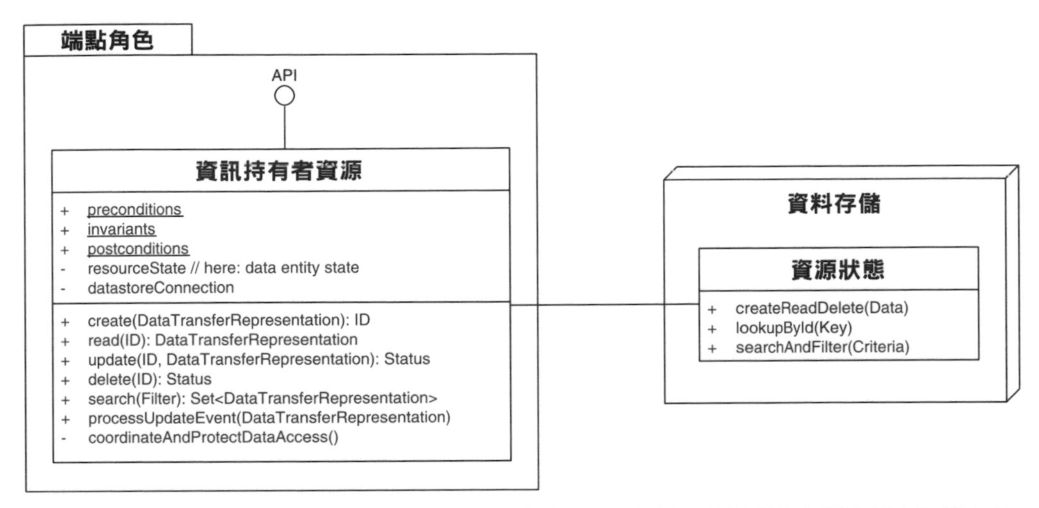

圖 5.4 資訊持有者資源模型和暴露一般資料導向的 API 設計。此端點角色對資訊存取導向的職責分組，操作建立、讀取、更新或刪除所持有的資料。也同時支援搜尋資料集

定義操作層級的前置與後置條件以及保護資源狀態的變體。決定資訊持有者資源是否如同定義般，應該為「有狀態元件」或「無狀態元件」（Fehling 2014）。在之後的案例中，狀態仍然存在，因為暴露的資料必須存在某處，但實體狀態管理已外包給後端系統。定義新端點及操作的品質特色，涵蓋可交易性、冪等性、存取控制和當責性與一致性：

- 引入存取／修改控制政策。*API* 金鑰是識別和授權客戶端的一種簡單方式，且有更進階的安全方案。
- 透過使用資料庫的樂觀鎖或悲觀鎖策略和併發程式開發社群，來保護併行資料的存取，設計協調政策。
- 實現可支援「嚴格一致性」或「最終一致性」的一致性保存檢查（Fehling 2014）。

我們語言中的 5 種模式改進了這個資料導向 API 端點建模的通用解決方案：**可操作資料持有者**、**主資料持有者**、**參照資料持有者**、**資料傳輸資源**和**連結查詢資源**。

範例

Lakeside Mutual 範例案例中的顧客核心微服務暴露主資料。服務的語義和操作如 changeAddress(...)，是資料導向而非動作導向，因服務由其他實現處理資源模式的微服務所消費。因此，該服務暴露了一個以 HTTP 資源實現的 CustomerInformationHolder 端點。

```
@RestController
@RequestMapping("/customers")
public class CustomerInformationHolder {
    @Operation(
        summary = "Change a customer's address.")
    @PutMapping(
        value = "/{customerId}/address")
    public ResponseEntity<AddressDto> changeAddress(
        @Parameter(
            description = "the customer's unique id",
            required = true)
        @PathVariable CustomerId,
        @Parameter(
            description = "the customer's new address",
            required = true)
        @Valid @RequestBody AddressDto requestDto) {
            [...]
    }

    @Operation(
        summary = "Get a specific set of customers.")
    @GetMapping(
        value = "/{ids}")
    public ResponseEntity<CustomersResponseDto>
      getCustomer(
        @Parameter(description =
            "a comma-separated list of customer ids",
            required = true)
        @PathVariable String ids,
        @Parameter(description =
            "a comma-separated list of the fields" +
            "that should be included in the response",
            required = false)
        @RequestParam(
            value = "fields", required = false,
            defaultValue = "")
        String fields) {
            [...]
      )
    }
```

CustomerInformationHolder 端點暴露了兩個操作，一個可讀寫（read-write）的狀態轉移操作：changeAddress（HTTP PUT），和一個僅可讀（read-only）的檢索操作：getCustomer（HTTP GET）。

討論

資訊持有者資源使用以下解決設計驅力要素：

- **建模方式與其對耦合的影響：**引入資訊持有者資源，是以資料為中心的方式對 API 建模常見的結果。業務流程通常會轉移到資訊持有者資源的消費者那邊，資訊持有者資源只單獨負責作為可信賴的連結資料來源。這資源可做為一種關係的目標（sink）、來源（source），或兩者兼具。

  這取決於手邊的情境和專案目標／產品願景是否適合這種方法。雖然大多偏好活動或流程導向，但在多數情境中是不自然的；例子包括數位檔案庫、IT 基礎建設庫存和伺服器配置儲藏庫。資料導向分析和設計方法非常適合識別資訊持有者資源端點，但有時又太超過，例如在處理系統行為和邏輯時。[2]

- **品質要素衝突與權衡：**使用資訊持有者資源，需要小心考慮安全性、資料保護、一致性、可用性和耦合影響。必須控制任何對資訊持有者資源內容、元資料或表現格式的改變，以避免對消費者造成破壞。品質要素樹可以引導模式選擇過程。

- **安全性：**不是所有 API 客戶端都可以用相同方式存取每個資訊持有者資源。*API 金鑰*、客戶端授權和 ABAC ／ RBAC 有助於保護每個資訊持有者資源。

- **資料新鮮度 vs 一致性：**必須保持資料一致來應付多個消費者的併發存取。同樣地，客戶端必須處理暫時中斷的後果，例如，透過引入適當的快取和離線資料副本與同步策略。實務上，可用性和一致性之間的抉擇，不像 CAP 定理建議的那樣二分法和嚴格，原作者在 12 年回顧和展望中也曾討論過（Brewer 2012）。

  如果一個 API 中出現多個細粒的資訊持有者，實現使用者故事可能需要許多操作呼叫，且資料品質因為成為共享、分散的職責而難以保證，可考慮把其中一些隱藏在任意類型的處理資源背後。

2 經典的認知偏誤之一是，如果你知道怎麼使用搥子而且手邊就有一根，那每個建構問題看起來都像是一根釘子。分析與設計方法是為特定問題而製作的工具。

- **遵循架構設計原則：**引入資訊持有者資源端點，可能會破壞更高順序的原則，例如禁止從表現層直接存取資料實體的嚴格邏輯分層。這可能需要重構架構（Zimmermann 2015），或允許對該規則的明確例外。

資訊持有者資源在提高耦合度和違反資訊隱藏原則上具有惡名。Michael Nygard 的部落格一篇貼文呼籲基於職責的策略，來避免純粹資訊持有者資源，他稱之為「實體服務反模式」（entity service anti-pattern）。作者推薦一定要遠離這模式，因為其創造語義和操作的高度耦合，而且相當「專注在行為而非資料」，我們的描述是處理資源，和「根據業務流程中的生命週期來劃分服務」（Nygard 2018b），可視為數個服務識別策略之一。我們的想法是，資訊持有者資源在服務導向系統和其他 API 使用情境中都有用途。然而，任何使用應該都是清楚的決策，根據目前的業務和整合情境，加上對耦合影響的觀察與批評，而證明其合理性。對某些資料不暴露在 API 層級，而是隱藏在處理資源背後可能比較好。

相關模式

「資訊持有者」是 RDD 一個刻板角色（Wirfs-Brock 2002）。通用的資訊持有者資源模式有幾種在可變性、關係，和實例生命週期上不同的進階模式：可操作資料持有者、主資料持有者和參照資料持有者。連結查詢資源模式是另一個特殊類型；查詢結果可能也是另一個資訊持有者資源。最後，資料傳輸資源保存客戶端的暫時共享資料，處理資源模式則代表補充的語義，且因此成為這個模式的替代解決方案。

狀態建立操作和檢索操作通常可以在資訊持有者資源中找到，用於 CRUD 語義的建模。無狀態的計算函式和可讀寫的狀態轉移操作，也可見於資訊持有者資源中，但通常在比處理資源低的抽象層級上操作。

這模式的實現可看作是對 DDD 中「儲藏庫」模式的 API 補充（Evans 2003；Vernon 2013）。資訊持有者資源模式經常以 DDD 的一或多個「實體」（Entity）實現，可能組成一個「集合」（Aggregate）。注意，不應該假設資訊持有者資源和實體間有一對一的對應，因為 DDD 戰術模式的主要工作是組織系統的業務邏輯層，而不是（遠端）API「服務層」（Fowler 2002）。

更多資訊

《Process-Driven SOA》的第 8 章主要介紹業務物件整合和資料處理（Hentrich 2011）。Pat Helland 的「外部資料 vs 內部資料」解釋了 API 的資料管理和 API 實現層的差異（Helland 2005）。

《Understanding RPC vs REST for HTTP APIs》（Sturgeon 2016a）談到資訊持有者資源和處理資源在 RPC 和 REST 對比下的差異。

還有各種一致性管理模式。亞馬遜網路服務 CTO Werner Vogels 的《Eventually Consistent》也有討論這個主題（Vogels 2009）。

模式：可操作資料持有者

使用時機及原因

已指定領域模型、實體關係圖或重要業務概念術語和其相互連結；已經決定透過資訊持有者資源實例的方式，暴露 API 規格中所含的一些資料實體。

資料規格揭露實體生命週期和／或更新週期明顯不同，例如從秒、分鐘、小時到月、年及十年，以及頻繁改變實體與較慢改變實體的關係。例如，快速改變的資料可能大部分作為連結來源，而緩慢改變的資料多以連結目標呈現。[3]

> API 如何支援想要建立、讀取、更新，和／或刪除表示操作資料的領域實體實例客戶端？這些資料存活時間很短，在日常業務操作中經常改變，且有許多外部關係。

除了適用於任一種資訊持有者資源之外的期望品質，還有幾種期望品質值得一提。

3 此模式的情境類似於同級的主資料持有者模式，承認並指出這兩種類型資料的生命週期和關係結構的差異。德語是：**Stammdaten vs. Bewegungsdaten**；見 Ferstl 2006、White 2006。

- **內容讀取和更新操作的處理速度：**取決於業務情境，處理操作資料的 API 服務速度要快，讀取和更新目前狀態的回應時間則要短。
- **業務靈活性與綱要更新彈性：**取決於業務情境，例如，以部分線上使用者來執行 A/B 測試，處理操作資料的 API 端必須容易修改，尤其是涉及資料定義或綱要的時候。
- **概念性完整性與關係一致性：**若建立和修改操作資料是關鍵任務，則必須滿足精確性與品質標準。例如，系統和流程保證稽核會檢查與財務有關的業務物件，例如企業應用程式中的發票和付款（Julisch 2011）。可操作資料可能是由外部團體所擁有、控制和管理，例如發票提供者；可能有許多對外關係，與相似資料和生存期長、較少變化的主資料有關。客戶端期望與操作資料資源成功互動後，可以正確存取所參照的實體。

可能有人會考慮對所有資料一視同仁，來促進解決方案的簡單性，而不管生命週期和關聯特徵。然而，這種統一的方法可能只產生平凡妥協，某種程度上滿足上述的所有需求，但沒有哪一個比較突出。如果將操作資料視為主資料，可能會導致一致性和參照管理上過度工程化的 API，同時在處理速度和變更管理上也留下改進空間。

運作方式

> 把資訊持有者資源標記為**可操作資料持有者**，並加入 API 操作，以允許 API 客戶端頻繁且快速地建立、讀取、更新和刪除資料。

可選地，暴露額外的操作賦予**可操作資料持有者**特定領域的責任。例如，購物籃可能提供費用和稅額計算、價格更新通知、折扣和其他狀態轉換操作。

可操作資料持有者的請求與回應訊息，通常採**參數樹**形式，實務上也可找到其他類型的請求與回應結構。必須意識到與主資料的關係，在**可操作資料持有者**往來的請求與回應中，以**嵌入實體**包含主資料時要注意。把兩種類型分開在不同端點比較好，並透過**連結資訊持有者**實例實現交叉參照。

圖 5.5 描繪這個解決方案。「參與系統」（System of Engagement）用來支援日常業務，通常保存操作資料；相關的主資料可以在「紀錄系統」（System of Record）中

找到。API 實現除了與這種後端整合外，可能也保存自己的資料存儲，可能同時保有操作資料和主資料。

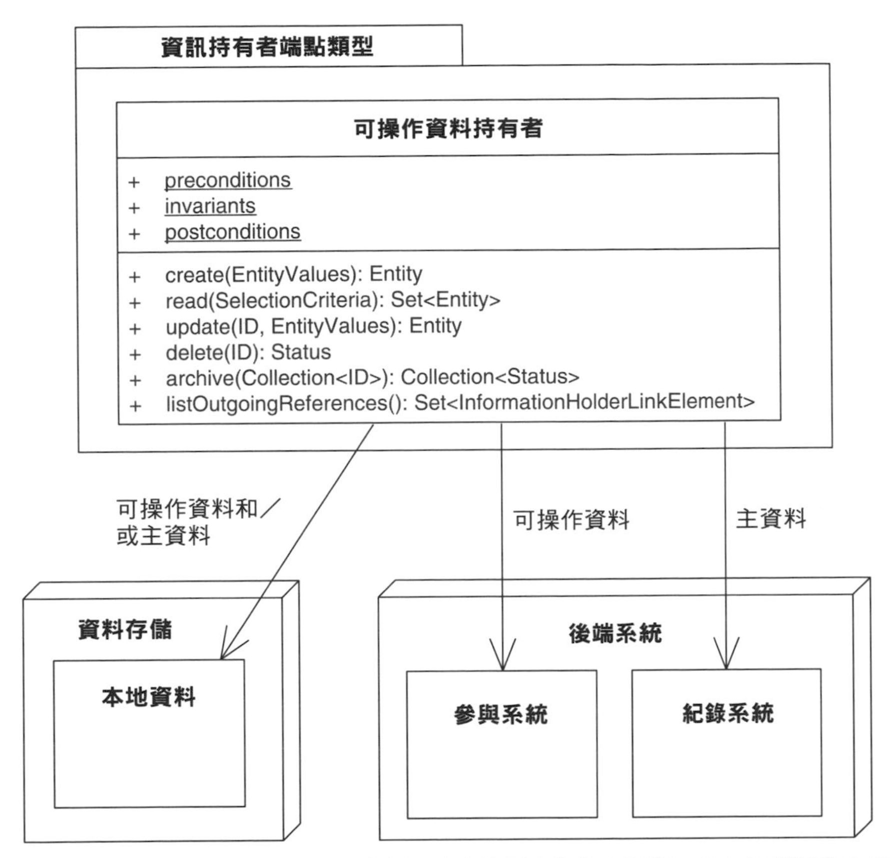

圖 5.5 可操作資料持有者：操作資料有短到中等長度的生命週期，且在日常業務中變動頻繁。其可能參照主資料和其他操作資料

由多個同步客戶端存取的**可操作資料持有者**，應該提供隔離性和原子性的交易保證，這樣多個客戶端同時存取同筆資料時，仍能保存狀態一致。如果特定客戶端互動期間發生故障，**可操作資料持有者**的狀態應該回復到上一次已知的一致狀態；同樣地，非冪等的更新或建立請求重試操作，也應該避免重複。關係密切的**可操作資料持有者**也應該一起管理和演進，來確保跨越參照它們的客戶端仍有效。API 應該提供跨越所有相關**可操作資料持有者**的原子更新或刪除操作。

可操作資料持有者是**事件溯源**的良好候選人（Stettler 2019），在那，所有狀態變更都會保存在日誌記錄裡，讓 API 客戶端可以存取特定**可操作資料持有者**的整個狀態變更歷史。這可能會增加 API 複雜度，因為消費者希望的是參照或檢索過去的任一快照（snapshot），而不是僅查詢最新狀態。

範例

在線上商店中，訂單和訂單項目可以是操作資料；購買的產品和下訂單的顧客符合主資料的特性。因此，這些領域概念通常會建模為不同的「限界上下文」（Bounded Context）實例，即 DDD，並暴露為不同的服務，如圖 5.6 所示。

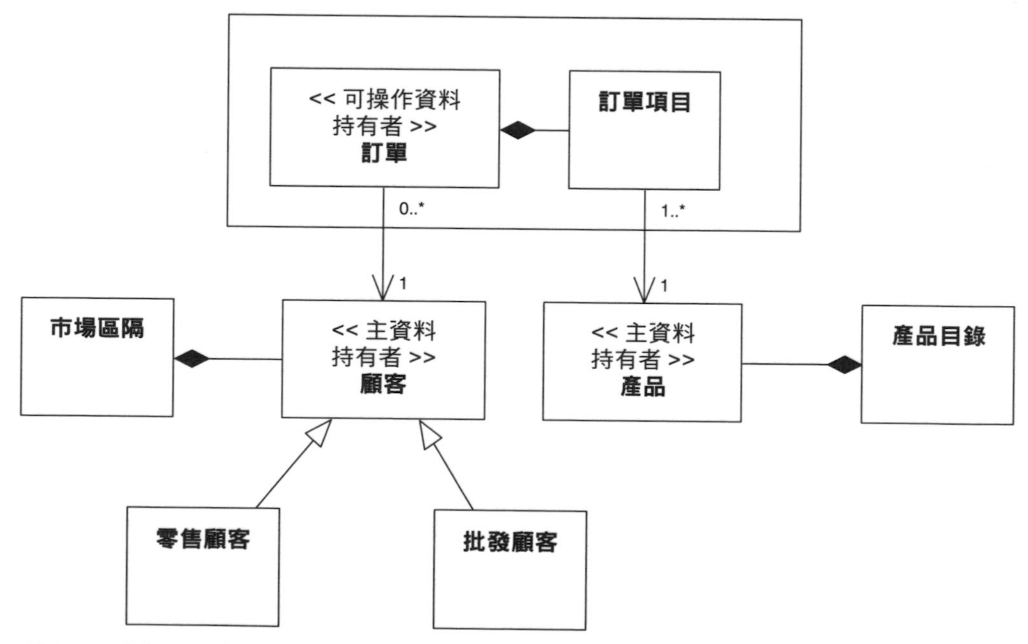

圖 5.6　線上商店範例：可操作資料持有者：訂單，和主資料持有者：顧客、產品，以及彼此間的關係

Lakeside Mutual 的保險領域範例應用程式，管理諸如索賠和風險評估的操作資料，這些資料可暴露為 Web 服務和 REST 資源（見圖 5.7）。

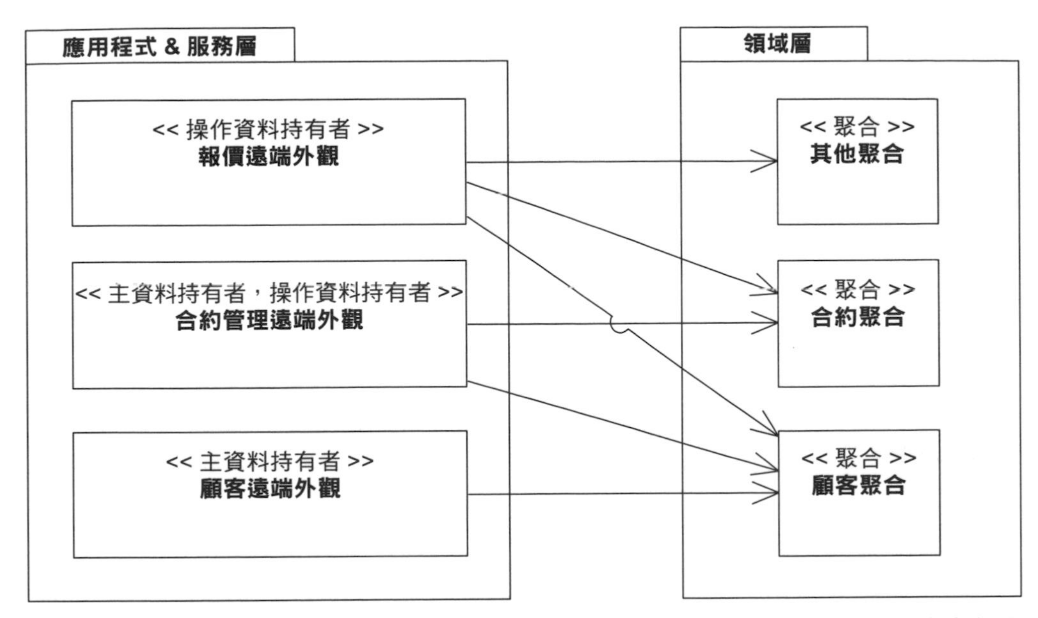

圖 5.7 可操作資料持有者與主資料持有者結合範例：報價參照合約和顧客、合約也會參照顧客。此例中，遠端外觀（facade）存取多個互相隔離的聚合（aggregate）。邏輯層名稱來自於 Evans（2003）和 Fowler（2002）

討論

這模式主要作為 API 文件中的「標記模式」（marker pattern），用以協助技術介面「與業務對齊」，這是 SOA 原則和微服務原則之一（Zimmermann 2017）。

操作資料有時甚至保存很久：在大數據分析和商業智慧洞見的世界中，操作資料經常為了分析處理而儲藏起來，例如資料市集、資料倉儲或語義資料湖。

可操作資料持有者的進入依賴（inbound dependencies）越少，越容易更新。有限生命週期的資料和資料定義讓 API 演進受到較少的挑戰；向後相容和完整性管理變得比較不是問題，甚至可能重寫**可操作資料持有者**，而非維護舊版本（Pautasso 2017a），將一致性屬性從嚴格放鬆為最終一致可提高可用性（Fehling 2014）。

可操作資料持有者的一致性與可用性管理，在衝突需求的優先順序上與**主資料持有者**不同，這取決於領域和情境。業務靈活性、綱要更新彈性和處理速度則是由 API 實現所決定。

操作資料與主資料部分取決於應用程式情境；一個應用程式需要的暫時性資料可能是另一個應用程式的核心資產，例如線上商店購物的情況。不考量保固案件、顧客退貨或在未來重複下訂，在買家只關心訂單運送和付款的同時，商家可能會永遠保存所有詳細資料，以便能夠分析隨不同時間的購買行為，包括顧客剖析、產品推薦和廣告精準投放。

可操作資料持有者模式有助於滿足以合規控制表示的監管需求，「所有採購訂單都參考自實際存在於系統紀錄與現實中的顧客」是這種需求和合規控制的一個例子；強制執行此規格可預防或發現詐騙案例（Julisch 2011）。

相關模式

有許多送入參照的存活較久的資訊持有者，可描述為可變的模式**主資料持有者**，和藉由 API 而不可變的**參照資料持有者**。一個可替代方案為較偏重動作導向而非資料導向的**處理資源**模式。所有的操作職責模式，包括**狀態建立操作**和**狀態轉移操作**，都可用在**可操作資料持有者**端點。

在設計**可操作資料持有者**操作的與回應訊息時，可套用第 4、第 6 和第 7 章的模式，適合性相當取決於實際的資料語義。例如，在購物籃中放入購買項目可能預期是一個**參數樹**，並回傳**原子參數**表示的一個簡單的成功標記。結帳活動可能需要多個複雜參數，即**參數森林**，並以**原子參數列表**回傳訂單號碼和預定出貨日。刪除操作資料可透過發送單一個 ***ID 元素***觸發，並可能回傳一個簡單的成功標記和／或**錯誤回報**表示。**分頁**會切分大量操作資料請求的回應。

《Data Type Channel》模式描述了如何透過訊息語義和語法，例如查詢、報價或採購訂單，來組織訊息系統（Hohpe 2003）。

參照其他**可操作資料持有者**的**可操作資料持有者**，可以選擇以**嵌入實體**形式來包含資料。相較之下，通常不會包含／嵌入參照的**主資料持有者**，而是透過**連結資訊持有者**的參照來外部化。

更多資訊

操作或交易資料的概念，根源於資料庫和資訊整合社群以及商業資訊學（Wirtschaftsinformatik）（Ferstl 2006）。

模式：主資料持有者

使用時機及原因

已經有具體的領域模型、實體關係圖、詞彙表或類似的關鍵應用程式概念字典；決定在 API 暴露一些這些資料實體；已決定透過**資訊持有者資源**在 API 暴露一部分資料實體。

資料規格顯示這些**資訊持有者資源**端點的生命週期和更新週期明顯不同，例如從秒、分鐘、小時到月、年及十年。生存期較長的資料通常有許多進入關係（incoming relationship），而生存期較短的資料經常參照生存期長的資料。這兩種類型資料的的資料存取配置差異很大。[4]

> 如何設計 API 來提供存取生存期長、很少變動，且會有許多客戶端參照的主資料？

在許多應用程式情境中，被多處參照且生存期長的資料，都具有高資料品質和保護需求。

- **主資料品質**：主資料應該準確，因為許多地方都會直接、間接和／或隱含地使用它，從日常業務到策略決策。如果不在單一個地方儲存與管理主資料，缺乏協調的更新、軟體錯誤和其他未預見的情況，可能導致不一致和其他難以檢測的品質問題。如果集中儲存，由於存取競爭和後端通訊造成的固定開銷，也可能會使其存取變慢。
- **主資料保護**：不論儲存和管理政策如何，主資料都必須以適合的存取控制和稽核政策來好好保護，因為它是極具吸引力的攻擊目標，且資料洩漏的結果會很嚴重。

4 這模式的情境類似於它的替代模式：**可操作資料持有者**，強調兩種資料類型的生命週期和關係結構不同。這裡對主資料（*master data*）感到興趣，經常拿來與**操作資料**（*operation data*），或稱交易資料（*transactional data*）比較。德語是 Stammdaten vs. Bewegungsdaten；見 Ferstl（2006），White（2006）。

- **受到外部控制的資料**：主資料可能由專門的系統掌控並管理，通常是由不同組織單位採購或在內部開發，例如專門負責產品或顧客資料的**主資料管理系統**的應用程式。實務上，經常出現這種專門的主資料管理系統外部託管（external hosting）策略性外包，而使系統整合變得複雜，因為這些系統在演進上會有許多利害關係人參與。

資料所有權和稽核程序與其他類型的資料不同，主資料集合是企業資產負債表上的資產，具有金錢價值。因此，它們的定義和介面通常很難受到影響和改變；由於在生命週期上的外部影響，主資料可能與參照它的操作資料以不同速度演進。

在不考慮其生命週期和關係模式下，或許可以考慮以相同方式處理所有實體／資源，來簡化解決方案。然而，這種方法有無法滿足利害關係人的風險，例如安全稽核人員、資料擁有者和資料管理員。託管主機供應商和資料在真實世界的對應，例如顧客和內部系統使用者，是主資料的其他關鍵利害關係人，他們的利益可能無法以這種方法得到滿足。

運作方式

> 將資訊持有者資源標記為專用的**主資料持有者**端點，以捆綁主資料存取和控制操作，這方式可保持資料一致性和適當地管理參照。將刪除操作視為特殊更新形式。

選擇性地在**主資料持有者**端點提供其他生命週期事件或狀態轉移。暴露額外的操作來賦予**主資料持有者**領域特定的職責也具選擇性，例如，歸檔可能提供時間導向檢索，批量建立和清除操作。

主資料持有者是**資訊持有者資源**的一種特殊類型。通常提供操作來查詢從某處參照的資訊。**主資料持有者**也提供 API 操作來控制資料，這不同於**參照資料持有者**。這類型的資料必須符合安全和合規需求。

圖 5.8 顯示具體的設計要素。

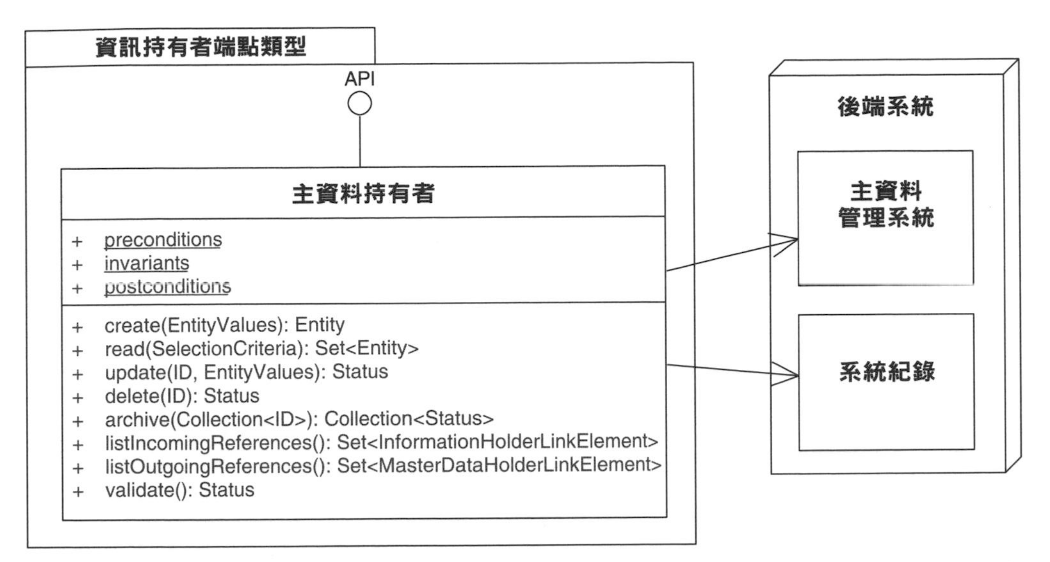

圖 5.8 主資料持有者。主資料生存期長，且其他主資料和操作資料會經常參考它，因此有特定品質和一致性需求

*主資料持有者*的請求與回應訊息通常採取*參數樹*的形式，然而，實務中可找到更多樣的請求與回應訊息的原子類型。主資料**建立**操作通常接收一個簡單到中等複雜的*參數樹*，因為主資料可能是複雜的，但通常要在一次建立中完成，例如，帳戶建立表單時的使用者在表單完成輸入。它們通常回傳*原子參數*或*原子參數列表*，並回報用來唯一／全域識別主資料實體的 *ID 元素*或*連結元素*，並且回報建立請求是否成功，例如使用*錯誤回報*模式。失敗原因可能是重複鍵，違反業務規則和其他不變量，或伺服器端內部的錯誤，例如，後端系統暫時不可用。

主資料的**更新**有兩種形式：

1. **粗粒度的**完全更新操作，取代主資料實體如顧客或產品大部分或全部的屬性；這形式會對應到 HTTP PUT 動詞。
2. **細粒度的**部分更新操作，只更新主資料實體的一個或少量屬性，例如顧客地址但非名稱，或產品價格但非供應商和稅收規則。HTTP 中的 PATCH 動詞符合這種語義。

主資料的**讀取**通常以*檢索操作*表示，提供參數化的搜尋與過濾查詢功能，可能會以宣告表示。

刪除可能沒必要。如果支援的話，由於法律合規需求，主資料的**刪除**操作有時在實現上很複雜。完全刪除主資料時，有破壞大量進入參照（incoming references）的風險，因此，通常不會刪除主資料，而是設定為不可變的狀態：已歸檔（archived），使其無法更新。這也保存了稽核軌跡（audit trail）和歷史資料操作日誌；主資料的變更經常是重要任務，所以必須是不可否認的（nonrepudiable）。如果刪除受到管制需求等有其必要性，可以對一些或全部顧客隱藏資料，但資料仍保持不可見狀態，除非另一個管制需求禁止。

HTTP 資源 API 中，*主資料持有者*資源的位址（URI），可以在對其參照的客戶端之間廣泛地共享，也可以透過 HTTP GET，以支援快取的僅供讀取（read-only）方法對其存取，以建立和更新呼叫使用對應的 POST、PUT 和 PATCH 方法（Allamaraju 2010）。

請注意，在這模式上下文中，對**建立**、**讀取**、**更新**和**刪除**字詞的討論，並不意味著基於 CRUD 的 API 設計，是實現此模式的預期或唯一的解決方案；這種設計很快會導致效能和擴充性差的冗贅 API，並導致耦合和複雜性。要小心！相反地，在資源識別期間應遵循漸進方法，首先確認恰當範圍的介面元素，例如 DDD 的聚合根、業務功能或業務流程。甚至更廣泛的形式，例如限界上下文（Bounded Context）也可作為設計起點。在少數案例中，也可以領域實體作為端點候選。這必然會導致*主資料持有者*設計在語義上更豐富且更有意義，而且對提到過的品質也會有更多正面影響。在 DDD 術語中，我們的目標是豐富和深層的領域模型，而非貧血的（anemic）領域模型（Fowler 2003）；這應該反映在 API 設計中。許多情境下，識別和標註領域模型中的主資料以及操作資料非常合理，以便之後設計決策都可以使用這些資訊。

範例

保險領域的範例應用程式 Lakeside Mutual，主資料如顧客及合約皆暴露為 Web 服務和 REST 資源，因此套用*主資料持有者*模式。圖 5.9 描繪作為遠端外觀（facade）的兩種資源。

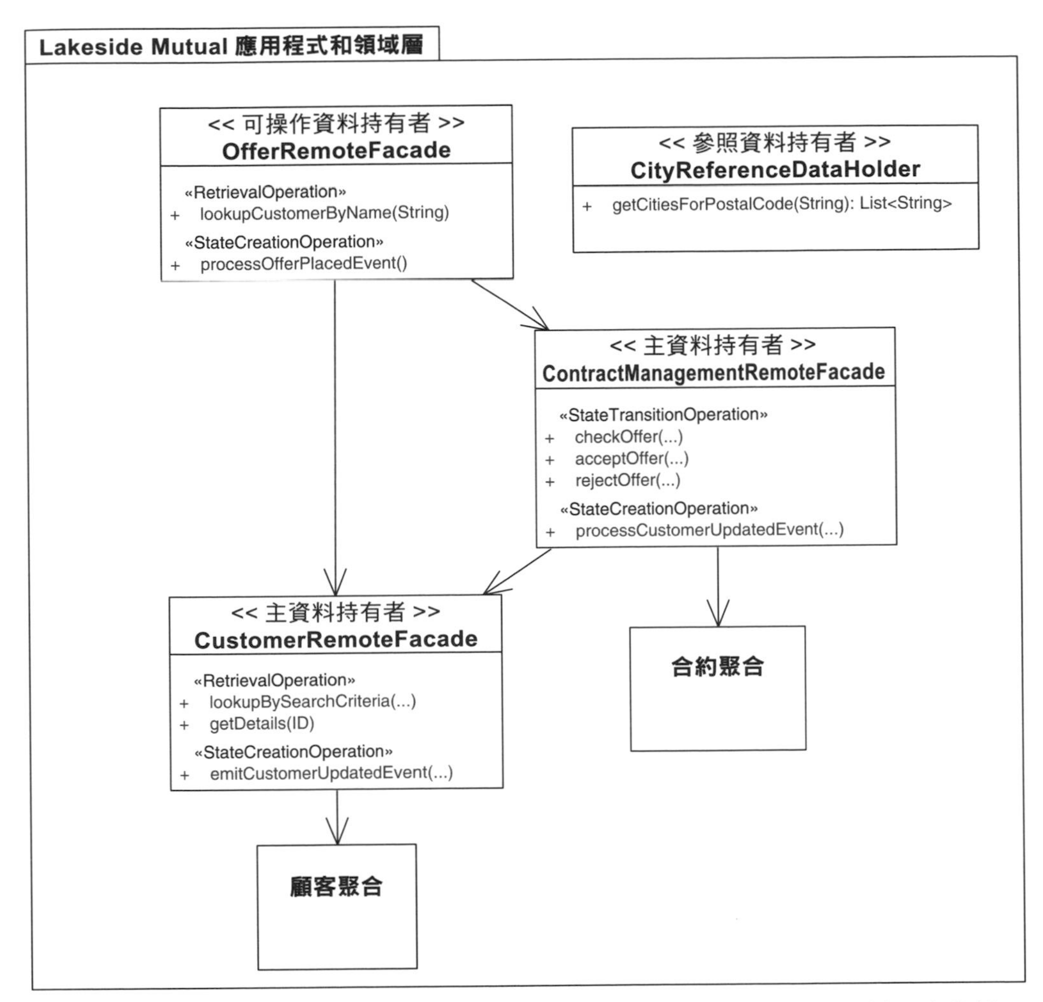

圖 5.9 此為可操作資料持有者和主資料持有者的相互作用範例。可操作資料參照主資料，但反之不然。還展示了參照資料持有者模式的應用

在這個範例中，遠端外觀諸如報價、合約、顧客等，會在 API 實現中相互存取，且存取兩個領域層的聚合。

討論

將 API 端點標記為主資料持有者，有助於達成對資料品質與保護的關注。

主資料在定義上有許多進入依賴（inbound dependency），且也可能有對外依賴（outbound dependency）。既然這種資料經常受到外部控制，將 API 端點標記為**主資料持有者**，有助於控制和限制引入這種外部依賴的位置。這樣一來，只會有一個 API 以一致方式提供對特定主資料源的即時存取。

主資料經常是有價值的公司資產，是在市場上勝出的關鍵，甚至能讓公司成為收購目標。因此，當暴露為 API 的部分時，在規劃未來演進藍圖時，顧及向後相容、考慮數位保存和保護資料免於遭竊取與竄改尤其重要。

相關模式

主資料持有者模式有兩種替代方案：**參照資料持有者**（透過 API 資料不可變），和**可操作資料持有者**（暴露生存期短的資料，進入參照較少）。

更多資訊

主資料 vs 操作資料的概念來自於資料庫社群中的文獻，更具體的說是資訊整合和商業資訊學（德文：Wirtschaftsinformatik，Ferstl 2006）。它在線上分析處理（OLAP）、資料倉儲和商業智慧（BI）工作上扮演著重要的角色。

模式：參照資料持有者

使用時機及原因

需求規格顯示大部分系統部件中會引用一些資料，但這些資料很少會改變，少之又少；且這些改變本質上是行政上的，而不是由 API 客戶端的日常業務操作所引起的，這種資料就稱為**參照資料（reference data）**，以多種形式出現，包括國家代碼、郵遞區碼、地理位置、貨幣代碼和測量單位等；參照資料經常以列舉字串實字或數字範圍值呈現。

API 操作的請求與回應訊息中的資料傳輸表示可以包含或指向參照資料，以滿足訊息接收者的需求。

多個地方會參照、生存期長且不可變的資料，如何以 API 端點提供給客戶端？

這種參照資料如何在**處理資源**或**資訊持有者資源**的請求和回應中使用？

除了用於任何類型的**資訊持有者資源**的品質外，有兩種期望品質值得關注。

- **不要重複自己（Do not repeat yourselft, DRY）：**因為參照資料很少改變，真的很少，所以容易直接寫死在 API 客戶端，或是如果有快取，檢索一次然後存一份永久的本地複本。這樣的設計在短期運作良好，且不會引起任何內在問題，直到資料與其定義改變的時候。[5] 因為違反了 DRY 原則，改變將影響每一個客戶端，又如果客戶端無法聯繫，就會無法更新。
- **讀取的效能 vs 一致性權衡：**因為參照資料很少改變，或完全不變，如果讀取次數很多，引入快取來減少往返的存取回應時間及減少流量可能行得通。這樣的複製策略設計時必須謹慎，才能按預期運行且不會讓端對端系統過於複雜且難以維護。例如，快取不應該變得太大，且複製必須能夠容忍網路分區（network partition），即中斷。如果參照資料在綱要或內容層級改變了，必須即時更新。最常見的兩個例子就是國家引入新的郵遞區碼（zip code），和歐洲國家從本地貨幣轉換為歐元（EUR）時。

可以把靜態和不可變的參照資料當作可讀寫的動態資料。這在許多情況下運作良好，但會錯過改善讀取存取的機會，例如，藉由在內容傳遞網路（CDN）中的資料複製，且可能導致不必要重複儲存和計算工作。

運作方式

提供一種特別類型的**資訊持有者資源**端點：**參照資料持有者**，來作為靜態、不可變資料的單一參照點。在這端點中提供讀取操作，但沒有建立、更新或刪除操作。

5 例如，以往使用兩位數表示日曆年分可至 1999 年。

如果需要更新參照資料，可以在其他地方直接修改後端資產（backend asset），或由不同的管理 API 來更新，透過連結資訊持有者參照到參照資料持有者端點。

參照資料持有者可以讓客戶端檢索整個參照資料集，這樣它們可以保存一份多次存取的本地複本。在這之前可能想要篩選內容，例如，在使用者介面的輸入表單實現一些自動完成功能，也可能只查詢參照資料的個別實體，如用於驗證目的等，例如貨幣列表可以在所有地方複製貼上，因為它從未改變；或從參照資料持有者 API 檢索並快取。這種 API 可提供完整的列表列舉來初始化及更新快取，或投射／選擇內容功能，例如歐洲貨幣名稱列表，或允許客戶端檢查某個值是否存在於列表中，以驗證客戶端：「這貨幣存在嗎？」

圖 5.10 正說明這個解決方案。

參照資料持有者的請求與回應訊息，經常採取原子參數或原子參數列表形式，例如，當參照資料是無結構的且只列舉某些扁平的值。

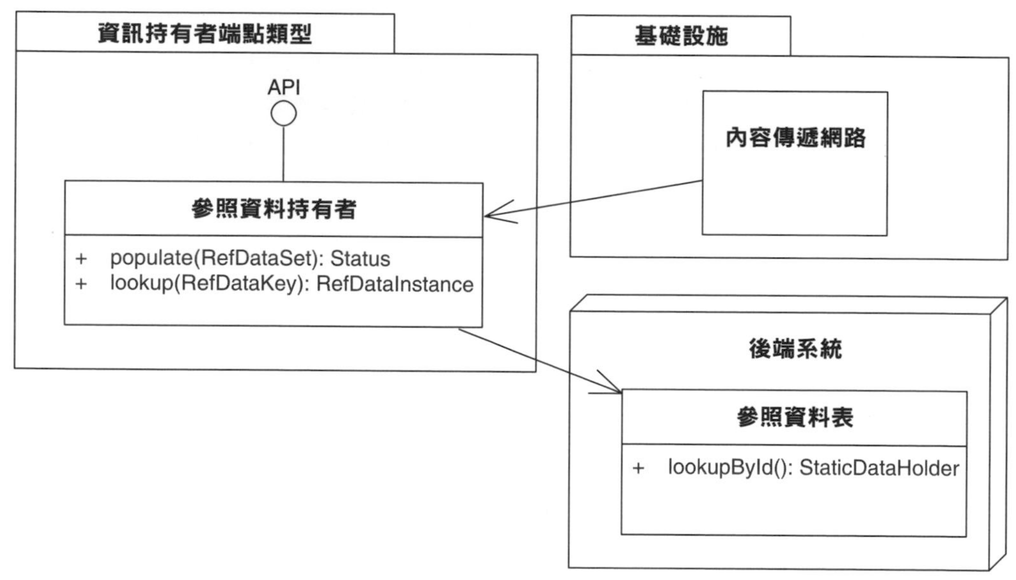

圖 5.10 參照資料持有者。參照資料生存期長且無法經由 API 更新，經常於多個地方參照

參照資料生存期長但很難改變，經常被參照於多個地方。因此，參照資料持有者可能提供直接存取參照資料表，從查詢可映射一個短的識別符，像是提供者內部代理鍵（surrogate key），到一個更具表達性、人類可閱讀的識別符和／或整個資料集。

這模式沒有指定任何實現方式；例如，以關聯資料庫來管理貨幣列表可能是過度工程化（overengineered）的解決方案；使用鍵 - 值對的檔案存儲或索引順序存取方法（ISAM）檔案可能已經足夠，也可考慮使用鍵 - 值對存儲如 Redis，或文件 NoSQL 資料庫如 CouchDB 或 MongoDB。

範例

圖 5.11 顯示允許 API 客戶端按地址查詢郵遞區碼，或反過來查詢的模式實例。

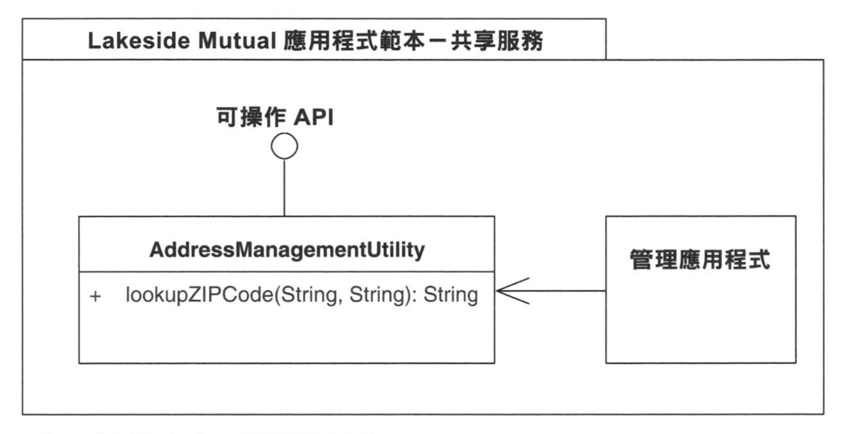

圖 5.11 參照資料持有者：郵遞區碼查詢

討論

這模式最常見的使用情境，是查詢有限範圍的簡單文本資料，例如，國家代碼、貨幣代碼或稅率。

顯性*參照資料持有者*會避免不必要的重複。*參照資料持有者*的目的是藉由參照中心點，在協助傳播資料的同時保有控制。可提升讀取效能，複製不可變資料相當容易，因為只要不改變，就沒有不一致的風險。

必須開發、記錄、管理和維護專用*參照資料持有者*，這工作仍比更新所有把參照資料寫死的客戶端來得少。

- **不要重複自己（DRY）：**客戶端不用再親自實現參照管理，但代價是引入對遠端 API 的依賴。正面影響可視為一種資料正規化（data normalization）的形式，如所知的資料庫設計和資訊管理那樣。
- **讀取的效能 vs 一致性權衡：**這模式將真正的資料隱藏在 API 背後，因此讓 API 提供者可以在背後引入代理、快取和只供讀取的複本。對 API 客戶端可見的唯一影響是，品質要素的改善（如果做對的話），例如回應時間和可用性，可能會表示在附帶功能性 API 規約的服務水準協議中。

獨立的參照資料持有者有時造成的工作和複雜性，比在資料正規化和效能改善方面增加的價值還要多。在這種情況下，可以考慮透過 API **重構**的方式，把參照資料與 API 中已存在、更複雜且動態的主資料持有者端點合併（Stocker 2021a）。

相關模式

主資料持有者模式是參照資料持有者的另一種選擇，表示生存期長且仍然可變的資料；可操作資料持有者則表示生存期短的資料。

第 7 章〈改善訊息設計品質〉的「訊息粒度」一節，會介紹兩個相關模式：嵌入實體和連結資訊持有者。簡單靜態資料經常是嵌入形式，因為能消除專用參照資料持有者的需要；但也可以是連結形式，指向參照資料持有者。

更多資訊

《Data on the Outside versus Data on the Inside》介紹字面上廣義的參照資料（Helland 2005），維基百科也有提供參照資料的庫存／目錄連結（Wikipedia 2022b）。

模式：連結查詢資源

使用時機及原因

在 API 操作的請求與回應中的訊息表現，已設計為滿足訊息接收者的資訊需求。為了這樣做，這些訊息可以包含對以連結元素表示的其他 API 端點參照，例如資訊持

有者資源和／或**處理資源**。有時不希望直接暴露這種端點位址給所有客戶端，因為這會增加耦合，且傷害位置及參照自主性。

> 訊息表示要如何才能參照其他可能數量多且常變更的 API 端點和操作，而不綁定訊息接收端到這些端點的實際位置？

下面是避免通訊參與者間位址耦合的兩個理由：

- 當 API 工作量成長且需求改變時，API 提供者演進 API 時，想要任意改變連結目的地。
- 當提供端的命名和連結結構慣例改變時，API 客戶端不想改變程式碼和配置，例如應用程式啟動程序。

同時需要解決以下設計挑戰：

- **客戶端與端點間的耦合：**如果客戶端使用端點位址來參照該端點，則在兩團體間創造了緊密連結。客戶端參照會因為很多原因失效，例如端點位址改變或暫時停機。
- **動態端點參照：**API 設計經常在設計或部署時綁定參照至端點，例如，在客戶端寫死參照；當然還有更複雜的綁定情況。有時這種設計不夠彈性，運行時需要動態改變端點參照。兩個例子是端點下線維護，及在動態的端點數量上作業的負載平衡器；另一個使用情境涉及中介及重新導向幫助器（helper），能克服引入新版本 API 後的格式差異。
- **中心化 vs 去中心化：**發布語言（Published Language）中的每個資料元素提供剛好一個**資訊持有者資源**，透過寫死位址的方式，在請求和回應中參照到其他 API 端點，導致高度的去中心化解決方案。其他 API 設計則可以中心化註冊和端點位址的綑綁。任何中心化方案可能會比部分自主、分散式的方案接收到更多流量，分散式方案容易打造，但難以維護和演進。
- **訊息大小、呼叫次數、資源使用：**對於客戶端使用的任何形式的參照，另一種可考慮的解決方案是避免使用參照，並遵循**嵌入實體**模式。不過這會增加訊息大小。任何用來管理客戶端的端點參照方法一般會引起額外的 API 呼叫。這些考量都會影響提供者端的處理資源和網路頻寬的資源使用。

- **處理失效連結：**客戶端使用參照時，是假設這些參照點指向正確現存 API 端點。如果參照因為 API 端點改變而不再有效，不曉得此事的客戶端可能會因為無法再連到 API 而發生錯誤；或更糟的是，面臨從前一個端點版本收到過期資訊的風險。
- **端點數和 API 複雜性：**可以用取得另一個端點位址的特定端點，來避免耦合問題。但在極端情況中，所有端點都需要這種功能，這個方法會使端點數加倍，使 API 更難以維護且增加 API 複雜性。

簡單的方法是加入查詢操作，這是*檢索操作*的特殊類型，它回傳的*連結元素*會指向現存端點。這個解決方案是可行的，但對端點之間的內聚性做出了妥協。

運作方式

> 提供一種特殊類型的*資訊持有者資源*端點，為專用於暴露特殊*檢索操作*的*連結查詢資源*。這些操作回傳*連結元素*的單一實例或集合，表示目前參照的 API 端點位址。

這些*連結元素*可指向動作導向的*處理資源*，以及資料導向的*資訊持有者資源*端點，或是用來處理操作資料、主資料、參照資料的任一種改良模式端點，或是作為共享資料的交換空間。

最基本的*連結查詢資源*使用單一*原子參數*作為請求訊息，可透過主鍵來識別查詢目標，例如單調（plain）／扁平但為全域唯一的 *ID 元素*。這種唯一識別符也會用來建立 *API 金鑰*。在客戶端方便性的進步上，如果存在多個查詢選項和參數，可以使用*原子參數列表*，這樣客戶端可以指定查詢模式。*連結查詢資源*回傳持有資訊的全域、網路可存取的參照，皆採用*連結元素*，可能以顯示連結類型的*元資料元素*來修正。

如果回傳不同類型的*資訊持有者資源*實例的網路位址，客戶端隨後可以存取這些資源來獲取屬性、關係資訊等，如圖 5.12 所示。

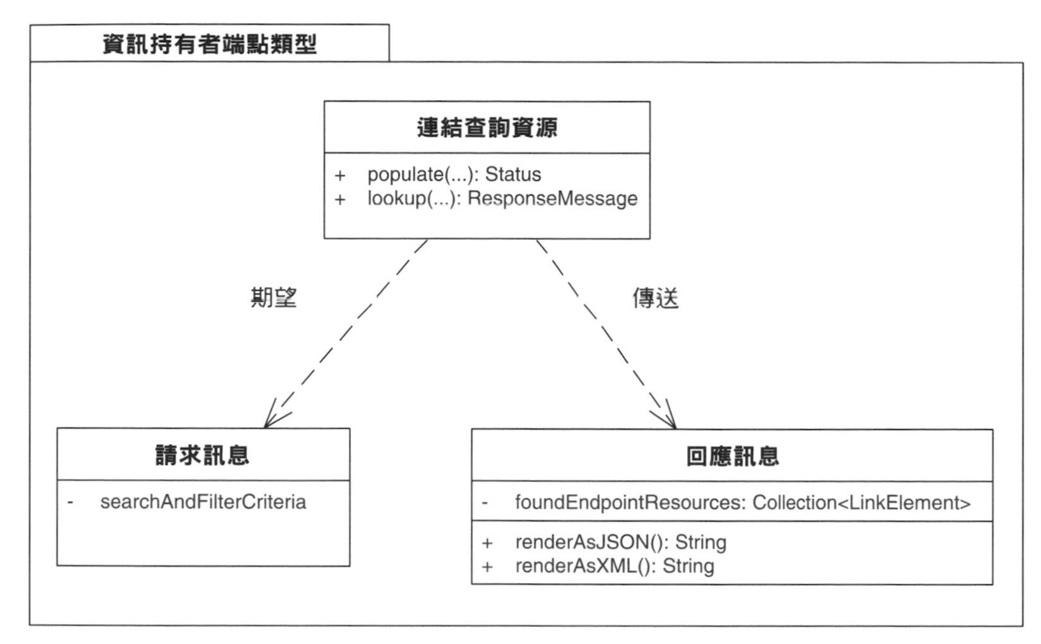

圖 5.12 連結查詢資源是指持有其他端點資訊的 API 端點

連結資訊有不同形式。有許多在訊息中表示超連結符號的提議，包括 JSON-LD（W3C 2019）、HAL（Kelly 2016）、WS-Addressing（XML）（W3C 2004）。

變體 當連結元素指向處理資源而非資訊持有者資源時，將構成這模式的變體：**超文本即為應用程式狀態引擎（Hypertext as the Engine of Application State, HATEOAS）**，根據 REST 風格定義，是真正 RESTful Web API 的特色之一（Webber 2010; Erl 2013）。注意，HATEOAS 中的連結也可稱為**超媒體控制（hypermedia controls）**。

一些又稱為**家資源（home resource）**的根端點位址發布後，接著可以在每個回應中找到相關服務位址，客戶端解析回應來發現後續要呼叫的資源 URI。如果以這種方式參照處理資源，則控制流程和應用程式狀態管理將變成動態且高度去中心化，操作層級的模式狀態轉移操作會詳細介紹此 REST 原則。RESTful 的資訊持有者資源可以支援大型且複雜資料的切片或分割。

範例

在 Lakeside Mutual 範本案例中，兩個用來尋找表示顧客的**資訊持有者資源**的操作具體如下；標記法 MDSL 可見附錄 C 的介紹：

```
API description LinkLookupResourceExample

data type URI D<string> // 協定、領域、路徑、參數

endpoint type LinkLookupResourceInterface // 草稿顯示
 exposes
  operation lookupInformationHolderByLogicalName
    expecting payload
      <<Identifier_Element>> "name": ID
    delivering payload
      <<Link_Element>> "endpointAddress": URI

  operation lookupInformationHolderByCriteria
    expecting payload {
      "filter": P // 占位符參數 P
    }
    delivering payload {
      <<Link_Element>> "uri": URI* // 0..m 基數
    }

API provider CustomerLookupResource
  offers LinkLookupResourceInterface
```

討論

提供動態端點參照的中心化**連結查詢資源**，對客戶端和提供者的位置自主性方面解耦。這模式促進端點內的高內聚性，因為將查詢職責從實際處理和資訊檢索中分離開來。而負面結果是，連結查詢資源導致額外的呼叫及增加了端點數量，此模式增加了操作成本；查詢資源必須保持即時。使用這模式改善端點內的內聚性，代價是增加額外、專門的端點。

這個模式對客戶端需要發送的呼叫次數有負面影響，除非引入快取來減輕影響，且查詢呼叫只在偵測到故障連結後才執行。這模式只有在跨 API 操作限界，即進行兩次呼叫的查詢**資訊持有者資源**，或其他提供者內部資料存儲的固定開銷，不超過較精簡的每個操作訊息酬載所節省的開銷時，才能提高性能。

如果結合連結資訊持有者與連結查詢資源，增加的開銷將超過效能和彈性增益，則連結資訊持有者可改為包含直接連結。如果直接連結仍導致 API 客戶端與 API 提供著之間冗贅的訊息交換或對話，則參照資料可攤平為嵌入實體的實例。

增加的間接性有助於更自由地去修改系統運行環境。伺服器名稱改變時，包含直接 URI 的系統可能難以修改。HATEOAS 的 REST 原則解決了實際資源名稱這個問題；只有寫死的客戶端連結才有問題；除非引入 HTTP 重新導向。也可使用微服務中介軟體例如 API 閘道；然而，這方法對整體架構添增了複雜性以及額外的運行時依賴。使用超媒體來推進應用程式狀態是 REST 風格定義的限制之一，必須決定超媒體是否應該直接參照負責提供者端處理任何端點類型的資源，或是否引入間接層來進一步解耦客戶端與此模式的端點。

相關模式

這模式的實例會回傳任何端點類型／角色的連結，大多指向資訊持有者資源，使用檢索操作。例如，檢索操作回傳 *ID* 元素，間接指向資訊持有者資源，再接著回傳資料；連結查詢資源將 *ID* 元素轉為連結元素。

可選擇使用基礎設施層級的服務發現（service discovery）。例如，已記錄的模式「服務註冊」（Service Registry）、「客戶端發現」（Client-Side Discovery）和「自我註冊」（Self Registation）（Richardson 2018）。

這模式為更通用的「查詢」（Lookup）API 特定版本／改良，Kircher（2004）和 Voelter（2004）皆有相關描述。在更抽象的層級上，這模式也是 Evans（2003）中描述的儲藏庫（Repository）模式的特殊化，實際上是充作元儲藏庫（meta-repository）。

更多資訊

SOA 書籍涵蓋了相關的概念，如服務存儲庫（service repository）和註冊表（registry）。在 RDD 術語中，連結查詢資源扮演的是「結構者」（Structurer）的角色（Wirfs-Brock 2002）。

如果回傳相同類型的多個結果，則連結查詢資源會變成「集合資源」（Collection Resource），集合資源可視為此模式的 RESTful HTTP 對應，可見《RESTful Web Services Cookbook》（Allamaraju 2010）的 Recipe 2.3 介紹，該書第 14 章有討論相關發現。集合使用連結來列舉其內容，並允許客戶端檢索、更新或刪除個別項目，如 Serbout（2021）表示，API 可以是僅供讀取集合（read-only collections）、可附加集合（appendable collections）以及可變集合（mutable collections）。

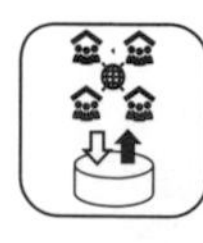

模式：資料傳輸資源

使用時機及原因

兩個或更多的通訊參與者想交換資料。交換參與者的數量可能隨時間不同，且關於對方，他們可能只知道一部分，可能無法在同個時間活動。例如，其他參與者可能想存取資料生產者已分享的同個資料。

參與者可能也對存取最新版本的共享資訊感到興趣，且不需要觀察每一次改變。通訊參與者可能受限於其所允許使用的網路及整合技術中。

> 兩個或更多的通訊參與者如何在互不認識、無法同時使用，且資料在接收者知道前就已發送出去的情況下交換資料？

- **耦合（時間維度）：**通訊參與者可能無法同步通訊，也就是同時間通訊，因為可用性和連線配置可能會隨時間變化。越多參與者想交換資料，越不可能在同時間全都準備好發送與接收訊息。
- **耦合（位置維度）：**其他參與者可能不知曉通訊參與者的位置。由於非對稱的網路連線，不太可能直接知道所有參與者的位址，例如，發送者難以知道聯絡網路位置轉譯（Network Address Translation, NAT）表，或防火牆後面的資料交換接收者的方法。
- **通訊限制：**有些通訊參與者可能無法直接互相溝通，例如，在依客戶端／伺服器架構風格定義中的客戶端無法接受進入連線。此外，有些通訊參與者可能不允許在本地安裝任何除了基本 HTTP 客戶端函式庫以外的必要通訊軟體，例如訊息中介軟體。這種情況下，間接通訊是唯一可能。

- **依賴性：**不能假設網路是可靠的，且同個時間，客戶端並非總是在活動中。因此，任何分散式資料交換必須設計成可以應付暫時的網路分割與系統中斷。
- **擴展性：**在資料發送時可能不清楚參與者的數目，這個數字可能非常大，且以非預期的方式增加存取請求；此外，這可能會損害傳輸量和回應時間。資料量的擴增會是個問題：要交換的資料量可能無限成長，並超過個別訊息的容量限制，這會根據使用的通訊與整合協定定義。
- **儲存空間效率：**交換的資料必須儲存在傳輸途徑中的某處，且必須有足夠儲存空間。必須知道分享的資料量，因為可傳輸及儲存的資料量可能因為頻寬限制而受限。
- **延遲：**直接通訊通常比經由中繼及中介的間接通訊來得快。
- **所有權管理：**必須建立交換資訊的所有權，來實現對其可用性生命週期的明確控制。最初的所有人是分享資料的參與者；然而，可能有不同的團體負責清理：原始發送者（對最大化分享資料範圍感興趣）、預期接收者（可能或不想重複讀取資料），或傳輸資源的主機（必須控制儲存成本）。

  可以考慮使用諸如訊息導向中介軟體（MOM），如 ActiveMQ、Apache Kafka 或 RabbitMQ 所提供的發布 - 訂閱機制，但客戶端本身必須運行本地訊息系統端點，來接收及處理進來的訊息。MOM 需要安裝及營運，這會增加整體的系統管理工作（Hohpe 2003）。

運作方式

> 引入*資料傳輸資源*，作為兩個或更多個 API 客戶端可存取的共享儲存端點。透過全域唯一的網路位址來提供這特殊的*資訊持有者資源*，如此多個客戶端可以用它來作為資料交換空間。在其中添加至少一個*狀態建立操作*，和一個*檢索操作*，讓資料可以放入共享空間或取出。

與客戶端分享傳輸資源的位址。決定資料所有權與傳輸者；在這裡，偏好客戶端的所有權先於提供者的所有權。

多個應用程式，即 API 客戶端，可以使用共享的*資料傳輸資源*作為中介來交換資訊，這些資訊原本是由其中一個應用程式建立並傳送到共享資源。一旦資訊在共享資源發布後，任何知道共享資源 URI 且有授權的客戶端，都可以檢索、更新、新增和刪除（如果資料對任何客戶端應用程式都沒用處時）。圖 5.13 說明這個方案。

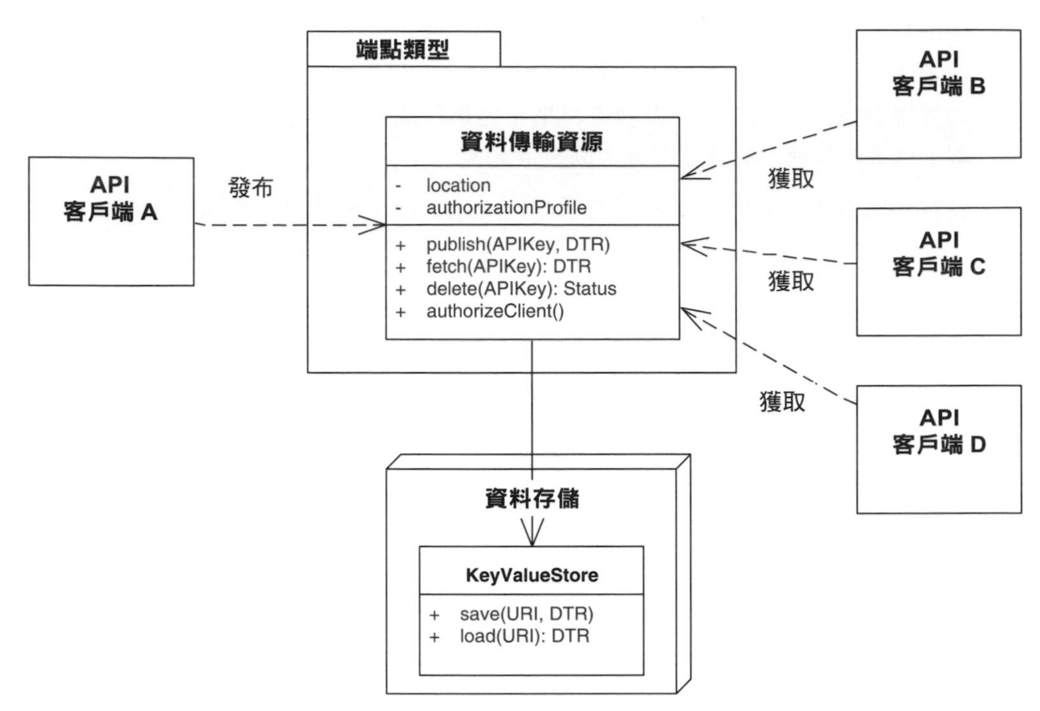

圖 5.13 資料傳輸資源。它的端點保存暫時性的資料，來解耦兩個或多個共享此資料的 API 客戶端。此模式實例在這些客戶端間提供資料交換空間，資料所有權仍屬於應用程式客戶端

共享的**資料傳輸資源**在客戶端與提供者間建立一個黑板，以非同步、虛擬的資料流通道，來居中調解它們的所有互動。客戶端因此不用直接互相連接；或者更重要的是，不用直接互相定址、不用同時運行，便可以交換資料。因此，在不必同時可用的情況下，於時間上將它們解耦，讓位置不再重要，只要它們都可以聯繫到共享**資料傳輸資源**即可。

客戶端如何協商共享資源的 URI ？可能需要事先就共享資源的位址達成共識，或者可以使用專用的**連結查詢資源**來動態發現。同時，第一個客戶端可能在發布原始內容，並透過其他通訊通道來通知其他客戶端，或者再次透過在所有客戶端事先同意的**連結查詢資源**中註冊位址的方式，來設置 URI。

模式的 HTTP 支援 從實現的角度來看，HTTP 直接支援此解決方案，客戶端 A 首先發起 PUT 請求，在共享資源上發布資訊，以 URI 為唯一識別，接著客戶端 B 發起 GET 請求，從共享資源獲取該資訊。注意，共享資源上發布的訊息，在沒有客戶端發起明確的 DELETE 請求以前不會消失。客戶端 A 發布資訊到共享資源是可靠的，因為 HTTP PUT 請求是冪等的；同樣地，若後續 GET 請求失敗，客戶端 B 只要重試直到最終讀取到共享資料即可。圖 5.14 描繪此模式的 HTTP 實現。

客戶端無法得知其他客戶端是否已從共享資源檢索資訊。為了解決這個限制，共享資源可以追蹤存取流量，並提供關於交付狀態的附加元資料，以便查詢資訊發布後是否有人獲取，以及獲取了多少次。**檢索操作暴露**的這些**元資料元素**，也可以幫助清理不再使用的共享資源。

變體 存取模式及資源生命週期可能不同，這裡提出此模式變體如下：

1. **中繼資源：**只有兩個客戶端，一個寫入而另一個讀取，資料所有權從寫入者轉移到讀取者。圖 5.15 描繪這個變體。

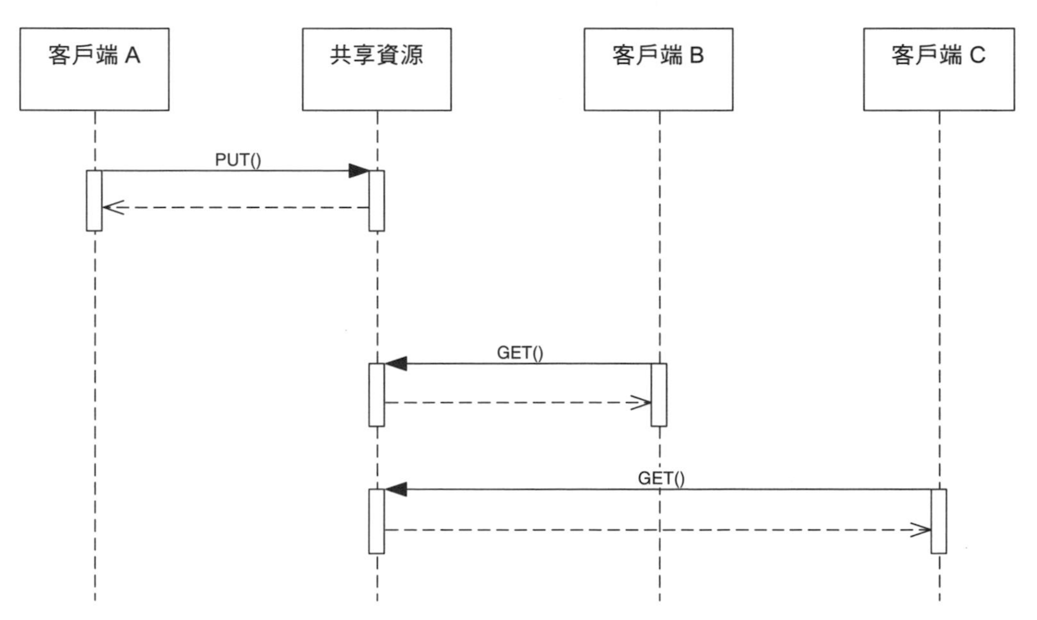

圖 5.14 資料傳輸資源（HTTP 實現）

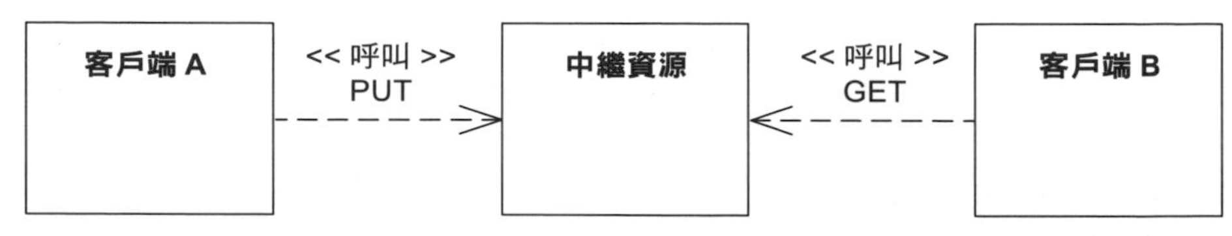

圖 5.15 中繼資源

2. **發布資源：**一個客戶端和之前一樣寫入，但接著數量很多、無法預測數量的客戶端在不同時間讀取，有可能是一年後，如圖 5.16 所示。原始寫入者決定分享給多個讀取者的資源仍可公開獲得的時間，路由模式例如「接收者列表」（Recipient List）可支援這個方法（Hohpe 2003）；串流中介軟體也可以實現這個變體。

3. **會話資源：**許多客戶端讀取和寫入，最終刪除共享資源（圖 5.17）。任何參與者都擁有傳輸資源，及因此能對其更新和刪除。

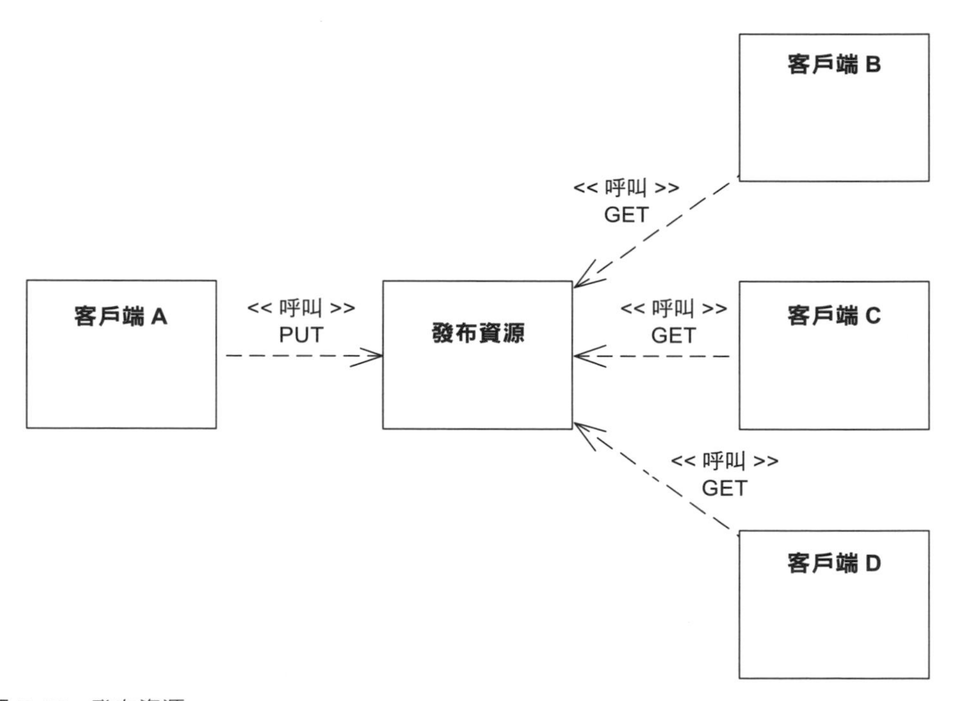

圖 5.16 發布資源

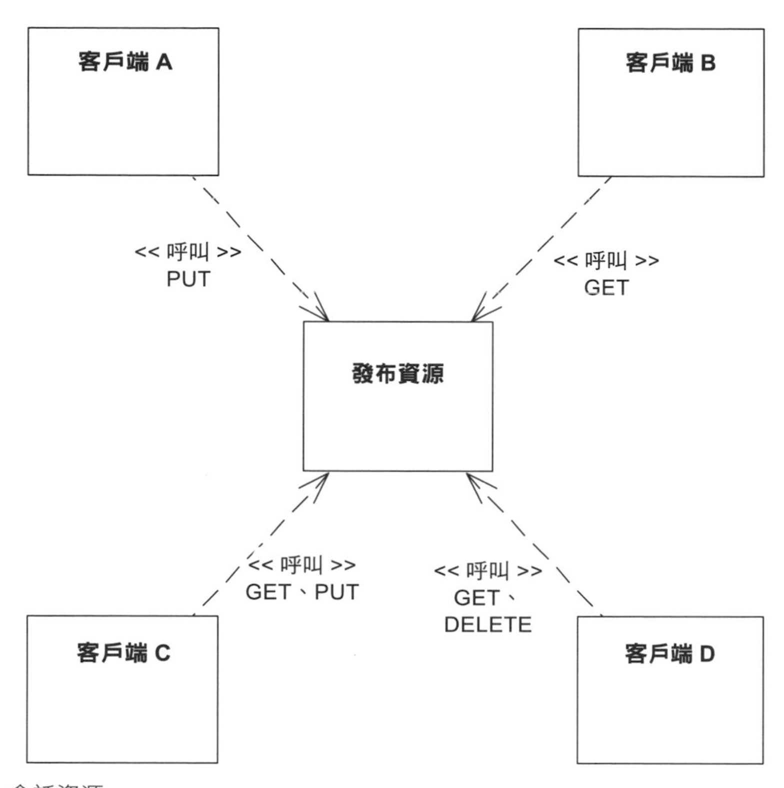

圖 5.17 會話資源

範例

圖 5.18 中的範例，將 Lakeside Mutual 範本案例中的整合介面模式實例化。償付索賠接收系統（The Claim Reception System Of Engagement）是資料源，而索賠傳輸資源（Claim Transfer Resource），將兩個資料接收器（data sink）：索賠處理紀錄系統（Claim Processing Of Records）和詐騙偵查檔案（Fraut Detection Archive）與其解耦。

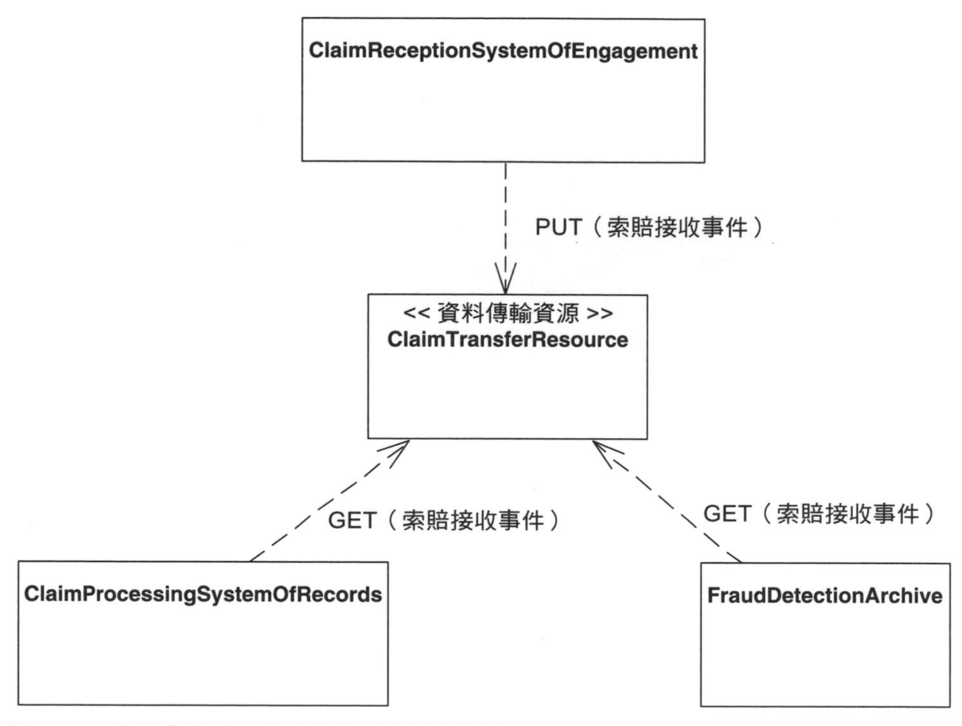

圖 5.18 資料傳輸資源的索賠管理資料流範例

討論

此模式結合了訊息傳送與共享資料儲藏庫的好處：資料流彈性與非同步性（asynchrony）（Pautasso 2018）。讓我們在 HTTP 和 Web API 的上下文中，逐一檢視力量要素和模式屬性。

- **耦合（時間與位置維度）：**支援非同步及間接通訊。
- **通訊限制：**無法直接連線的客戶端使用傳輸資源作為共享黑板。客戶端有時會因以下原因無法直接互相通話：
  a) 是客戶端，因此不打算接收任何進入的請求。
  b) 在防火牆／ NAT（網路地址轉譯）之後運行，只允許對外連線。
  c) 在瀏覽器內部運行，只允許發送 HTTP 請求，及接收來自網頁伺服器的回應。

d) 不在同時間運行。

如果無法直接連線，仍可使用間接路由。共享的資料傳輸資源提供這種媒介元素，並可作為共同的儲存空間，由兩個客戶端使用，即使有些客戶端暫時消失仍然可用。

- **可靠性：**當使用訊息傳遞系統時，客戶端到中介軟體的連線可以是本地連線，由訊息傳遞系統代理流程接著處理遠端訊息傳遞，保證訊息送達。這種「無呼叫堆疊程式」，概念上比阻塞的遠端程序調用更難以理解，且容易出錯，不過正確使用時也更強大（Hohpe 2003）。當使用資料傳輸資源模式時，客戶端到資源的連線總是遠端連線。此外，HTTP 不保證訊息送達，然而，HTTP 中 PUT 和 GET 方法的冪等性可減輕這個問題，因為發送的客戶端可以重試呼叫資料傳輸資源，直到上傳或下載成功。當使用這種冪等的 HTTP 方法來存取共享資源時，中介軟體或接收者都不需要偵測和移除重複訊息。
- **擴展性：**可儲存在網頁資源的資料量，受限於網頁伺服器後的儲存／檔案系統容量。根據傳輸協議，通過標準 HTTP 請求／回應，可以送到和來自網頁資源的資料量幾乎是無限的，因此只受限於中介軟體實現和硬體容量。相同限制也適用於客戶端數量。
- **儲存空間效率：**資料傳輸資源提供者必須分配足夠的空間。
- **延遲：**間接通訊需要參與者間的兩次跳躍，然而這不必同時發生。在這模式中，在跨長時段及多個參與者之間傳輸資料的能力，優先於個別傳輸的效能。
- **所有權管理：**取決於模式變體，資料所有權，是用來確保共享資源內容有效及在最後清除資源的權利也是義務，可以和來源一起在所有知曉 URI 的團體之間分享，或被轉換成資料傳輸資源。如果原本發布資料的來源，預期在所有接收者有機會讀到它時出現，後面的選項就是適當的。

一旦引入資料傳輸資源，則會發生額外的設計問題：

- **存取控制：**取決於交換的資訊類型，讀取資源的客戶端信任資源由正確來源發起。因此，在某些情況下，只有授權客戶端可以讀取或寫入共享資源。存取可以使用 *API* 金鑰或更進階的安全手段控制。
- **（缺乏）協調：**客戶端可在任何時候，甚至多次讀取或寫入共享資源。除了能夠檢測空的／未初始化的資源以外，在寫入者與讀取者之間很少協調。
- **樂觀鎖：**多個客戶端同時寫入可能會發生衝突，必須回報錯誤和觸發系統管理活動來調解。

- **輪詢**：有些客戶端無法在共享資源狀態改變時收到通知，必須透過輪詢來獲取最新版本。
- **垃圾回收**：資料傳輸資源無法知道任何已完成讀取的客戶端是否為最後一個；因此，除非明確地將資料刪除，否則會有洩漏風險。有需要進行資料清理（housekeeping）：清除已過時的資料傳輸資源來避免儲存資源浪費。

相關模式

這個模式在資料存取與儲存所有權方面，不同於其他類型的資訊持有者資源。資料傳輸資源同時作為資料源和資料接受器，擁有和控制其本身的資料存儲；存取其內容的唯一方式是透過資料傳輸資源發布的 API。其他資訊持有者資源類型的實例，經常處理由其他團體存取和甚至擁有的資料，例如後端系統和它的非 API 客戶端。連結查詢資源可視為一種資料傳輸資源，持有特別的資料類型，也就是位址，或連結元素。

非同步訊息傳送模式可見《Enterprise Integration Pattern》（Hohpe 2003）一書的介紹，這些模式有些和資料傳輸資源關係緊密。資料傳輸資源可視為基於網頁的「訊息通道」（Message Channel）實現，支援訊息傳送路由及轉換，以及多個訊息消費選項：「競爭消費者」（Competing Consumer）和「冪等接受者」（Idempotent Receiver）。基於佇列的訊息傳送和基於網頁的軟體連接器，如資料傳輸資源模式所描述，可以看作是兩個不同但相關的整合風格；《The Web as a Software Connector》（Pautasso 2018）一書有比較這些風格。

「黑板」（Blackboard）是一種 POSA 1（Pattern-Oriented Software Architecture）模式（Buschmann 1996），旨在用於不同上下文但類似的解決方案樣貌。《Remoting Patterns》介紹遠端風格的「共享儲藏庫」（Shared Repository），我們的資料傳輸資源就可視為網頁特色的共享儲藏庫的 API。

更多資訊

「介面器」（Interfacer）是 RDD 的一種角色典型，描述一個相關但更通用的程式層級概念（Wirfs-Brock 2002）。

操作職責

API 端點在其規約暴露一或多個操作，這些操作顯示一些在處理提供者端狀態方式的重複模式。4 個操作職責模式為**計算函式**、**狀態建立操作**、**檢索操作**和**狀態轉移操作**。圖 5.19 顯示這些模式與其變體的概覽。

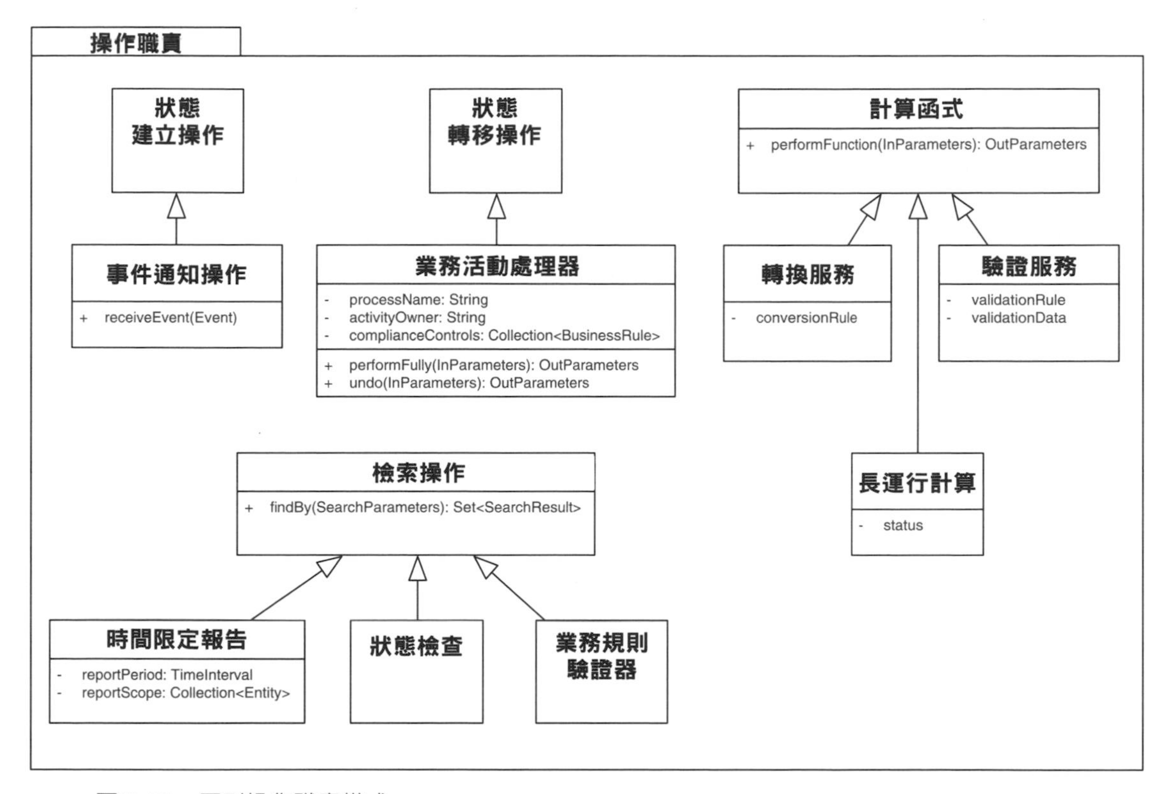

圖 5.19 區別操作職責模式

要注意，我們把狀態保存的 API 職責稱作**函式**（**function**），因為它只是代替客戶端完成一些獨立工作；把狀態變更職責稱為**操作**（**operation**），由於其變成主動，因為客戶端提交一些資料，接著這些資料能處理、儲存，也能檢索。

模式：狀態建立操作

使用時機及原因

已引入了 API 端點。API 客戶端已表達了 API 需求和要求，例如，使用者故事和／或給定 - 當 - 那麼子句（Fowler 2013）；以及已抽出品質需求。

API 客戶端想要通知 API 提供者新的客戶端事件，若有任何伺服器端進一步處理的詳細資訊的話也不需理會。

客戶端可能想指示 API 提供者開始一個長期運行的業務交易，例如訂單管理和履行流程；或回報客戶端批次作業的完成。這種請求將資料添加在提供者內部的狀態。

可回傳立即回應，可能只是一個簡單的「收到了」確認表示。

> API 提供者如何允許客戶端回報某些事件？這些事件是提供者需要知道的，例如，觸發即時或稍後的處理。

- **耦合權衡（準確性與表達性 vs 資訊節約）：**為了讓提供者端的處理變得容易，傳入的事件回報應該是獨立的，如此就不依賴其他回報。為了簡化客戶端的回報建構、節省傳輸容量和隱藏實現細節，回報應該只包含提供者感興趣的最少資訊。
- **時間考量：**客戶端事件發生的時間，可能與回報時間和最後抵達提供者的時間不同。可能無法確定發生在不同客戶端的事件順序／序列。[6]
- **一致性影響：**有時進行 API 呼叫時，無法讀取提供者端狀態，或應該盡量少讀取。在這種情況下，更難以驗證由傳入請求引起的提供者端的處理流程不會破壞不變量和其他一致性屬性。
- **可靠性考量：**回報的處理順序，不會都和送出的相同。有時回報會遺失，或是被多次傳送和接收，能確認引起狀態建立的回報已適當處理是件好事。

6 時間同步是任何分散式系統中的一個普遍理論限制和挑戰；邏輯時鐘就是為了這個原因而發明的。

可以僅在 API 端點添加另一個 API 操作，而不用使狀態讀寫配置明確。但如此一來，仍需在 API 文件和使用範例描述先前提到的特定整合需求和考量；存在做出隨時間而遺忘的隱含性假設風險。這種非正式、臨時的 API 設計和文件方法，會導致 API 開發人員和 API 維護人員不想要的額外工作，尤其是發現對狀態和操作影響的前置與後置條件的假設不再成立之後。此外，端點內的內聚性可能受到傷害，如果有狀態操作和無狀態操作出現在同個端點中，負載平衡就會變得更複雜。運營人員必須猜想部署端點實現的地點和方式，例如，在某些雲端環境和容器管理器中。

運作方式

> 添加一個僅供寫入的狀態，建立操作 `sco: in -> (out,S')` 到 API 端點，可能是*處理資源*或*資訊持有者資源*。

讓這種*狀態建立操作*代表單一業務事件，這個事件不要求提供者端端點的業務層級反應，可能只儲存資料，或在 API 實現或後端做進一步的處理。讓客戶端僅接收到一個「收到」確認或識別符，例如，可以在未來查詢狀態和碰到傳輸問題時重送事件回報。

這種操作可能需要讀取一些狀態，例如，在建立之前檢查既有資料中的重複金鑰，但主要目的應該是狀態建立。這個想法描繪於圖 5.20。

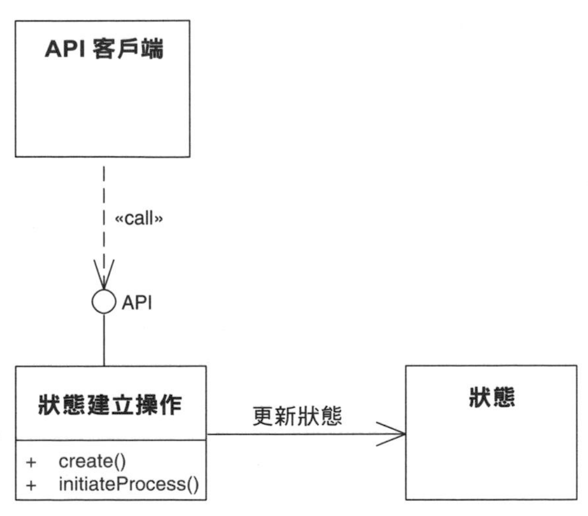

圖 5.20 狀態建立操作有寫入提供者端存儲的職責，但無法讀取

在 API 敘述中描述事件回報，即傳入的狀態建立訊息的抽象和具體語法以及語義，如果有回應的話對其確認。在前置和後置條件表達操作行為。

狀態建立操作可能有做後即忘（fire-and-forget）的語義，也可能沒有。在後面案例中，透過呼叫此模式的實例給予每個狀態項目一個唯一的 id，用來檢查重複和刪除。包括時間戳記，好根據客戶端時鐘，獲取回報事件發生的時間。

除非你寫入僅供附加的事件存儲，否則應在自身系統交易中執行需要的寫入／插入操作，交易邊界與 API 操作匹配，但 API 客戶端不可見。使**狀態建立操作**的處理呈現冪等性。

狀態建立操作接受的請求訊息，包含全部需要用來描述已發生事件的資料集，通常是**參數樹**的形式，可能包含標註其他**資料元素**的**元資料元素**。回應訊息一般只含有基本且簡單的「已收到回報」元素，例如，一個**原子參數**包含一個明確的確認旗標參數（flag）（布林型態）。有時候，**原子參數列表**會結合使用的錯誤代碼和錯誤訊息，因此形成**錯誤回報**。

變體 這個模式常見的變體是**事件通知操作（Event Notification Operation）**，通知端點關於外部事件而假設沒有任何可見的提供者端活動，藉此實現事件溯源（Fowler 2006）。事件通知操作可以回報已在某處建立、完全或部分更新，或刪除資料，常以過去式來命名，例如「已建立顧客實體」。不同於大多數有狀態處理的實現，傳入的事件只按現狀儲存，但提供者端的應用程式狀態不會立即更新。如果之後需要最新狀態，則會重做所有儲存事件，或建立快照時之前某個時間點的所有的事件，應用程式狀態將在 API 實現中計算。這讓事件回報加速，代價是之後的狀態查詢變慢。事件溯源的額外好處是可執行基於時間的查詢，因為所有資料操作歷史，都可在事件日誌中取得，現今的事件系統例如 Apache Kafka，也有支援這種在事件日誌和分散式交易日誌中的重做。

事件可包含組成**完全回報**的絕對新值，或**增量報告（delta report）**，指傳遞上一次事件以來的改變，方法是透過相關識別符（Correlation Identifier）（Hohpe 2003），或間接透過時間戳和實體識別符來識別。

事件通知操作和事件溯源可以組成事件驅動架構（event-driven architecture, EDA）的基礎，其他模式語言則替 EDA 設計提供建議（Richardson 2016）。

此模式的第二種變體為**批量回報（Bulk Report）**。客戶端結合多個相關事件為一個回報，並發送這回報為**請求綑綁**。綑綁的項目可能全都涉及同個或不同實體，例如，當從批量回報中的個別事件中建立快照或稽核日誌，或將某段期間的事件日誌傳送到資料倉庫或資料湖時。

範例

在線上購物情境中，由產品管理系統發送的「新產品 XYZ 已建立」訊息，或來自線上商店的「顧客已結帳訂單 123」訊息，都是適合的例子。

圖 5.21 是 Lakeside Mutaul 案例示範。由狀態建立操作接收的事件回報，已經透過如銷售代理聯繫特定顧客。

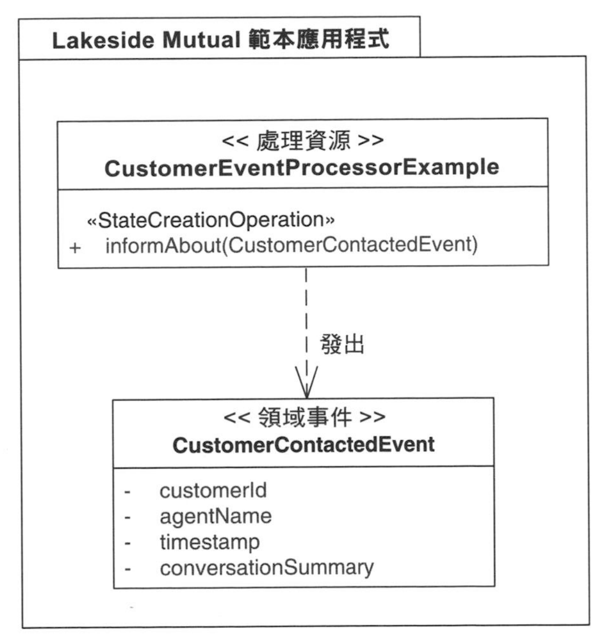

圖 5.21 狀態建立操作範例：事件通知操作

討論

因為客戶端和提供者沒有共享任何應用程式狀態，所以會促進鬆耦合；API 客戶端只會通知提供者本身這端的事件。提供者端的一致性檢查可能難以實現，因為在狀態建立操作中應該要避免狀態讀取，例如希望向上、向外擴展 API 及其端點時。因此，當操作定義為僅供寫入時，沒辦法永遠確保一致性，舉例來說，要怎麼處理回報矛盾資訊的事件？出於同一個原因，時間管理仍然是相當困難的設計任務，如果沒有回傳確認或狀態識別符，可能會影響可靠性；但若回傳了，必須確定 API 客戶端能正確理解，而能避免不必要或過早重送訊息。

EDA 的重要原則是，暴露回報外部事件業務語義的僅供寫入 API 操作，前文事件操作通知變體的情境曾討論過這點。在複本情境中，事件代表狀態改變必須在複本之間傳播。

這個模式留下一些實現時的解釋空間：

- 對送達的回報要採取那些事：應該只在本地儲存起來、進一步處理或傳遞下去？即使不希望也是否需要存取提供者端狀態，例如檢查鍵的唯一性？
- 回報處理是否改變對同端點中其他操作的未來呼叫行為？
- 操作調用是否為冪等？但在不可靠的網路連線或伺服器暫時故障的情況下，可能丟失事件；且如果客戶端試圖重送未獲確認的事件，可能多次傳送事件。在這種情況下如何確保一致性？嚴格一致和最終一致是這裡的兩個選項（Fehling 2014）。

*狀態建立操作*有時暴露在*公開 API*；如果這麼做，就必須受到保護，例如，使用 *API 金鑰*和*速率限制*。

這模式涵蓋 API 客戶端，通知已知的 API 提供者有關事件的情境。API 提供者會透過回呼（callback）通知客戶端，另一種方式是發布訂閱機制，其他模式語言和中介軟體／分散式系統書籍中可見相關介紹（Hohpe 2003; Voelter 2004; Hanmer 2007）。

相關模式

端點角色模式*處理資源*和*資訊持有者資源*，通常含有至少一個*狀態建立操作*，除非只是計算資源或視圖（view）提供者。其他操作職責是*狀態轉移操作*、*計算函式*和*檢索操作*。*狀態轉移操作*通常會在請求訊息中識別提供者端的狀態元素，例如，訂單編號或職員序列號；*狀態建立操作*則不用這麼做，但仍然有可能。

「事件驅動消費者」（Event-Driven Consumer）和「服務催化器」（Service Activator）（Hohpe 2003），描述如何非同步地觸發訊息接收和操作調用，這 4 個操作職責都可以和這些模式結合，可見《Process-Driven SOA》一書第 10 章將事件整合到流程驅動 SOA 模式的介紹（Hentrich 2011）。

DDD 中的「領域事件」（The Domain Event）模式（Vernon 2013），有助於識別**狀態建立操作**，尤其但不限於事件通知操作變體。

更多資訊

此模式的實例可以觸發長運行且因此具有狀態的**會話**（Hohpe 2007; Pautasso 2016）。**狀態轉移操作**模式會介紹此使用情境。

Martin Fowler 介紹了「命令查詢職責分離」（Command Query Responsibility Segregation, CQRS）（Fowler 2011）和事件溯源（Fowler 2006）。Context Mapper DSL 和各類工具支援 DDD 和事件建模、模型重構以及圖表和服務合約產生（Kapferer 2021）。

DPR 介紹了一種七步驟的服務設計方法，用於建立 API 端點及其操作（Zimmermann 2021b）。

模式：檢索操作

使用時機及原因

已識別出需要**處理資源**或**資訊持有者資源**端點；或已指定功能和品質需求。這些資源的操作尚未涵蓋全部所需功能，如 API 消費者還需要僅供讀取資料的存取，可能特別是大量的重複性資料。可預見的是，這些資料的資料結構和 API 實現背後的領域模型不同，例如，可能涉及特定期間或領域概念，像是產品種類或顧客檔案分組；資訊需求也可能是臨時或固定產生的，例如，在某個期間結束時，例如週、月、季或年。

> 如何檢索遠端團體，即 API 提供者的可用資訊，來滿足終端使用者的資訊需求，或允許客戶端進一步處理？

處理上下文中的資料會轉成資訊，解讀上下文中的資料則會創造知識。相關的設計問題如下：

- 資料模型差異如何克服，及資料如何與其他來源的資訊聚合和結合？
- 客戶端如何影響檢索結果的範圍和選擇準則？
- 如何指定回報的時間範圍？

真實性（Veracity）、多樣性（Variety）、速度（Velocity）和量（Volume）：資料以許多形式出現，客戶端對資料的興趣在數量，準確性需求和處理速度上的不同。變化範圍包括資料存取的頻率、廣度和深度，提供者端產生的資料和客戶端的資料使用也會隨時間變化。

工作量管理：資料處理需要時間，尤其是如果資料量很大且處理能力有限時。客戶端是否應該下載整個資料庫，以便隨意在本地處理內容？還是在提供者端處理一部分，這樣結果可以讓多個客戶端共享和檢索。

網路效率 vs 資料節約（訊息大小）：訊息越小，需要交換越多訊息來達成特定目標。較少的大型訊息會減少網路流量，但會話參與者中的個別請求和回應訊息會更難以準備和處理。

很難想像不需要檢索和查詢能力的分散式系統。可以「在幕後」定期把所有資料複製給使用者，但這種方式在一致性、可管理性和資料新鮮度上有主要缺陷，更別說所有客戶端與完整複製、僅可讀取資料庫綱要的互相耦合了。

運作方式

在 API 端點添加一個僅供讀取操作 `ro: (in,S) -> out`，該端點通常是資訊持有者資源，用來請求包含機器可讀資訊的結果報告。添加搜尋，篩選器和格式化功能到操作簽章。

在僅限讀取模式中存取提供者端狀態。確認除了存取日誌記錄和其他基礎設施層級資料以外，模式實現沒有改變應用程式／會話狀態，如圖 5.22 所示。將此行為記錄在 *API* 敘述。

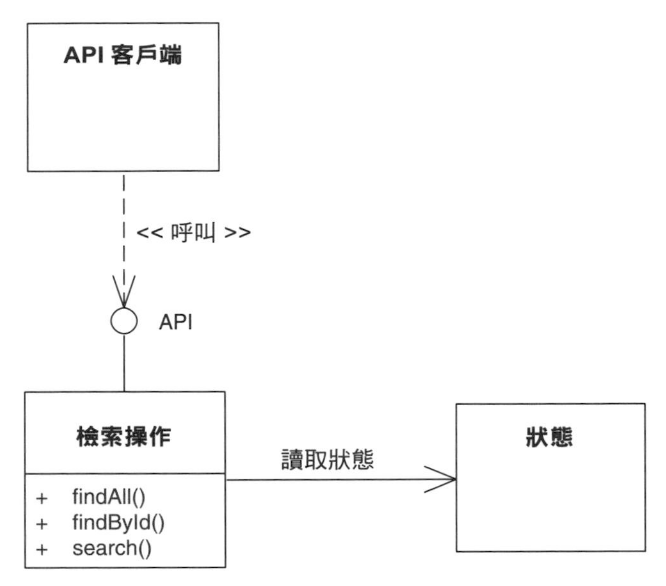

圖 5.22 檢索操作讀取但不寫入提供者端存儲。可能支援搜尋和篩選

簡單的檢索可以使用**原子參數列表**來定義取得報告的查詢參數，並返回**參數樹**或**參數森林**的回報。若情況較為複雜，可以引入更具表達性的查詢語言，例如 GraphQL（2021）與其階層呼叫解析器，或用於大數據湖的 SPARQL（W3C 2013）；查詢接著以宣告方式描述期望的輸出，例如，查詢語言中的公式表達；它可以使用**原子參數**字串傳輸。這種具表達性、高度宣告性的方式，支援了「多樣性」(variety)，前述 4 個 V 的其中一個。

如果結果集合很大，即 4 個 V 的「量」(volume)，則普遍建議加入對**分頁**的支援。當在檢索請求中提供**願望清單**或**願望模板**實例時，客戶端可以塑造和精簡回應。

可能需要存取控制來引導允許 API 客戶端查詢的內容，資料存取設定，包括交易邊界和隔離層級，可能必須在操作實現中配置。

範例

在線上購物範例中，一個已分析的**檢索操作**為，「顯示顧客 ABC 過去 12 個月內的全部訂單」。

在 Lakeside Mutual 案例中，可以定義數個操作來找出顧客和檢索他們的資訊，如圖 5.23 所示。`allData` 參數是原始的是／否**願望清單**。當設為 `true` 時，回應中會有包含所有顧客資料的**嵌入實體**；當為 `false` 時，則是回傳指向這資料的**連結資訊持有者**。

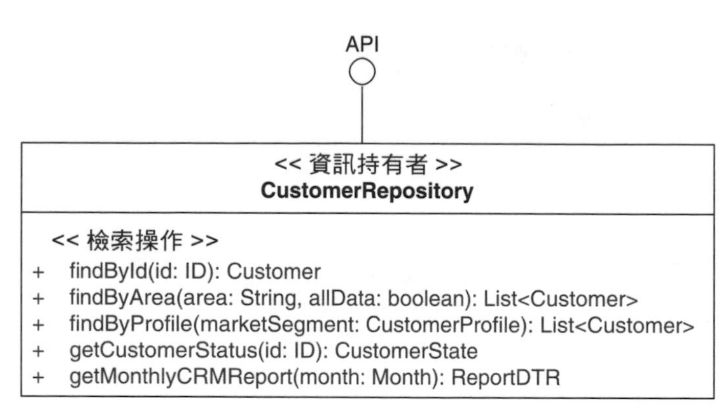

圖 5.23 檢索操作範例：搜尋、篩選、直接存取

在 Lakeside Mutual 實現中，我們發現許多基於網頁的檢索操作（HTTP GET），可以在命令列使用 `curl` 來呼叫，`listClaims` 是為一例：

```
curl -X GET http://localhost:8080/claims?limit=10&offset=0
```

命令送到這 API 端點操作（Java Sprint）：

```
@GET
public ClaimsDTO listClaims(
  @QueryParam("limit") @DefaultValue("3") Integer limit,
  @QueryParam("offset")@DefaultValue("0") Integer offset,
  @QueryParam("orderBy") String orderBy
) {
  List<ClaimDTO> result = [...]
  return new ClaimsDTO(
    limit, offset, claims.getSize(), orderBy, result);
}
```

變體 此模式有許多變體，例如，**狀態檢查（Status Check）**，又稱為進度查詢（Progress Inquiry）和輪詢操作（Polling Operation），及**時間範圍回報（Time-Bound Report）**，和**業務規則驗證器（Business Rule Validator）**

狀態檢查有非常簡單的輸入及輸出參數，例如：兩個**原子參數實例**：傳入一個 id 如流程或動作識別符，和回傳一個數值狀態碼或狀態名稱，以列舉型態定義。

時間範圍回報通常指定時間間隔，作為附加的查詢參數或參數組；而每個間隔回應會包含一個**參數樹**。

業務規則驗證器則類似**計算函式**的**驗證服務（Validation Service）**變體。然而，它不驗證傳入的資料，而是檢索驗證提供者端的應用程式狀態。請求中可能會包含已出現在 API 實現中的實體識別符列表（驗證目標）。有一個例子可以說明業務規則驗證器，在與客戶端目前會話的狀態下，檢查提供者是否可以處裡這個業務物件，這種驗證器的調用會先於呼叫**狀態轉移操作**，主要作用在傳入的業務物件，驗證也可能把提供者端的應用程式狀態包含在檢查流程。以線上購物來說，「檢查所有指向現存商品的訂單項目是否有庫存」，就是這種驗證器的例子之一，業務規則驗證器有助於提早捕捉錯誤，進而減少工作量。

討論

就工作負載管理而言，**檢索操作**可以透過複製資料來擴展，這藉由僅限讀取的特性而受到簡化。但**檢索操作**也可能成為效能瓶頸，例如，使用者資訊需求和查詢能力不匹配，且需要許多複雜的計算來匹配資訊需求與供給時，網路效率就可能因此受到影響。

分頁常用來處理「量」（volume）及減少訊息大小。無法輕易使用標準的請求 - 回覆檢索來支援「速度」（velocity）；而是可以考慮引入串流 API 和串流處理，但這已超出這裡的範圍。

從安全觀點來看，在檢索聚合資料方面，請求訊息經常有低度到中度的資料保護需求；然而，請求可以包含安全憑證來授權存取敏感資訊，且必須避免 DoS 攻擊。回應訊息可能有更進階的保護需求，因為回傳的資料報告可能包含業務績效資料或敏感的個人資訊。[7]

檢索操作實例通常暴露於**公開 *API***，例如開放資料（Wikipedia 2022h）和開源政府資料的 API。如果這麼做，這些檢索操作實例通常會受到 ***API* 金鑰**和**速率限制**的保護。

7　OWASP 曾發布前 10 大 API 安全弱點（OWASP API Security Top 10），任何 API 都應該遵守，尤其是那些處理敏感和／或機密資料的 API。（Yalon 2019）

時間範圍報告（Time-Bound Reprot）服務可以使用反正規化資料複本，並應用在資料倉儲普遍使用的提取 - 轉換 - 載入（extract-transform-load）階段。這種服務常見於*社群 API* 和*解決方案內部 API* 中，例如，那些支援資料分析解決方案的服務。

相關模式

端點模式*處理資源*和所有類型的*資訊持有者資源*，可能暴露*檢索操作*；*分頁*模式常應用在*檢索操作*。

如果無法自我解釋查詢回應，可引入*元資料元素*來減少客戶端解讀錯誤的風險。

同儕模式為*狀態轉移操作*、*狀態建立操作*和*計算函式*。*狀態建立操作*從客戶端推送資料到 API 提供者，也就是*檢索操作*提取資料的地方。*計算函式*和*狀態轉移操作*可以支援單向資料流和雙向資料流。

更多資訊

《RESTful Web Services Cookbook》（Allamaraju 2010）一書的第 8 章在 HTTP API 的上下文中討論查詢。關於資料庫設計和資訊整合，包括資料倉儲上有大量參考文獻（Kimball 2002）。

《Implementing Domain-Driven Design》（Vernon 2013）一書的第 4 章 CQRS 一節，討論查詢模型（Query Model）。只暴露*檢索操作*的端點組成 CQRS 中的查詢模型。

模式：狀態轉移操作

使用時機及原因

API 中有*處理資源*或*資訊持有者資源*。其功能性應該拆分成多個動作和實體相關的操作，執行狀態應該可見於 API，以便客戶端可以推進它。

> 客戶端如何發起一個可引發提供者端應用程式狀態改變的動作？

例如，運行時間較長的業務流程部分功能，可能需要實體的漸進更新和應用程式的狀態轉移協調，以分散、逐步的方式，將流程實例從啟動移到結束。可能已經在使用案例模型和／或一組相關的使用者故事中，指定流程行為和互動動態，也可能已指定分析層級的業務流程模型，或以實體為中心的狀態機。

> 在分散式的業務流程管理方法中，API 客戶端和 API 提供者如何共享執行和控制業務流程，及其活動所需的職責？

在這個流程管理情境中，可區分**前端**業務流程管理（BPM），和 BPM **服務**：

- API 客戶端如何要求 API 提供者接手表示不同粒度，包括從原子活動到子流程，再到整個流程的業務活動的某些功能，但仍然擁有流程狀態？
- API 客戶端如何發起、控制，及跟隨非同步的遠端業務流程執行，包括子流程和活動，而這流程仍由 API 提供者暴露和擁有？

流程實例和狀態所有權可以屬於 API 客戶端（前端 BPM），或 API 提供者（BPM 服務），或者是可共同責任。

索賠流程是保險領域的典型範例，包括驗證索賠表單、詐騙檢查、額外的顧客通訊、接收／拒絕決策、付款／結算和歸檔等活動，這流程的實例可以存在數天、數月或數年。所以需要管理這些流程實例狀態，流程中某些部分可以平行運行，而其他則必須一個接一個依序執行。當處理這種複雜的領域語義時，控制及資料流程取決於許多因素。這過程會涉及數個系統和服務，每個都會暴露一個或多個 API；其他服務和應用程式前端則可能做為 API 客戶端。

當業務流程與其活動表示為 API 操作，或更一般地說，當更新提供者端的應用程式狀態時，必須解決以下幾個力量要素：服務粒度、一致性及事前做的狀態變更依賴，這可能與其他狀態變更發生衝突；及工作量管理，和網路效率 vs 資料節約。時間管理和可靠性也屬於這模式的力量要素，**狀態建立操作**模式討論過這些設計考量。

- **服務粒度：**大型業務服務可能含有複雜且豐富的狀態資訊，只在少數幾個交易中更新。其本身並不清楚是否應該將整個業務流程、子流程或個別活動暴露為處理資源操作。資訊持有者資源提供的資料導向型服務也有不同的粒度，從簡單的屬性查詢到複雜的查詢，及從單一屬性更新到豐富綜合資料集的大量上傳。
- **一致性與可稽核性：**流程實例經常受限於稽核，會根據目前流程實例狀態，而不可執行某些活動，這些活動限定在某個時間窗口內完成，因為必須保留及分配它們需要的資源。出錯時，某些活動可能需要撤銷，好將流程實例及後端資源，例如業務物件和資料庫實體回復到一致的狀態。
- **事前做的狀態變更依賴：**狀態變更 API 操作，有可能與其他系統已發起的狀態變更產生衝突。這種變更衝突的例子包括由其他 API 客戶端、下游系統的外部事件，或提供者內部批次作業所觸發的系統交易，都可能需要協調與衝突解決。
- **工作量管理：**有些處理動作和業務流程活動可能需要計算，或記憶體密集、長時間運行，或需要與其他系統互動。高工作量會影響提供者的擴展性，且難以管理。
- **網路效率 vs 資料節約：**可以減少訊息大小或訊息酬載的比重，或以漸進方式，只發送與之前狀態的差異部分，這樣的策略會讓訊息變得比較小；另一個選項是永遠發送完整且一致的資訊，這導致較大的訊息。可以透過把多個更新合併為單一訊息，來減少訊息的交換次數。

也可以決定完全禁止提供者端的應用程式狀態，但這只有在簡單的應用程式場景下才實際，例如不需要任何存儲的口袋計算機，或使用靜態資料的簡單翻譯服務。或可決定暴露無狀態操作，和每次都傳輸狀態到端點，並從端點取得狀態。「客戶端會話狀態」（Client Session State）模式（Fowler 2002）有描述這個方法的優點及缺點，REST「超文本作為應用程式狀態引擎」原則也促成此模式。這模式擴展良好，但可能會引入來自不受信任客戶端的安全性威脅，加上狀態很大的話，也會對頻寬造成影響。客戶端程式開發、測試和維護變得更有彈性，但也更複雜且更多風險；例如，無法清楚地保證所有執行過程都是有效的，在我們的取消訂單範例中，有效的流程是「訂貨 → 付款 → 交付 → 返回貨品 → 接收退款」，然而，「訂貨 → 交付 → 退款」卻是無效、也可能是詐欺的順序。

運作方式

在 API 端點引入一個結合客戶端輸入和目前狀態的操作，來觸發提供者端的狀態變更：`sto: (in,S) -> (out,S')`。在端點中建立有效的狀態轉移模型，可能是**處理資源**或**資訊持有者資源**，並在運行期間檢查傳入的變更請求，和業務活動請求的有效性。

配對「命令訊息」(Command Message) 與「文件訊息」(Document Message) (Hohpe 2003)，來描述輸入和期望的動作／活動，並接收確認或結果。在業務流程情境下，如索賠流程或訂單管理，**狀態轉移操作**可能在一個流程中實現單一個業務活動，或甚至在提供者端完整執行整個流程實例。

基本原則顯示於圖 5.24。update() 和 replace() 是以實體為中心的操作，且主要出現在以資料為中心的**資訊持有者資源**；processAcitivity() 操作則適用於行動導向的**處理資源**。這種**狀態轉移操作**的呼叫，會觸發一個或多個「業務交易」(Business Transaction) 模式實例，見《Martin Fowler 的企業級軟體架構模式》(Patterns of Enterprise Application Architecture, Fowler 2002) 一書。當由**處理資源**提供多個**狀態轉移操作**時，API 將內部處理狀態的明確控制分發出去，以便客戶端可以取消執行、追蹤進度和影響其結果。

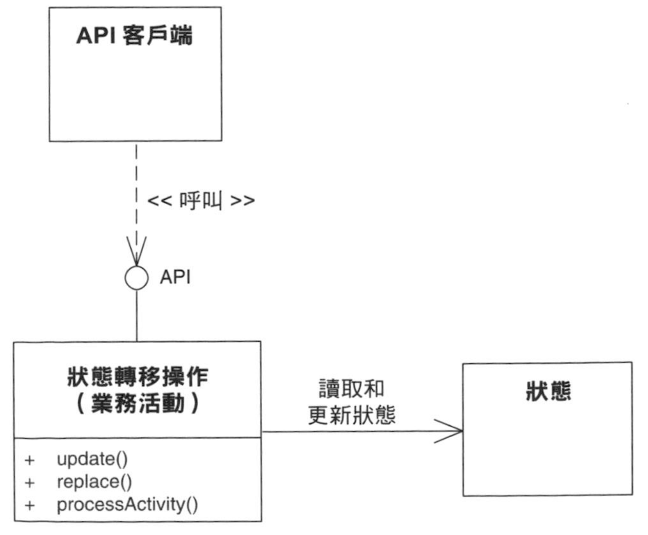

圖 5.24 狀態轉移操作是有狀態的，包括讀取和寫入提供者存儲

有兩種相當不同的更新類型，**完全覆寫（full overwrite）**，或狀態取代（state replacement）；和**部分變更（partial change）**，或漸進變更（incremental update）。完全覆寫經常不用存取目前狀態即可處理，且可視為**狀態建立操作**的實例；漸進變更則通常需要讀取狀態，如這模式所描述。源自更新（update）和新增（insert）的**更新新增（upsert）**，是結合這兩種主題的特殊情況：嘗試取代不存在的實體會導致建立一個新的實體，方法是使用請求訊息中的識別符（Higginbotham 2019）。至於基於 HTTP 的 API，完全覆寫通常使用 PUT 方法暴露，而部分變更則使用 PATCH。

從訊息表現結構的觀點來看，**狀態轉移操作**實例的請求與回應訊息可以是細粒的，最簡單的情況是單一個**原子參數**；也可以是粗粒的，如巢狀**參數樹**。這些請求訊息表現有著非常不同的複雜度。

許多**狀態轉移操作**是內部交易。狀態執行應該受到和 API 操作邊界（API operation boundary）同樣的交易邊界（transaction boundry）支配與保護。雖然在技術層面上，不應該讓客戶端看到這點，但由於組合的結果，這點是可以在 API 文件上揭露。交易可以是遵從原子性、一致性、隔離性和持久性（ACID）典範的**系統交易（system transaction）**，或 saga（Richardson 2018），即大致相當於基於補償（compensation-based）的業務交易（Wikipedia 2022g）。如果 ACID 不是考慮選項，也可以考慮 BASE 原則或嘗試 - 確認 - 取消（try-cancel-confirm, TCC）（Pardon 2011）；總之，需要在嚴格或最終一致之間做出有意識的決定（Fehling 2014），而且必須決定一種鎖定策略。也必須有意識地選擇交易邊界；長時間運行的業務交易，通常不適用具有 ACID 特性的單一資料庫。

狀態轉移操作應該是冪等的，例如，透過絕對更新優先於漸進更新的方式。舉例來說，「設定 x 的值為 y」比「在 x 增加 y 的值」較容易得到處理一致的結果，而如果重複／重送請求動作，這可能導致資料毀損。《Enterprise Integration Patterns》（Hohpe 2003）整本書有針對「冪等接收器」（Idempotent Receiver）提出更多建議。

應該考慮對整個 API 端點，或個別**狀態轉移操作**添加合規控制和其他安全手段如 ABAC，例如，基於 *API* **金鑰**或更強的驗證令牌。這可能會引發額外的計算和資料傳輸，而減損效能。

變體　業務活動處理器（Business Activity Processor）是此模式的變體，可以支援前端 BPM 情境及實現 BPM 服務（圖 5.25）。注意，我們在這使用「活動」這個詞的一般意義；活動可以非常細並參與到較大的流程中，例如，在我們的範例情境中接收或拒絕索賠，或結帳；但也可能非常粗，例如處理索賠或線上購物。

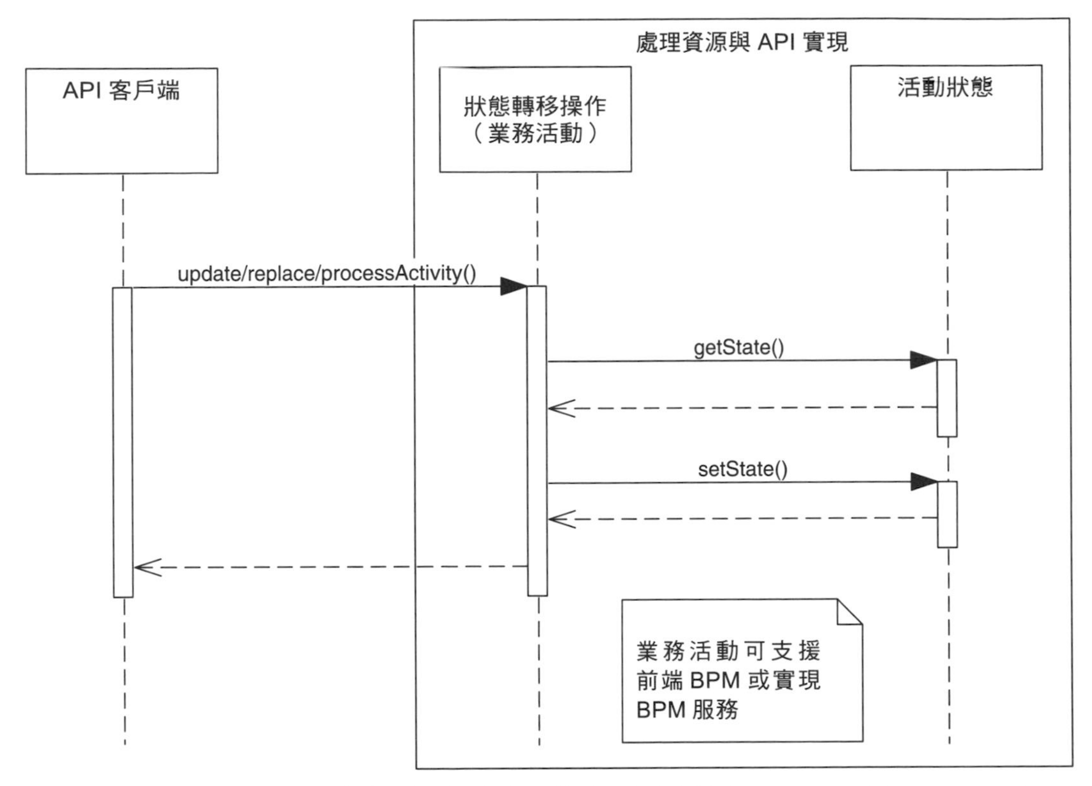

圖 5.25 處理資源中的狀態轉移操作，這裡是業務活動處理器（Business Activity Processor）變體

單一活動可負責下面任一用來提供流程控制的細粒**動作原語（action primitive）**：準備、開始、暫停／回復、完成、失敗、取消、重啟和清除。鑑於業務活動執行的非同步性質，和在前端 BPM 情況下的客戶端流程所有權，可能可以透過狀態轉移操作接收以下事件：活動結束、已失敗、已中止；並讓狀態轉移發生。

圖 5.26 組合動作原語和狀態，成為通用的狀態機來模擬處理資源與其狀態轉移操作的業務活動處理器變體的行為。根據行為的複雜度，資訊持有者資源也可用這樣的方式來指定、實現、測試和記錄。

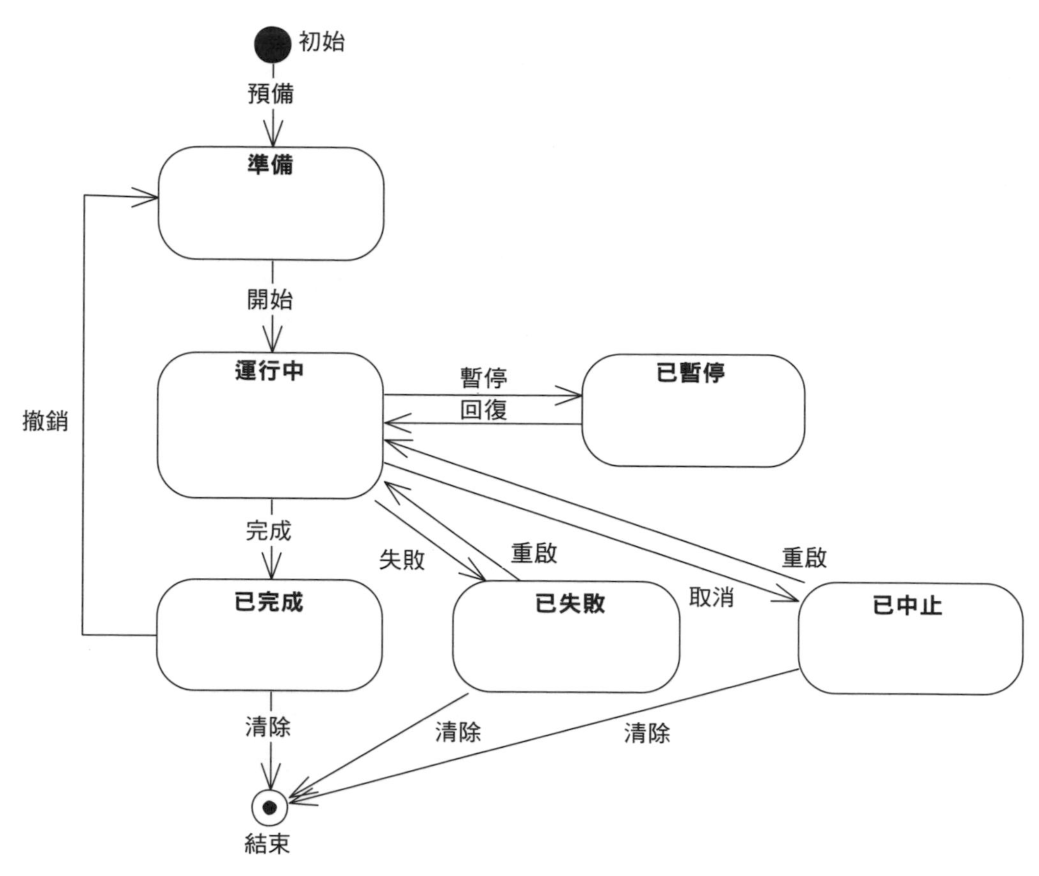

圖 5.26 以普通動作原語作為轉移的狀態機

領域特定的 API 端點與其*狀態轉移操作*，應該改進並且對這個通用狀態機進行客製化，以符合其業務情境和 API 使用案例；每一個需要的動作原語成為一個 API 操作，或透過請求訊息表現中的 *ID 元素*參數，來選擇較粗粒的操作選項。接著可以根據產生的 API 特定狀態機來組織 API 實現、API 文件中的前置、後置條件和測試案例，這些都應該記錄在 *API 敘述*中。

圖 5.26 中的狀態與狀態轉移語義如下：

- **預備（或初始）：**這動作原語允許客戶端在實際活動前傳入輸入，以準備執行狀態變更活動，例如驗證。這取決於資訊的複雜度，初始化可能涉及單個呼叫或更複雜的對話，一旦提供所有資訊，活動就「準備」開始並分派一個活動識別符。這原語可視為*狀態建立操作*模式的同儕模式實例。

- **開始**：這原語允許客戶端明確地開始執行已經初始化，且已準備好開始的活動；狀態也會變成「運行中」。
- **暫停／回復**：這兩個原語允許客戶端暫停和稍後繼續執行運行中的活動。暫停運行中的活動可以釋放 API 端點內的執行資源。
- **完成**：這原語把活動狀態由「運行中」轉為「已結束」，來指示活動已成功結束。
- **失敗**：這原語把狀態由「運行中」轉為「已失敗」，可能在錯誤回報中說明。
- **取消**：這原語允許客戶端不再需要執行結果時，打斷活動的執行並「中止」活動。
- **撤銷**：這原語補償已執行的活動，在活動開始之前，有效地將 API 端點狀態恢復到原本的狀態。但並非總能如此，尤其是當活動引發對 API 提供者外部造成影響的副作用時，例如無法取消已送出的 E-Mail。注意，我們假設補償可以在撤銷轉移中完成，但某些情況下，可能需要在所屬的狀態機內，設置不同活動。
- **重啟**：這原語允許客戶端重試已失敗或已中止的活動，讓活動狀態回到「運行中」。
- **清除**：這原語移除任何已結束、已失敗或已中止關聯的狀態。活動識別符不再有效，且活動狀態轉為「結束」。

在前端 BPM 中，API 客戶端擁有流程實例狀態。他們可能通知 API 提供者下面兩個事件類型。當暴露 BPM 服務時，這種事件通知可能以不同方向前進，從服務提供者到其客戶端：

- **活動已結束、已失敗或已中止**：一旦活動執行完成，應該通知受影響團體執行成功或失敗的結果，讓他們可以檢索其輸出。這可以透過呼叫狀態建立操作模式，在它的事件通知操作變體實現；也可能以不同方式實現，例如透過伺服器發送的事件或回呼。
- **已發生狀態轉移**：為了監控及追蹤活動進度，受影響團體可能想要知道活動的目前狀態並對其修改；他們希望在狀態轉移發生時收到通知。要實現這個事件類型，可採用推送模型的選項，包括事件串流、伺服器發送事件和回呼；或採用拉取模型，可實現狀態查詢為檢索操作模式的實例。

可以組合經常位在同個 API 端點的數個**狀態轉移操作**，來涵蓋子流程或整個業務流程。必須有意識地決定在哪裡組成這些**狀態轉移操作**，前端 BPM 通常使用網頁前端作為 API 客戶端，BPM 服務能產生複合**處理資源**，會暴露相當粗粒的**狀態轉移操作**，有效地實現「流程管理器」（Process Manager）模式（Hohpe 2003）。其他選項為 (1) 引入 API 閘道（API Gateway）（Richardson 2018）作為單一整合和協調點，或 (2) 透過點對點呼叫，和／或事件傳輸的完全分散式協調服務。

執行這些活動，**狀態轉移操作**會改變 API 端點內的業務活動狀態；這些操作的前置、後置條件和不變性的複雜度，依面臨的業務和整合情境而不同。在許多應用領域和情境中，會很常見到這些中度到高度複雜度的規則，這個行為必須在 *API 敘述*中指明；應該在其中詳述轉移原語和狀態轉移。

當在 HTTP 中實現這個模式與其業務活動處理器變體時，應該從 REST 介面選項挑選適當的動詞，如 POST、PUT、PATCH 或 DELETE。流程實例和活動識別符通常以 *ID 元素*的形式，出現在 URI，這讓透過 HTTP GET 來檢索狀態資訊變得容易。可以透過個別的**狀態轉移操作**來支援每一個原語；或是原語可作為輸入參數，好提供給更通用的流程管理操作。在 HTTP 資源 API 中，流程識別符和原語名稱常以路徑參數來傳輸，這同樣適用於活動識別符。**連結元素**和 URI 接著推進活動狀態，並通知受影響團體關於後續及替代活動、補償機會等等。

範例

線上購物商店的「繼續結帳並付款」活動，說明了訂單管理流程中的這個模式。「新增項目到購物籃」是在「產品目錄瀏覽」子流程中的一個活動，這些操作會改變提供者端的狀態，它們會傳遞業務語義，且具有複雜的前置及後置條件與不變性，例如，「顧客完成結帳且確認訂單以前，不要出貨和開立發票」。這些操作有些也可能是長時間運行，因此需要細粒的活動狀態控制和傳輸。

以下是 Lakeside Mutual 的例子，圖 5.27 說明活動粒度的兩個極端。報價創建於單一步驟的操作中；索賠則是逐步管理，在提供者端引起漸進的狀態轉移。圖 5.26 中的一些原語可以分派到範例中的**狀態轉移操作**；例如，createClaim() 相應開始原語，而 closeClaim() 完成索賠檢查的業務活動。詐欺檢查可能會長時間運行，指出 API 應該在索賠管理的**處理資源**，與相符的**狀態轉移操作**下，支援暫停和回復原語。

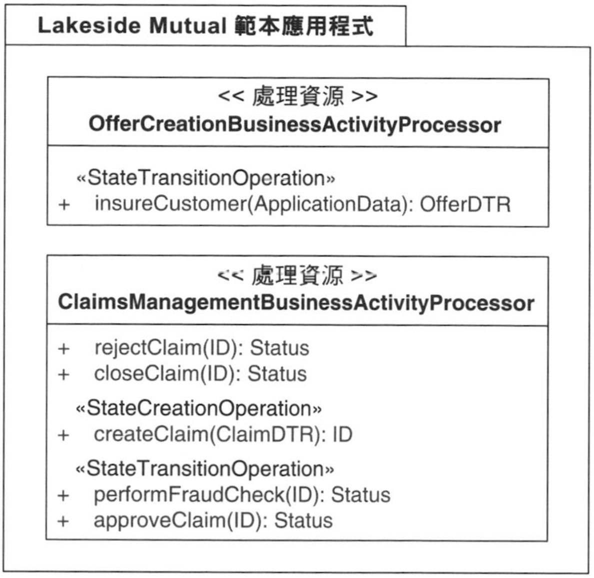

Lakeside Mutual 範本應用程式

<< 處理資源 >>
OfferCreationBusinessActivityProcessor

«StateTransitionOperation»
\+ insureCustomer(ApplicationData): OfferDTR

<< 處理資源 >>
ClaimsManagementBusinessActivityProcessor

\+ rejectClaim(ID): Status
\+ closeClaim(ID): Status
«StateCreationOperation»
\+ createClaim(ClaimDTR): ID
«StateTransitionOperation»
\+ performFraudCheck(ID): Status
\+ approveClaim(ID): Status

圖 5.27 狀態轉移操作範例：粗粒的 BPM 服務和細粒的前端 BPM 流程執行

討論

設計力量的解決如下：

- **服務粒度：**處理資源和狀態轉移操作可容納較小或較大的「服務切割」（Gysel 2016），因此促進靈活與彈性。資訊持有者資源也有不同大小。之前在這兩個模式中有討論過端點大小對耦合性和其他品質的影響，事實上將這種狀態明確地作為 *API* 敘述的一部分，便可從一開始追蹤這些狀態。

- **一致性與可稽核性：**狀態轉移操作必須且可以在 API 實現內處理業務和系統交易管理；之前討論過的設計選項及其實現，決定模式實例是否能夠解決這些力量並符合其需求。同樣地，API 實現的內部日誌記錄和監控，也支援了可稽核性。

- **事前做的狀態變更依賴：**狀態變更可能互相發生衝突。API 提供者應該檢查狀態轉移請求的有效性，且客戶端應該期望其狀態轉移請求，可能因為對於目前狀態的過時假設而被拒絕。

- **工作量管理：**有狀態的*狀態轉移操作*無法輕易地擴展，且有此特徵的端點，也無法無縫地重新安置在其他計算節點，如主機伺服器。部署到雲端時這就會造成影響，因為只有在所部署的應用程式是專為其設計時，才能利用靈活部署和自動擴展等雲端功能。管理流程實例狀態是設計專精；其複雜性不一定表示在雲端可輕鬆寫意。[8]
- **網路效率 vs 資料節約：**前端 BPM 和 BPM 服務的 RESTful API 設計，可利用由客戶端到提供者的狀態轉移與資源設計，在表達性和效率之間找到一個合適的平衡。在小型非冪等訊息的漸進更新，和大型冪等訊息的取代更新之間選擇，影響的是訊息大小和交換頻率。

如前文所提，冪等性有助於錯誤恢復（fault resiliency）和可擴展性。雖然在教科書裡，這是個很容易理解的概念和基本範例，但在更加複雜的現實世界情境中，通常會不清楚要如何達成冪等性，更談不上是件容易的工作。例如，建議發送「新的值為 n」訊息，而非「在 x 的值加 1」很容易理解；但碰到進階業務情境，如訂單管理和付款處理情況時，就會變得複雜許多，因為這些業務情境會透過單一 API 來修改多個相關的實現層實體。《Cloud Computing Pattern》（Fehling 2014）和《Enterprise Integration Patterns》（Hohpe 2003）兩書皆有深入介紹這概念。

當*狀態轉移操作*暴露在*公開 API* 或*社群 API* 時，通常必須受到保護以免於安全威脅。例如，有些動作和行動可能需要授權，以便只有某些已授權的客戶端可以發起狀態轉移；此外，狀態轉移的有效性也可能取決於訊息內容。但對於安全需求與設計的深入討論已超出此處範圍。

效能及可擴展性主要受到 API 操作的技術複雜度的影響。API 實現所需要的後端處理量、同步存取共享資料，和造成 IT 基礎設施的工作負載：遠端連線、計算、磁碟輸入／輸出及 CPU 耗能等，在實務中有很大的差異。從可靠性的觀點來看，應該避免單點失效，而在 API 實現中的集中化流程管理方式，也可能導致這種結果。

相關模式

此模式和它同儕模式的不同之處如下：*計算函式*完全不碰觸提供者端的應用程式狀態，不論讀寫；*狀態建立操作*只寫入狀態（附加模式）。*檢索操作*實例只讀取但

8 例如，無伺服器雲端功能似乎比較適合其他使用情境。

不寫入狀態；**狀態轉移操作**實例會讀寫提供者端的狀態。**檢索操作**從提供者端拉取資訊；**狀態建立操作**推送更新到提供者端。**狀態轉移操作**可能會推送和／或拉取。**狀態轉移操作**可能在請求訊息中參照提供者端的狀態元素，例如訂單編號或職員序列號碼，但**狀態建立操作**通常不會這麼做，除了技術原因，如避免重複鍵或更新稽核日誌；它通常會回傳 ***ID* 元素**用於後續存取。

狀態轉移操作可視為觸發和／或實現「業務交易」（Fowler 2002）。這模式的實例可能參與長時運行，且因此是有狀態的對話（Hohpe 2007）。如果這麼做，通常必須傳播日誌記錄和除錯需要的上下文資訊，例如，藉由引入明確的**上下文表示**。**狀態轉移操作**可以使用和搭配一或多個 RESTful 會話模式，可見《A Pattern Language for RESTful Conversations》（Pautasso 2016）。例如，可以考慮把狀態管理和處理活動的計算部分，分為獨立服務。會話模式或協調和／或編排，接著可能定義這些服務的有效組合和執行順序。

狀態轉移操作常暴露在**社群 *API***中，第 10 章〈真實世界的模式故事〉將深入介紹這種案例，基於服務的系統也在**解決方案內部 *API***中暴露這種操作。***API* 金鑰**通常用於保護對寫入提供者端狀態操作的外部存取，而**服務水準協議**則管理其使用。

更多資訊

有大量關於 BPM 和工作流程管理的文獻，介紹一般情況下，尤其是**狀態轉移操作**中實現有狀態服務元件的概念和技術，例如，Leymann（2000）、Leymann（2002）、Bellido（2013）和 Gambi（2013）。

在 RDD（Wirfs-Brock 2002）中，**狀態轉移操作**對應封裝在「服務提供者」（Service Provider）中的「協調器」（Coordinators）和「控制器」（Controllers），並在「介面器」（Interfacer）的幫助下可從遠端存取。Michael Nygard 在《Release It!》（2018a）中介紹許多模式，和改善可靠性的方法。

DPR 的七步服務設計方法建議，當準備及完善候選端點列表時，指派端點角色和操作職責，例如**狀態轉移操作**（Zimmermann 2021b）。

模式：計算函式

使用時機及原因

應用程式指示要計算某些東西的需求，計算結果完全取決於輸入。雖然在需要結果的同個地方可取得輸入，但考量到如成本、效率、工作負載、信任或專業等原因，不應該在此執行計算。

例如，API 客戶端可能想詢問 API 端點提供者，某些資料是否符合某些條件，或可能想把它從一個格式轉為另一種。

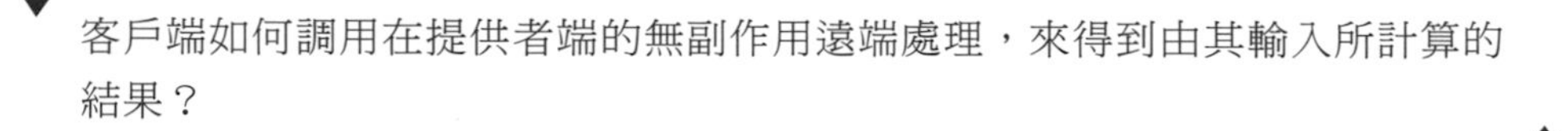

客戶端如何調用在提供者端的無副作用遠端處理，來得到由其輸入所計算的結果？

- **可再製性和信任：**外包工作給遠端團體而失去控制時，會使保證結果有效更為困難。客戶端是否能信任提供者正確地執行運算？需要時總是可用，在未來是否有機會撤除？本地呼叫可以相當容易地進行日誌記錄和再製。雖然這也可以透過遠端連線實現，但需要更多協調，而且除錯和再製遠端執行時，可能會出現其他故障。[9]
- **效能：**在程式中的本地呼叫速度很快。而在系統部件之間的遠端呼叫會受到延遲，因為網路延遲、訊息序列化和反序列化，以及轉換輸入和輸出資料的時間，這取決於訊息大小和可用的網路頻寬。
- **工作量管理：**有些計算可能需要很多資源，例如 CPU 時間和主記憶體（RAM），這些在客戶端可能是不足的。由於計算複雜度或處理大量輸入，一些計算可能會運行很久。而這可能影響提供者端的擴展性，和符合服務水準協議的能力。

9 這觀察結果適用於，把計算從客戶端移向處理資源中的 API 提供者時，還有當外包資料管理給資訊持有者資源時。

雖然可以在本地執行計算，但計算可能需要處理大量資料，而使缺少 CPU ／ RAM 能力的客戶端變慢。這種非分散式方法最終導致單體架構（monolithic architecture），這樣每次需要更新計算時，都得重新安裝客戶端。

運作方式

> 引入 API 操作 `cf` 及 `cf: in -> out` 到 API 端點，通常是一個**處理資源**。讓這個**計算函式**來驗證收到的請求資料、執行函式 `cf`，並在回應中回傳結果。

計算函式不會存取和改變伺服器端的應用程式狀態，如圖 5.28 所示。

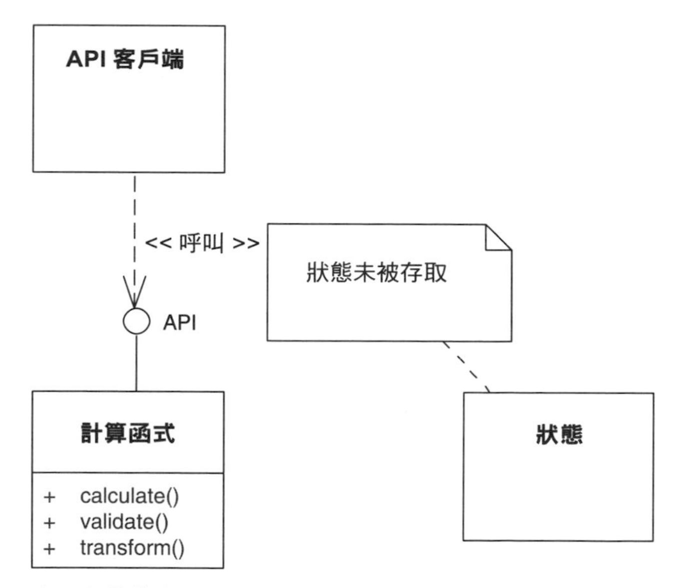

圖 5.28 計算函式是無狀態的，不會讀取和寫入提供者端的存儲

設計適合**計算函式**目的的請求和回應訊息結構。在加入的端點上下文的 *API 敘述*中包含計算函式，定義至少一個參照請求訊息中元素的明確前置條件，和一個或更多個後置條件，來指示回應訊息要包含哪些內容。說明解讀這個資料該有的方法。

API 實現不需要引入交易管理，因為根據定義，**計算函式**是無狀態的。

變體 通用且簡單的計算函式模式有幾種變體，**轉換服務（Transformation Service）**、**驗證服務（Validation Service）**，及比一般情況有更多技術挑戰的**長運行計算（Long Running Computation）**。每一個變體都需要不同的請求／回應訊息表現。

轉換服務以網路可存取的形式，來實現一個或多個出自《Enterprise Integration Patterns》（Hohpe 2003）的訊息轉換模式。轉換服務不會改變已處理資料的意義，只是修改它的表現，可能把一種表現結構轉為另一種格式，例如，用於兩個不同子系統的顧客紀錄綱要；或把一種標記法改成另一種，例如，XML 轉為 JSON，JSON 轉為 CSV 等。轉換服務通常接收和回傳不同複雜度的參數樹。

驗證服務又稱作（前置）條件檢查器（(Pre-)Condition Checker）。為了應付潛在的不正確輸入，API 提供者在處理輸入之前，應該總是對其驗證，並在規約中明確指出可能會拒絕輸入。這可能有助於客戶端可以清楚且獨立地測試輸入有效性，與處理輸入的函式調用分開。API 因此分成一對操作，一為驗證服務（Validation Service），另一為計算函式。

1. 一個操作用於驗證輸入，不執行計算
2. 一個操作執行計算。但可能會因為不合法的輸入而出錯，除非這輸入之前已驗證過

驗證服務能解決以下問題：

API 提供者如何檢查傳入的資料傳輸表現（參數），和提供者端的資源（及其狀態）的正確／準確性？

這問題的解決方案是引入一個 API 操作，它會接收任何結構和複雜度的資料元素，和回傳一個表示驗證結果的原子參數，例如，一個布林值或整數。驗證主要和請求的酬載有關。如果 API 實現在驗證期間參考了當前的內部狀態，則驗證服務會變成檢索操作的一種變體，例如，查詢某些值和計算規則，如圖 5.29 所示。

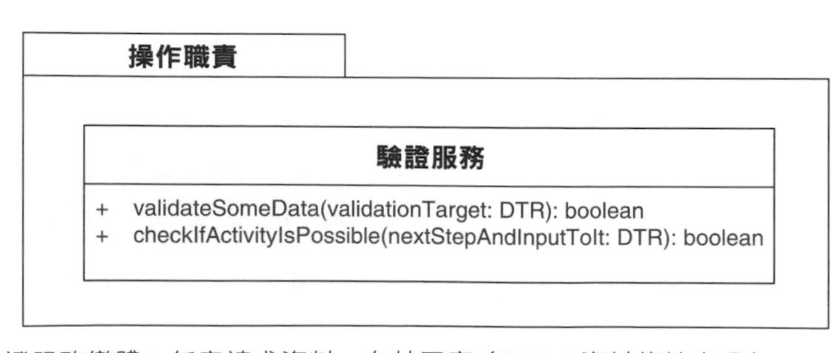

圖 5.29 驗證服務變體：任意請求資料，布林回應（DTR：資料傳輸表現）

在我們的範本情境中，兩個示範請求：「這是個有效的保險索賠嗎？」，和「你可以接受這個採購訂單嗎？」會在呼叫**狀態轉移操作**之前先被調用。這種「活動前的驗證」情況中，參數類型可以是複雜的，取決於要事前驗證的活動；而回應可能包含改正回報錯誤的建議。

有許多其他值得驗證的條件和項目，從類別劃分和種類劃分如 `isValidOrder(orderDTR)`，和狀態檢查如 `isOrderClosed(orderId)`，到複雜的合規檢查如 `has4EyesPrinicipleBeenApplied(...)`。這些驗證通常回傳相當簡單的結果，例如成功指示符，或可能是一些附加解釋；它們是無狀態的且僅對接收的請求資料操作，這使它們可以輕易擴展，和在不同的部署節點之間移動。

第三個變體是長運行計算，簡單的函式操作在以下假設可能是足夠的：

- 預期是正確的輸入表現。
- 預期函式執行時間短。
- 伺服器有足夠的 CPU 處理能力，來應付尖峰工作負載。

然而，有時處理會花上非常多的時間，而有時會無法確定計算的處理時間夠不夠短，例如，由於無法預測的工作量或 API 提供者端的可用資源，或因為客戶端發送的輸入資料大小不同。在這種情況下，應該提供客戶端某些形式的非同步、非阻塞的處理函式調用。這種可能接收不合法輸入，且可能需要投入大量 CPU 時間執行的長運行計算，會需要更加精細的設計。

有實現這模式變體的不同方式：

1. **透過非同步訊息呼叫**。客戶端透過請求訊息佇列來發送輸入，而 API 提供者將輸出放在回應訊息佇列（Hohpe 2003）。
2. **呼叫然後回呼**。輸入透過第一次呼叫發送，而結果透過回呼發送，其客戶端需支援回呼（Voelter 2004）。
3. **長運行請求**。輸入發送後，一個**連結元素**通知可以透過**檢索操作**來輪詢進度，最終結果會發布在自身的**資訊持有者資源**；而當結果不再需要時，有機會使用連結來取消請求並清理結果。這種有狀態的請求處理，在**狀態轉移操作**模式的變體業務活動處理器中有詳細介紹。Web API 經常選用這個實現選項（Pautasso 2016）。

範例

圖 5.30 顯示一個簡單、自我充分解釋的轉換服務（Transformation Service）例子。

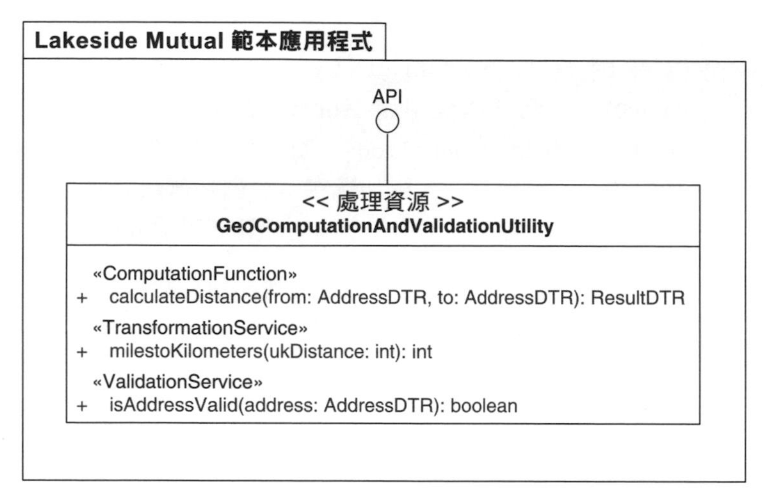

圖 5.30 提供轉換服務的處理資源

查看服務健康度的操作稱作**心跳（heartbeat）**。這種測試訊息是在**處理資源**端點中，遠端暴露簡單命令的一個例子，可見圖 5.31。

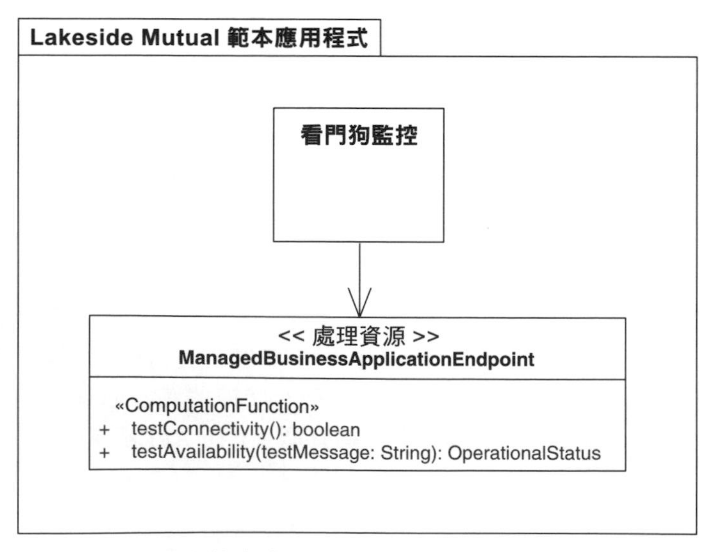

圖 5.31 驗證服務範例：健康度檢查（health check）操作

「我還活著」（I am alive）操作有時稱為「應用程式層級 ping」，接受並回應測試訊息，常附加在任務關鍵 API 實現，作為系統管理策略的一部分，如此處的錯誤和效能管理。其前置和後置條件很簡單，它的 API 規約描繪於前面的 UML 片段。

在這些模式與其變體的簡單範例中，不需要系統交易或業務層級補償（復原）。

討論

可重現性和信任受到影響，因為引入了客戶端無法控制的外部依賴；客戶端必須信任提供者的多個後續呼叫回答會前後一致。將功能外包的決策必須符合法規和內部政策，例如資料保護和軟體授權相關決策。

效能因網路延遲而受到負面影響，訊息大小可能因無狀態伺服器無法從自身資料存儲檢索任何中間結果而增加。然而，也可能發生對於給定的計算下，由於網路造成的效能損失，可能透過提供者端更快速的計算時間來彌補，因此值得從客戶端卸除計算。如果將轉換或驗證操作暴露為遠端服務的成本太高，則本地函式庫 API 是較便宜的替代方案。

快取只有在某些情況下才有意義。超過一個客戶端，就必須以相同輸入來請求相同計算，且結果是確定的。此外，提供者需有足夠儲存空間，只有這樣才可能值得投資快取結果，以便可以分享給多個客戶端。

從安全性的觀點來看，請求與回應訊息的保護需求取決於訊息內容的敏感性。例如，如果不調用上下文就難以解讀驗證結果的話，驗證服務的回應訊息保護需求，也就可能比較低。阻斷服務攻擊（DoS attack）對所有遠端 API 操作來說都是個威脅，需要合適的對策和風險管理。

工作量管理因為無狀態操作可以自由移動而簡化。根據定義，此模式的實現不會改變提供者端的應用程式狀態，除了存取日誌，和暫時或永久儲存的驗證結果，可能會因為需要滿足安全需求，例如不可否認性。因此它們容易擴充和移動，適合雲端部署。

只要計算函式的介面沒有改變，**計算函式**實現的維護可以與客戶端的更新分開。如果 API 實現是部署在雲端，也必須考慮租用雲端服務的成本。

如果是資源密集，如 CPU、RAM 的運算，可能要重新思考演算法和分散式設計，以避免瓶頸和單點故障，會話模式「長運行請求」（Long-Running Request）就有介紹這個主題（Pautasso 2016）。雖然在功能性 API 規約中無法直接觀察到此議題，但這對 API 設計非常重要，因為它可能影響滿足 API 的**服務水準協議**能力。CPU 和 RAM 工作量也影響實現 API 的元件；在擴展功能實現上更具挑戰。快取計算結果和在請求之前就先計算好部分結果，如根據客戶端先前的請求來預測客戶端需求，是兩種可以用在這裡的效能和工作量管理策略。

相關模式

DDD 中的「服務」模式涵蓋類似的語義，但定義較廣且針對應用程式的業務邏輯層。在端點識別期間這有助於識別出**計算函式**的候選端點（Vernon 2013）。

部署在雲端平台如 AWS 或 Azure 的無伺服器計算 lambda，也可視為**計算函式**，除非它們有雲端存儲支持而變為有狀態。

更多資訊

服務類型是 2000 年代初期 SOA 文獻涵蓋的主題，例如《Enterprise SOA》（Krafzig 2004）和《SOA in Practice》（Josuttis 2007）。雖然這些書中的服務類型分類法比較專注在整體架構，但有些基本服務和工具類服務，具有不需要讀取或寫入提供者／伺服器狀態的職責，因此符合此模式與其變體的實例。

物件導向程式設計方法和 Eiffel 語言（Meyer 1997）中依規約設計的方式，將驗證包含在業務命令和領域方法的編纂中，並自動進行前置和後置條件檢查。這程式內部的方法可視為外部驗證服務的替代方案，但也是相當進階的已知使用方式。

已有許多無伺服器計算的線上資源，Jeremy Daly 的網站和部落格《Serverless》（2021）是個很好的起點。

總結

本章介紹處理 API 架構問題的模式，詳細說明 API 設計早期步驟，例如 ADDR 流程的定義（Define）階段的端點角色和操作職責。

這些角色與職責有助於釐清 API 設計元素的架構含義，並作為後續階段的輸入。第 3 章〈API 決策敘事〉涵蓋這些以角色和職責驅動方式，來設計端點與職責時的問題、選項和準則。為補充這些討論，本章提供完整的模式文本。

緊接著第 4 章引入的模式範本，我們介紹資料導向的 API 端點角色：

- **資料傳輸資源**是一種特定的**資訊持有者資源**類型，適合當多個客戶端想要共享資訊而不互相直接耦合的情況。
- 其他類型在生命週期、關係和可變性上不同，分別為**主資料持有者**、**可操作資料持有者**和**參照資料持有者**。主資料是可變的，生存期長且有多個傳入參照；操作資料是生存期短，且客戶端可修改的資料；參照資料則是生存期長且不可變。
- **連結查詢資源**可以進一步解耦 API 客戶端和 API 提供者，就請求與回應訊息酬載中的端點參照而言。

我們將活動導向的 API 端點模型，塑造為無狀態或有狀態的處理資源。業務活動處理器是**處理資源**的重要變體，支援前端 BPM 和 BPM 服務兩種情境。

運行時期對**資訊持有者資源**和**處理資源**的考量不同，僅供查詢和以資料傳輸為主的架構重點通常不同，這些考量提供絕佳理由來突顯這些端點角色和操作職責，且可能透過引入多個端點來將它們分開。這些角色驅動端點在運行期間的設計和操作不同。例如，關於資料保留和保護的專用**主資料持有者**管理政策，可能就不同於只處理暫時、短期資料**處理資源**的資料管理規則。

我們使用以下 RDD（Wirfs-Brock 2002）的典型角色：用於資料導向端點的資訊持有者，和作為**處理資源**模式角色的控制器／協調器。兩種端點模式也可作為介面器和服務提供者。

資料導向的持有者資源和活動導向的處理器，在語義、結構、品質和演進上有不同的特徵。例如，雖然 API 可能分開提供多個個別資料存儲的存取，客戶端也可能想在單一請求中執行涉及多個後端／實現資源的活動。API 可能因此包含一個扮演 RDD 控制器角色的專門**處理資源**，在多個細粒的**資訊持有者資源**上操作。[10]

10 《RESTful Web Services Cookbook》明確提到這種控制器資源（Allamaraju 2010）。

我們為端點資源定義 4 種操作職責類型，各有不同讀取和寫入提供者端應用程式狀態方式，如表 5.1。

表 5.1 職責模式對狀態的操作影響

ID	不讀取	讀取
不寫入	計算函式	檢索操作
寫入	狀態建立操作	狀態轉移操作

這節中的模式比較如下：

- 正如**檢索操作**，**計算函式**不改變應用程式狀態，但會傳送複雜資料給客戶端；它會從客戶端接收所有需要的輸入，而**檢索操作**則以唯讀模式，查詢伺服器端的應用程式狀態。
- **狀態建立操作**實例和**計算函式**從客戶端接收所有需要的資料；**狀態建立操作**則以寫入存取方式，改變提供者端的應用程式狀態；而**計算函式**則保留狀態，也就是不存取。
- 如同**檢索操作**和**計算函式**，**狀態轉移操作**也會回傳複雜的資料，但同時也會改變提供者端的應用程式狀態。輸入來自客戶端也來自提供者端的應用程式狀態，為讀寫存取。

可將許多**計算函式**和**狀態建立操作**設計為冪等，這也適用大部分的**檢索操作**；其中一些在實現冪等上比較困難，例如那些使用進階快取或使用伺服器會話狀態（Server Session State）的**分頁**模式實現（Fowler 2002）；要注意的是，正因為如此，一般不建議這麼做。一些**狀態轉移操作**會引起固有狀態的改變，例如當對操作的呼叫促成管理業務流程實例時，不總是能達成冪等；舉例來說，如果每個開始請求都能發起一個獨立的併發活動實例，則開始活動就不會是冪等，相較下，取消一個已開始的活動實例就會是冪等。

不論是否實現本章中介紹的模式，所有操作經常都是透過**參數樹**結構的請求與回應訊息來溝通，這是第 4 章的一個模式。也可以透過第 6 章和第 7 章中的模式，來協助設計這些訊息的標頭和酬載內容，並逐漸改善以達成特定品質。端點和整個 API 通常是有版本控制，且客戶端預期它們會有生命週期和支援保證，如第 8 章所討論。這些保證和版本控制可能依端點角色而不同；例如，**主資料持有者**模式的實例，會比**可操作資料持有者**實例有較長生存期和較少變化次數，不只在內容和狀態方面，也包括 API 和資料定義方面。

應該把端點與其操作的角色與職責記錄在文件中，它們會影響 API 的業務，如第 9 章〈API 規約文件與傳達〉所述：***API 敘述***應該指明可以呼叫 API 的時機，以及假設送出回應後，客戶端的預期回傳內容。

《Software Systems Architecture: Working with Stakeholders Using Viewpoints and Perspectives》（Rozanski 2005）介紹資訊觀點。《Data on the Outside versus Data on the Inside》（Helland 2005）說明 API 暴露資料和應用程式內部資料的設計力量及限制。雖然《Release it!》不是針對 API 和服務導向系統，但也捕獲一些增進穩定性的模式，包含可靠性和管理性，例如「斷路器」（Circuit Breaker）和「隔艙板」（Bulkhead）（Nygard 2018a）。《Site Reliability Engineering》（Beyer 2016）則說明 Google 經營產品系統的方式。

接下來要來看訊息表現元素的職責，以及它們的結構，請見第 6 章〈設計請求與回應訊息表現〉。

第 6 章

設計請求與回應訊息表現

前一章已經定義 API 端點與其操作，現在要來研究 API 客戶端和提供者交換的請求與回應訊息。這訊息是 API 規約的關鍵部分，可帶來或破壞互相操作性。大量且豐富的訊息可能充滿資訊，但也會增加運行時期的固定開銷；短小而緊湊的訊息可能較有傳輸效率，但也可能不易理解，且客戶端必須發送後續請求，才能完全滿足資訊需求。

以下從相關設計挑戰的討論開始，並介紹回應這些挑戰的模式，可見「元素刻板」和「特殊目的表現」這兩節。

本章對應本書第二部分介紹的 ADDR 流程定義階段中的設計（Design）階段。

訊息表現設計介紹

API 客戶端和提供者交換的訊息，通常以文字格式如 JSON 或 XML 呈現，按照第 1 章〈應用程式介面（API）基礎〉介紹的領域模型，這些訊息可能含有相當複雜的內容表現。第 4 章〈模式語言介紹〉中介紹的基本結構模式：**原子參數**、**參數樹**、**原子參數列表**和**參數森林**，則協助定義名稱、型態和這些請求與回應訊息的巢狀元素。除了訊息酬載或主體（body），大部分通訊協定皆提供其他方式來傳輸資料，例如，HTTP 允許傳輸鍵 - 值作為標頭，以及路徑、查詢字串和 cookie 參數。

有人可能會想，知道這些交換資訊的不同方式，是否就足以去設計請求與回應訊息。但如果更仔細看，可以在訊息表現元素中發現遞迴的使用模式，而導出以下問題：

訊息元素的意義為何？這些訊息可以刻板化嗎？

訊息元素有哪些會話中的職責？

它們會協助滿足哪些品質目標？

本章中的這些模式會先檢視個別元素，然後觀察特定使用情境的組合表現，再回答這些問題。

設計訊息表現時的挑戰

訊息大小和**會話冗贅性（conversation verbosity）**是本章模式的兩個首要主題，因為這會決定 API 端點、網路及客戶端的資源消耗，作為橫切關注點（cross-cutting concern）的安全性也會受到影響。以下架構決策驅動要素也必須考慮進去：

- 協議和訊息內容（格式）層級的**可互相操作性**，因為受到通訊平台和消費者與提供者實現所使用的程式語言影響，例如，參數編集（marshalling）和解集（unmarshalling）。
- API 消費者／客戶端觀點上的**延遲**，例如是由網路基礎設施，尤其是頻寬和底層硬體的延遲，和端點處理編集／解集酬載與傳遞到 API 實現的工作所決定。
- **吞吐量**和**可擴展性**是 API 提供者的主要考量；即使提供者端因為更多客戶端使用，或既有客戶端引發的更多工作而導致負載成長，回應時間也不應該因此降級。
- **可維護性**，尤其是既有訊息的可擴展性，以及各自部署和演進 API 客戶端和提供者的能力。可修改性是可維護性的一個重要次級考量，例如，向後相容來增進平行開發和部署彈性。
- 在消費者和提供者端的**開發人員便利性與體驗**，由功能、穩定性、易用性和明確性，包括學習和撰寫程式所耗費的心力定義。這兩邊的期待與需求常有衝突，例如，容易建立和產生的資料結構可能難以閱讀；傳輸上輕量的緊湊格式可能難以撰寫為文件、準備、理解和解析。

這些考量中，有些會對 API 的樣貌表現造成明顯影響；至於其他考量，相信閱讀過本章後會更清楚。接下來，會在個別模式文本中詳細介紹這些影響力量。

本章模式

資料元素是任意客戶端－提供者通訊的基礎建造模塊，用來在請求與回應訊息中呈現領域模型概念。透過明確綱要來暴露 API 發布語言（Published Language of the API）（Evans 2003），這樣不會揭露提供者內部的資料定義，且可以盡可能地為通訊參與者解耦。

這些資料元素中部分具有特殊任務，因為某些通訊參與者想要或需要的額外資訊，不是核心領域模型的一部分，這正是元資料元素的存在目的。經常使用的元資料元素類型有：**控制元資料**（**control metadata**）、**來源元資料**（**provenance metadata**），和**聚合元資料**（**aggregated metadata**）。

身分識別問題出現在 API 的不同部分：端點、操作和訊息內的元素可能需要識別，以避免解耦的客戶端與提供者之間產生誤解。*ID 元素*可用來讓通訊參與者和 API 部件互相分辨彼此，它可以是全域唯一，或在某些限制上下文中才有效。當其為網路可存取時，*ID 元素*會變成連結元素，會經常以網路風格的超連結形式出現，例如使用 HTTP 資源 API 時。

許多 API 提供者想要識別所接收訊息來源的通訊參與者，因為這種身分資訊有助於決定訊息是否來自註冊的合法顧客，或其他未知客戶，一種簡單的方法是指示客戶端在每一個請求訊息中包含一份 *API 金鑰*，提供者可鑑定這份金鑰來識別和驗證客戶端。

基本資料元素的組合會導致更複雜的結構。例子之一是錯誤回報這個常見的訊息結構，由資料元素、元資料元素和 *ID 元素*組成，用來回報通訊和處理錯誤。錯誤回報敘述一件事發生的時間、地點和內容，且必須確保不會揭露提供者端的實現細節。

上下文資訊經常在應用程式或傳輸協議的特定位置傳送。有時將元資料元素組合成可放在訊息酬載中的上下文表示很有用，這種表現可能包含 *ID 元素*，例如用來關聯請求與回應或後續請求。

圖 6.1 顯示本章的模式與關係。

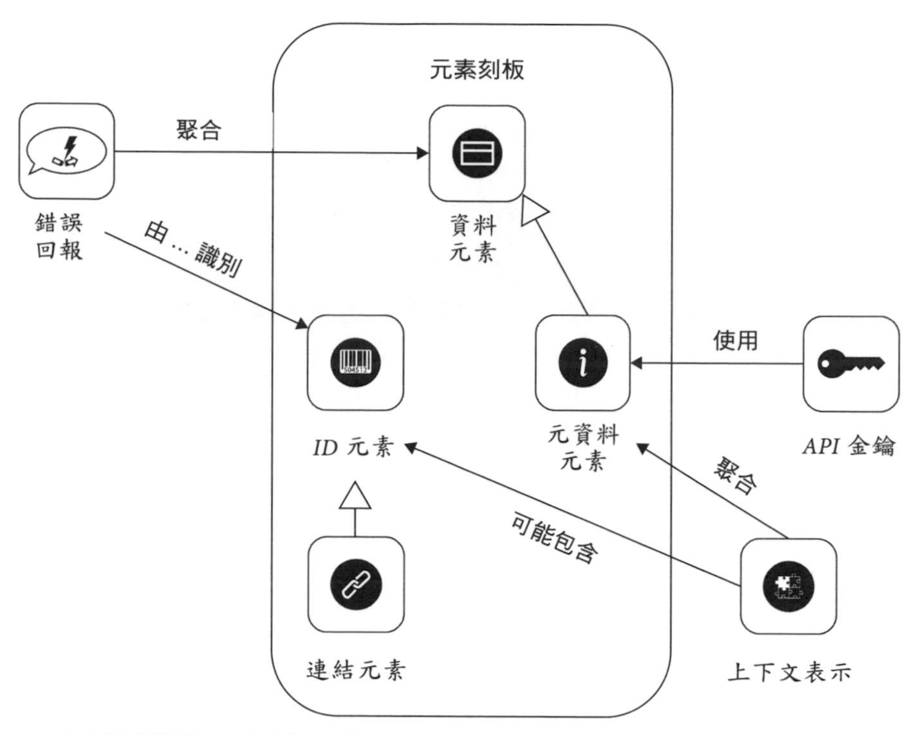

圖 6.1 本章模式地圖：元素刻板與其他模式的關係

元素刻板

表達資料職責的 4 種模式為：資料元素、元資料元素、*ID* 元素和連結元素。這些元素刻板對請求與回應訊息表現部分賦予意義。

模式：資料元素

使用時機及原因

已從高度抽象和精煉的層級上識別出 API 端點與其操作，例如，在正向工程中，已抽取出要暴露的關鍵領域概念和概念之間的關係。在系統演進和現代化背景中，已決定要開放系統，或透過 API 端點和操作來提供資料庫或後端系統的視圖。

已建立了 API「目標畫布」（goals canvas）（Lauret 2019）、API「行動計畫」（action plan）（Sturgeon 2016b），或另一種類型的候選端點列表（Zimmermann 2021b）；也已經暫時定義操作簽章。然而，請求與回應訊息定義尚未完成。

領域及應用程式層級的資訊，如何在 API 客戶端和 API 提供者間交換，而不會在 API 暴露提供者內部的資料定義？

API 實現中的交換資料，可能會也可能不會讀取或寫入提供者端的應用程式狀態和資料，客戶端不應該看見這些關係。

從資料管理的觀點來看，如何解耦 API 客戶端和 API 提供者的實現？

除了希望促進鬆耦合外，下面的競爭要素涉及資料元素是否應該隱藏在介面之後，或部分、或全部對外暴露？

- **豐富的功能性 vs 易於處理與效能：**越多資料與行為塑模，且暴露在 API 與其背後的領域模型，就會出現更多通訊參與者的資料處理選項；然而，這也讓準確且一致地讀取和寫入領域模型實例變得更加複雜。可互相操作性面臨風險，且 API 文件工作增加。遠端物件參照和程序調用模擬（stub），可能便於程式開發且有工具支援，但它們馬上會讓通訊變成有狀態，而這違反了 SOA 及微服務原則。
- **安全性與資料隱私 vs 容易配置：**讓通訊夥伴知道關於應用程式的所有細節和資料，會帶來安全威脅，例如資料遭到篡改的風險；另一方面，額外的資料保護也會導致更多配置和處理工作。安全資訊可能會在請求與回應的酬載中傳遞，因此成為 *API 敘述*中的技術部分。
- **可維護性 vs 彈性：**資料規約與其實現應該有足夠的彈性，才能適應不斷改變的需求；然而，必須分析在既有功能上的新功能和改變的相容性問題，且如果已經實現且客戶仍在使用的話，也需要在未來維護。為了滿足不同客戶端的資訊需求，有時 API 操作會以可自訂方式，來提供不同資料表現；自訂意味著必須設計、實現、文件紀錄及指導。當 API 演進時，必須測試及支援所有可能組合，因此，提供彈性意味著可能增加維護工作。[1]

可以發送簡單、無結構的字串給顧客解譯，但在許多領域，例如 API 設計的特定手法（ad hoc approach）就不適合。舉例來說，當整合企業應用程式時，會緊密耦合 API 客戶端和提供者，且可能傷害效能及可稽核性。

可以使用基於物件的遠端概念，例如通用物件請求代理架構（Common Object Request Broker Architecture, CORBA），或 Java RMI，即遠端方法調用（Remote Method Invocation），不過已有報告指出，基於分散式物件的的遠端範式，會導致整合解決方案在長期中難以測試、操作及維護（Hohpe 2003）[2]。

運作方式

為請求與回應訊息定義專門的資料元素詞彙，該詞彙包裝及／或對映在 API 業務邏輯實現中的資料相關部分。

在領域驅動設計（DDD）詞彙中，將這專有詞彙稱為**發布語言（Published Language）**（Evans 2003），它將 DDD 聚合（Aggregate）、實體（Entity）和值物件（Value Object）保護在領域層內。相對於第 1 章介紹的領域模型概念，資料元素描述一個又稱為參數的訊息表現元素通用角色。

資料元素可以是扁平、無結構的**原子參數**，或**原子參數列表**。基本資料元素可以形成**參數樹**的葉子；更複雜的元素經常含有 *ID* **元素**，和許多其他有／無結構的領域特定屬性值。可能對外暴露這些一起組成應用程式狀態的單個或多個資料元素實例，如果共同管理和傳輸多個實例，它們會形成**集合（collection）**（Allamaraju 2010; Serbout 2021），又稱為元素集（element set）。

1 請見第 7、8、9 章關於語義版本控制、包括技術服務規約的 API 敘述、願望清單和服務水準協議的討論。

2 分散式物件和其他形式的遠端參照，是整合風格「遠端程序調用」（Remote Procedure Invocation）中的核心概念（Hohpe 2003）。

應該將訊息表現元素的明確綱要定義於 *API* 敘述中，並和客戶端分享。[3] 工具支援的開放格式如 JSON 或 XML 普遍用在**資料規約（data contract）**，也應該提供通過綱要驗證的資料作為示範實例。綱要可以促進強型別與驗證，但也可以是泛型且弱型別，鍵 - 值列表（key-value list）常用在泛型介面 `<ID, key1, value1, key 2, value 2, ... keyn, valuen>`。

圖 6.2 以示範屬性描繪兩個在訊息表現中的資料元素類型：有型別與泛型。

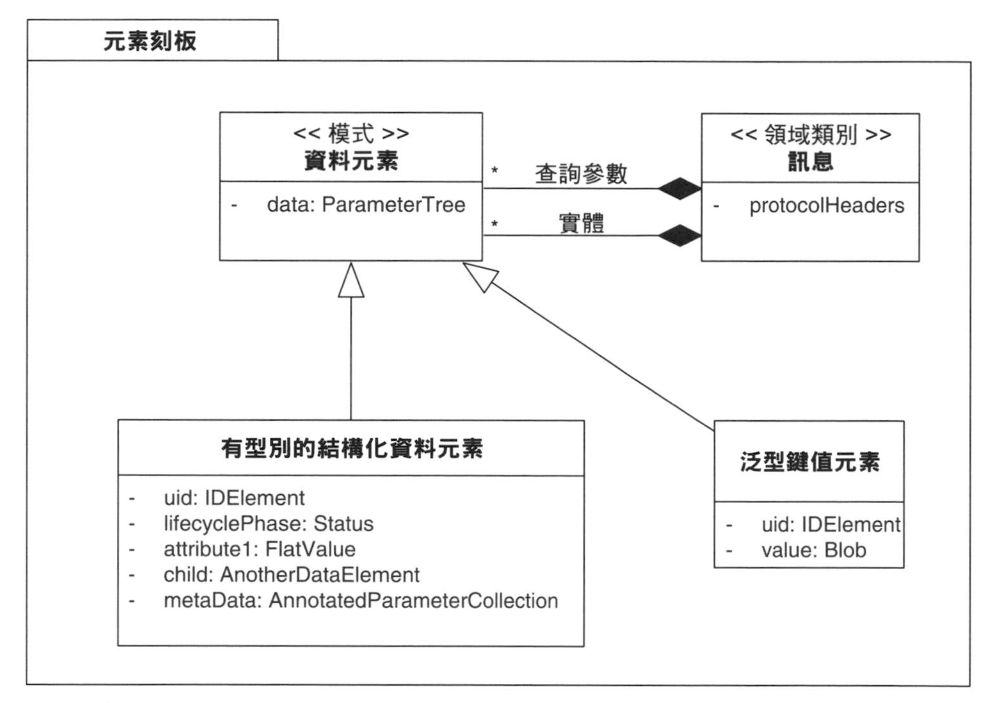

圖 6.2 資料元素可以是泛型或有型別的，會視選擇性提供補充資訊

根據 Rebecca Wirfs-Brock 的簡報：「Cultivating Your Design Heuristics」（2019, p.39），可以將資料元素的屬性角色刻板化，例如「描述屬性」、「時間依賴屬性」、「生命週期狀態屬性」和「操作狀態屬性」。

3 根據第 1 章 API 領域模型所言，這些資料傳輸表現（DTR），相等於 Daigneau（2011）和 Fowler（2002）在網路層級描述的程式層級資料傳輸物件（DTO）。

為了在 API 操作中支援實體的巢狀和結構化，例如，按照線上購物從訂單到購買產品和採買顧客的關係，可以納入*嵌入實體*，或是*連結資訊持有者*可能參照個別的 API 端點。*嵌入實體*含有一個或多個巢狀資料元素，而*連結資訊持有者*含有可瀏覽的*連結元素*，其指向提供關係目標資訊的 API 端點，例如*資訊持有者資源*。

變體 這模式有兩個值得注意的變體。**實體元素（Entity Element）**是包含識別符的資料元素，暗示在 API 發布語言實現中的物件生命週期；因此，這裡的術語和 Evans（2003）的「實體」（Entity）類似。

查詢參數（Query Parameter）是一種不代表由 API 實現擁有及管理的*資料元素*。當在端點如*資訊持有者資源*暴露*檢索操作*時，反而呈現可用來選擇這些實體子集的表示。

範例

下面摘錄顧客關係管理（CRM）系統的解決方案內部 API，特色是強型別的*資料元素*：一個有結構的 name，和一個扁平、文本的 phoneNumber；規約標示：微服務特定領域語言（MDSL）可見附錄 C 的介紹。

```
data type Customer {
  "customerId": ID,
    "name": ("first":D<string>, "last":D<string>),
    "phoneNumber":D<string>
}

endpoint type CustomerRelationshipManagementService
  exposes
      operation getCustomer
        expecting payload "customerId": ID
        delivering payload Customer
```

Customer 是一個結合兩個資料元素的*參數樹*。範例也顯示一個*原子參數*和 *ID 元素*：customerId。注意，這些資料表現可能已經先在領域模型中指定了；也就是說，API 實現使用的領域模型元素，不應該在沒有包裝和對映的情況下應直接暴露；期望達到客戶端、介面和實現的鬆耦合。

討論

豐富、深層結構的發布語言（Published Language）具有表達性，但也難以保護和維護；而簡單的發布語言容易傳授與理解，但可能不足以表現領域細節。這些權衡讓 API 設計變得困難；回答資料規約粒度問題並不容易。

需要以反覆和漸進的方式選擇與採用模式，來合理妥協這些衝突力量；在服務設計中，應該考慮已經發布的 DDD 最佳實務（Vernon 2013）；附錄 A 對此有一些摘要，且加入我們自己的一些見解。使用許多領域驅動的**資料元素**會讓 API 具有表達性，以便客戶端可以輕鬆找到並使用他們需要的部分。

安全性和資料隱私可藉由盡可能少暴露**資料元素**來改善，精簡的介面也能促進可維護性及配置的容易性，即提供者端的彈性。「少即是多」和「若存疑，則忽略」是定義 API 安全資料規則的經驗法則，「少即是多」哲學可能限制了表達性，但增進了可理解性。必須將實體資料納入任何安全分析和設計活動中，例如威脅模型、設計的安全和合規，滲透測試和合規性稽核（Julisch 2011）。這是一項重點，因為敏感資訊可能在某處洩漏。

在整個 API 或一組內部服務使用相同的資料元素結構，會比較容易組合服務，《Enterprise Integration Patterns》稱這方法為「資料規範模型」（Canonical Data Model），但建議謹慎處理，可以考慮在這種標準化工作中使用微格式（microformat）（Microformats 2022）。

如果定義的許多相關／巢狀**資料元素**當中部分是可選的，則在處理上會變得複雜；效能和可測試性會受到負面影響。雖然客戶端一開始有很高的彈性，不過當豐富的 API 開始隨時間改變時，會讓事情變得困難。

組織模式（及反模式），例如「非我所創」（not invented here）症候群和「封地」或「權力遊戲」[4]，時常導致過度設計（overengineering）或不必要的複雜抽象。僅僅透過新的 API 來暴露這種抽象，而不設置隱藏複雜性的「防腐層」（Anti-Corruption Layers），在長期來看注定失敗（Evans 2003）。在這種情況下，專案排程和預算都將面臨風險。

4 譯註：此三個詞是指團隊開發時的各種負面文化，導致在設計時過於重視本身所創、或故步自封不願接受外部資源、或政治因素所導致過度設計的問題。

相關模式

*資料元素*在傳輸時可以包含 DDD 值物件（Value Object）模式的實例；DDD「實體」（Entity）會表現為我們模式的一種變體，我們應該意識到，不應該直接把 DDD 模式的實例一對一轉換成 API 設計。雖然防腐層可以保護關係中的下游參與者，即此處的 API 客戶端，但上游，也就是這裡的 API 提供者，仍應該以最小化耦合性的方式來設計其發布語言（Vernon 2013）。

同樣的實體依使用時的上下文而有不同的樣貌是合理的事。例如，顧客是一個廣泛的業務概念，在許多領域模型中被建模為實體；通常它的許多屬性只有在特定情況下才會有關係，例如，支付領域的帳戶資訊；在那種情況下，**願望清單**可以讓客戶端決定想要的資訊。在 HTTP 資源 API 中，內容協商和自訂媒體類型為多用途表現提供了彈性的實現選項，《Service Design Patterns》中提到的「媒體類型協商」（Media Type Negotiation）模式就與這有關（Daigneau 2011）。

《Core J2EE Patterns》（Alur 2013）介紹一個用在應用程式邊界內的「資料傳輸物件」（Data Transfer Object）模式，讓資料在不同層之間傳輸；《Martin Fowler 的企業級軟體架構模式》（Patterns of Enterprise Application Architecture, Fowler 2002）則討論遠端 API 設計的許多方面，例如遠端門面（Remote Facade）和 DTO；Eric Evans（2003）談到 DDD 模式中的基礎 API 方面，例如「限界上下文」和「聚合」。這些模式的實例包含多個實體；因此可以用它們將*資料元素*組裝成較粗粒的單位。

一般資料建模模式（Hay 1996）涵蓋了資料表現，但專注在資料儲存和呈現上而非資料傳輸上，因此討論的力量要素和此處不同。企業資訊系統的領域特定建模原型也可在文獻中找到，如 Arlow（2004）。

「雲端採用模式」（Cloud Adoption Patterns）網站有一個稱為「識別實體與聚合」（Identify Entities and Aggregates）的流程模式。

更多資訊

在《RESTful Web Services Cookbook》（Allamaraju 2010）第 3 章提出在 HTTP 上下文中的設計建議；例如 Recipe 3.4 討論選擇表現格式及媒體類型的方法，原子（Atom）是選項之一。

《Design Practice Reference》（Zimmermann 2021b）主要在介紹 DDD，和在 API 與資料規約設計中適用的相關敏捷實務。

「上下文對映器」（Context Mapper）釐清了在其領域特定語言（DSL），和工具中的戰略 DDD 模式之間關係（Kapferer 2021）。

模式：元資料元素

使用時機及原因

已經使用一個或更多個基本結構模式**原子參數**、**原子參數列表**、**參數樹**、**參數森林**，來定義 API 操作的請求與訊息表現。為了準確及有效率地處理這些表現，訊息接收者需要它們的名稱和類型，以及更多關於它們的意義和內容的資訊。

> 如何使用額外資訊來豐富訊息，以便接收者可以正確解讀資訊內容，而不用寫死關於資料語義的假設？

除了本章開頭已討論的品質考量，也必須考慮對可互相操作性，耦合性和容易使用 vs 運行效率的影響。

- **可互相操作性：**如果資料連同對應型態、版本和作者資訊一起傳輸，接收者可以利用這額外資訊來解決語法和語義的模糊。例如，一個表現元素可能含有貨幣值，而一個額外元素可能指明使用的貨幣。也可以透過額外的資訊，指出選填元素未出現，或必填元素未設置為有效值的情況。
- **耦合性：**運行資料伴隨額外說明資料的話，將更容易解釋和處理；使消費者和提供者之間的共同知識變得明確，並從設計時期的 API 規約轉移到運行時期的訊息內容；這可能為溝通參與者增加或減少耦合性。低耦合易於長期維護。
- **容易使用 vs 運行效率：**酬載中的額外表現元素可能有助於訊息接收者理解訊息內容，並能有效處理。然而，這種元素會增加訊息大小；它們需要處理和傳輸能力且具有複雜性。API 測試案例必須涵蓋其建立及使用，客戶端寫死資料語義假設，包括意義和限制，是比較容易的，但隨著時間過去會變得更難維護，因為需求改變和 API 演進。

解釋其他資料的額外資料可以單獨在 *API 敘述*中提供。這種靜態且明確的元資料文件經常就已足夠；然而，這限制了訊息接收者在運行期間動態做出基於元資料的決策。

可引入第二個 API 端點來分開查詢元資料。然而，這方法使 API 膨脹，且引入額外的文件／訓練、測試和維護工作。

運作方式

> 引入一個或更多**元資料元素**，來說明和增強在請求與回應訊息中的其他表現元素。完整且一致地填充**元資料元素**的值；使用它們來引導可互相操作、有效率的訊息消費及處理。

元資料與元資料建模在計算機科學的許多領域中是成熟且已公認的概念，例如，資料庫和程式語言下的**運行時期類型資訊**（**runtime type information**）、**反射**（**reflection**）和**型別內省**（**introspection**）術語。在真實世界中，圖書館和文件檔案櫃也廣泛使用。

這模式的許多實例是有名稱與型態的簡單和純量的原子參數，例如布林、整數或字串；但元資料也可以聚合或組合成為**參數樹**階層結構。一種有彈性但有點容易出錯的解決方案，是將元資料表示為鍵 - 值對字串，然後在訊息接收者那進行解析和型別轉換。

圖 6.3 顯示在情境中的模式。**元資料元素**成為 *API 敘述*的一部分。當 API 演進時，它們在規格（綱要）層級和內容（實例）層級上，都必須保持在最新狀態。應該指定元資料的「現時性」或新鮮度，以平衡對客戶端的有用性與計算及保持最新狀態所需的工作。對於有些元資料，例如，列表計數器，定義一個到期日可能是有意義的；否則，可互相操作性可能收到影響，且可能無法檢測語義不匹配。

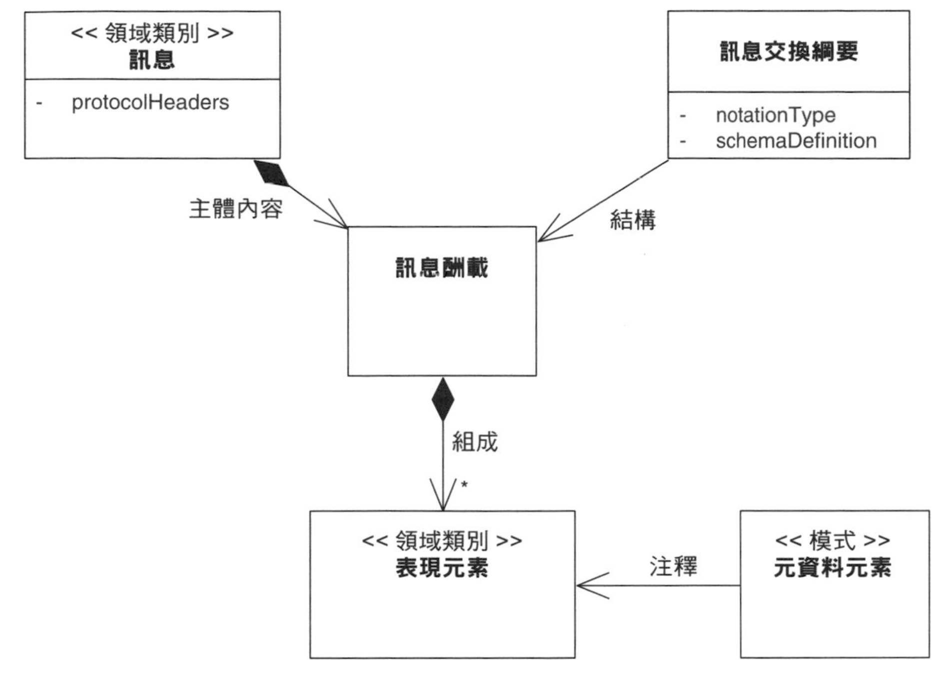

圖 6.3 上下文中元資料元素（有關資料的資料）的使用

變體 這模式存在 3 個變體，呈現我們在 API 觀察到的特定類型和元資料的使用。

- **控制元資料元素（Control Metadata Element）**，例如用來引導處理的識別符、旗標（flag）、過濾器、超媒體控制、連結、安全資訊，包括 *API* **金鑰**、存取控制清單、角色憑證、校驗碼和訊息摘要（message digest）等。查詢參數可看作是一種驅動提供者端查詢引擎行為的特殊控制元資料用例，控制元資料經常以布林、字串或數值參數的形式出現。
- **聚合元資料元素（Aggregated Metadata Element）**提供其他表現元素的語義分析或摘要。頁數單位計數器的計算就符合這變體的實例，發布語言中關於實體元素的靜態資訊也屬於聚合元資料，例如每季由顧客或產品銷售的保險索賠。
- **來源元資料元素（Provenance Metadata Element）**揭露資料來源。在 API 設計情境中，範例包括擁有者、訊息／請求 ID、建立日期和其他時間戳，位置資訊、版本號碼和其他上下文資訊。

這些變體圖示於圖 6.4。也有其他形式的元資料元素，見稍後介紹。

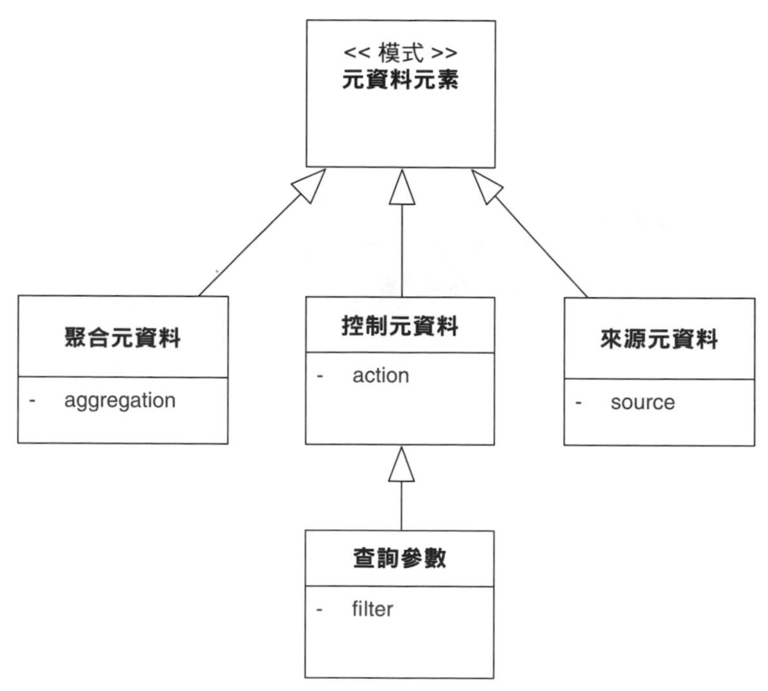

圖 6.4 元資料元素變體

每個元資料元素可以實現一個以上的變體。例如，區域代碼可能提供來源資訊，但也能用來控制資料處理。這種資料可能作為在數位權利管理情境中的過濾器，或使用在企業級應用程式整合中的「基於上下文的路由器」（Context-Based Router）（Hohpe 2003）。

在資訊管理中，會有 3 種主要的元資料類型，會用來描述任何類型的資源，例如書籍或多媒體內容（Zeng 2015）：敘述性元資料具有發現和識別等目的，可以包含的元素如標題、摘要、作者和關鍵字。結構化的元資料指示複合資訊元素放在一起的方式，例如，如何安排頁面或各節順序以形成一章。管理元資料提供幫助管理資源的資訊，例如建立時間及方法、檔案類型和其他技術屬性內容，以及可以存取的人員。兩個常見的管理資料子集為權利管理元資料，包括知識產權，和包含用來歸檔資源資訊的保存元資料。

範例

下面來自 Lakeside Mutual 案例研究的範本顯示這 3 種元資料類型：來源（Content-Type, Date）、控制（標頭中的 API 金鑰 b318ad736c6c844b），以及聚合元資料（size）。

```
curl -X GET --header 'Authorization: Bearer b318ad736c6c844b' \
--verbose http://localhost:8110/customers\?limit\=1
> GET /customers?limit=1 HTTP/1.1
> Host: localhost:8110
> User-Agent: curl/7.77.0
> Accept: */*
> Authorization: Bearer b318ad736c6c844b
>
< HTTP/1.1 200
< ETag: "0fcf9424c411d523774dc45cc974190ff"
< X-Content-Type-Options: nosniff
< X-XSS-Protection: 1; mode=block
< Content-Type: application/hal+json
< Content-Length: 877
< Date: Fri, 19 Nov 2021 15:10:41 GMT
<
{
  "filter": "",
  "limit": 1,
  "offset": 0,
  "size": 50,
  "customers": [ {
    …
  } ],
  "_links": {
    "self": {
      "href": "/customers?filter=&limit=1&offset=0"
    },
    "next": {
      "href": "/customers?filter=&limit=1&offset=1"
    }
  }
}
```

這範例中的大部分元資料元素都是原子參數。JSON 物件 _links 形成一個簡單的參數樹，綑綁兩個作為連結元素的原子參數。

討論

準確性通常在採用這個模式時能獲得改善，假設是正確和一致的實現。耦合性在資料層級減少了，但仍存在元資料層級。可以達成容易使用的目標。

處理效率可能因為增加的訊息大小而受到影響。維護性、安全性和可相互操作性可能獲得改善，但也可能受到影響，這取決於數量、結構和元資料的意義。元資料的過度使用可能會使介面膨脹，且讓維護和演進變得更具挑戰，例如在**語義版本控制**方面。

聰明地定義、填充、交換及解釋，**元資料元素**可以透過避免不必要的工作，簡化接收端的處理，並透過引導／指導應用程式前端和人類使用者，改善計算結果與顯示，且有助於端對端的安全性模型，保護通訊參與者免於外部或內部威脅。安全性元資料可能作為加密／解密演算法的輸入、支援完整性檢查等等。

根據《Martin Fowler 的企業級軟體架構模式》（Patterns of Enterprise Application Architecture, Fowler 2002）的定義，元資料可存在與定義於多個邏輯層中。例如**分頁**就是展現層或服務層的關注焦點；提供者端的 API 實現業務邏輯層不會在意它。這同樣適用於之前回應的快取，在表現或服務層通常也會建立或使用元資料的存取／存取控制類型。資料來源和驗證資訊例如媒體串流 API 中的錄影／音源所有權人、智慧財產權，和某些類型的控制元資料，皆屬於業務邏輯層。另一方面，查詢統計和聚合可視為資料存取層或展現層資訊，如果已經有較低層的元資料，API 設計必須決定是否直接將元資料傳遞下去，還是將其轉換並包裝起來；也就是要權衡工作量 vs 耦合性。

客戶端應該只在必須滿足必要功能和非功能需求時才依賴元資料，在其他所有情況下，都可以將可用的元資料視為一種讓使用 API 更有效率的選擇性便利功能；如果沒有元資料，API 與其客戶端應該仍可以正常工作，例如，一旦引入控制元資料如**分頁**連結和相關頁數計數的話，會使客戶端開始依賴它。一些聚合元資料，例如嵌入實體集合的大小，可以選擇在接收者端而非提供者端計算。

在請求或回應訊息中添加元資料的替代方案，是預見一個專門回傳有關特定 API 元素的元資料操作。在這種設計中，**ID 元素**或**連結元素**識別以元資料補充的資料，這是採用**檢索操作**的專門操作形式。更進階的方法為定義專門的元資料資訊持有者（Metadata Information Holder），作為**主資料持有者**的特殊類型；不可變的話則是**參照資料持有者**，也許可以透過**連結查詢資源**來間接參照。

RFC7232 定義的 HTTP **Etag** 訊息（Fielding 2014a）也可視為一種控制和來源元資料；一次性密碼的到期日也是一種元資料。第 7 章〈改善訊息設計品質〉中的**條件請求**模式有 Etag 的詳細說明。

相關模式

元資料元素是**資料元素**更抽象的一種特別型態；如之前所說，並非所有資料元素都會影響 API 實現中的業務邏輯和領域模型。***ID 元素***有時會伴隨附加的**元資料元素**，例如用來分類識別符／連結或定義到期日。元資料元素通常以**原子參數**的語法形式出現。數種相關模式的實例可作為**原子參數列表**，或包含在**參數樹**中傳送。

分頁模式依靠元資料來通知客戶端關於目前、前一個和下一個結果的頁面，以及頁面／結果總數等。超媒體控制例如有型別的連結關係（typed link relation）也含有元資料，之後會在**連結元素**模式中說明。

幾種模式語言，包括《Remoting Pattern》（Voelter 2004），都展示「攔截器」（Interceptor）可以添加資訊到「上下文物件」。我們的**上下文表示**模式建議，為一般元資料和特定控制元資料定義一個橫跨整個 API、跨技術的標準位置和結構。

《Enterprise Integration Patterns》（Hohpe 2003）介紹的「格式指示器」（Format Indicator）和「訊息到期」（Message Expiration）資訊都依賴元資料。這同樣適用於訊息 API，例如前身為 JMS 的 Java 訊息服務（Jakarta Messaging）中的控制和來源資訊，包括「訊息識別碼」和「訊息日期」。其他企業整合模式，例如「關係識別符」（Correlation Identifier）和「路由單」（Routing Slip），可視為特殊的**元資料元素**。關係識別符主要含有控制元資料，但也分享來源元資料，因為它會識別之前的請求訊息；「回傳位址」（Return Address）也是如此，因為其指向一個端點或通道。「訊息過濾器」（Message Filter）、「訊息選擇器」（Message Selector）和「聚合器」（Aggregator），常在控制及來源元資料上操作。

更多資訊

元資料類型和合格標準的一般介紹請參考以下：

- 維基百科的元資料頁面（Wikipedia 2022c）；維基百科也列出許多針對特定領域的元資料標準，例如文件識別（DOIs）和安全斷言（SAML）（2022d）。

- 《Understanding Metadata: What Is Metadata, and What Is It For?》（Riley 2017）。
- 都柏林核心（Dublin Core）是一種網路化資源所廣泛採用的元資料標準，例如書籍或是數位多媒體內容（DCMI 2020）。

許多資訊管理文獻有元資料的深度介紹，如《A Gentle Introduction to Metadata》（Good 2002）和《Introduction to Metadata》（Baca 2016）；Murtha Baca 把元資料分成 5 種類型（Baca 2016）：

- 管理：用於管理收藏和資訊資源的元資料
- 描述：用來識別、授權和描述收藏及相關信任的資訊資源
- 保存：與收藏和資訊資源保存管理相關的元資料
- 技術：與系統或元資料作用方式相關的元資料
- 使用：與收藏和資訊資源使用類型與層級相關的元資料

這些元資料類型也摘錄於《Metadata Basics》（Zeng 2015）教學中。

我們對應到技術類型的控制元資料元素變體和使用資訊，通常以聚合元資料元素的形式出現；來源元資料元素通常具有管理、敘述或保存的特色。

《Zalando RESTful API and Event Scheme Guidelines》（Zalando 2021）指出公開 API 元資料的重要性，Steve Klabnik 的部落格文章也介紹在資源表現中的元資料（Klabnik 2011）。

模式：ID 元素

使用時機及原因

已完成用於展現應用程式、軟體密集型系統，或軟體生態系核心概念的領域模型設計和實現。仍在建造遠端存取領域模型的實現，例如，作為 HTTP 資源、網路服務操作或 gRPC 服務方法。可能已經建立架構原則，例如鬆耦合、可獨立部署能力和隔離系統部件與資料。

領域模型由多個不同生命週期和語義的相關元素所組成，目前選擇拆分成遠端可存取的 API 端點，例如透過一組微服務對外公開，說明這些相關的實體應該分成數個 API 端點和操作，例如 HTTP 資源公開統一的 POST-GET-PUT-PATCH-DELETE 介面、網路服務埠號操作類型，或 gRPC 服務與方法。API 客戶端想要遵循在 API 邊界中，或跨 API 邊界的關係，來滿足其資訊和整合需求；為此，必須以清楚或無誤的命名指出這些設計和運行期間的實例產物。

API 元素在設計和運行期間如何互相區分？

API 元素包括端點、操作和請求與回應訊息中的表現元素，都需要識別。它們可能已經或尚未以 DDD 設計：

何時套用領域驅動設計？如何識別公開語言的元素？

在解決這些識別問題時，必須滿足以下非功能性需求：

- **工作量 vs 穩定性：**在許多 API 中使用純字元字串作為邏輯名稱。這種**本地識別符（local identifier）**很容易建立，但在原來的上下文以外使用時，可能就變得意義不清，例如，當客戶端在多個 API 上作業的時候，碰到這種情況就可能需要改變。相較下，**全域識別符（global identifier）**設計為可使用較久，但需要一些位址空間的協調與維護。面對這兩種情況，設計命名空間都應謹慎並有目的性，變更需求可能必須重新命名元素，而 API 版本可能會與之前版本不相容，這樣的話，某些名稱可能就不是獨一無二的，因此會導致衝突。
- **機器與人類可讀性：**會使用識別符的人包括開發人員、系統管理員和系統流程確保稽核員。對人來說，長度長、有邏輯結構、和／或能自帶說明的名稱，會比長度短、加密過、和／或編碼過的名稱來得容易使用。然而，人類通常不想完整閱讀識別符；例如，查詢參數和會話識別符（session identifier）的主要受眾是 API 實現和支援基礎設施，而非網路應用程式的終端使用者。
- **安全性（機密性）：**在許多應用程式上下文中，應該不可能或至少非常難，去猜測實例識別符；然而，建立無法被欺騙的唯一識別符的努力必須合理。*API 敘*

述的測試人員、支援人員和其他利害關係人，可能想要理解，或甚至想要記憶識別符，即使它們是必須受到保護的敏感資訊。

可以永遠把所有相關酬載資料嵌入為**嵌入實體**，以此避免引入參照未包含資訊的識別符。但如果傳送了接收者不需要的資訊，這個簡單的解決方案會浪費處理和通訊資源；建構複雜且部分冗餘的酬載也可能容易出錯。

運作方式

引入*資料元素*的特殊類型，唯一的 *ID 元素*來識別 API 端點、操作和需要互相區分的訊息表現元素。在整個 API 敘述和實現中一致地使用這些 *ID 元素*，決定 *ID 元素*是全域唯一或只在特定 API 上下文中才有效。

決定在 API 中使用的命名架構，並且記錄在 *API 敘述*中。下面是常用的唯一識別方法：

- 在許多分散式系統中，通用唯一識別碼（UUID）（Leach 2005）提供 *ID 元素*，通常用 128 位元整數作為 UUID。許多程式語言的標準函式庫都可以產生 UUID，在一些來源中，也會稱 UUID 為**全域唯一識別符（GUID）**。
- 一些雲端提供者產生**人類可讀的字串**來唯一識別服務實例，請見下文；這種方法對於出現在請求與回應訊息中的 *ID 元素*來說也可行。
- 另一種方法是使用在整體架構中較低的階層，例如作業系統、資料庫或訊息系統所分派的代理鍵（surrogate key）識別符。資料庫分派的主鍵就屬於這個種類。

*ID 元素*的實例通常以*原子參數*傳輸，也可能成為*原子參數列表*中的項目或*參數樹*的葉子。*API 敘述*指明 *ID 元素*的範圍是本地或全域唯一，以及唯一性的生命週期保證。圖 6.5 顯示 *ID 元素*是*資料元素*的特別類型，出現在圖中的 URI 和 URN 作為人類可讀的字串。

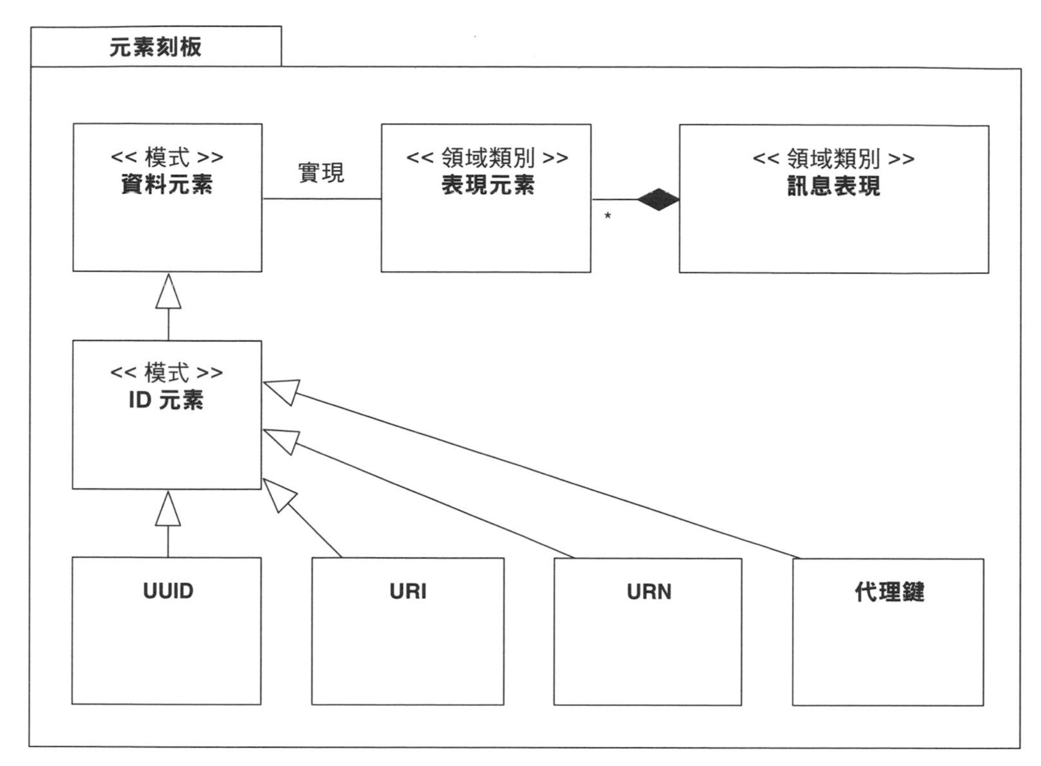

圖 6.5 以不同形式呈現的 *ID 元素*：UUID、URI、URN 和代理鍵

注意，可以將識別符設計成人類和機器都可讀。如果識別符有時必須由使用者輸入，則選擇建立簡短且容易發音的名稱方案。例如，查看由雲端提供者 Heroku 建立的應用程式名稱，一個例子是 `peaceful-reaches-47689`，否則就使用 UUID。例如，Medium 部落格網站使用混合 URI 作為頁面識別符，可見以下例子：`https://medium.com/olzzio/ seven-microservices-tenets-e97d6b0990a4`。

如果安全性需求是必要的，要確定任何公開的 *ID 元素*，來自 API 實現中的不論是 UUID、人類可讀的字串或代理鍵，都是隨機且無法預測，而且對識別元素的存取有受到適當授權機制保護，如 OWASP 建議用來防止毀損的物件層級授權（Yalon 2019）。

例如，URI 是全域唯一，但可隨時間重新分派，並以連結到非預期目標，例如，當較老的客戶端使用或進行復原備份作業時。有時統一資源名稱（URN）的偏好勝過

URI，以下是 RFC 2141（Moats 1997）使用有階層的 prefix:firstname:lastname 語法：

```
<URN> ::= "urn:" <NID> ":" <NSS>
```

<NID> 是命名空間識別符，而 <NSS> 是命名空間的特定字串，可以在維基百科頁面找到 URN 的例子（Wikipedia 2022e）。

範例

Twitter REST API（Twitter 2022）中的分頁游標使用 *ID 元素*，例如 next_cursor：

```
{
    "data": [...],
    "next_cursor": "c-3yvu1pzhd3i7",
    "request": {...}
}
```

API 實現為這個 HTTP 回應片段中的 next_cursor 添加一個自動生成的識別符。在使用者會話到期之前，必須至少保證這個識別符是唯一的；另外，必須為這個使用者會話儲存此識別符和下一個游標位置的關聯，這樣，使用者透過 HTTP GET 以這個識別符請求 next_cursor 時，才會回傳正確內容。這個範例也顯示識別符的範圍不只可以用空間限定，也可以用時間限定。

討論

*ID 元素*例如 UUID 和 URN，為簡短、容易處理，且表達性足以識別大型實體對象的成員，和保證分散式系統中安全及可靠的唯一性之間提供良好的平衡，如果建構及管理正確的話。ID 生成演算法的實現決定其準確性。

建立本地識別符簡單且直接，尤其人類純字串識別符容易處理和比較，例如除錯時。UUID 難以人工記憶和處理，但仍然比存取令牌雜湊，或可能一下產生數百個字元長度的內容，來得容易應付。使用普通或基本字串實字（string literals）作為識別符通常無法與時俱進，因系統和系統整合會隨時間出現、變化和消失。名稱越不具表達性，則越有可能在某處發現類似或相同的名稱。

一個非常簡單的方法是使用自動增量數，例如 `sid001`、`sid002` 等等。但這方法有許多問題，除了洩漏資訊，在分散式環境中要保持這些數字的唯一性也非常困難，這就引入了安全性威脅，之後會討論。

理想上，跨分散式系統特定種類的所有識別符，應該共用相同結構或命名架構；在事故管理的根本原因分析期間，這方式能簡化端對端監控和事件關聯性。有時為不同的實體改變架構會更好，或不可避免，例如，當老舊系統參與進來時。這是一個普遍的衝突實例：彈性 vs 簡單性。

單獨用 UUID 不適用所有情況。UUID 的生成依賴於具體實現，且在各函式庫和程式語言之間不同，雖然根據 RFC 4122 通常都是 128 位元長，但有些實現遵循一個稍微可預測的模式，這使暴力破解攻擊者有可能猜到它們。這種「可預測性」是否是個問題取決於專案情境和需求，必須將 *ID 元素*納入任何安全性分析和設計活動中，例如威脅建模、安全性與合規設計，滲透測試和合規稽核（Julisch 2011）。

當整合多個系統和元件來實現 API 時，很難保證來自較低階層，例如資料庫實現成為 API 層級 *ID 元素*代理鍵的唯一性，同時也會出現安全性問題。此外，在這個情況下，相應實體的資料庫鍵值不允許改變，就算是從備份復原資料庫時也一樣，實現層級的代理鍵會將每一個消費者與資料庫緊密耦合。

相關模式

*ID 元素*可作為**原子參數**並包含在**參數樹**中來傳輸，***API 金鑰***和**版本識別符**可視為一種特定的識別符類型，**主資料持有者**因為其持久性，經常需要健全的識別符架構；**可操作資料持有者**通常也是唯一識別的。**參照資料持有者**回傳的資料元素可能作為 *ID 元素*，例如，識別城市或其區域的 ZIP 碼，**連結查詢資源**可能需要在請求中的 *ID 元素*，並在回應中傳遞**連結元素**；**資料傳輸資源**使用本地或全域的唯一 *ID 元素*，來定義傳輸單元或儲存位置；可以在雲端儲存供應例如 AWS 簡單儲存服務（AWS Simple Storage Service, S3），與其 URI 識別的儲存貯體（bucket）中找到這種設計。

本地識別符並不足以完全實現 REST（達到 3 級成熟度）。如果簡單或結構化的全域識別符結果不足，可以轉為使用絕對 URI，同**連結元素**模式的描述那樣。**連結元素**不僅讓 API 元素的遠端參照是全域唯一，還可以透過網路存取，它們通常也會用來實現**連結資訊持有者**。

「關聯識別符」（Correlation Identifier）和「回傳位址」（Return Address），以及「認領托運」（Claim Check）中的鍵與「格式識別符」（Fomrat Identifier）是相關模式（Hohpe 2003）。在不同使用情境下套用這些模式時，也需要建立唯一的識別符。

更多資訊

《Quick Guide to GUID》（GUID 2022）提供更多關於 GUID 的深入討論，包括其優缺點。

分散式系統文獻討論了一般的命名、識別和定址方法，例如 Tanenbaum（2007）。RFC 4122（Leach 2005）描述隨機數字產生的基本演算法，XML 命名空間和 Java 套件（package）名稱是階層式的全域唯一識別概念（Zimmermann 2003）。

模式：連結元素

使用時機及原因

領域模型由多個不同生命週期和語義的相關元素組成，這個模型目前在 API 中的包裝和映射，建議應該個別暴露這些相關實體。

API 客戶端想要遵循元素關係，和呼叫額外的 API 操作，來滿足其整體資訊和整合需求，例如，遵循關係可以定義下一個由**處理資源**提供的處理步驟，或提供更多出現在集合或概覽報告中關於資訊持有者的內容細節。所以必須在某處指定下一個處理步驟的可調用位址，只有 ID 元素是不夠的。[5]

> 如何在請求與回應訊息酬載中參照 API 端點和操作，以便由遠端呼叫它們？

5 需要這些指標以「超媒體控制」（Webber 2010; Amundsen 2011），將超文本 REST 原則實現為應用程式狀態引擎（HATEOAS）（Amundsen 2011）。藉由檢索操作傳遞的查詢回應結果分頁也需要這種控制連結。

更具體的說：

> 如何在請求及訊息中，包含全域唯一且網路可存取的 API 端點與操作指標？
> 如何用這些指標來允許客戶端推動提供者端的狀態轉移和操作調用順序？

這裡的需求類似同儕模式 *ID 元素*，端點和操作識別應該是唯一、容易建立和閱讀、穩定和安全的。這模式的遠端上下文必須去處理連結和網路失效。

可以使用簡單的 *ID 元素*來識別相關的遠端資源／實體，但需要額外處理，將這些識別符轉換為網頁上的網路位址。*ID 元素*在分配它們的 API 端點實現的上下文之中受到管理。要將本地 *ID 元素*作為指向其他 API 端點的指標，就必須與端點的唯一網路位址結合。

運作方式

> 在請求與回應訊息中包含一個特別的 *ID 元素*類型：**連結元素**。讓這些**連結元素**作為人類和機器可讀、網路可存取的指向其他端點和操作的指標。或讓額外的**元資料元素**標註和解釋關係的性質。

當在 REST 成熟度 3 級實現 HTTP 資源時，添加所需的元資料來支援超媒體控制，例如由連結目標資源所支援和希望的 HTTP 動詞和 MIME 類型。

連結元素模式的實例可能以**原子參數**的形式傳遞；其也可能成為**原子參數列表**中的項目，或**參數樹**的葉子。圖 6.6 展示了概念層級的解決方案，特徵是 HTTP URI 為重要的技術層級部分。

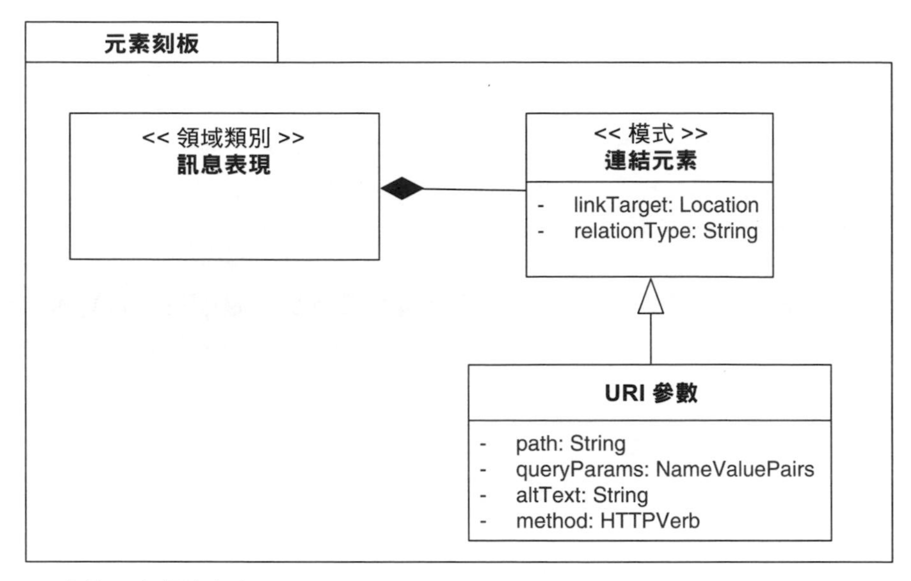

圖 6.6 連結元素解決方案

連結應該不只是包含位址，例如 RESTful HTTP 中的 URL，還包含後續 API 呼叫中跟隨連結的語義和結果資訊。

- **連結元素**是否指出例如長運行業務流程中的下一個可能或需要的處理步驟？
- 它是否允許撤銷和／或補償之前的動作？
- 連結是否指向結果集的下一個片段，例如**分頁**中的頁面？
- 連結是否提供對特定項目的細節資訊存取？
- 或者，它是否允許轉換成「完全不相同的東西」？[6]

回答之前的問題，語義**連結類型（link type）**通常包括以下：

1. **下一步（Next）：**當使用漸進服務類型，例如**處理資源**時的下一個處理步驟。
2. **復原（Undo）：**在目前上下文中的復原或補償操作。
3. **更多（More）：**用來檢索更多結果的位址。也可視為在結果資料中的平行移動。

6 https://en.wikipedia.org/wiki/And_Now_for_Something_Completely_Different.

4. **細節（Detail）：**關於連結來源的更多資訊。隨著這個連結執行在資料中的垂直移動。

一些連結類型已經被註冊，且因此得到某種程度的標準化。例如參考網際網路號碼（Internet Assigned Numbers Authority）的連結關係類型集合（IANA 2020），和《Design and Build Great Web APIs: Robust, Reliable, and Resilient》（Amundsen 2020）。

應用程式層級配置語義（Application-Level Profile Semantics, ALPS, Amundsen 2021）可用來定義網路連結。Siren（Swiber 2017）是另一種用來表現實體的超媒體規格，實現在 JSON 中的模式，以下是 Siren 儲藏庫提供的範例。

```
{
   "links":[
      {
         "rel":[
            "self"
         ],
         "href":"http://api.x.io/orders/42"
      }
   ]
}
```

使用 WSDL/SOAP 時，WS-Addressing（W3C 2004）可用來定義連結；使用 XML 而非 JSON 時，XLink（W3C 2010）是平台特定層級的替代方案。

範例

來自 Lakeside Mutual 顧客核心 API 的分頁回應顯示在下面列表，包含許多連結元素：

```
curl -X GET --header 'Authorization: Bearer b318ad736c6c844b' \
http://localhost:8110/customers\?limit\=1
{
  "filter": "",
  "limit": 1,
  "offset": 0,
  "size": 50,
  "customers": [{
    …
    "_links": {
      "self": {
```

```
          "href": "/customers/bunlo9vk5f"
        },
        "address.change": {
          "href": "/customers/bunlo9vk5f/address"
        }
      }
    }],
    "_links": {
      "self": {
        "href": "/customers?filter=&limit=1&offset=0"
      },
      "next": {
        "href": "/customers?filter=&limit=1&offset=1"
      }
    }
  }
```

在 `customers` 中的 `self` 連結，可用來取得更多關於顧客及 ID `bunlo9vk5f` 的相關資訊，`address.change` 提供改變顧客地址的方式，且端點最後的 `self` 和 `next` 連結，會指向目前和下一個偏移量為 `0` 和 `1` 的分頁區塊。

討論

*連結元素*如 URI 是準確的；當結構化完善時，URI 是人類可讀和機器可讀的，複雜的 URI 架構將難以維護，一個解決方案或組織範圍的 URI 架構，可以促進一致性和易用性。使用例如由 IANA 所定義的標準化連結類型可改善可維護性，同樣地，根據「網頁連結」（Web Link）RFC 8288（Nottingham 2017）來結構化連結元素也是如此。單獨使用 URI 作為資源識別是一種 REST 原則，透過分散式命名可以實現全域可定址性。

這模式以更複雜且因此非常有彈性的客戶端程式模型為代價，解決「全域、永久和絕對」的識別問題。設計穩定、安全的 URI，從風險和所花心力角度來看都很不容易。*連結元素*例如 URI 引入了安全性威脅，因此必須納入安全性設計與測試工作，來確保無效的 URI 不會使伺服器崩潰，或成為攻擊者的入口。

這類的 REST 風格不區分 *ID 元素*和*連結元素*，這有優點：可認定為有易用性和可定址性，也有缺點：難以改變 URI。一旦已經在*連結元素*中使用 URI，要改變 URI 架構的風險和成本就會變得很高，*連結查詢資源*模式和 HTTP 重新導向可能可以提供協助。人類瀏覽網頁可從目前展示的 HTML 頁面，和對於所提供的服務直覺性地取得連結資訊或察看服務文件；但 API 客戶端的程式和它們的開發人員則無法如此輕易地操作。

知道**連結元素**並不足以和遠端端點，例如 RESTful HTTP 資源或 SOAP 操作互動；此外還需要成功傳遞端點細節，例如 RESTful HTTP 中的 HTTP 動詞、請求參數和回應結構主體。為了容易傳遞額外的細節，應該將這些細節定義在透過**連結元素**連結到的服務 *API 敘述*中，和／或包含在運行時的**元資料元素**中。

相關模式

ID **元素**是相關模式，提供本地參照 API 元素的唯一性。*ID* **元素**不包含網路可存取且因此全域唯一的地址，ID 元素通常也不會包含我們建議在**連結元素**中包含的語義類型資訊。**連結元素**和 *ID* **元素**兩者都可隨附**元資料元素**。

連結元素常用來實現**分頁**，它們也可以組織超媒體驅動的狀態轉移，無論是**狀態建立操作**還是**狀態轉移操作**，都可能回傳本地有效的 *ID* **元素**或全域有效的**連結元素**。當透過公開一個或多個**處理資源**，來實現分散式業務流程為一組編排的**狀態轉移操作**時，使用**連結元素**是有益或說有必要的。這種進階用法在第 5 章〈定義端點型態與操作〉曾討論，為前端 BPM 和 BPM 服務。

Daigneau（2011）的「連結服務」（Linked Service）有提到相關概念，即**連結元素**的目標。《A Pattern Language for RESTful Conversations》（Pautasso 2016）有介紹 RESTful 整合的相關模式，例如「隨著超連結的客戶端導航」（Client-side Navigation following Hyperlinks）、「長運行請求」（Long Running Request）和「遍歷資源集合」（Resource Collection Traversal）等。

更多資訊

「Designing & Implementing Hypermedia APIs」（Amundsen 2013）為 QCon 的一篇介紹，是一個適合的研究起點；API Academy 的 GitHub 儲藏庫（API Academy 2022）也可以找到許多範例。

《RESTful Web Services Cookbook》的第 5 章，介紹 8 個「網路連結」（Web Linking）方法（Allamaraju 2010），例如在 5.4 節中談到的分派連結相關類型；同書第 4 章則

建議如何設計 URI。也可以參考《Build APIs You Won't Hate》（Sturgeon 2016b）第 12 章關於成熟度 3 級的 HTTP 資源中的 API 連結元素。

ALPS 規範也用來處理連結表現，《Design and Build Great Web APIs: Robust, Reliable, and Resilient》（Amundsen 2020）一書就有談到這點。RFC 6906 有關於「概要」（profile）連結的關係類型（Wilde 2013），另一個 RFC 草稿：《JSON Hypertext Application Language》，介紹連結關係的媒體類型。REST 等級 3 網站也提出用來實現 HTTP 連結元素的概要和模式（Bishop 2021）。

實現這概念的函示庫和標記法包括 HAL、Hydra（Lan- thaler 2021）、JSON-LD、Collection+JSON 和 Siren；請見 Kai Tödter 的簡報「RESTful Hypermedia APIs」（Tödter 2018），和 Kevin Sookocheff 的部落格文章來初步了解（Sookocheff 2014）。

特殊目的表現

有些元素刻板在 API 中是如此普遍和／或多面向，以至於它們可以擁有自己的模式。*API* 金鑰就是一個例子，它僅是訊息表現觀點的一個原子元資料元素；然而，它在安全情境應用中，加入了需要強調的獨特力量。錯誤回報和上下文表示比較一個或多個表現元素，本節中 3 個模式的共同特點，就是對 API 品質的關注，會在下一章進一步討論。

你可能好奇，為何我們要在訊息表現設計的章節中提到安全性考量。這裡的目標不是提供完整圖像，之所以介紹 *API* 金鑰，是因為其知名度而且可以用在不同 API 中。安全性是一個廣泛且重要的主題，通常需要比 *API* 金鑰更複雜的安全性設計，本章最後一節「總結」，會提供相關資訊的指標。

模式：API 金鑰

使用時機及原因

API 提供者只提供服務給已訂閱和已註冊的參與者。一或多個客戶端已經註冊了想要使用的服務，需要識別這些客戶端，好實施例如速率限制或實現計價方案等。

API 提供者如何識別和驗證客戶端與其請求？

在 API 提供者端識別和驗證客戶端時，會出現許多問題。

- 客戶端程式如何在 API 端點識別出自己，而不用儲存和傳送使用者帳戶憑證？
- 如何使 API 客戶端程式的身分獨立於客戶端組織和程式使用者？
- 如何實現根據安全重要性而改變 API 驗證程度？

也存在安全性需求和其他品質衝突：

- 如何在 API 端點識別及驗證客戶端，但仍保持 API 對客戶端的易用性？
- 如何在保護端點的同時，最小化對效能的影響？

例如，Twitter API 提供 API 端點來更新使用者狀態，也就是發送一則貼文，只有已識別和通過驗證的使用者才可以這樣做，而且只能發在自己擁有的帳戶上。

- **建立基本安全性：**服務已訂閱客戶端的 API，必須關聯送來的請求與對應的客戶端。然而，並非所有 API 端點和操作都有相同安全需求，例如，API 提供者可能想要施行*速率限制*，這需要某種程度的識別，但不代表需要引入高傳真（high-fidelity）安全性功能。
- **存取控制：**讓顧客控制哪些 API 客戶端可以存取服務。並非所有 API 客戶端都需要相同許可，所以應該用更細緻的方式來管理這些許可。
- **避免儲存或傳送使用者帳戶憑證：**舉例來說，API 客戶端可以透過基本 HTTP 驗證[7]，在每一次請求發送其使用者帳戶的憑證，例如使用者識別符和密碼。然而，這些憑證不只用於 API，還用於帳號管理，例如變更付款細節。透過未加密的通道發送這些敏感的憑證，或將憑證儲存在伺服器作為 API 配置的一部分會帶來嚴重的安全風險。如果攻擊者也獲得客戶端帳戶的存取權，且因此存取出帳紀錄或其他使用者相關資訊，則成功的攻擊會嚴重得多。

7 基本 HTTP 驗證可見 RFC 7617（Reschke 2015）的描述，是一套「驗證架構，將憑證使用 Base64 編碼，作為一對使用者 ID／密碼來傳輸」。

- **解耦客戶端與所屬組織**：外部攻擊是主要威脅。使用顧客帳戶憑證實現 API 安全性，意味著也賜予內部人員，例如系統管理員和 API 開發人員不需要的完整帳號存取權。解決方案應該區分管理和支付帳戶費用的人員，以及配置客戶端程式的開發和營運團隊。
- **安全性 vs 易用性**：API 提供者想要讓顧客可輕鬆存取服務和快速上手。在客戶端實施複雜和繁重的驗證架構，例如提供強大驗證功能的 SAML[8] 可能使他們不願使用這個 API。找出正確的平衡，高度取決於 API 的安全性需求。
- **效能**：保護 API 會對基礎設施的效能造成影響，加密請求需要計算，且任何用於驗證和授權目的而傳輸的酬載，也會增加資料容量。

有豐富的應用程式層級安全性解決方案組合，用於滿足機密性、完整性和可用性（CIA）需求；然而，對於免費和公開的 API 來說，這樣的管理開銷和效能影響在經濟上可能不可行。至於*解決方案內部 API* 或*社群 API*，安全性可能實現於虛擬私有網路（VPN），或雙向安全通訊端層（SSL）的網路層級。這方法使應用層級的使用情境更加複雜，例如實施*速率限制*。

運作方式

> 作為 API 提供者，為每一個客戶端分派一個獨特令牌：*API 金鑰*，客戶端可以提交給 API 端點作為識別目的。

將 *API 金鑰*編碼為*原子參數*，即單一的普通字串。這個可互相操作的表現使其容易在請求標頭、請求主體中，或作為 URL 查詢字串發送，[9] 因為它的體積小，包含在每一個請求中只會有些微固定開銷。圖 6.7 說明一個發送給受保護的 API 請求，在 HTTP `Authorization` 標頭中包含 *API 金鑰*：`b318ad736c6c844b`。

8 安全性斷言標記語言（Security Assertion Markup Language, OASIS 2005），是一套用於團體交換驗證和授權資訊的 OASIS 標準。SAML 的應用是實現單一登入（single sign-on）。

9 出於安全考量，不建議在 URL 的查詢字串發送金鑰，且應該在不得已時才使用。查詢字串通常會顯示在日誌檔案或分析工具中，這有害於 API 金鑰的安全性。

圖 6.7 *API* 金鑰範例：HTTP GET 與 Bearer 驗證

在實現自訂解決方案之前，檢查你的框架或第三方擴展是否已經提供對 *API* 金鑰的支援，確認已準備好自動化整合或端對端測試，以確保只有有效的 *API* 金鑰才可以存取端點。

作為 API 提供者，要確保生成的 *API* 金鑰獨一無二且難以猜測。這可以透過使用填充隨機資料，和以私鑰簽署和／或防止猜測的加密序列號碼，來確保唯一性而達成。或是使用基於 UUID 的金鑰（Leach 2005），UUID 在分散式配置中比較容易使用，因為沒有跨系統的同步序列號，然而，UUID 不一定是隨機的；[10] 因此，也需要進一步如序列號架構的模糊處理。

API 金鑰也可以和其他密鑰結合，來確保請求的完整性。這把密鑰共享於客戶端和伺服器端之間，但從不在 API 請求中傳輸。客戶端使用這把密鑰來建立請求的簽署雜湊，並將雜湊和 *API* 金鑰一起發送。提供者可以由提供的 *API* 金鑰來識別客戶端，使用共享的密鑰來計算出相同的簽署雜湊，然後兩相比較，確保沒有篡改請求。例如，亞馬遜（Amazon）就使用這種非對稱加密，來保護對彈性雲端運算（Elastic Compute Cloud）的安全訪問。

10 UUID 第一版（Version 1）結合時間戳記和硬體位址。可見 RFC 4122「安全考量」（Security Considerations）一節的警告：「不要假設很難猜測 UUID；例如，它們不應該用為安全功能，即僅具有獲得訪問權限的識別符。」

範例

下面在 Cloud Convert API 中呼叫**處理資源**，開始把 Microsoft Word 的 `.docx` 檔轉為 PDF。客戶端在**狀態建立操作**中透過通知提供者想要的輸入和輸出格式，來建立一個新的轉換流程，在請求主體中，這些格式以兩個**原子參數**傳遞；接著必須透過第二個在同個 API 的**狀態轉移操作**呼叫，來提供輸入檔案：

```
curl -X POST https://api.cloudconvert.com/process \
--header 'Authorization: Bearer gqmbwwB74tToo4YOPEsev5' \
--header 'Content-Type: application/json' \
--data '
{
    "inputformat": "docx",
    "outputformat": "pdf"
}'
```

根據 HTTP/1.1 Authentication RFC 7235 規範（Fielding 2014b），客戶端為了出帳目的，會透過在請求標頭 `Authorization` 中傳遞 *API* **金鑰**：`gqmbwwB74tToo4YOPEsev5` 以識別自己。HTTP 支援不同驗證類型，這裡使用的是 RFC 6750 `Bearer` 類型（Jones 2012），API 提供者可因此識別客戶端，並對其帳戶收費。回應包含 *ID* **元素**來表示特定流程，可用來檢索轉換的檔案。

討論

API **金鑰**是成熟驗證協議的一種輕量替代方案，且在基本安全需求、最小化管理和通訊固定開銷之間取得平衡。

讓 *API* **金鑰**作為在 API 端點和客戶端之間的共享祕密，端點可以識別發起呼叫的客戶端，並使用這個資訊來驗證及授權客戶端。使用獨立的 *API* **金鑰**而非顧客帳戶憑證，會將不同顧客角色，例如行政管理、業務管理和 API 使用互相解耦，這能讓顧客有機會建立和管理多個不同權限的 *API* **金鑰**，例如，用於不同客戶端實現或位置。考量安全性漏洞或洩露情況，也可以撤銷金鑰，並產生獨立於客戶帳戶的新金鑰。提供者也可能讓客戶端選擇使用多個不同權限的 *API* **金鑰**，或提供每個 *API* **金鑰**的分析，例如 API 呼叫執行次數和**速率限制**。因為 *API* **金鑰**很小，可以包含在每個請求中而不太影響效能。

API 金鑰是共享的祕密，因為是隨每個請求一起傳送，應該只能透過安全連線如 HTTPS 來使用。如果這不可行，必須使用其他安全措施來保護它，如 VPN、公開金鑰加密，並滿足整體安全性需求，例如機密性和不可否認性。配置和使用安全協議與其他安全措施，會有一些配置管理和效能上的固定開銷。

API 金鑰只是一個簡單的識別符，不能用來傳送其他資料或元資料元素，例如到期時間或授權令牌。

即使與密鑰結合，要以 *API* 金鑰作為驗證和授權的唯一手段，也可能是不足或不切實際的，*API* 金鑰也不代表驗證和授權應用程式的使用者，而是要考慮涉及三方會話的情況：使用者、服務提供者和想要代表使用者與服務提供者互動的第三方。例如，使用者可能想要允許手機 App 將資料儲存在使用者的 Dropbox 帳戶，這樣一來，如果使用者不想和第三方分享 *API* 金鑰，就無法使用，這樣的情境下反而應該考慮使用 OAuth 2.0（Hardt 2012）和 OpenID Connect（OpenID 2021）。

比 *API* 金鑰更安全的替代方案，是成熟的驗證或授權協議，其中授權協議包含驗證功能。Kerberos（Neuman 2005）是常在網路中用來提供單一登入的驗證協議，與輕型目錄存取協定（LDAP）（Sermersheim 2006）結合也可以提供驗證，LDAP 本身也提供授權以及驗證能力。其他點對點驗證協定的例子為握手驗證協議（Challenge-Handshake Authentication Protocol, CHAP, Simpson 1996）和可擴展驗證協議（Extensible Authentication Protocol, EAP, Vollbrecht 2004），本章「總結」會回過頭來討論。

相關模式

許多網路伺服器使用會話（session）識別符，來維護及追蹤使用者跨多個請求的會話；這概念與 *API* 金鑰類似。相對於 *API* 金鑰，會話識別符僅用於單一會話，然後就會丟棄。

《Security Patterns》（Schumacher 2006）提供滿足安全需求，例如 CIA 的解決方案，並詳細討論優勢和劣勢。存取控制機制例如基於角色的存取控制（RBAC），和基於屬性的存取控制（ABAC），可以補充 *API* 金鑰和其他驗證方法。這些存取控制實現需要存在一個所描述的驗證機制。

更多資訊

保護 HTTP 資源 API 時，應該參考 OWASP API Security Project（Yalon 2019）和「REST 安全性備忘單」（REST Security Cheat Sheet, OWASP 2021）。這份備忘單包含一節 ***API* 金鑰**以及其他有關安全性的寶貴資訊。

《Web API 設計原則：API 與微服務傳遞價值之道》（Principles of Web API Design: Delivering Value with APIs and Microservices, Higginbotham 2021）的第 15 章探討保護 API 的方法，《RESTful Web Services Cookbook》（Allamaraju 2010）的第 12 章聚焦於安全性，並提供 6 個相關手法。《A Pattern Language for RESTful Conversations》（Pautasso 2016）涵蓋在 RESTful 上下文中替代身分驗證機制的兩種相關模式：「基本資源驗證」（Basic Resource Authentication），和「基於格式的資源驗證」（Form-Based Resource Authentication）。

模式：錯誤回報

使用時機及原因

通訊參與者必須可靠地管理運行時的非預期狀況，例如，客戶端呼叫 API，但 API 提供者無法成功處理這個請求時。錯誤可能是出於不正確的請求資料、無效的應用程式狀態、遺失存取權，或可能是客戶端、提供者與其後端實現，或背後的通訊基礎設施，包括網路和中介者錯誤等許多其他問題。

> API 提供者如何通知客戶端通訊和處理錯誤？這些資訊如何獨立於底層的通訊技術和平台，例如，表示狀態代碼的協議層級標頭？

- **表達性與目標聽眾的期待：**錯誤資訊的目標聽眾包括開發人員、營運人員、服務台和其他支援人員（除了中介軟體、工具和應用程式）。詳細的錯誤資訊會帶來較佳的可維護性及可演進性；說明越仔細對修正缺陷越有幫助，因為會減少找出造成錯誤根本原因的心力。然而，因為目標聽眾的多樣性，錯誤訊息不應該假設任何消費者端的上下文，或使用情境與技術能力，而是必須在表達性和緊湊性／簡潔性之間找到平衡；包含陌生行話的冗長說明可能會讓一些接收者感到困惑，並引起「太長了、不要讀」的反應。

- **健壯性與可靠性：**引入任何種類的錯誤回報與處理的主要原因，來自於希望增加健壯性和可靠性。錯誤回報必須涵蓋許多不同情況，包括發生在錯誤處理與回報期間的錯誤，它們應該協助管理系統和修正錯誤。
- **安全性與效能：**錯誤代碼或訊息對消費者應該具有表達性和意義，但為了安全性和資料隱私，不應該暴露任何提供者端的實現細節。[11] 誘發錯誤可用來阻斷服務攻擊，但 API 提供者必須注意錯誤回報時的效能預算、安全性也是原因之一，提供者端的日誌和監控也會帶來效能和存儲成本。
- **可互相操作性與可攜性：**當錯誤回報時，也應該考慮底層技術手段，例如，使用 HTTP 時，適當的回應狀態代碼允許其他人例如監控工具理解錯誤。然而，為了避免不必要的高耦合，這不應該是傳遞錯誤的唯一手段，而是應該保留作為鬆耦合面向的協定、格式和平台／技術自主性（Fehling 2014）。
- **國際化：**大部分的開發者使用英文錯誤訊息，如果這些訊息會送到終端使用者和管理者，則應該翻譯以實現多國語言支援（NLS）和國際化支援。

運作方式

在回應訊息中回覆錯誤代碼，以簡單、機器可讀的方式來指示和分類錯誤。另外，為 API 客戶端利害關係人，包括開發人員和／或人類使用者例如管理人員，添加錯誤的文本敘述。

錯誤回報資訊採用**原子參數列表**結構，一個包含可能採用 *ID 元素*形式的錯誤代碼，和文本敘述的二元組（two-tuple）。錯誤代碼可以和協定或傳輸層，例如 HTTP 4xx 狀態碼一樣。

錯誤回報也可以包含關聯 *ID 元素*，允許提供者在內部分析失敗的請求。**上下文表示**模式以平台中立的方式實現這種設計，時間戳也是另一個在**錯誤回報**中常見的要素。

11 你最後一次在網頁看見完整的伺服器端 SQL 例外錯誤的堆疊追蹤是什麼時候？

圖 6.8 顯示解決方案建構方塊。

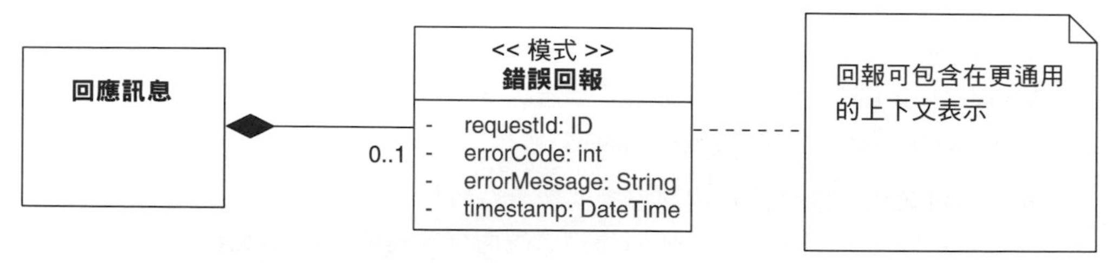

圖 6.8 錯誤回報模式，提供機器可讀和人類可讀的資訊，包括來源元資料（provenance metadata）

範例

顧客必須提供使用者名稱和密碼，來登入他們的 Lakeside Mutual 帳戶：

```
curl -i -X POST \
  --header 'Content-Type: application/json' \
  --data '{"username":"xyz","password":"wrong"}' \
  http://localhost:8080/auth
```

如果憑證不正確，則會回傳 HTTP 401 錯誤，以及更詳細的 JSON 物件回應，在範例中都由 Spring 框架組裝，狀態碼重複且以兩種文本說明。

```
HTTP/1.1 401
Content-Type: application/json;charset=UTF-8
Date: Wed, 20 Jun 2018 08:25:10 GMT

{
  "timestamp": "2018-06-20T08:25:10.212+0000",
  "status": 401,
  "error": "Unauthorized",
  "message": "Access Denied",
  "path": "/auth"
}
```

同樣地，考量客戶端沒有指定請求主體的內容型態（content type）：

```
curl -i -X POST --data '{"username":"xyz","password":"wrong"}' \
http://localhost:8080/auth
```

提供者會回覆適當的錯誤訊息，一樣使用 Spring 預設格式：

```
HTTP/1.1 415
EHDate: Wed, 20 Jun 2018 08:29:09 GMT

{
  "timestamp": "2018-06-20T08:29:09.452+0000",
  "status": 415,
  "error": "Unsupported Media Type",
  "message": "Content type
      'application/x-www-form-urlencoded;
       charset=UTF-8' not supported",
  "path": "/auth"
}
```

`message` 告訴開發者這個端點不支援預設的 `application/x-www-form-urlencoded` 內容類型。Spring 框架允許自訂預設錯誤回報。

討論

包含代碼的**錯誤回報**，允許 API 消費者以程式處理錯誤，並向終端使用者展現人類可讀的訊息。透過包含文本錯誤訊息，錯誤可以用比協定或傳輸層級代碼更詳細的方式來說明；詳細的**錯誤回報**回應也可包含解決導致錯誤問題的提示，遵循的是急救／緊急電話 119 慣例：誰、在哪、什麼時候發生什麼事。

相較於簡單的數字代碼，詳細的文本訊息有較高風險意外暴露提供者端實現細節或敏感資料。例如，通知失敗的登入嘗試不應該暴露使用者 ID 例如 E-Mail，是否實際對應到帳戶，目的是增加暴力破解攻擊的困難度。文本錯誤訊息可能也必須國際化，如果有傳給人類使用者的話。

詳盡的錯誤回報會帶來更好的可維護性和演進性，而說明越多，會因此減少找出缺陷原因的心力，也就越有效率；所以**錯誤回報**模式在這方面比簡單的協議層級錯誤代碼來得更有效率。**錯誤回報**也有較佳的可互相操作性和可攜性特質，因為其促進協定、格式和平台自主。然而，越詳細的錯誤訊息，會暴露越多關於安全性的敏感資訊，而這種對於系統內部細節資訊的暴露，也會開啟攻擊媒介（attack vector）。

除了目標成為獨立於傳輸協議的酬載**錯誤回報**，仍可以使用傳輸層級代碼。酬載**錯誤回報**可以描述比預先定義的傳輸層級錯誤類別還要更細緻的錯誤組，以傳輸層級代碼回報通訊問題，及在酬載中回報應用程式／端點處理問題，符合一般的關注點分離原則。

如果 API 有能力以國際化的訊息回應，會比較容易省略錯誤代碼。但這會迫使任何非人類消費者去解析錯誤訊息，以找出哪裡出錯；因此，錯誤回報應該還是要包含機器容易解讀的錯誤代碼。此外，這確保客戶端開發者可以改變展現給人類使用者看的錯誤訊息。

當處理請求綑綁時發生錯誤回報的時候，最好一起回報綑綁中每個項目及整個綑綁的錯誤或成功狀態。這裡有不同選項，例如，整個請求批次的錯誤回報，可以結合透過請求 ID 存取的個別錯誤回報的關聯陣列。

相關模式

錯誤回報可以是回應訊息中**上下文表示**的一部分，可能包含**元資料元素**，例如，那些通知有關下一步的資訊，以解決或修正回報的問題。

「遠端錯誤」（Remoting Error）（Voelter 2004）模式包含這個模式的一個通用且更低階層的概念，關注於分散式系統中介軟體的觀點。

錯誤回報是使 API 實現變得強健且有韌性的重要建構模塊。完全解決方案還需要更多模式，例如 Nygard（2018a）首先介紹的「斷路器」（Circuit Breaker），系統管理種類也有相關模式（Hohpe 2003），例如「死亡信件通道」（Dead Letter Channel）。

更多資訊

參考《Build APIs You Won't Hate》（Sturgeon 2016b）第 4 章，來獲得在 RESTful HTTP 上下文中錯誤回報的詳細介紹。

在《高品質微服務：建構跨工程組織的標準化系統》（Production-Ready Microservices: Building Standardized Systems across an Engineering Organization, Fowler 2016）一書中，有介紹一般生產就緒性（production readiness）。

模式：上下文表示

使用時機及原因

已經定義了 API 端點與操作。在 API 客戶端和提供者間必須交換上下文資訊。這種上下文資訊的例子有客戶端位置，和其他 API 使用者配置資料、形成**願望清單**的偏好設定，或服務品質控制（QoS），例如用來驗證、授權和客戶出帳的憑證。這種憑證可能是 *API* 金鑰或 JSON Web Token（JWT）聲明（claim）。

> API 消費者和提供者，如何不依靠任何特定遠端協議來交換上下文資訊？

遠端協議的重要範例為應用程式協議例如 HTTP，或傳輸協議例如 TCP。在這個模式的情境中，假設還沒選擇出具體協議，但已經清楚必須實現一些服務品質（QoS）保證。

API 客戶端和 API 提供者之間的互動可能是會話的一部分，且組成多個相關操作呼叫。API 提供者也可作為客戶端，消費由其他 API 實現提供的服務，來建立操作調用順序。上下文資訊的某些部分可能限於單一操作，其他可能是共享的，在這種會話中，會從操作調用傳遞到操作調用。

> 在會話中如何使請求中的識別資訊和品質特性可見於後續請求？

- **可互相操作性和可修改性：**從客戶端到提供者的請求，在一路上可能會跨多個計算節點，且經過不同通訊協議；回應也是如此。在分散式系統中，當底層協議改變時，很難確保消費者和提供者之間的控制資訊交換，可以成功透過每一種中介，包括閘道和服務匯流排（service bus），而仍不被修改。協議演進時，預先定義的協議標頭存在及語義可能改變。作為可維護性考量的可修改性有業務領域和平台技術方面，這裡特別關注可升級性（upgradability），關於上下文資訊的集中或分散決策，可能會影響這個品質。

- **協議演進時的依賴：**分散式系統和軟體工程的歷史，可看出除了少數著名例外如 TCP，其他協議和格式都會一直改變；例如，在物聯網場景中，除了 HTTP 還可看到輕量訊息協議如 MQTT。使用特定協議的標頭，讓 API 客戶端和提供者的開發人員可最大化控制在傳輸時發生的事，且省去自行實現 QoS（服務品質）特性傳輸及使用。然而，這個選擇也引入額外依賴，以及相關的學習負擔。隨著 API 演進，若一種協議替換成另一種，就會需要額外的維護工作來遷移 API 實現。

  為了促進協議獨立性和跨平台的設計，有時不應該使用底層協議提供的預設標頭和標頭擴展功能。

- **開發人員生產力（控制 vs 慣例）：**不是所有 API 客戶端和提供者都有相同整合需求，且不能期待所有程式設計師都是協議、網路或遠端通訊專家。[12] 因此，當談到定義和傳輸 QoS 資訊及其他形式的控制元資料時，會存在控制 vs 慣例的權衡：使用協議標頭很方便，且可以利用協議特定的框架、中介軟體和基礎設施，例如負載平衡器和快取，但這是將控制權委託給協議設計者和實作者。自訂方法能最大化控制權，但會造成開發和測試負擔。

- **客戶端與其需求的多樣性：**不同的客戶端，可能會在其他環境或不同時間，使用 API 服務來應付不同使用情境，這會出現一些泛用化（generalization）情形和引入可變點。在這種情況下，與客戶端有關的應用程式和基礎設施層級的上下文資訊，可能需要以客戶端特定的方式來路由，並處理請求、系統化地記錄活動，以用於線下分析，或傳播安全憑證。例如，銀行規則可能只允許在顧客國家內儲存和存取顧客資料，於是跨國銀行必須確保資料有相對應的保護。這可以透過將客戶端的國家放入上下文中，以及路由所有請求到正確國家顧客管理系統實例來實現。

- **端對端安全性（跨服務和協議）：**為了實現端對端的安全性、必須跨多個節點來傳輸令牌和數位簽章。這種安全憑證是典型消費者和提供者必須直接交換的元資料類型；中介和協議端點會破壞期望的端對端安全性。

- **業務領域層級的日誌和稽核（跨呼叫）：**當使用者的請求抵達較大的分散式系統，例如多層企業級應用程式的第一個接觸點時，通常會產生一個業務交易識別符。這個 *ID 元素*接著會包含在所有對後端系統的請求中，產生一個完整使

12 雖然現今常提到「全端開發人員」這個概念。

用者請求的稽核追蹤。例如，Cisco 的 API 設計指南為此引入一個自訂的 HTTP 標頭，稱為 `TrackingID`（Cisco Systems 2015）。如果所有訊息交換都使用 HTTP，這可以有效運作，但往調用階層下移動時，若協議轉換了，`TrackingID` 會發生什麼事？

運作方式

將所有攜帶期望資訊的**元資料元素**結合並組成群組，放到請求和／或回應訊息中的自訂表現元素之中。不要在協議標頭傳輸這單一個**上下文表示**，而是放在訊息主體中。

透過相應地結構化**上下文表示**，來分離會話中的全域和本地上下文。統一定位和標記**上下文表示**元素，以便輕鬆找到，並和**資料元素**區別。

可以透過定義**參數樹**封裝包含自訂**上下文表示**的**元資料元素**，來實現這個模式。圖 6.9 以 UML 顯示解決方案概略。產生的**參數樹**以巢狀層級和元素基數來看的話，通常具有低度到中度的複雜度。雖然**參數樹**是普遍的選擇，但如果需求只是詢問數值或列舉，例如商店 API 上下文中的關鍵字分類符或產品代碼，可以改用簡單的**原子參數列表**。

包括**元資料元素**的範例是優先級分類符、會話識別符、關聯識別符，以及請求與回應中，用於協調和關聯目的的邏輯時鐘值和計時器。位置資料，時區、客戶端版本、作業系統需求等，也適合作為請求的上下文資訊。

我們應該在跨 API 中的所有操作使用相同的結構和位置，讓上下文資訊可以容易找出來、理解和處理。如果在端點操作之間的上下文資訊差異很大，可以用抽象 - 精煉階層結構來建立共通性和可變性的模型；也可使用選填欄位和預設值，但這會增加開發和測試工作。

變體　在某些情況中，上下文資訊只由 API 提供者實現在本地處理；而其他上下文資訊則傳送給後端系統，也就是 API 提供者扮演客戶端的角色。一些上下文資訊可能和當下的呼叫有關，而其他上下文資訊則用來協調對同一個 API 端點的後續呼叫。

因此，這模式存在兩種變體：會話中的**全域**上下文表示，和**本地**上下文表示。API 設計者通常關注於減少 API 的冗長性，然而，某些情況下仍需要呼叫多個操作，而這會顯示為巢狀呼叫的形式。

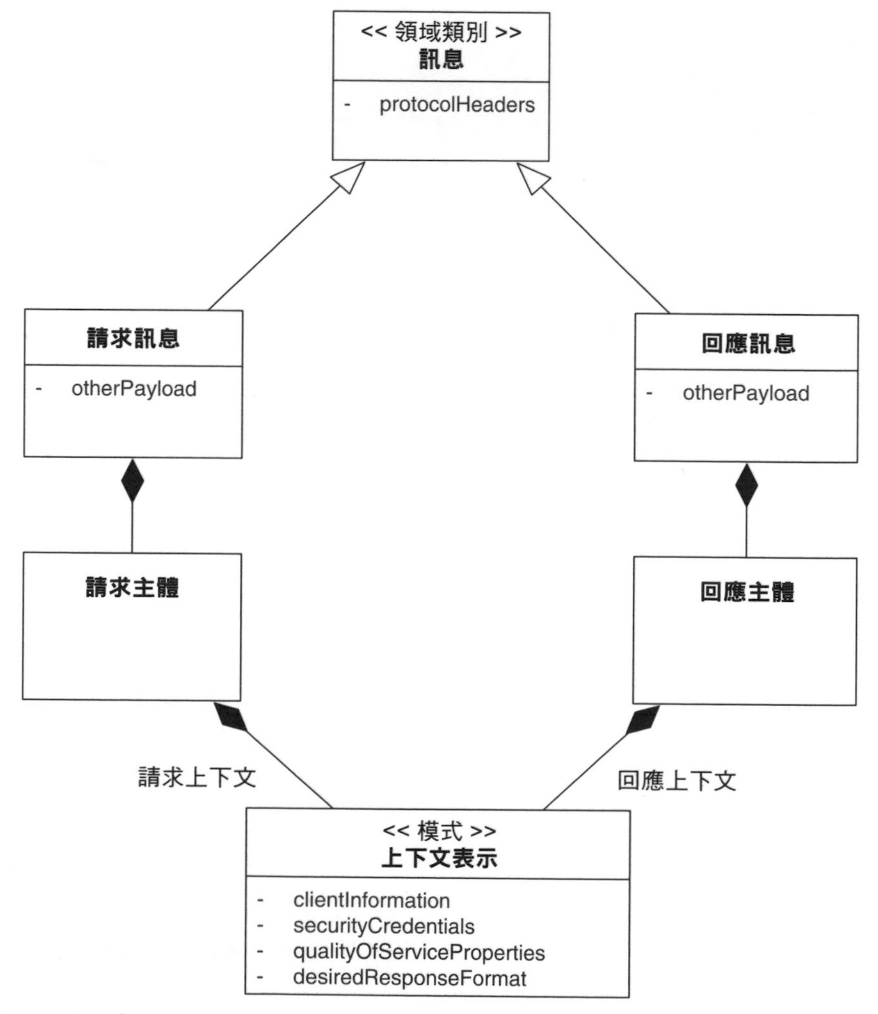

圖 6.9 上下文表示

例如，可能調用呼叫其他服務的微服務，而那些服務又可能呼叫另一個服務。深度階層使得端對端的可靠性、可理解性和效能難以實現，尤其是呼叫為同步的時候。在其他情境中，服務可能必須以特定順序呼叫，例如實現複雜的業務流程或註冊過程，也就是要在呼叫業務操作之前先獲取授權令牌。在這兩種情況中，有必要將上下文資訊帶到之後的 API 呼叫，例如，使用者憑證或令牌可能必須在建立後傳送；可能需要委派業務流程識別符（ID）或原始交易，給在呼叫階層中較深的服務，來確保正確的請求授權。這種上下文轉交，有助於在整個會話中追蹤和日誌記錄。

圖 6.10 顯示操作呼叫嵌套。

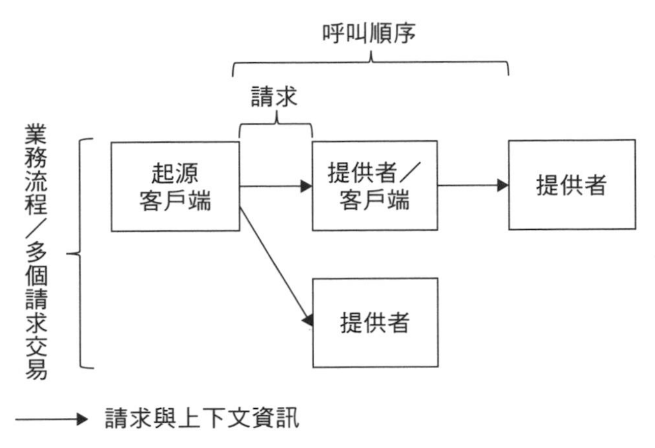

圖 6.10 API 提供者也作為 API 客戶端，需要上下文訊息

當上下文按需求分享時，可以包含不同範圍。上下文中的資訊可分類為本地和全域，**本地（local）**上下文僅包括對這個請求的有效資訊，可以是訊息 ID、使用者名稱、訊息存活時間等。**全域（global）**上下文則包括比單個請求更長的有效資訊，例如，在巢狀操作呼叫或長運行業務流程的情境中。如之前提到的，跨多個呼叫、全域交易或業務流程識別符的委派驗證令牌，是全域情境中常會發現的上下文資訊範例，可見圖 6.11 說明。

區分本地，即操作／訊息層級上下文，和在分散式通訊參與者之間共享的全域上下文，有助於推理出上下文資訊的利害關係人和生命週期。全域上下文經常會被應用程式層級中介處理，例如驗證、轉換和／或路由請求的 API 閘道，因為它是標準化的，且資訊的處理是重複性的。或是用函式庫和框架元件來進行處理，例如應用程式伺服器中的標註處理器。相比之下，本地上下文是透過 API 實現層級的函式庫或框架處理，例如伺服器端支援 HTTP 和容器框架像是 Spring。接著，訊息酬載才在 API 提供者實現中分析和處理。

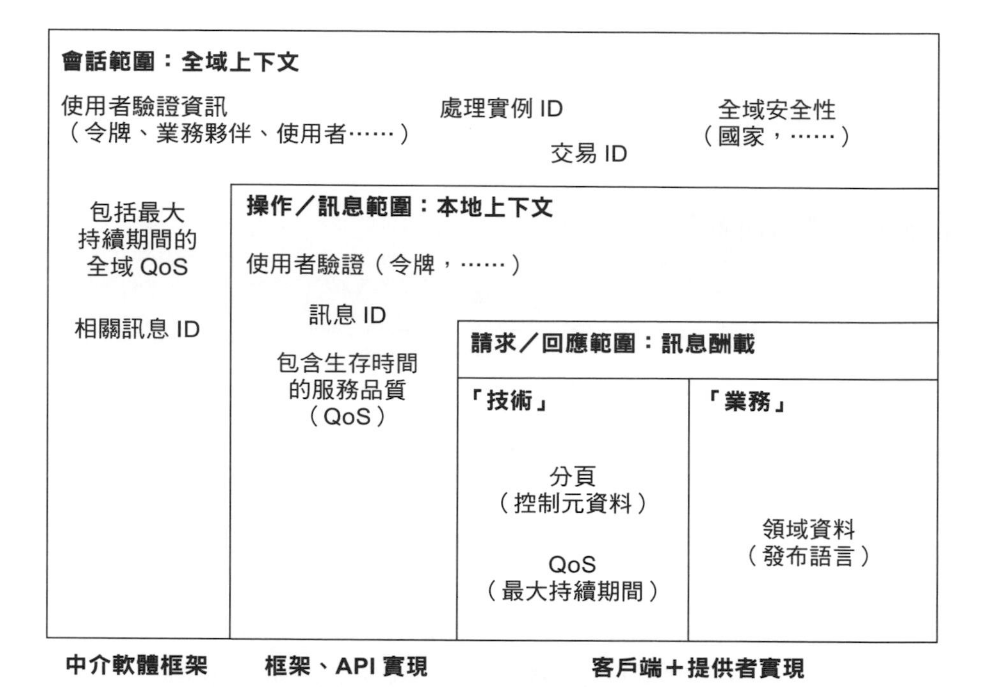

圖 6.11　上下文範圍：全域會話，和本地操作、請求／回應

範例

下面的服務合約草稿，引入一個在 `getCustomerAttributes` 操作的請求訊息酬載的自訂上下文表示，稱為 `RequestContext`。它以 `<<Context_Representation>>` 刻板修飾，因此很容易在請求酬載中辨認出來。範例中的 API 規約標記是微服務領域特定語言（MDSL），其入門和參考可見附錄 C 的介紹。

```
API description ContextRepresentationExample

data type KeyValuePair P // not specified further
data type CustomerDTO P // not specified further

data type RequestContext {
    "apiKey":ID<string>,
    "sessionId":D<int>?,
    "qosPropertiesThatShouldNotGoToProtocolHeader":KeyValuePair*}

endpoint type CustomerInformationHolderService
```

```
exposes
  operation getCustomerAttributes
    expecting payload {
     <<Context_Representation>> {
          "requestContextSharedByAllOperations": RequestContext,
          <<Wish_List>>"desiredCustomerAttributes":ID<string>+
     },
     <<Data_Element>> "searchParameters":D<string>*
    }
    delivering payload {
     <<Context_Representation>> {
        <<Metadata_Element>> {
          "billingInfo": D<int>,
          "moreAnalytics":D},
        <<Error_Report>> {
          "errorCode":D<int>,
          "errorMessage":D<string>}
      }, {
      <<Pagination>> {
        "thisPageContent":CustomerDTO*,
        "previousPage":ID?,
        "nextPage":ID?}
      }
    }
```

RequestContext 包含一個 *API* 金鑰，以及在成功驗證時，由提供者建立的 sessionId *ID* 元素，可以將額外的自由型態標頭加入其鍵 - 值部分。getCustomerAttributes 的回應酬載包含此模式的二次使用，注意，範例也呈現 3 種其他模式：**願望清單**、**錯誤回報**和**分頁**。

當 MDSL 規約轉為 OpenAPI 時，之前的範例可展現為 YAML，如下：

```
openapi: 3.0.1
info:
  title: ContextRepresentationExample
  version: "1.0"
servers: []
tags:
- name: CustomerInformationHolderService
  externalDocs:
    description: The role of this endpoint is not specified.
    url: ""
paths:
  /CustomerInformationHolderService:
    post:
```

```
tags:
- CustomerInformationHolderService
summary: POST
description: POST
operationId: getCustomerAttributes
requestBody:
  content:
    application/json:
      schema:
        type: object
        properties:
          anonymous1:
            type: object
            properties:
              requestContextSharedByAllOperations:
                $ref:’#/components/schemas/RequestContext’
              desiredCustomerAttributes:
                minItems: 1
                type: array
                items:
                  type: string
          searchParameters:
            type: array
            items:
              type: string
responses:
  “200”:
    description: getCustomerAttributes successful execution
    content:
      application/json:
        schema:
          type: object
          properties:
            anonymous2:
              type: object
              properties:
                anonymous3:
                  type: object
                  properties:
                    billingInfo:
                      type: integer
                      format: int32
                    moreAnalytics:
                      type: string
                anonymous4:
                  type: object
```

```
                        properties:
                          errorCode:
                            type: integer
                            format: int32
                          errorMessage:
                            type: string
                  anonymous5:
                    type: object
                    properties:
                      anonymous6:
                        type: object
                        properties:
                          thisPageContent:
                            type: array
                            items:
                              $ref: "#/components\
                                      /schemas/CustomerDTO"
                          previousPage:
                            type: string
                            format: uuid
                            nullable: true
                          nextPage:
                            type: string
                            format: uuid
                            nullable: true
components:
  schemas:
    KeyValuePair:
      type: object
    CustomerDTO:
      type: object
    RequestContext:
      type: object
      properties:
        apiKey:
          type: string
        sessionId:
          type: integer
          format: int32
          nullable: true
        qosPropertiesThatShouldNotGoToProtocolHeader:
          type: array
          items:
            $ref: '#/components/schemas/KeyValuePair'
```

MDSL 規格比由它生成的 OpenAPI 規格要短得多。

討論

使用這模式，不僅將上下文**元資料元素**從協議標頭帶入到酬載中，而且是以非發散的方式進行。在**上下文表示**中的資料可能處理運行時的 QoS，例如優先級分類符；控制元資料和來源元資料經常包含在請求訊息中的**上下文表示**中。也有可能交換聚合元資料，例如回應中的結果計數，但比較少見。

透過以常見的形式來呈現控制資訊和其他元資料作為酬載的部分，可以將 API 客戶端和提供者，從使用的底層協議或技術隔離／抽離出來，例如，如果使用不同協議像是純 HTTP、AMQP、WebSocket 或 gRPC 時。避免了對單一協議標頭格式和支援協議的依賴，透過閘道或代理傳送的單個請求，可能會從一個協議轉為另一個協議，因此也許會在過程中丟失，或修改其原協議標頭資訊。例如，gRPC-Gateway 專案（gRPC-Gateway 2022）產生的反向代理伺服器，將 RESTful JSON API 翻譯成 gRPC；HTTP 標頭則透過代理來對映到 gRPC 請求標頭。不論是否發生這種協議轉換，酬載中的標頭資訊都會保持不變，並傳送至客戶端。

如果客戶端和消費者跨整個端點或 API 的資訊需求類似或相同，則引入共享／標準化**上下文表示**將獲得回報。如果 API 只由單一個傳輸協議服務，則一個明確、自訂的**上下文表示**，會導致一次性設計和處理工作；保持以原生、協議層級的方式傳輸上下文例如 HTTP 標頭，可能會比較容易。協議純粹主義者可能會認為，在酬載中引入自訂標頭是反模式，這顯示對協議與其功能的理解不足。這個討論會得出一個結論，遵循技術建議相對於自行掌握 API 命運的優先順序。

明確**上下文表示**的潛在缺點是冗餘，例如協議和酬載中的狀態代碼，可能必須處理意外或有意為之的差異。例如，網站客戶端如果收到 HTTP 狀態「200 OK」，但是酬載部分指示錯誤的 HTTP 訊息時，應該要做什麼？或是相反的情況，HTTP 指示錯誤，但酬載說明請求已正確處理呢？僅僅將標頭資訊例如 HTTP 狀態碼一字不差地包含在酬載中，並沒有提供任何對基礎協議的抽象，需要額外工作，把這資訊對映到應用層級上有意義平台獨立的格式。例如，「404」代碼對所有網站開發人員來說都可以理解，但對 Jakarta Messaging（之前稱為 JMS）專家則沒有任何意義；然而，文本訊息「無法取用服務端點」，對 HTTP 資源和訊息佇列的使用是有意義的。注意，底層傳輸協議可能依賴於某些標頭的存在。在酬載中包含這種標頭資訊，且再次傳送會導致冗餘，並增加訊息大小，而可能傷害效能且導致不一致。可以的話，應該避免這樣的重複。

就程式設計師生產力而言，將上下文資訊委交協議或自行實現**上下文表示**，是否在短期或長期中，會讓程式設計師更有生產力？這方面並不清楚。大部分的工作在於蒐集需要的資訊然後放入發送者端的某處，接著在接收者端對其定位和處理。假設協議函式庫提供適合的本地 API，則預期開發工作不會差太多。有些協議可能不支援所有 QoS 需要的標頭，碰到這樣的情況，開發人員必須在 API 實現這些功能，如果他們選不出支援這些功能協議的話。

在同一個地方組合所有上下文資訊時，其關注點分離和內聚性會是衝突力量；應該透過回答以下問題來推動相關的設計決策：是誰產生和消費上下文資訊？發生在什麼時候？資料定義有多常改變？資料有多大？有什麼保護需求？

相關模式

這個模式常與其他模式結合；例如，在**願望清單**表示的資料請求，可以是**上下文表示**的部分，但不一定會這樣做；同樣地，**錯誤回報**可以在回應訊息上下文中找到它的位置。**請求綑綁**可能需要兩種**上下文表示**，一個在容器層級，而一個用於每個請求或回應元素。例如，當**請求綑綁**中的一個或更多個別回應錯誤時，同時有個別**錯誤回報**和聚集的綑綁層級報告也許是合理的。**版本識別符**也可在**上下文表示**中傳送。

雖然「前門」（Front Door）模式（Schumacher 2006）經常用於引入反向代理，但 API 提供者和客戶端可能不希望所有標頭都要經過由這些代理所提供的安全程序，**上下文表示**即可用於這種情況。「API 閘道」（API Gateway）（Richardson 2016）或代理可以作為中介，並且修改原本的請求和回應，但這會讓整體架構變得更複雜，管理和演進也會更具挑戰性。雖然這個方法很方便，但也意味著放棄控制權，或較少控制權而有額外依賴。

類似的模式也出現在幾個其他模式語言中。例如，「上下文物件」（Context Object）（Alur 2013）解決了在 Java 程式上下文中，而非遠端上下文的協議獨立狀態和系統資訊儲存問題。「調用上下文」（Invocation Context）模式（Voelter 2004）介紹一個用於在分散式調用的可擴展調用上下文中，綑綁上下文資訊的解決方案。

在每次的遠端調用中，調用上下文都會在客戶端和遠端物件間傳輸。「信封包裝」（Envelope Wrapper）模式（Hohpe 2003）則能解決類似問題，讓訊息的某些部分可見於負責特定段的訊息基礎設施。系統管理模式像是「竊聽」（Wire Tap）模式（Hohpe 2003）可用來實現稽核與日誌需求。

更多資訊

《RESTful Web Services Cookbook》（Allamaraju 2010）的第 3 章，在它的兩個手段中討論到在 HTTP 上下文中，基於**實體標頭（entity header）**的替代方法。

《On the Representation of Context》（Stalnaker 1996）提出語言學中的上下文表示概覽。

元資料元素模式提供更多相關模式的參考，和其他背景資訊。

總結

本章探討在請求和回應訊息中的表現元素結構與意義。元素刻板區分資料、元資料、識別符和連結；有些表現元素具有特殊和共同的目的。

此章聚焦於由資料元素代表的資料規約，API 規約公開的資料大部分來自於 API 實現，例如領域模型實體的實例。作為關於資料的資料，元資料元素提供補充資訊，像是來源追蹤、統計資料或使用提示；另一種資料元素的特殊化為 *ID* 元素，提供必要的黏合代碼，用於定址、區別和互相連結 API 的各個部分，例如端點、操作或表現元素。*ID* 元素不包含網路可存取的位址，且通常不含有語義類型資訊；如果需要這種資訊的話，可使用連結元素模式。資料元素的所有類型都可以用原子參數呈現，也可組成原子參數列表，或在參數樹中組裝。對資訊持有者資源端點的讀取和寫入存取，自然需要資料元素；處理資源的輸入和輸出參數也是如此。元資料元素可能說明這些資源的語義，或使它們在客戶端容易使用。所有這些結構考量和資料元素特性，都應該在 API 規約中定義，並在 *API* 敘述中說明。

本章也介紹 3 種特殊目的的表現元素。*API* 金鑰可用於任何需要區別客戶端的時候，例如，施行速率限制或計價方案，可見第 8 章〈演進 API〉。上下文表示含有且綑綁多個用來透過酬載分享上下文資訊特定目的的元資料元素，和／或 *ID* 元素。錯誤回報可以在上下文表示中找到適合位置，例如，當回報由請求綑綁引起的錯誤時，因為所需的摘要細節結構難以在協定層級的標頭或狀態碼中建模。**請求綑綁**模式會在第 7 章介紹。

現存許多 ***API 金鑰***的補充和替代方案，因為安全性是個具有挑戰且多面向的主題，例如，OAuth 2.0（Hardt 2012）是授權的產業標準協議，也是透過 OpenID Connect（OpenID 2021）來進行安全驗證的基礎。至於**前端整合**，常見的選擇是定義在 RFC 7519（Jones 2015）的 JWT，這是定義存取令牌（acess token）的一種簡單訊息格式；存取令牌會由 API 提供者建立和加密簽署，提供者可以核實這種令牌的真實性，並用它來識別客戶端。不像 ***API 金鑰***，根據規範，JWT 可以包含酬載，提供者可以在這個給客戶端讀取的酬載中，儲存額外資訊，攻擊者無法在不破壞簽章的情況下去修改它。

Kerberos（Neuman 2005）是另一個成熟的驗證或授權協議，常用在網路內部來提供單一登入（驗證），與 LDAP 結合（Sermersheim 2006）後，它也可以提供授權；LDAP 本身提供驗證功能，所以可用於驗證和／或授權協議。點對點驗證協議的例子有 CHAP（Simpson 1996）和 EAP（Vollbrecht 2004），SAML（OASIS 2005）是另一個替代方案，例如可以用在**後端整合**來保護後端系統 API 之間的通訊安全。

《Advanced API Security》（Siriwardena 2014）提供關於以 OAuth 2.0、OpenID Connect、JWS 和 JWE 保護 API 的全面討論；《Build APIs You Won't Hate》（Sturgeon 2016b）討論概念和技術選擇，和說明實現 OAuth 2.0 伺服器的方法；OpenID Connect（OpenID 2021）規範處理在 OAuth 2.0 協議上的使用者識別，《Web API 設計原則：API 與微服務傳遞價值之道》（Principles of Web API Design: Delivering Value with APIs and Microservices, Higginbotham 2021）的第 15 章探討保護 API 的方法。

本章中的所有模式，都可以和任何文本訊息交換格式及交換模式搭配使用。我們的範例使用請求 - 回應訊息交換模式，是因為它具普遍性；選擇另一種訊息交換模式時，也可以用適合的方式撰寫這些模式。雖然所介紹的模式在設計基於服務的系統時尤其相關，但並未假設任何特定的整合風格或技術。

接下來，第 7 章會介紹進階訊息結構設計，旨在改善特定品質。

第 7 章

改善訊息設計品質

本章介紹解決 API 品質問題的 7 種模式。可以說很難找到不重視品質的 API 設計者和產品負責人，品質例如直覺可理解性、優秀效能和無縫演進性。不過任何品質的改善都必須付出代價，包括實際成本例如額外開發工作，還有負面結果例如對其他品質的不利影響。平衡活動是因為一些期望品質之間互相衝突，例如效能對上安全性的經典取捨。

我們首先會在「API 品質介紹」中說明這些問題的重要性。下一節介紹處理「訊息粒度」（Message Granularity）的兩種模式，接著是「客戶端驅動訊息內容」（Client-Driven Message Content）的三種模式，和針對「訊息交換最佳化」（Message Exchange Optimization）的兩種模式。

這些模式支援第二部分開頭介紹的 ADDR 中，API 設計流程的第三和第四階段。

API 品質介紹

現代的軟體系統是分散式系統：手機和網站客戶端與後端 API 服務通訊時，通常由單一個或多個雲端供應商託管，多個後端之間也會互相交換資訊和觸發活動。使用跨技術和協議，訊息通過這種系統中的一個或數個 API。這對 API 規約與實現的品質方面有高度要求：API 客戶端希望任何提供的 API 是可靠、回應迅速和可擴展的。

API 提供者必須平衡在保證高服務品質時仍確保成本效益的衝突問題。因此，本章所有模式都將有助於解決以下總體設計問題：

> **發布的 API 如何實現特定品質水準，而同時以具成本效益的方式利用可用的資源？**

開發新的 API 時，效能和可擴展性可能不是優先的考慮選項，甚至根本不會出現，尤其在敏捷開發。一般來說，關於客戶端如何使用 API 做出有見解決策的資訊永遠不夠，只能猜測，但這不明智，且違反在責任最重時做出決定的原則（WirfsBrock 2011）。

改善 API 品質的挑戰

API 客戶端的使用情境彼此不同，有益於某些客戶端的改變，可能會對其他客戶端造成負面影響，例如，在沒有可靠連線的移動裝置上運行的網路應用程式，可能偏好只提供可盡快渲染目前頁面所需資料的 API，對於所有未使用資料的傳輸和處理，都會浪費寶貴的電池時間和其他資源。另一種可作為後端服務運行的客戶端，可能是定期檢索大量資料來生成複雜的報告，在多個客戶端－伺服器交互中這麼做會引入網路故障的風險；而故障發生時，回報必須在某個時間點回復或從頭開始。如果 API 與其請求與回應訊息設計為適合一種使用案例，則 API 很可能不適用於其他使用案例。

更靠近一點看，出現了下面的衝突和設計問題：

- **訊息大小 vs 請求數：**交換多個小訊息或是交換較少的大訊息比較好？有些客戶端可能必須發送多個請求來取得所有需要的資料，如此其他客戶端就不必接收用不到的資料，這是可接受的嗎？
- **個別客戶端的資訊需求：**某些顧客的利益優先於其他顧客，是有價值且可接受的嗎？
- **網路頻寬用量 vs 計算工作：**頻寬是否應該以 API 端點與其客戶端的更高資源用量為代價而保存下來？這些資源包括計算節點和資料儲存。
- **實現複雜度 vs 效能：**節省頻寬是否值得所帶來的負面結果，例如，維護上更困難且成本更高的更複雜實現。
- **無狀態性 vs 效能：**犧牲客戶端／提供者無狀態性來改善效能是否合理？無狀態性能改善可擴展性。
- **易用性 vs 延遲：**加速訊息交換但導致較難使用的 API 是否值得？

前面條列的問題並不完整，因為這些問題的答案，皆取決於 API 利害關係人的品質目標和其他考量。本章模式提供不同選項，可以從一組給定的需求下做出選擇，不同 API 各有其不同的合適選擇。第 3 章〈API 決策敘事〉的「API 品質改善決策」一節，也有提供這些模式的決策導向概覽。

本章模式

「訊息粒度」一節有兩個模式：**嵌入實體**和**連結資訊持有者**。API 操作提供的**資料元素**時常參考其他元素，例如使用超連結，客戶端可以跟隨這些連結來檢索額外資料；但這可能變得繁瑣，且導致客戶端更高的實現負擔和延遲。或是當提供者直接嵌入參照資料而非連結參照時，客戶端可以一次檢索所有資料。

「客戶端驅動訊息內容」（Client-Driven Message Content）包括 3 種模式。API 操作有時會回傳大量資料元素，例如，社群媒體上的發文或電子商務商店中的產品，API 客戶端可能會對這些資料感到興趣，但並非一次的全部資料，或所有時間都感興趣。**分頁**能將資料分成多塊，一次只發送和接收序列中的一組資料，這些資料就不會壓垮客戶端，還能改善效能和資源用量，提供者可能在回應訊息中提供相對豐富的資料集。如果問題在於並非所有客戶端都在所有時間需要所有資料，則**願望清單**會允許這些客戶端在回應資料集中只請求他們感興趣的屬性；**願望模板**也是解決相同問題，但可能透過巢狀回應資料結構，提供客戶端更多控制。這些模式解決的問題包括資訊精確性、資料節約、回應時間，和回應請求需要的處理能力。

最後，「訊息交換最佳化」一節介紹兩種模式：**條件請求**和**請求綑綁**。本章的其他模式提供微調訊息內容的幾種選項，以避免發送太多請求或傳送未使用的資料；相較下，**條件請求**避免發送客戶端已經有的資料。雖然訊息交換的次數保持不變，API 實現可以用專門的狀態碼回應，通知客戶端沒有更新的資料。請求發送和回應接收的次數也會影響 API 的品質，如果客戶端必須發送許多小的請求並等待個別回應，將這些綑綁成一個較大的訊息，可以改善傳輸量並減少客戶端的實現工作。**請求綑綁**模式即呈現這種設計選項。

圖 7.1 提供本章模式概覽，並顯示它們的關係。

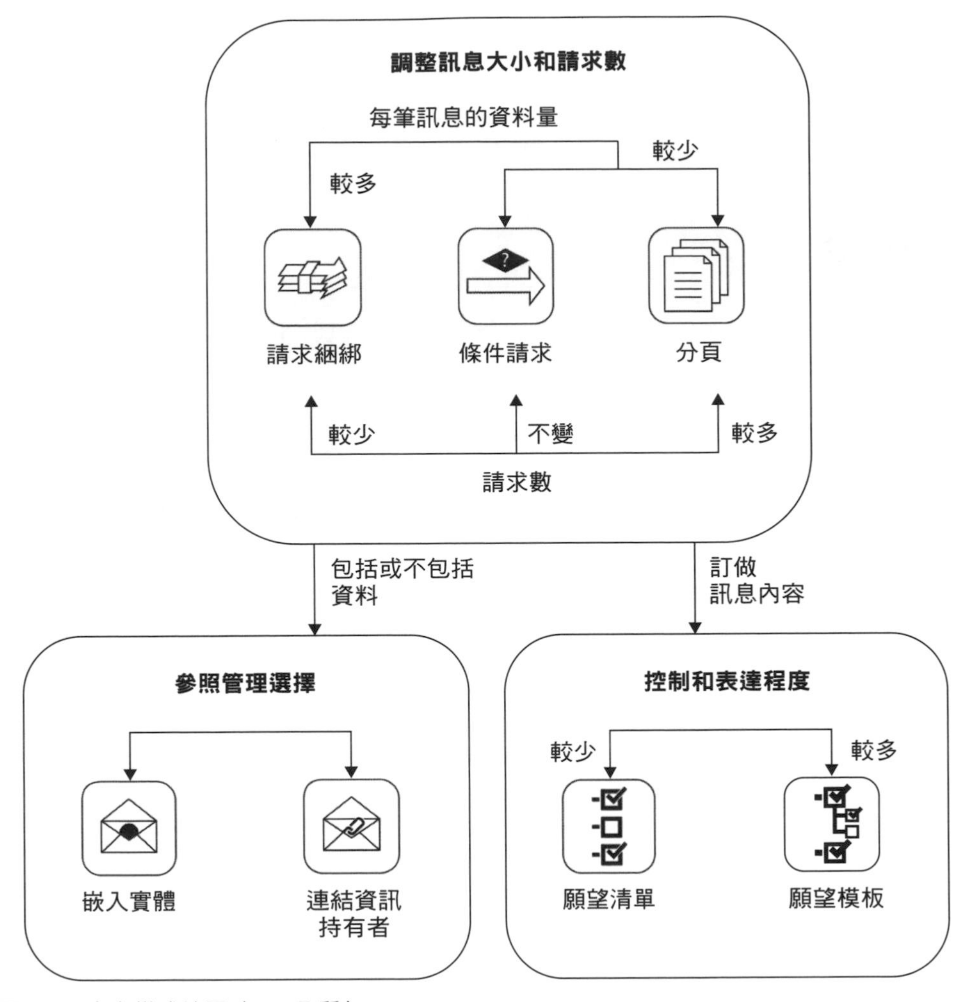

圖 7.1 本章模式地圖（API 品質）

訊息粒度

請求與回應訊息表現中的資訊元素，來自 API 領域模型的概念，見第 1 章〈應用程式介面（API）基礎〉，經常參照其他元素來表達包含、聚合或其他關係。例如，操作資料像是訂單和出貨通常與主資料有關，例如產品和消費者紀錄。當定義 API 端點和其他操作時要暴露這種參照，兩個基本選項如下：

1. **嵌入實體**：把參照資料嵌入訊息表現可能是巢狀的資料元素中，可見第 6 章〈設計請求與回應訊息表現〉的介紹。
2. **連結資訊持有者**：將連結元素放入訊息表現中，透過不同的資訊持有者資源 API 呼叫來查找參照資料，見第 5 章〈定義端點型態與操作〉。

這些訊息大小和範圍選項都會對 API 品質造成影響。

- **效能和可擴展性**：訊息大小和涵蓋整個整合情境的呼叫次數應該保持低度。傳輸許多資料的少數訊息需要較多時間去建立和處理；而多個小訊息容易建立，但對通訊基礎設施會造成較多負擔，且需要接收端的協調。
- **可修改性和彈性**：各部件互相獨立發展的分散式系統中，都需要向後相容性和可擴展性。包含於結構化、自包含表現中的資訊元素可能難以改變，因為任何本地更新，都必須與處理這些元素的 API 操作，和 API 實現中相關的資料結構更新協調和同步。包含參照外部資源的結構化表現，通常會比自包含的資料更難改變，因為客戶端必須意識到這種參照，以便可以正確地遵循它們。
- **資料品質**：結構化的主資料，例如顧客檔案或產品細節，與簡單無結構的參照資料，例如國家和貨幣代碼不同，如第 5 章所提供，根據生命週期和可變性的領域資料分類；資料傳輸越多，則越需要治理措施，讓資料變得有用。例如，一個線上商店的產品和顧客資料所有權可能不同，且各自資料所有者對於資料保護、資料驗證和更新頻率，通常也有不同需求，這都可能需要額外的元資料和資料管理程序。
- **資料隱私**：就資料隱私分級而言，資料關係的來源和目標可能有不同的保護需求，例如含聯絡地址和信用卡資訊的顧客紀錄。更精細的資料檢索有助於執行適當的控制和規則，降低意外洩漏限制資料的風險。
- **資料新鮮度和一致性**：如果競逐的客戶端在不同時間檢索資料，這些客戶端可能會出現不一致的資料快照和視圖。資料參照（連結）可以幫助客戶端檢索最近的資料版本，然而，這種參照可能失效，因為參照的目標在所參照連結發出後可能改變或消失。藉由把所有參照資料嵌入同個訊息中，API 提供者可以傳送內部一致的內容快照，避免連結目標不可用的風險。當軟體工程原則例如這種單一職責推行到極致時，可能導致資料一致性和資料完整性的挑戰，因為資料可能變得零散且分散。

本節的*嵌入實體*和*連結資訊持有者*兩種訊息粒度模式，以相反方式解決這些問題。根據具體情況結合，可帶來適當的訊息大小、平衡呼叫次數和交換的資料量，以滿足各種整合需求。

模式：嵌入實體

使用時機及原因

通訊參與者需要的資訊包含結構化資料。這個資料包含數個以某種方式彼此相關的元素，例如，主資料像是顧客檔案可能**包含**其他提供如地址和電話聯絡資訊的元素，或定期的業務結果報告可能**彙總**來源資料，例如總結個別業務交易的每月銷售數字。API 客戶端在建立請求訊息或處理回應訊息時，會與數個相關資訊元素互動。

當接收者需要了解多個相關資訊元素時，要如何避免交換多個訊息？

可以為每個資訊元素定義 API 端點，例如，在應用程式領域模型中定義的實體。只要 API 客戶端需要該資訊元素的資料時，就可以存取這個端點，例如，從另一個端點參照時。但如果 API 客戶端在很多情況都使用這種資料，當隨附參照時，這種方案會導致許多後續請求。這可能有必要去協調請求執行和引入會話狀態，而這有害於可擴展性與可用性；分散式資料也比本地資料更難保持一致。

運作方式

對於任何接收者想要追蹤的資料關係，將包含關係目標端資料的*資料元素*嵌入在請求或回應訊息中，將*嵌入實體*放在關係來源的表現中。

分析新*資料元素*中的對外關係，並且考慮將它們嵌入在訊息中。重複這個分析直到達成「傳遞閉包」（transitive closure），即直到包含或不包含所有可達元素，或偵測到循環然後處理停止。仔細審視每一個來源－目標關係，以評估接收端在足夠情況下，是否真的需要目標資料。對這個問題的肯定答案，保證了將關係資訊以嵌入實體來傳送；否則，傳輸**連結資訊持有者**的參照可能就足夠了。例如，如果採購單對產品主資料存在**使用**關係，且需要主資料來理解採購單，則在請求或回應訊息中的採購單表現，應該在嵌入實體中包含所有產品主資料的相關資訊複本。

圖 7.2 說明這個方案。

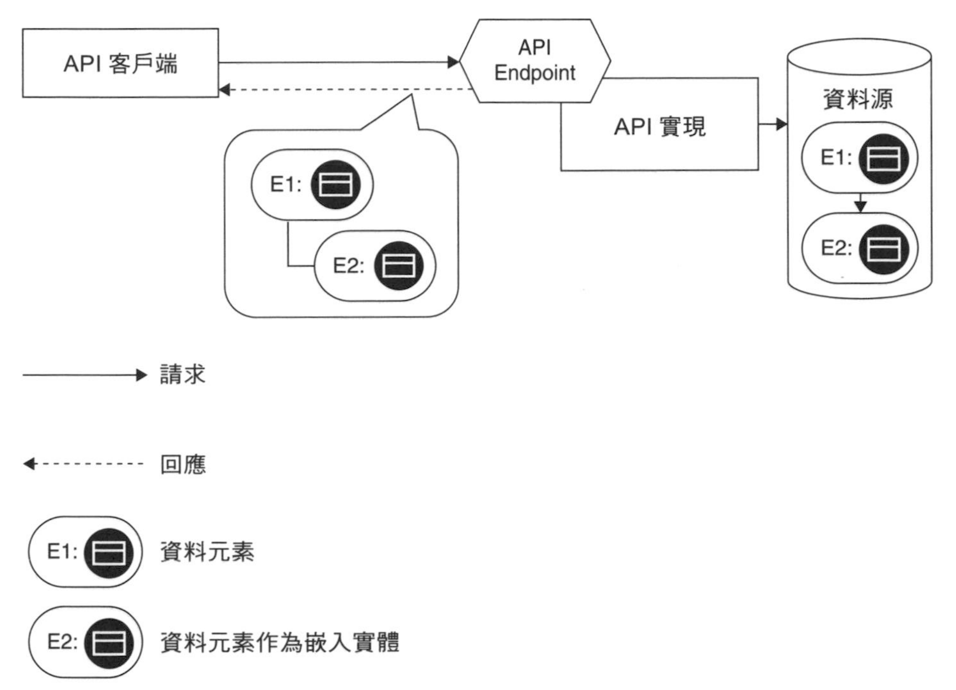

圖 7.2 **嵌入實體**：單一 API 端點和操作，回傳符合 API 實現中資料來源結構的結構化訊息內容，以追蹤資料關係

訊息中包含**嵌入實體**，會導致含有表現相關資料的**資料元素**的**參數樹**結構，樹中隨附的**元資料元素**，可以表示關係類型和其他補充資訊。有許多用來結構化樹的選項，而這些選項會對應到所含的資料元素，它可能是巢狀的，例如，當表現深層的包含關係階層時；也可能是扁平且僅列出一或多個**原子參數**。當使用 HTTP 資源中的 JSON 時，可能包含其他 JSON 物件的 JSON 物件，可以實現這些選項。一對多關係，例如採購單參照到訂單項目，會讓嵌入實體成為集合值，JSON 陣列可以表現這種集合。表現多對多關係的選項與**連結資訊持有者**模式類似；例如，**參數樹**可

能含有專門節點來表示關係；也可能需要或容忍一些冗餘，但這應該會使預期正規化資料的消費者感到困惑。雙向關係需要特別注意，如果在訊息表現中也應該明確反向關係，可能需要這個模式的第二個實例，而這會造成資料重複，在這樣的情況下，改以嵌入的 *ID 元素*或*連結元素*來表示第二個關係可能會比較好。

上述的任何情況，API 敘述都必須說明*嵌入實體*實例的存在、結構和意義。

範例

第 2 章〈Lakeside Mutual 案例研究〉的微服務範例應用程式 Lakeside Mutual，含有一個稱為顧客核心（Customer Core）的服務，在操作簽章內彙總多個資訊項目，這裡的實體和值物件來自 DDD。API 客戶端例如顧客自助服務（Customer Self-Service）前端，可以透過 HTTP 資源 API 來存取這些資料。這個 API 含有*嵌入實體*模式的多個實例，套用這個模式後，回應訊息可能看起來如下：[1]

```
curl -X GET http://localhost:8080/customers/gktlipwhjr

{
  "customer": {
    "id": "gktlipwhjr"
  },
  "customerProfile": {
    "firstname": "Robbie",
    "lastname": "Davenhall",
    "birthday": "1961-08-11T23:00:00.000+0000",
    "currentAddress": {
      "streetAddress": "1 Dunning Trail",
      "postalCode": "9511",
      "city": "Banga"
    },
    "email": "rdavenhall0@example.com",
    "phoneNumber": "491 103 8336",
    "moveHistory": [{
      "streetAddress": "15 Briar Crest Center",
      "postalCode": "",
      "city": "Aeteke"
    }]
  },
  "customerInteractionLog": {
```

1 注意，顯示資料是虛構的，產生於 https://www.mockaroo.com。

```
    "contactHistory": [],
    "classification": "??"
  }
}
```

參照的資訊元素完全包含在回應訊息中，以 customerProfile 和 customerInteractionLog 為例，沒有出現連結到其他資源的 URI。注意，在這個範例資料集中，customerProfile 實體實際上嵌入了巢狀資料，例如，currentAddress 和 moveHistory；而 customerInteractionLog 則沒有，但仍包含一個空的**嵌入實體**。

討論

套用這個模式能解決接收者需要多個相關資訊元素時，必須交換多次訊息的問題。**嵌入實體**減少需要的呼叫次數：如果包含需要資訊，則客戶端不必建立後續請求來獲取。嵌入實體可以帶來端點數量的減少，因為不需要專門的端點來檢索需要的連結資訊；然而，嵌入實體若導致較大的回應訊息，通常傳輸時間會較長，且消費更多頻寬。也必須留意並確保包含的資訊，沒有比來源更高的保護需要，也因此沒有限制的資料會洩漏出去。

預期不同的訊息接收者，即回應訊息的 API 客戶端需要怎樣的資訊來執行任務極具挑戰性。因此，很容易將比大部分客戶端所需要的更多資料包括進去。在服務多樣且可能未知客戶端的許多**公開 *API***，經常可找到這種設計。

遍歷資訊元素之間的所有關係，來包含所有可能感興趣的資料，會需要複雜的訊息表現，並導致較大的訊息。不可能和／或很難確保所有接收者都需要相同訊息內容，一旦在 ***API* 敘述**中納入並暴露，則很難以向後相容的方式移除嵌入實體，因為客戶端可能已經開始依賴它。

如果大部分或所有資料實際上有使用到，則發送多個小訊息可能比發送一個大訊息需要更多頻寬，例如，協議頭元資料有可能會隨著每一個小訊息發送。如果嵌入的實體以不同速度變動，再次發送就會造成不必要的固定開銷，因為內容部分改變的訊息只能對它們完整快取；例如，變動快速的操作實體可能參照到不變的主資料。

使用**嵌入實體**的決定可能取決於訊息消費者的數量，與它們使用案例的同質性。例如，如果只針對某個特定使用案例的一個消費者，通常最好直接嵌入所有需要的資料；相反地，不同消費者或使用案例可能使用不同資料，為了最小化訊息，建議不要傳輸所有資料。客戶端和提供者可能由相同的組織開發，例如提供「後端」或「前端」（Newman 2015），這時候，嵌入實體可能是最小化請求數的合理策略。這樣的設置下，可透過引入統一固定結構來簡化開發。

結合連結和嵌入資料通常很合理，例如，嵌入在使用者介面會顯示的所有資料，並連結其餘資料，以便在需要時檢索；連結的資料通常只有在使用者捲動或開啟相應使用者介面元素時，才會獲取。Atlassian（2022）討論這種混合方式：「通常會限制嵌入相關物件的欄位，來避免這種物件圖變得過於於深層且冗雜。」它們通常排除自身的巢狀物件，以企圖在效能和實用性上取得平衡。

「API 閘道」（API Gateway）（Richardson 2016）和訊息中介（Hohpe 2003）在處理不同需求時也有幫助。閘道可以提供使用同個後端介面，和／或從不同端點與操作蒐集並彙總資訊的兩個 API。訊息系統可以提供轉換功能，例如篩選器或豐富器（enricher）。

相關模式

連結資訊持有者描述了參照管理問題的互補、相反的解決方案。轉換成**連結資訊持有者**的一個理由，也許是想減輕效能問題，例如，由於速度慢或不可靠的網路，使得傳輸較大的訊息變得困難。**連結資訊持有者**有助於改善這種情況，因為它允許個別快取每一個實體。

如果減少訊息大小是主要設計目標，也可使用**願望清單**或更具表達性的**願望模板**，透過讓消費者動態說明他們需要的資料子集，來最小化要傳輸的資料。**願望清單**或**願望模板**有助於微調**嵌入實體**中的內容。

不論直接或間接，根據定義，**可操作資料持有者**都會參照**主資料持有者**；這種參照經常以**連結資訊持有者**的形式呈現。同類型資料持有者之間的參照，更有可能包含在**嵌入實體**模式內。**資訊持有者資源**和**處理資源**都可能處理需要連結或嵌入的結構化資料；特別是**檢索操作**會嵌入或連結相關資訊。

更多資訊

Phil Sturgeon（2016b）介紹此模式為「嵌入文件巢狀」（Embedded Document（Nesting）），見《Build APIs You Won't Hate》的 7.5 節來獲取額外說明和範例。

模式：連結資訊持有者

使用時機及原因

API 暴露結構化資料來滿足客戶端的資訊需要，這個資料含有互相關聯的元素，例如，產品主資料可能**包含**提供細節資訊的其他資訊元素，或一段時間的績效報告可能**彙總**原始資料，像個別計量。當準備請求訊息或處理回應訊息時，API 客戶端會使用多種相關資訊元素，而這些資訊對客戶端並非總是全部有用。[2]

> API 處理多個互相參照的資訊元素時，如何保持小的訊息？

分散式系統設計的經驗法則說明，交換的訊息應該要盡量小，因為大訊息可能會過度利用網路和處理資源的端點。然而，不是所有通訊參與者想要互相分享的資訊都能適合小訊息；例如，他們可能想要追蹤資訊元素中多個或全部的關係。如果關係來源和目標沒有結合在單一個訊息中，參與者必須互相通知找到和存取個別部分的方法。分散的資訊集必須設計、實現和演進；參與者和他們分享資訊之間的相依性必須受到管理。例如，保單通常會參照顧客和產品主資料，這些相關資訊元素又可能反過來組成數個部分，可見第 2 章範例的資料和領域實體深入介紹。

一種選擇是，永遠遞歸性地在整個 API 請求與回應訊息中，包含每個傳輸元素的所有相關資訊元素，如嵌入實體模式中的介紹。然而，這方法可能導致包含一些客戶端不需要資料的大訊息，且損害個別 API 呼叫效能，因為這樣的方式會耦合這些資料的利害關係人。

運作方式

> 添加連結元素到涉及多個相關資訊元素的訊息，讓產生的連結資訊持有者參照另一個暴露連結元素的 API 端點。

2 此模式情境類似於嵌入實體，但強調客戶端需求和需要上的多樣性。

受參照的 API 端點，經常是代表連結資訊元素的資訊持有者資源。這個元素可能是 API 所暴露的領域模型實體，可能被包裝或映射過；也可能是 API 實現中的計算結果。

連結資訊持有者可能出現在請求與回應訊息中，後者情況尤其普遍。通常參數樹會用在表現結構，結合連結元素的集合，以及選擇性地包括說明連結語義的元資料元素。在簡單的情況下，一組原子參數或單一個原子參數可能足以作為連結承載。

圖 7.3 說明實現這個模式的兩步驟會話。

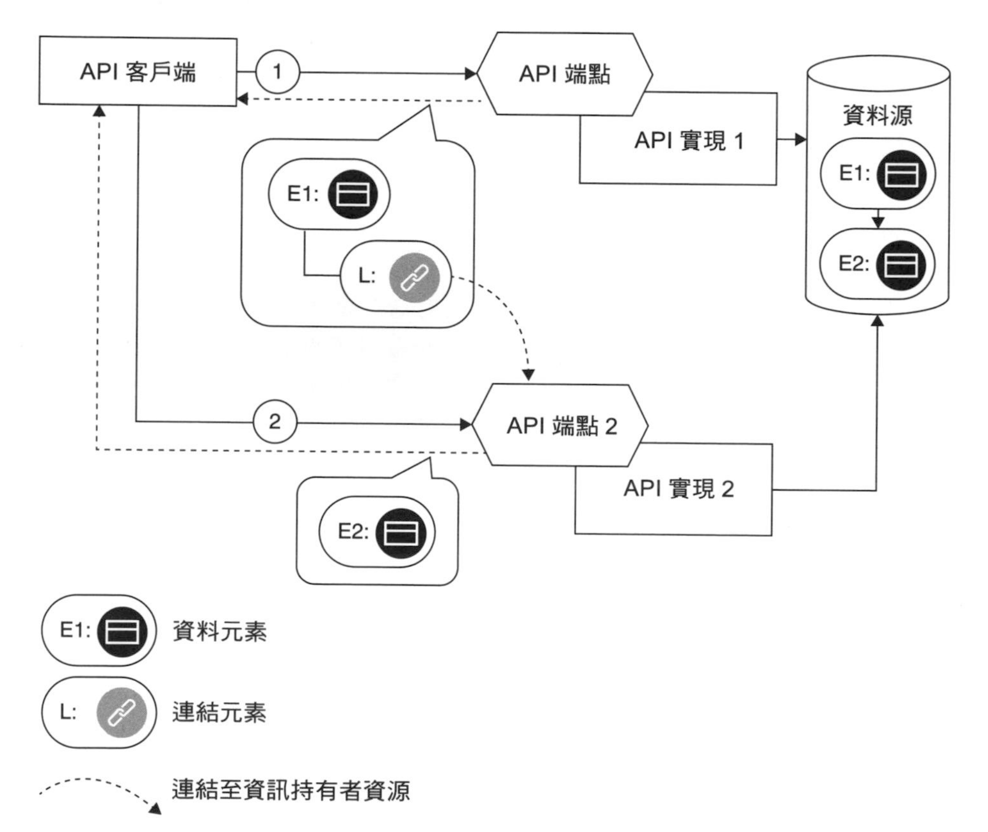

圖 7.3 連結資訊持有者：涉及兩個 API 端點。第一個回應包含連結而非來自資料源的資料；資料透過後續在對第二個端點的請求中檢索

構成連結資訊持有者的連結元素會提供位置資訊，例如一個 URL（當使用基於 TCP/IP 的 HTTP 時，還有網域／主機名稱和埠號）。連結元素也有可在訊息表現像

是 JSON 物件中可供識別的本地名稱。如果有更多與關聯性有關的資訊應該發送給客戶端，可以在**連結元素**標註相應關係細節，例如，說明類型和語義的**元資料元素**。在任何情況下，API 客戶端和提供者都必須就連結關係的意義達成共識，並且意識到引入的耦合性和副作用。**連結資訊持有者**的存在及含義，包括關係兩端的基數（cardinality），必須記錄在 *API 敘述*中。

可將一對多關係建模為集合，例如，透過傳送以**原子參數列表**呈現的多個**連結元素**。也可將多對多關係建模為兩個一對多關係，例如圖書館管理系統中書籍和讀者之間的關係，其中一個集合將來源資料連結到目標，而第二個集合則將目標資料連結到到來源，假設訊息接收者要追蹤雙向關係的話。這種設計可能需要引入另外的 API 端點，**關係持有者資源（relationship holder resource）**，來表示關係而非它的來源或目標；這個端點接著暴露檢索所有來源和目標關係的操作，也允許客戶端去找出他們已知關係的另一端。在關係持有者資源間往返的訊息中，不同類型的**連結元素**識別這些端點。不像**嵌入實體**模式，當使用**連結資訊持有者**時，資料中的循環依賴問題比較少，但仍然應該被處理；避免資料處理中無限迴圈的責任，在此從訊息發送者轉移到接收者。

範例

用於顧客管理的 Lakeside Mutual 範本應用程式，利用顧客核心服務 API，以 DDD 實體和值物件形式，彙總多個來自於應用程式領域模型的資訊元素。API 客戶端可以透過在 Spring Boot 中實現為 REST 控制器的顧客資訊持有者（Customer Information Holder），來存取這些資料。

顧客資訊持有者稱為 `customer`，實現**資訊持有者資源**模式。當對其 `customerProfile` 和 `moveHistory` 套用**連結資訊持有者**時，回應訊息可能看起來如下：

```
curl -X GET http://localhost:8080/customers/gktlipwhjr

{
  "customer": {
    "id": "gktlipwhjr"
  },
  "links": [{
    "rel": "customerProfile",
    "href": "/customers/gktlipwhjr/profile"
  }, {
    "rel": "moveHistory",
```

```
      "href": "/customers/gktlipwhjr/moveHistory"
    }],
    "email": "rdavenhall0@example.com",
    "phoneNumber": "491 103 8336",
    "customerInteractionLog": {
      "contactHistory": [],
      "classification": "??"
    }
  }
```

profile 和 moveHistory 被實現為顧客資訊持有者的子資源。customerProfile 可以透過後續對 URI /customers/gktlipwhjr/profile 的 GET 請求來檢索。客戶端怎麼知道要用 GET 請求？因為這些資訊已經包含在**元資料元素**中。在這個範例中，API 設計人員決定不包含它，而是在 *API 敘述*中指示預設使用 GET 請求來檢索資訊。

討論

連結而非嵌入相關資料會帶來較小的訊息，且在交換個別訊息時，使用較少的通訊基礎設施資源。然而，這必須和追蹤連結所需的額外訊息造成可能較高的資源使用相比較：因為需要額外訊息解析連結資訊。連結而非嵌入可能需要更多通訊基礎設施資源，也必須為連結資料提供額外的**資訊持有者資源**端點，造成開發和操作上的工作和成本，但允許施加額外的存取限制。

當引入**連結資訊持有者**至訊息表現時，暗示了接收者這些連結可以成功追蹤的承諾，提供者可能不願意永久保持這種承諾，即使保證連結端點的長生命週期，連結仍可能壞掉，例如，當資料組織或部署位置改變的時候。客戶端應該預期到這一點，並且能夠追蹤重新導向或轉介到更新後的連結。為了最小化故障連結，API 提供者應該投資在維護連結一致性，也可以使用**連結查詢資源**來實現。

有時資料的發布可減少訊息交換次數，也可以為變動速度不同的資料，定義不同的**連結資訊持有者**。這樣客戶端需要最新快照的時候，就可以頻繁地請求變動資料，而不必重新請求一起嵌入、變動較慢的資料，因此被緊密耦合。

這模式導致模組化的 API 設計，但也增加必須受到管理的依賴性，因潛在附加了效能、工作量和維護上的成本。如果從效能觀點來看是可行的，反而可以使用**嵌入實體**模式。這很合理，有可能少量的大呼叫，反而比多個小呼叫表現更好，因為網路和端點的處理能力或限制（這應該實際測量而非猜測）。API 演進期間，很可能需要在**嵌入實體**和**連結資訊持有者**之間來回切換；**雙版本**可以在例如為了進行變更實驗時，同時提供兩種設計。《Interface Refactoring Catalog》（Stocker 2021b）為「內嵌資訊持有者」（Inline Information Holder）和「提取訊息持有者」（Extract Information Holder）的 API 重構，提供進一步指引和逐步介紹。

參照服務多個使用情境的豐富資訊持有者時，**連結資訊持有者**非常適合：通常不是所有訊息接收者都需要完全的參照資料，舉例來說，**可操作資料持有者**例如顧客查詢或訂單，會參照**主資料持有者**如顧客檔案或產品紀錄。跟隨連結到**連結資訊持有者**，訊息接收者可以依需要獲取需要的子集。

決定使用**連結資訊持有者**和／或包含**嵌入實體**，可能來自 API 客戶端的數量，與它的使用案例相似度。另一項決策驅動要素，是領域模型的複雜度與其代表的應用情境。例如，如果針對的是一個有具體使用案例的客戶端，嵌入所有資料通常很合理；然而，如果有多個客戶端，就不會全都想要相同的綜合資料。在這種情況下，指向只由部分客戶端使用資料的**連結資訊持有者**，能減少訊息大小。

相關模式

連結資訊持有者一般是參照**資訊持有者資源**，受參照的**資訊持有者資源**可以和**連結查詢資源**結合，以處理可能壞掉的連結。根據定義，**可操作資料持有者**參照**主資料持有者**，可以將這些參照包含和攤平為**嵌入實體**或結構化，並使用**連結資訊持有者**逐步追蹤。

可以選擇使用其他有助於減少交換資料數量的模式，**條件請求**、**願望清單**和**願望模板**都很適合；**分頁**也是選項之一。

更多資訊

「連結服務」（Daigneau 2011）是類似模式，但比較不專注在資料上。「Web Service Patterns」（Monday 2003）的「部分 DTO 填入」（Partial DTO Population）模式能解決類似問題；DTO 代表資料傳輸物件（Data Transfer Object）。

《Build APIs You Won't Hate》（Sturgeon 2016b）7.4 節有其他建議和範例，可以在「複合文件（側邊載入）」（Compound Document (Sideloading)）下找到。

備份、可用性、一致性（BAC）定理進一步研究資料管理問題（Pardon 2018）。

客戶端驅動訊息內容（即：回應塑形）

前一節介紹處理訊息中資料元素之間參照的兩種模式。API 提供者可以在嵌入或連結相關元素之間選擇，而且也可以結合這兩種選項，來實現適合的訊息大小。根據客戶端與它們的 API 使用狀況，可以讓最佳使用方法變得很清楚。但客戶端的使用情境可能大相逕庭，以至於更好的解決方案，是讓客戶端在運行時自行決定想要哪些資料。

本節的模式提供兩種方式來進一步加強這方面的 API 品質：**回應切分**（**response slicing**）與**回應塑形**（**response shaping**）。它們能解決以下問題：

- **效能、擴展性和資源使用：**每次提供所有資料給所有客戶端是有代價的，即使是有限或最小資訊需求的客戶端；因此，從效能和工作量的觀點來看，只傳輸資料集的相關部分相當合理。然而，設置最佳訊息交換大小所需要的前置和後置處理也需要資源，且可能損害效能，必須平衡減少期望的回應訊息大小，和基礎傳輸網路能力兩者的成本。

- **個別客戶端的資訊需求：**API 提供者可能必須服務多個不同需求的客戶端。通常提供者不想去實現客製 API 或客戶端特定的操作，而是讓客戶端共享一組共有的操作。然而，某些客戶端可能只對透過 API 可獲得的資料子集感到興趣，在這種情況下，共有操作可能就會過於受限或過於強大。如果大量資料一次送來，也可能壓垮其他客戶端。傳送太少或太多資料給客戶端又稱為**獲取不足**（**underfetching**），和**過度獲取**（**overfetching**）。

- **鬆耦合和可互相操作性：**訊息結構是 API 提供者和 API 客戶端之間的 API 規約重要元素；它們致力於通訊參與者的共享知識，這影響到鬆耦合的格式自治方面。控制資料集大小和順序的元資料，會成為這些共享知識的一部分，且必須隨著酬載演進。

- **開發者便利性和體驗：**開發者體驗，包括學習工作和程式開發便利性，與可理解性和複雜性考量關係密切。例如，傳輸最佳化的緊湊格式可能難以難以記錄和理解，也難以準備和消化。用來簡化和最佳化處理的元資料所提升的複雜結構，會造成建構期間的額外工作，包括設計時間和執行時間。

- **安全性和資料隱私：**在任何訊息設計中，安全性需求，尤其是資料完整性和機密性的資料隱私考量都很重要；安全措施可能需要額外的訊息酬載，例如 *API 金鑰*或安全令牌，實際上可以且應該送出哪些酬載，是一個重要考量；未送出的資料無法篡改，至少不會在傳輸過程上篡改。對特定資料的安全措施需求實際上可能會導致不同訊息設計，例如，信用卡資訊可能拆分為有特別操作保護的專用 API 端點。在切分和序列化的大型資料集情境中，可以平等處理所有部分，除非它們有不同保護需求。由組裝和傳送大型資料集引起的沉重負載，會讓提供者遭受阻斷服務攻擊。
- **測試和維護工作：**讓客戶端可以選擇要接收哪些資料和接收時機，可以為提供者在送來的請求中，帶來預期和接收的選項和彈性。因此能增加測試和維護工作。

本節模式：**分頁**、**願望清單**和**願望模板**，會以不同方式來處理這些挑戰。

模式：分頁

使用時機及原因

客戶端查詢 API 來獲取展現給使用者，或在其他應用程式處理的資料項目集合。在這些查詢中，API 提供者會透過發送大量項目，來回應至少一個查詢。回應的大小可能比客戶端的需要或準備要立刻消費的還要大。

資料集可能由相同結構化元素組成，例如，從關聯資料庫獲取的列（row），或由後端企業資訊系統執行的批次作業項目；或由各種不遵循共同綱要的資料項目組成，例如，基於文件的 NoSQL 資料庫像是 MongoDB。

API 提供者如何傳送大量有順序的結構化資料，而不壓垮客戶端？

除了本節介紹已呈現的要素外，**分頁**還平衡以下：

- **會話意識和隔離：**切分僅供讀取的資料相對簡單。但在檢索資料時，如果底層資料集發生改變會怎樣呢？ API 是否保證一旦客戶端檢索了第一頁，有沒有可能在之後檢索的後續頁面，將包含和一開始檢索的子集一致的資料集？對於部分資料的多個併發請求又該如何是好？
- **資料集大小和資料存取概要：**有些資料集很大且重複，而且不是所有被傳送的資料都會被一直存取，這帶來了最佳化的可能性，尤其是最新到最舊排序資料項目的順序存取，可能對客戶端不再重要。此外，客戶端也可能還沒準備好去處理任意大小的資料集。

或許可以考慮在單一個回應訊息中，發送整個大的回應資料集，但這種簡單方法可能會浪費端點和網路容量，也不適合擴展。查詢的回應大小可能事先未知，或結果集可能太大，而無法在客戶端或提供者端一次處理。沒有限制這種查詢的機制下，可能發生像是記憶體不足例外的處理錯誤，且客戶端或端點的實現也可能會失效。開發人員和 API 設計人員經常低估無限制查詢規約的記憶體需求，這些問題通常要到系統發生併發工作負載，或資料集大小增加時，才會引起注意。在共享環境中，無限制查詢無法有效地平行處理，這會導致類似的效能、可擴展性和一致性問題，只能與併發請求結合；而不管怎樣，都會很難除錯和分析。

運作方式

將大的回應資料集分成可管理且容易傳輸的塊（chunk，又稱頁面）。每一個回應訊息發送一塊部分結果，並通知客戶端關於塊的總數和／或剩餘數量。提供可選的篩選功能，允許客戶端請求特定選擇結果。為了更加方便，可包含從目前頁面的下一塊／分頁參照。

塊中的資料元素數目可以修改，其大小是 API 規約的一部分，或可以透過客戶端動態請求參數來指示。*元資料元素*和*連結元素*會通知 API 客戶端後續如何檢索其他的塊。

API 客戶端接著會依需求反覆處理一些或所有部分回應，它們會一頁接著一頁請求結果資料；因此，可能必須關聯後續獲取其他塊的請求。定義一個規定客戶端如何終止結果集的處理，和可能需要會話狀態管理的部分回應準備政策，是有道理的。

圖 7.4 顯示使用**分頁**檢索 3 頁資料的請求順序。

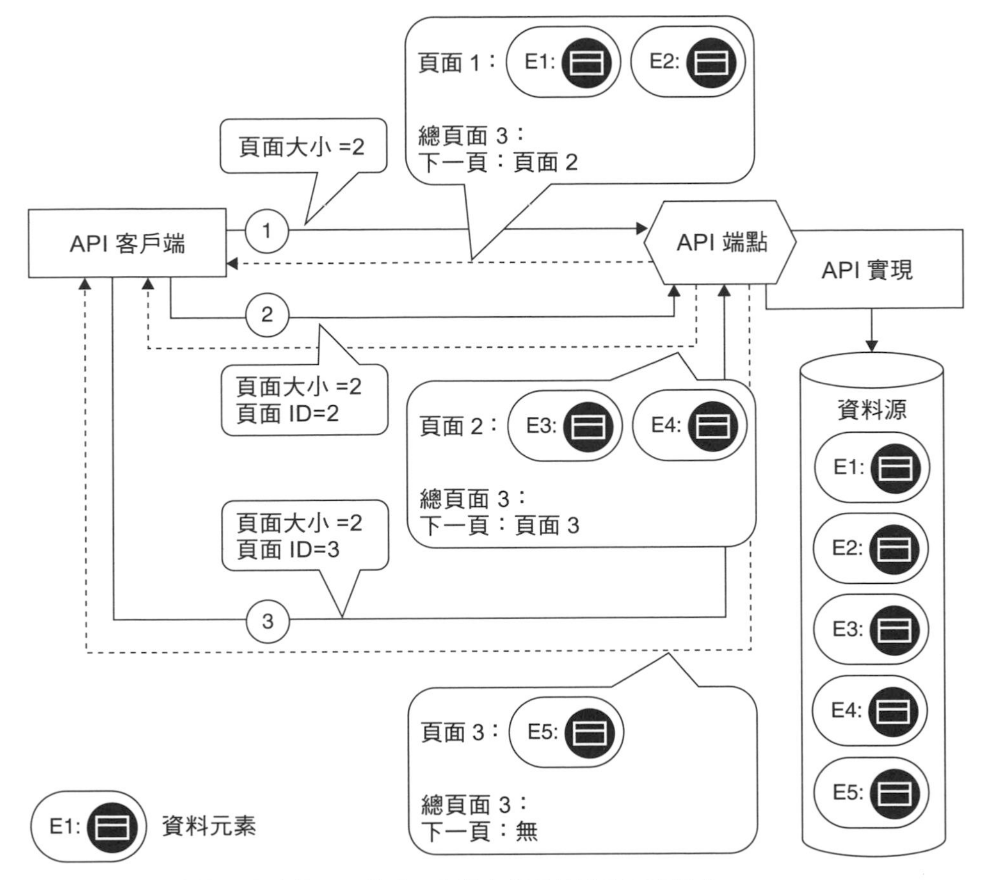

圖 7.4 分頁：查詢和後續的分頁請求，和帶有部分結果的回應訊息

變體 此模式有 4 種變體，分別以不同方式瀏覽資料：基於頁面（page based）、基於偏移量（offeset based）、基於游標或令牌（cursor or token based），和基於時間（time based）。

名稱有點拗口的**基於頁面的分頁**，和**基於偏移量的分頁**，以不同方式參照資料集元素。基於分頁的變體將資料集分成多個相同大小的頁面，客戶端或提供者可指明頁面大小，客戶端會接著根據頁面索引來請求頁面，就像書本頁數。而基於偏移量的分頁，客戶端會選擇整個資料集中的偏移量，也就是要略過多少元素，和下一塊要回傳的元素數量，通常稱為**限制數（limit）**。兩種方式可交互使用，即可以透過頁數乘上頁面大小來計算偏移量，它們以類似方法解決這個問題和因素；基於頁面的分頁，和基於偏移量的分頁，對於開發者體驗和其他品質來說差異不大。不論請求項目是透過偏移量和限制取得，或是將所有項目分成特定大小頁面，然後以索引來請求，差別都很小；都需要兩個整數參數。

這些變體並不適合會在請求之間發生變化的資料，這樣會讓索引或偏移計算無效。例如，有一資料集按照建立時間最從新到最舊排序，假設客戶端已經檢索第一頁，現在要檢索第二頁。但請求之間，資料集最前面的元素被移除了，就會造成元素從第二頁移向第一頁，而客戶端因此遺漏。

基於游標的分頁（Cursor-Base Pagination）變體能解決這個問題：它不依賴元素在資料集中的絕對位置，反而是客戶端發送給提供者可以用來找到資料集中特定項目的識別符，以及要檢索的元素數目。即使在上次請求後被加入了新元素，查詢結果的塊也不會改變。

剩下的第四種變體：**基於時間的分頁（Time-Based Pagination）**，類似基於游標的分頁，但是使用時間戳記而非元素 ID，實務上比較少應用，但可以運用在透過逐漸請求較舊或較新資料點，來滾動查看時間軸。

範例

Lakeside Mutual 顧客核心後端 API 在其 `customer` 端點，解釋基於偏移量的分頁：

```
curl -X GET http://localhost:8080/customers?limit=2&offset=0
```

這個呼叫回傳有兩個實體的第一塊和多個控制*元資料元素*。除了指向下一塊的連結關係（Allamaraju 2010），回應也包含相對應的 `offset`（偏移數）、`limit`（限制數）和總 `size`（大小）值。注意在提供者端實現*分頁* `size` 非必要，但可讓 API 客戶端顯示給使用者或其他消費者，還可以請求的資料元素或頁面數量。

```
{
  "offset": 0,
  "limit": 2,
  "size": 50,
  "customers": [
    ...
  ,
    ...
  ],
```

```
  "_links": {
    "next": {
      "href": "/customers?limit=2&offset=2"
    }
  }
}
```

前面的範例可以輕鬆對映到相應的 SQL 查詢 `LIMIT 2 OFFSET 0`。API 也可以在其訊息字彙使用頁面比喻，而不是用偏移數或限制數，如下：

```
{
  "page": 0,
  "pageSize": 2,
  "totalPages": 25,
  "customers": [
    ...
  ,
    ...
  ],
  "_links": {
    "next": {
      "href": "/customers?page-size=2&page=1"
    }
  }
}
```

使用基於游標的分頁，客戶端首先請求需求大小為 2 的第一頁：

```
curl -X GET http://localhost:8080/customers?page-size=2

{
  "pageSize": 2,
  "customers": [
    ...
  ,
    ...
  ],
  "_links": {
    "next": {
      "href": "/customers?page-size=2&cursor=mfn834fj"
    }
  }
}
```

回應訊息包含一個連到下一塊資料的連結，以游標值 `mfn834fj` 表示。游標可以像資料庫主鍵一樣簡單，或含有更多資訊，例如查詢篩選器。

討論

分頁旨在透過即時發送目前需要的資料，來明顯改善資源消費與效能。

單一個大型回應訊息在交換和處理上可能沒效率，碰到這種情況時，資料集大小和資料存取概要，即使用者需求，尤其需要隨時注意對 API 客戶端可用的資料紀錄數目，是否有隨時間改變。特別是當回傳給人類使用的資料時，可能不是立刻需要所有資料；這時**分頁**就可能明顯改善資料存取的回應時間。

從安全性的觀點來看，檢索和編碼大型資料集，提供者端可能會遭受高負擔和成本，而因此導致阻斷服務攻擊。此外，經由網路傳送大型資料集會容易導致中斷，因為大多數的網路都無法保證可靠，尤其是蜂巢式網路（cellular netowrk）。透過分頁可以改善這一方面的問題，因為在頁面最大值有限制的情況下，攻擊者只能請求一小部分資料頁面，而非整個資料集。注意，攻擊方式相當精巧時，請求第一頁仍然足以攻擊；如果設計不良的 API 實現載入整個大型資料集，想要提供客戶端逐頁的資料，攻擊者仍然能夠填滿伺服器的記憶體。

如果需要的回應結構非集合導向，資料項目集合就會因此無法分割成塊，也無法套用**分頁**。與使用無**分頁**的**參數樹**模式回應訊息比較，這個模式在理解上比較複雜，因此可能在使用上也較為不便，因為還要將它的單一呼叫轉為較長的會話。**分頁**需要比使用單一訊息交換所有資料還要更多的程式開發工作。

分頁會導致 API 客戶端和提供者之間的耦合性，比傳送單一個訊息更高，因為需要額外的表現元素來管理切分為塊的結果集。這可以透過標準化所需的**元資料元素**來減輕。例如，使用超媒體，只要跟隨網頁連結來獲取下一頁資料。剩下的耦合問題是，掃描頁面資料時，可能需要為每一個客戶端建立會話。

如果 API 客戶端想做出超出順序存取外的查詢，可能需要複雜的參數表現，並透過尋找特定頁面來實現隨機存取，或讓客戶端自行計算頁面索引。從客戶端的觀點來看，基於游標的分頁變體，其不透明的游標或令牌通常不允許隨機存取。

一次傳送一個頁面，才能夠讓 API 客戶端處理可消化的資料量；指定要回傳哪一頁的規範，有助於直接從遠端瀏覽資料集。處理個別頁面會使用較少的記憶體和網路容量，雖然也會引入一些分頁管理所需的固定開銷，這稍後會討論。

分頁應用帶來的其他設計問題：

- 在何處、何時及如何定義頁面大小？即每頁資料元素數目。這影響 API 的對話方式，因為從多個小頁面檢索資料，需要很多請求訊息。
- 如何對結果排序？即如何將它們分派到各個頁面，又要如何在這些頁面上安排部分結果？通常這個順序在分頁檢索開始後就無法改變，因為 API 隨生命週期演進時，改變這個順序可能會使新的 API 版本和之前不相容，如果沒有適當溝通和完整測試，可能根本不會注意到。
- 要在何處及如何儲存中間結果？又要儲存多久？即刪除策略和逾時問題。
- 如何處理重複請求？例如，初始和後續請求是否一定要是冪等的，以防止錯誤和不一致？
- 如何將頁面／塊，和原本、之前及下一個請求建立關聯？

API 實現的進一步設計問題包括快取政策（如果有的話）、結果的現時性、篩選，以及查詢前置和後置處理，例如彙總、次數和加總等。一般的資料存取層問題，例如隔離層級和在關聯資料庫中加鎖在此也會參與進來（Fowler 2002）。一致性需求依客戶端類型和使用案例而不同：客戶端開發人員是否了解**分頁**？這些問題的解決方案都會依情境而定；例如，網路應用程式中，前端搜尋結果的表現，會不同於企業資訊系統後端整合中的批次主資料複製。

對於可變集合的幕後改變來說，需要區分兩種情況。第一個要處理的問題是，在客戶端遍歷頁面時，可能會加入新的資料項目；第二個問題涉及客戶端已看見頁面上的項目更新或刪除。當**分頁**「會話」進行時，**分頁**可以處理新的項目，但通常會漏掉對已下載項目的改變。

如果頁面設定得太小，有時分頁結果會令使用者感到煩躁，尤其是使用 API 的開發人員，因為他們必須一路點擊，並等待檢索下一頁，即使只有少數結果。另外，人類使用者可能需要客戶端搜尋來篩選整個資料集，引入**分頁**可能會導致不正確的空搜尋結果，因為符合的資料項目在尚未檢索的頁面中。

不是所有需要整個資料紀錄集的功能都適合使用**分頁**，例如搜尋，或者需要額外的工作，例如在 API 客戶端的中間資料結構。在搜尋／篩選後做分頁可減輕工作負擔，反之不然。

這個模式包含大型資料集的下載，但上傳呢？例如**請求分頁（Request Pagination）**可視為一種補充模式，它會逐步上傳資料，並在所有資料都上傳後才觸發處理工作。漸進狀態建構（Incremental State Build-up）是會話模式（Conversation Pattern）（Hohpe 2017）之一，具有這種相反性質，描述一種類似於**分頁**的解決方案，以多個步驟將資料從客戶端傳送到提供者。

相關模式

分頁可視為**請求綑綁**的相反：**分頁**的焦點在於，將一個大訊息分成多個小頁面，以減少個別訊息大小，**請求綑綁**則將多個訊息合併成一個大訊息。

分頁查詢通常會定義一個**原子參數列表**，作為包含查詢參數的輸入參數，和一個**參數樹**作為輸出參數，即頁面。

可能需要請求－回應關係架構，以便客戶端可以區分回應訊息中多個查詢的部分結果；「關係識別符」（Correlation Identifier）模式（Hohpe 2003）或許就可以用在這種情況。

當需要切分一個大型資料元素時，也可以使用「訊息序列」（Message Sequence）（Hohpe 2003）。

更多資訊

《Build APIs You Won't Hate》（Sturgeon 2016b）第 10 章介紹**分頁**類型，討論實現方式和 PHP 範例，《RESTful Web Services Cookbook》（Allamaraju 2010）第 8 章處理 RESTful HTTP 上下文中的查詢。《Web API Design: The Missing Link》（Apigee 2018）的〈更多表現設計〉章節有介紹**分頁**。

在範圍更大的上下文中，使用者介面（UI）和網站設計社群，會捕捉到不同情境中的**分頁**模式，不是 API 設計和管理，而是互動設計和資訊視覺化。請見互動設計基礎（Interaction Design Foundation）網站（Foundation 2021），和 UI 模式（UI Patterns）網站（UI Patterns 2021）。

《Implementing Domain-Driven Design》（Vernon 2013）第 8 章介紹通知日誌／檔案庫的逐步檢索，可以視為基於偏移量的分頁。RFC 5005 介紹 Atom 供給（Atom feed）的分頁和歸檔（Nottingham 2007）。

模式：願望清單

使用時機及原因

API 提供者服務調用相同操作的多個不同客戶端。每個客戶端都有不同的資料需求，有些客戶端可能只需要端點及其操作所提供資料的子集；而其他客戶端則需要豐富的資料集。

> API 客戶端如何在運行期間通知 API 提供者想要的資料？

在處理這個問題時，API 設計人員會平衡效能，例如回應時間和傳輸量，和影響開發者體驗的要素，例如學習心力和可演進性。他們努力追求資料節約（data parsimony，或 **Datensparsamkeit**）。

可以透過引入基礎設施元件，例如網路和應用程式層級的閘道和快取，來減少伺服器端的負載以解決這些問題，但是這種元件會增加 API 生態系部署模型和網路拓墣的複雜性，而且會增加相關的基礎設施測試、操作管理和維護工作。

運作方式

> 作為 API 客戶端，在請求中提供**願望清單**，列舉所有需要的請求資源資料元素。作為 API 提供者，只在回應訊息中傳輸那些列舉在**願望清單**中的資料元素，即「回應塑形」。

以**原子參數**或扁平的**參數樹**形式，來具體說明**願望清單**。如同一種特殊案例，可以包含一個簡單的**原子參數**來指出冗長或細節程度，像是 `minimal`（最小）、`medium`（中等）或 `full`（完整）。

圖 7.5 描繪引入**願望清單**時所使用的請求與回應訊息。

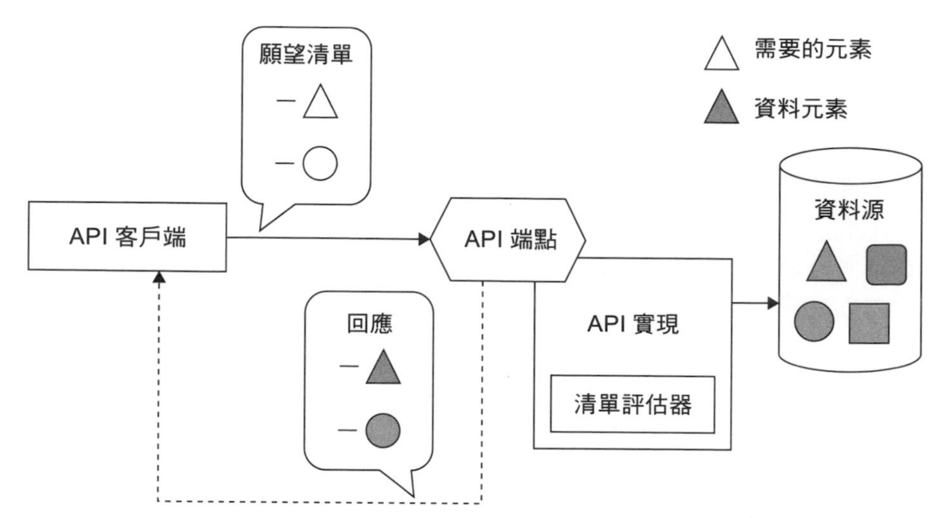

圖 7.5 願望清單：客戶端列舉資源所需的資料元素

圖中的清單評估器（List Evaluator）有兩種實現選項。它通常轉成資料源的篩選器，只會載入相關資料。或者，API 實現可以從資料源獲取完整的結果集，並在組裝回應資料時，選擇出現在客戶端願望中的實體。注意，資料源可以是任何類型的後端系統，可能是遠端系統或資料庫。例如，當資料源是關聯資料庫時，願望會轉換成 SQL 查詢的 WHERE 子句。如果遠端系統是經由 API 存取，願望清單可能僅僅在驗證後轉送，假如 API 下游也支援這模式的話。

變體 一種常見的變體是提供在回應中擴展的選項。第一個請求的回應只提供簡短結果，和用在後續請求中擴展的參數列表。客戶端可以在後續請求的願望清單中選擇一個或多個參數來擴展請求結果。

另一種變體是定義和支援萬用字元（wildcard）機制，如 SQL 和其他查詢語言所知道的那樣。例如，星號 * 可能是請求特定資源的所有資料元素；若沒有指明願望的話，則為預設。也可能是更複雜的設計，例如 `customer.*` 的階層規範（cascaded specification），可獲取所有和顧客有關的資料。

範例

Lakeside Mutual 顧客核心應用程式中，取得顧客的請求會回傳所有可用屬性。

```
curl -X GET http://localhost:8080/customers/gktlipwhjr
```

顧客 ID gktlipwhjr 回傳如下：

```
{
  "customerId": "gktlipwhjr",
  "firstname": "Max",
  "lastname": "Mustermann",
  "birthday": "1989-12-31T23:00:00.000+0000",
  "streetAddress": "Oberseestrasse 10",
  "postalCode": "8640",
  "city": "Rapperswil",
  "email": "admin@example.com",
  "phoneNumber": "055 222 4111",
  "moveHistory": [ ],
  "customerInteractionLog": {
    "contactHistory": [ ],
    "classification": {
      "priority": "gold"
    }
  }
}
```

為了改善這個設計，查詢字串中的**願望清單**可以限制結果在願望中包含的欄位。在範例中，API 客戶端可能只對 customerId、birthday 和 postalCode 感興趣。

```
curl -X GET http://localhost:8080/customers/gktlipwhjr?\
fields=customerId,birthday,postalCode
```

現在回傳的回應只含有請求的欄位：

```
{
  "customerId": "gktlipwhjr",
  "birthday": "1989-12-31T23:00:00.000+0000",
  "postalCode": "8640"
}
```

回應小了許多；只傳送客戶端需要的資訊。

討論

願望清單有助於管理不同 API 客戶端的資訊需求，它適合用在網路容量受限，但有把握客戶端通常只需要取得資料子集的情況下。可能的負面影響包括，額外的安全性威脅、額外的複雜性以及測試和維護工作。在引入**願望清單**機制之前，必須仔細考慮這些負面結果。通常，這些結果可視為事後諸葛，一旦 API 上線後，減輕它們就會導致維護和演進問題。

API 客戶端透過在願望清單實例中添加屬性與否，向提供者表達其願望；因此，這滿足了資料節約的期望（或 **Datensparsamkeit**）。提供者不用為特定客戶端提供特殊化和最佳化的操作版本，或去猜測客戶端使用案例所需的資料。客戶端可以明確指出所需資料，藉由創造較少的資料庫和網路負載來提升效能。

提供者必須在其服務層實現更多邏輯，這也可能影響到其他架構層，包括資料存取層。提供者面臨對客戶端暴露資料模型的風險，增加了耦合性。客戶端必須建立願望清單，網路也必須傳輸這個元資料，讓提供者非處理它不可。

當對應到程式語言元素時，逗號分隔的屬性名稱列表可能會造成問題。例如，屬性名稱拼錯字可能導致錯誤，如果 API 客戶端夠幸運的話；或忽略想表達的願望，這使 API 客戶端誤以為屬性不存在。此外，API 變動可能有非預期的結果；例如，如果客戶端沒有相應地調整其願望，重新命名的屬性名稱就可能無法找出來。

使用先前介紹的更複雜變體解決方案，可能比簡單的替代方案更難以理解和建構。有時候可以重新利用現存提供者內部的搜尋和篩選功能，例如萬用字元或正則表達式。

這個模式，或更一般來說，共享客戶驅動訊息內容這個共同目標和主題的所有模式和實務，又稱為**回應重塑**（**response shaping**）。

相關模式

願望模板和願望清單同樣能解決相同問題，但可能是用巢狀結構來表達願望，而非扁平的元素名稱清單。願望清單和願望模板通常在回應訊息中處理參數樹，因為當處理複雜的回應資料結構時，用來減少訊息大小的模式特別有用。

使用願望清單對遵守速率限制有正面的影響，因為使用模式時傳輸的資料比較少。想要再進一步減少傳輸資料，也可以結合條件請求。

分頁模式也透過將大型重複的回應分割為小部分，來減少回應訊息大小。可以結合這兩種模式。

更多資訊

正則表達式語法或查詢語言，例如用於 XML 酬載的 XPath，可視為此模式的一種進階變體。GraphQL（2021）提供宣告式查詢語言，來描述依 API 文件中的協議架構的檢索表現。更多 GraphQL 的細節可見**願望模板**模式介紹。

《Web API Design: The Missing Link》（Apigee 2018）在〈更多表現設計〉一章中，提議以逗號分隔**願望清單**。James Higginbotham 介紹這個模式為「Zoom-Embed」（Higginbotham 2018）。

Netflix 技術部落格（Borysov 2021）中，「Practical API Design at Netflix, Part 1: Using Protobuf FieldMask」提到 GraphQL 欄位選擇器，和 JSON:API（2022）中的稀疏欄位集（spase fieldsets），接著介紹 Protocol Buffer `FieldMask`，作為 gRPC API 在 Netflix 工作室工程內的解決方案，作者建議 API 提供者，將最常使用欄位組合預先建立的 `FieldMask` 函式庫傳送給客戶端。如果多個消費者需要相同的欄位子集，這樣做是合理的。

模式：願望模板

使用時機及原因

API 提供者必須服務多個調用同個操作的不同客戶端。不是所有客戶端都有相同資訊需求：有些可能只需要端點提供資料的子集，有些則可能需要豐富、深層的結構化資料集。

> API 客戶端如何通知 API 提供者想要的巢狀資料？如何靈活且動態地表達這些偏好？[3]

3 注意，這個問題和願望清單的問題相當類似，但多了回應資料巢狀化主題。

有多個不同資訊需求客戶端的 API 提供者，可能僅暴露複雜的資料結構，以代表該客戶端社群所需的超集（superset）或聯集（union），例如，主資料的所有屬性，像是產品或顧客資訊；或可操作資料實體的集合，如採購單項目等。當 API 演進時，這個結構很可能會逐漸複雜化，這種一體適用的方式也會造成如回應時間、傳輸量等效能成本，和引入安全性威脅。

或者，使用扁平的**願望清單**，僅列舉需要的屬性，但這種簡單的方式在處理巢狀資料結構時的表達性，會受到限制。

可以引入網路層級和應用程式層級的閘道和代理（proxy）來改善效能，例如快取。這些對於效能問題的回應，能增加部署模型和網路拓墣的複雜性，與隨之而來的設計和配置負擔。

運作方式

在請求訊息增添一個或更多個額外參數，鏡像其回應訊息中的階層結構。使這些參數可選，或使用布林型態，以便指出是否應該將參數包含進來。

鏡像回應訊息的願望結構通常是**參數樹**，當 API 客戶端發送請求訊息，或設定其布林值為 true 以指示感興趣的部分時，可以用空值、範例值或虛假值產生**願望模板**參數的實例。API 提供者接著使用鏡像願望結構作為回應的模板，並且使用真實的回應資料，來替換所請求的值，如圖 7.6 所示。

圖中的模板處理器（Template Processor）有兩種實現選項，取決於所選擇的模板格式。如果已經從網路收到**參數樹**結構的鏡像物件，則可以遍歷這個資料結構來準備資料源檢索，或從結果集抽取相關部分。或者，模板可能以宣告式查詢的形式出現，但必須先經過評估，並轉譯成資料庫查詢或篩選器，好套用在獲取的資料上。這兩種選項類似圖 7.5 中顯示**願望清單**處理器的清單評估器元件。評估模板實例可以很直接，且可以透過在 API 實現中的函式庫或語言概念來支援，例如，以 JSONPath 瀏覽巢狀 JSON 物件、以 XPath 瀏覽 XML 文件，或匹配正則表示式。為了構成領域特定語言的複雜模板語法，可能需要引入例如掃描和解析等編譯器概念。

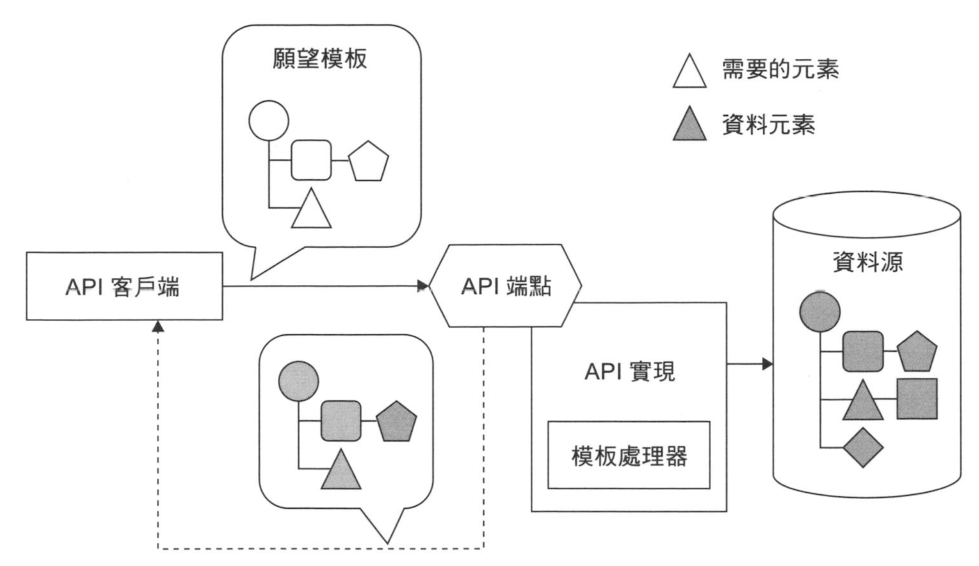

圖 7.6 願望模板元件和處理步驟

圖 7.7 顯示與兩個頂級欄位 aValue 和 aSting 相符的輸入／輸出參數結構，和一樣有兩個欄位 aFlag 和 aSecondString 的巢狀子物件。輸出參數或回應訊息元素，有整數和字串型態，且請求訊息中的鏡像指定匹配的布林值。設置布林為 true 來指示資料中感興趣的部分。

範例

下面的 MDSL 服務合約，引入一個以刻板凸顯的 `<<Wish_Template>>`。

```
data type PersonalData P // 未指定，占位符
data type Address P // 未指定，占位符
data type CustomerEntity <<Entity>> {PersonalData?, Address?}

endpoint type CustomerInformationHolderService
  exposes
    operation getCustomerAttributes
      expecting payload {
        "customerId":ID, // 顧客 ID
        <<Wish_Template>>"mockObject":CustomerEntity
        // 結構和需求的結果集相同
      }
      delivering payload CustomerEntity
```

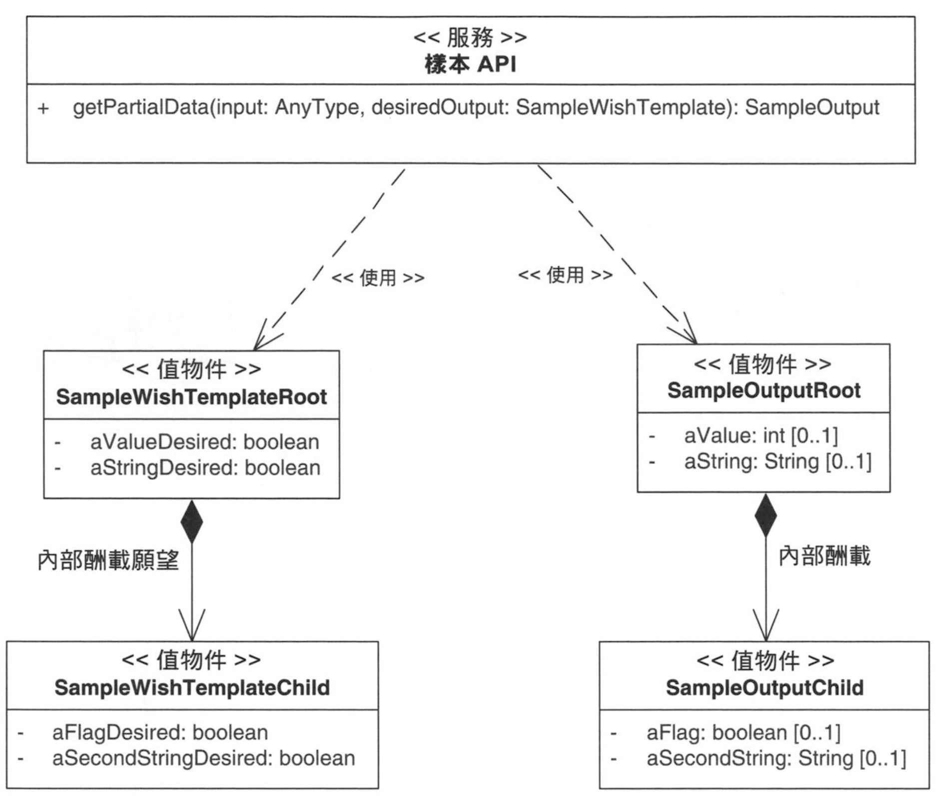

圖 7.7 模擬／鏡像物件的可能結構（願望模板）

在這個 API 範例中，客戶端可以發送 `CustomerEntity` 鏡像（或模擬的）物件，可能包含 `PersonalData` 和／或 `Address` 屬性，見 `data type` 的 `CustomerEntity` 定義。提供者接著可以忽略願望中的虛擬值，檢查已送出哪些屬性，並以包含 `PersonalData` 和／或 `Address` 的填充 `CustomerEntity` 回應。

討論

資料節約（或 **Datensparsamkeit**）是分散式系統中重要的一般設計原則，是效能與安全性的關鍵。然而，當以迭代和漸進的方式定義 API 端點時，並不總是適用這個原則：添加東西通常比刪除容易，尤其指資訊項目或屬性時。也就是說，一旦在 API 添加了某些東西，通常很難決定是否能夠安全地以向後相容的方式移除，也就是不造成破壞性改變，因為可能有許多甚至未知的客戶端會形成依賴。消費者透過在**願望模板**實例指明所選屬性值，和填入標記或布林值，以向提供者表達願望，藉此滿足資料節約和彈性的期待。

當實現這個模式時，必須做出數種決策，包括表現和填充模板的方式。同儕模式**願望清單**提到以逗號分隔為願望清單的一種方式，但形成**願望模板**的**參數樹**比較複雜，因此需要編碼和語義分析。雖然高複雜的模板標記或許能有效改善客戶端的開發者體驗和效能，但也面臨變成龐大、嵌入在 API 實現中過於複雜的中間件風險，也會增加開發、測試和維護心力以及技術風險。

另一個問題是如何處理無法滿足願望的錯誤，例如因為客戶端指示一個無效的參數。一種方法是默默地忽略那個參數，但這可能隱藏真實問題，例如，如果是打錯字或參數名稱已經改變的話。

這個模式不只可應用在圍繞業務功能的 API 設計，也可以用在更多 IT 基礎建設相關領域，例如軟體定義網路、視覺化容器或大數據分析。這種領域和軟體解決方案通常有豐富的領域模型及配置選項，處理結果產生的變化性，證明 API 設計和資訊檢索的靈活方式是合理的。

GraphQL 與其型態系統、自我檢查和驗證功能，以及解析器概念，可視為此模式的進階實現（2021）。GraphQL 的**願望模板**是查詢和修改綱要（query and mutation schema），提供客戶端想要和需要的宣告式敘述。注意，採用 GraphQL 需要 GraphQL 伺服器的實現，如圖 7.6 中的模板處理器（Template Processor），這個伺服器是位在實際 API 端點上的一種特別 API 類型，也是 GraphQL 術語中的解析器（resolver）。這個伺服器必須解析查詢和修改的宣告式敘述，然後呼叫一個或多個解析器，接著在沿著資料結構階層時，可能會呼叫其他解析器。

相關模式

願望清單解決同樣的問題，但使用扁平的列舉而非模擬／樣板物件；這兩種模式會處理回應訊息中的**參數樹**實例。**願望模板**變成出現在請求訊息中的**參數樹**部分。

願望模板和同儕模式**願望清單**有許多相同特徵。例如，缺少客戶端和提供者端對綱要，如 XSD、JSON Shema 資料規約的驗證，**願望模板**和在**願望清單**中描述的簡單列舉法有著相同的缺點，**願望模板**在說明和理解上，會比簡單的願望清單更為複雜；簡單的願望清單通常不需要綱要和驗證器。提供者的開發人員必須意識到，深層巢狀的複雜願望可能會造成通訊基礎設施的壓力和負擔，[4] 接著處理也會變得更加複雜。只有在較簡單的結構，像是願望清單無法適切地表達願望時，才有道理去接受額外的工作負擔，以及參數資料定義和處理上多出來的複雜度。

使用願望模板對於速率限制有正面影響，因為使用這模式時，傳輸的資料較少，且需要較少的請求。

更多資訊

在《You Might Not Need GraphQL》（Stur geon 2017）中，Phil Sturgeon 展示多種實現回應塑形的 API 實現，與它們相應於相關 GraphQL 概念。

訊息交換最佳化（即：溝通效率）

前面一節提供讓客戶端指明大型資料集分割，與其感興趣的個別資料點的模式。這使 API 提供者和客戶端避免了不必要的資料傳輸和請求，但或許客戶端已經有了資料複本，而不想再接收同樣資料，或他們可能需要發送多個造成傳輸和處理固定開銷的個別請求。這裡介紹的模式提供對於這兩種問題的解決方案，並試著平衡以下常見的力量要素：

- **端點、客戶端、訊息酬載設計和程式開發的複雜度：**去實現和操作一個考慮到資料更新頻率特性更複雜 API 端點所需的額外心力，需要與預期的端點處理和減少頻寬用量平衡。減少請求次數不代表交換較少的資料，因此，剩餘的訊息必須承載更複雜的酬載。
- **回報和出帳的準確性：**API 用量報告和帳務必須準確，且被認為是公平的。讓客戶端承受額外工作，例如，持續追蹤其擁有的資料版本，來減少提供者工作量的解決方案，可能需要一些提供者的激勵措施。這個在客戶－提供者端會話中的額外複雜度，可能也會影響 API 呼叫的核算。

兩種回應這些力量要素的模式為條件請求和請求細綁。

4 Olaf Hartig 和 Jorge Pérez 分析 GitHub GraphQL API 的效能時，發現增加查詢層級深度的話，「結果大小會成指數性成長」，API 會在巢狀層級超過 5 的查詢上逾時（Hartig 2018）。

模式：條件請求

使用時機及原因

有些客戶端重複地持續請求相同的伺服器端資料。這些資料在多個請求之間沒有變化。

> 當調用回傳資料很少改變的 API 操作時，如何避免不必要的伺服器端處理和頻寬用量？

除了這節一開始介紹的挑戰外，還有以下影響要素：

- **訊息大小：**如果網路頻寬或端點處理能力有限，重送客戶端已經接收過的大型回應就會很浪費。
- **客戶端工作量：**為了避免再次處理相同的結果，客戶端可能想要知道自從上一次調用後的操作結果是否有變動，這可減少他們的工作量。
- **提供者工作量：**有些請求的回答並不昂貴，例如那些不涉及複雜處理、外部資料庫查詢或其他後端呼叫的請求。任何額外的 API 端點運行時期複雜度，例如引入任何用於避免不必要呼叫的決策邏輯，可能都會抵銷在這種情況下也許可以節省的成本。
- **資料現時性 vs 正確性：**API 客戶端可能想要快取資料的本地複本，來減少 API 呼叫次數。作為複本的持有者，他們必須決定何時刷新快取以避免資料過時，這一樣適用於元資料。另一方面，當資料改變時，與其相關的元資料通常也必須改變；再者，可能資料保持不變，只有元資料改變，若想嘗試讓會話更有效率，就必須考量這些問題。

或許可以考慮在物理部署層面向上和向外擴展，來實現需要的效能，但這種方法有其限制且成本高昂。API 提供者或中介的 API 閘道，可能快取先前的請求資料來快速服務客戶端，而不用重新建立，或從資料庫或後端服務中獲取資料。這種專門的快取必須保持現時且隨時間無效，因此導致複雜的設計問題。[5]

在可替代的設計中，客戶端在發送實際的請求之前，可以發送「行前的」（preflight），或「跳之前先看一下」（look before you leap）請求，向提供者詢問是否有任何東西改變。但這種設計使請求次數變成兩倍，讓客戶端的實現更複雜，且在網路高度延遲下，可能減少客戶端的效能。

運作方式

> 透過在訊息表現或協議標頭加入**元資料元素**，將請求條件化，並只有在元資料指示的條件滿足時，才處理這些請求。

如果條件不滿足，提供者不會回覆完整回應，而是回傳特別的狀態碼，接著客戶端可以使用之前快取的值。以最簡單的案例來說明，**元資料元素**表現的條件可以用**原子參數傳輸**，如果已經存在於請求中，可使用應用程式特定的資料版本號碼或時間戳記。

也可以在通訊基礎架構中實現**條件請求**模式，這對應用程式特定的內容來說，是正交（orthogonal）且互補的。為此，提供者可以包含所提供資料的雜湊，客戶端可以將這雜湊包含在後續請求中，來指示它已經有的版本資料，且希望只接收新版本資料；如果條件未滿足的話，即返回特別的 `condition violated` 回應，而非完整回應。這個方法實現「虛擬快取」策略，讓客戶端在假設已保存複本的情況下，回收之前檢索的回應。

5 據 Martin Fowler 的引述，Phil Karlton 曾指出：「電腦科學只有兩件困難的事：快取失效和命名問題。」Fowler 以開玩笑的方式為這個說法提供證據（Fowler 2009）。

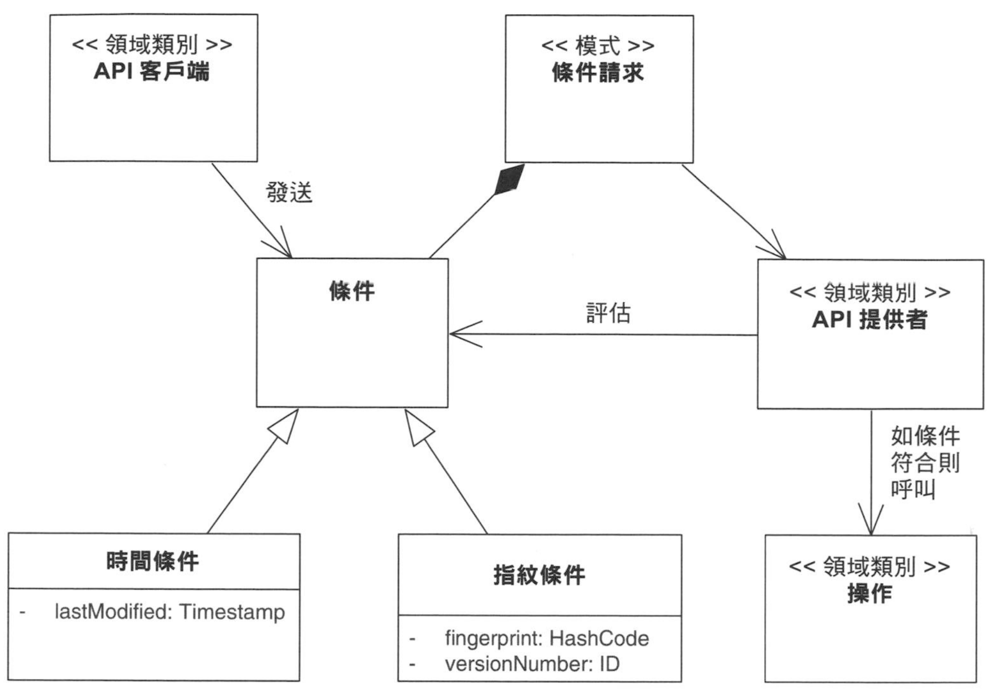

圖 7.8 條件請求

變體 請求條件可以採取不同形式，衍生出此模式的不同變體。

- **基於時間的條件請求：**以最後修改（`last modified`）日期將資源壓上時間戳記。客戶端在後續請求中使用這個時間戳記，以便伺服器端只有在有比客戶端複本更新版本的資源表現時回覆。注意，這個方式需要一些客戶端和伺服器端的時鐘同步，如果希望運行準確的話；但也可能不常用到。在 HTTP，`If-Modified-Since` 請求頭乘載這種時間戳記，而 `304 Not Modified` 狀態碼可用來指示沒有可用的更新版本。
- **基於指紋的條件請求：**由提供者，例如套用雜湊函式在回應主體或一些版本上所標籤的資源即為指紋，客戶端可以包含指紋來指示其已經有的資料版本。如 RFC 7232 所描述的 HTTP 中的實體標籤（`Etag`）（Fielding 2014a），和 `If-None-Match` 請求頭與之前提到的 `304 Not Modified` 狀態碼一起達成此目的。

範例

許多網頁應用程式框架，例如 Sprint，原生支援**條件請求**。Lakeside Mutual 場景中，基於 Spring 的顧客核心後端應用程式，在所有回應中會包含 ETags，以實現基於指紋的條件請求變體。例如，考慮檢索一個顧客：

```
curl -X GET --include \
http:://localhost:8080/customers/gktlipwhjr
```

含有 Etag 標頭的回應可以開始如下：

```
HTTP/1.1 200
ETag: "0c2c09ecd1ed498aa7d07a516a0e56ebc"
Content-Type: application/hal+json;charset=UTF-8
Content-Length: 801
Date: Wed, 20 Jun 2018 05:36:39 GMT
{
  "customerId": "gktlipwhjr",
...
```

之後的請求可以包含之前從提供者端所接收的 Etag，使請求條件化：

```
curl -X GET --include –-header \
'If-None-Match: "0c2c09ecd1ed498aa7d07a516a0e56ebc"' \
http://localhost:8080/customers/gktlipwhjr
```

如果實體沒改變，也就是 If-None-Match 發生的話，提供者回答包含相同 Etag 的 304 Not Modified 回應：

```
HTTP/1.1 304
ETag: "0c2c09ecd1ed498aa7d07a516a0e56ebc"
Date: Wed, 20 Jun 2018 05:47:11 GMT
```

如果顧客，即實體改變了，客戶端會得到完整回應，包括新的 Etag，如圖 7.9 所示。

注意，顧客核心微服務實現了**條件請求**作為用於回應的篩選器。使用篩選器意味著回應仍有計算過，但被篩選器丟棄，並以 304 Not Modified 狀態碼來取代。這個方式有端點實現透明的好處，然而，只節省頻寬而沒有節省計算時間，也可以使用伺服器端的快取來最小化計算時間。

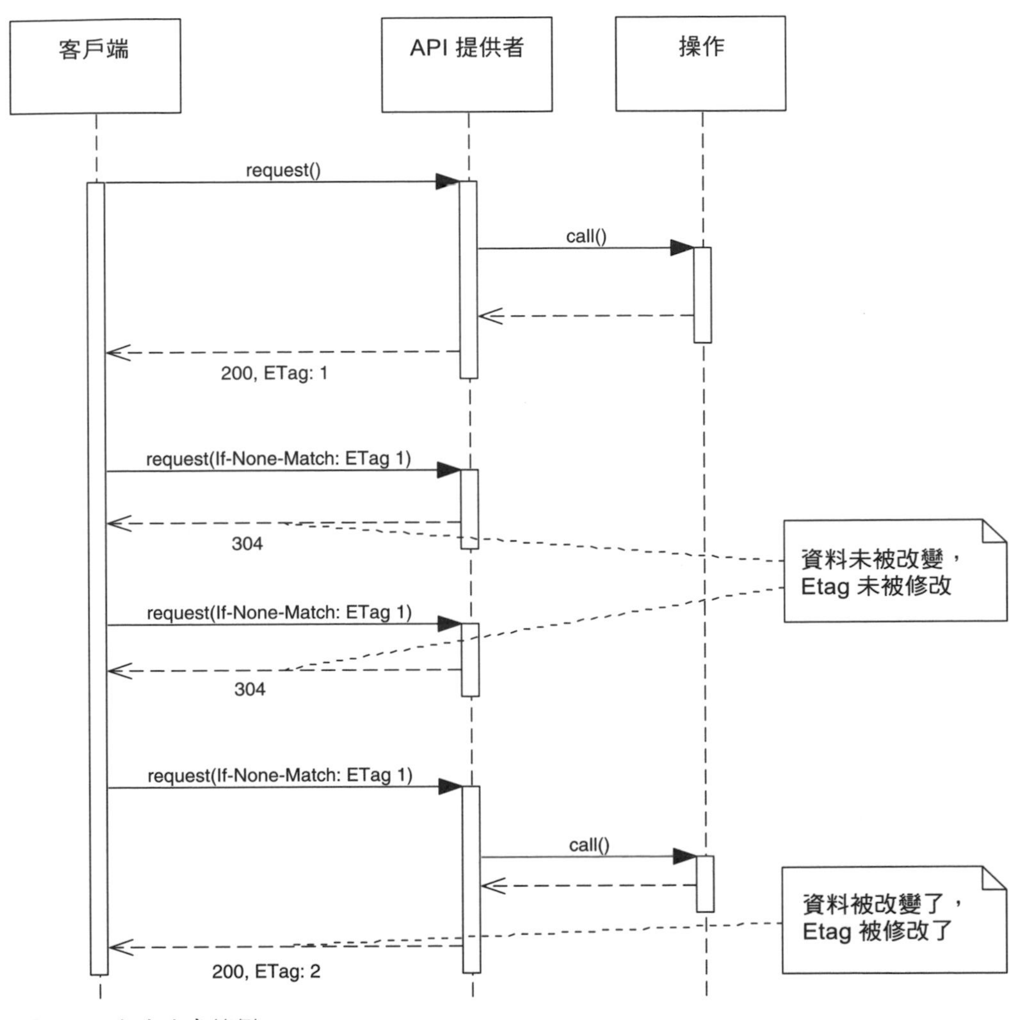

圖 7.9 條件請求範例

討論

條件請求允許客戶端和 API 提供者節省頻寬，不用假設提供者記得客戶端是否已經看過請求資料的最新版本，而由客戶端去提醒伺服器其最後的已知資料版本。客戶端快取之前的回應，並負責追蹤資料的時間戳記或指紋，再隨下一個請求重送這些資訊，這簡化了**資料現時間隔（data currentness interval）**的配置。作為明確資料現時間隔一種方式的時間戳記，即使在分散式系統中也很容易實現，只要有一個系統負責寫入資料。在這種情況下，該系統的時間是主時間（master time）。

如果這模式實現如之前範例所顯示的篩選器的話，提供者端 API 的複雜度不會增加，可對特定端點實現進一步改善，例如額外的回應快取，來減少提供者端的工作量。這會增加端點的複雜度，因為必須評估條件、篩選器和例外，包括因為條件處理或篩選而可能發生的錯誤。

提供者也要決定條件請求如何影響其他品質標準，例如速率限制，以及這種請求在計價方案中是否需要特別處理。

客戶端可依其效能需求來選擇是否利用條件請求；另一個選擇準則是，客戶端是否可以依賴伺服器端去偵測 API 資源變化的狀態。條件請求的訊息發送次數沒有改變，但可以明顯減少酬載大小，從客戶端快取重新讀取舊回應，通常比從 API 提供者那重新載入要快得多。

相關模式

使用條件請求可能對速率限制有正面的影響，包括在限制定義中的回應資料量，因為使用這模式傳輸的資料較少。

可以小心地將此模式與願望清單或願望模板結合。這種結合相當有用，可指示如果條件評估為 `true` 且資料需要（再）發送，所回傳的資料子集。

有可能結合條件請求和分頁，但需要考慮到許多邊緣案例。例如，特定頁面的資料可能沒有改變，但已加入了更多資料，且頁面總數增加。當評估條件時，也應該包括這種在元資料中的改變。

更多資訊

《RESTful Web Services Cookbook》（Allamaraju 2010）的第 10 章，專門介紹條件請求，該章內的其他 9 個手法甚至涉及修改資料的請求。

模式：請求綑綁

使用時機及原因

已經明確了暴露一個或多個操作的 API 端點。API 提供者觀察到客戶端發送許多小的、獨立的請求；回傳對於這些請求的個別回應。這些冗長的一連串互動損害了可擴充性和傳輸量。

> 如何減少請求與回應次數來提高通訊效率？

如本章介紹的討論，除了有效傳訊和資料節約等一般需求，這個模式的目標是改善效能：

- **延遲**：減少 API 呼叫次數可以改善客戶端看提供者的效能，例如，當網路因發送多個請求與回應而受到高延遲或固定開銷時。
- **傳輸量**：以較少的訊息交換相同的資訊可帶來較高的傳輸量。然而，客戶端必須等比較久才能使用資料。

運作方式

> 定義一個**請求綑綁**作為資料容器，來在單一個請求訊息中組裝多個獨立的請求；添加元資料例如個別請求的識別符：綁定元素，和綁定元素數。

有兩種設計回應訊息的選項：

1. 一個請求和一個回應：**請求綑綁**和**單個綑綁回應**。
2. 一個請求和多個回應：**請求綑綁**和**多個綑綁回應**。

可以將**請求綑綁**容器訊息結構化為**參數樹**或**參數森林**。在第一個選項中，必須定義回應容器的訊息結構，其反應請求組合和對應到綑綁的請求；第二個選項可以透過底層的網路協議支援來實現，以支援合適的訊息交換和對話模式。例如，使用 HTTP，提供者可以延遲回應，直到已經處理好一個綑綁項目。RFC 6202（Saint-Andre 2011）將此稱為**長輪詢（long polling）**，並介紹它的技術細節。

必須在個別層級和容器層級處理錯誤，且存在不同選項，例如，整批的**錯誤回報**，可以與可透過 *ID 元素*存取的綑綁元素個別**錯誤回報**關聯陣列結合。

圖 7.10 顯示 3 個個別請求的**請求綑綁**：A、B 和 C，組裝成單一個遠端 API 呼叫。因此，使用單個綑綁回應（選項 1）。

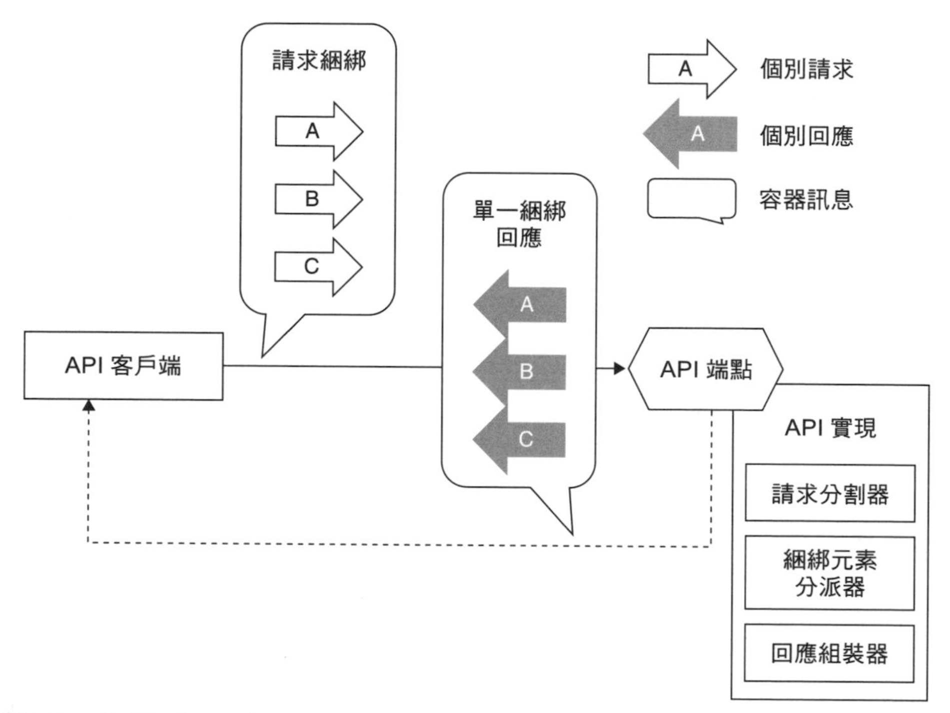

圖 7.10 **請求綑綁**：3 個獨立請求，A、B 和 C，在一個容器訊息組中。提供者處理請求並回覆單一個綑綁回應

API 實現必須分割請求綑綁及組裝回應綑綁。這可直接透過迭代提供者端端點傳來的陣列，但可能需要一些額外的決策和分派邏輯，例如，在請求中使用**控制元資料元素**，來決定在 API 實現中要將綑綁元素路由到什麼地方。如果提供者回傳單一個綑綁物件的話，API 客戶端必須以類似方式來分割綑綁回應。

範例

在 Lakeside Mutual 的顧客核心服務中，客戶端可以透過指明顧客 *ID* **元素**的**原子參數列表**，從顧客的**資訊持有者資源**請求多個顧客。路徑參數作為綑綁容器，會使用一個半形逗號「,」分隔綑綁元素：

```
curl -X GET http://localhost:8080/customers/ce4btlyluu,rgpp0wkpec
```

這將回傳兩個請求的顧客作為**資料元素**，在綑綁層級的陣列中以 JSON 物件表示，使用單一個綑綁回應選項：

```
{
  "customers": [
    {
      "customerId": "ce4btlyluu",
      "firstname": "Robbie",
      "lastname": "Davenhall",
      "birthday": "1961-08-11T23:00:00.000+0000",
      ...
      "_links": { ... }
    },
    {
      "customerId": "rgpp0wkpec",
      "firstname": "Max",
      "lastname": "Mustermann",
      "birthday": "1989-12-31T23:00:00.000+0000",
      ...
      "_links": { ... }
    }
  ],
  "_links": { ... }
}
```

這個範例實現了之前介紹的單個綑綁回應的**請求綑綁**模式選項。

討論

如果客戶端的使用情境包括批次或大量處理，例如，定期更新顧客主資料，立即透過傳送請求綑綁，可以明顯減少訊息數量，這樣會讓需要的網路通訊較少，而加快通訊速度，取決於實際使用案例，客戶端的實現工作也可能減少，因為客戶端不必追蹤多個進行中的請求。也可以有邏輯地，逐一處理在單個回應訊息中的所有獨立綑綁元素。

這個模式增加了端點的處理工作和複雜度。提供者必須分割請求訊息，以及當實現多個回應的**請求綑綁**時，要協調多個個別回應。客戶端的處理工作和複雜度也會增加，因為客戶端必須處理**請求綑綁**與其個別元素，一樣需要分割策略。最後，訊息酬載設計和處理變得更複雜，因為多個來源的資料必須合併為一個訊息。

請求綑綁中互相獨立的個別請求可能需要由端點並行處理，因此，客戶端不應該對請求的評估順序做出任何假設。API 提供者應該在 ***API 敘述***中記錄這個容器特性，保證特定的綑綁元素順序造成額外的工作，例如用和傳入**請求綑綁**的相同方式，排序單一個綑綁回應。

這個模式適用於無法一次處理多個請求的底層通訊協定。其假設有充分定義和表現的資料存取控制，以便允許去處理所有的綑綁元素；否則，提供者必須組成部分回應來指示客戶端綑綁中的哪一個命令／請求失敗，及以修正相應輸入的方式，以便改正重試。對客戶端來說，這種元素層級的存取控制處理極具挑戰性。

客戶端必須等待，直到綑綁中的所有訊息都處理完成，這會增加在收到第一個訊息前的整體延遲；然而，和連續的呼叫相比，總通訊時間通常會加快速度，因為需要較少的網路通訊。協調工作可能會使服務提供者是有狀態，而在微服務和雲端環境中，因為對可擴充性的負面影響，會認定這樣是有害的。也就是說，當工作量增加時會使水平擴展變得困難，因為微服務中介軟體或雲端提供者基礎設施可能含有負載平衡器，現在必須確保後續請求抵達正確的實例，和故障轉移程序以適合方式重建狀態，是否應該以綑綁或其元素為擴展單位並不明顯。

相關模式

請求綑綁的請求與回應訊息會形成**參數樹**或**參數森林**。關於結構的額外資訊，和用來識別個別請求的資訊，會以一或多個 ***ID 元素***或***元資料元素***出現。這些識別符可能實現了「關聯識別符」（Correlation Identifier）模式（Hohpe 2003），以從回應追蹤回請求。

請求綑綁可作為**條件請求**來傳送，這個模式也可與**願望清單**或**願望模板**結合。必須小心分析，結合兩個或甚至三個模式的複雜度，是否可實現足夠利益，如果請求的多個實體是相同類型，例如，請求通訊錄中的多個人，可以套用**分頁**與其變體，而非**請求綑綁**。

使用**請求綑綁**，對於保持操作調用數的**速率限制**有正面影響，因為使用模式時交換的訊息較少。這個模式和**錯誤回報**搭配良好，因為除了整個**請求綑綁**，通常也希望回報每個綑綁元素的錯誤狀態或成功。

請求綑綁可視為通用「命令」（Command）設計模式的一種擴展，套用 Gamma（1995）的術語，每一個個別請求都是一條命令。「訊息序列」（Message Sequence）（Hohpe 2003）則解決相反問題：為了減少訊息大小，會將訊息分割成較小的訊息並標記序列 ID，代價是訊息數也會比較多。

更多資訊

《RESTful Web Services Cookbook》（Allamaraju 2010）第 11 章中的手法 13，建議不要提供通用的端點來貫穿多個個別請求。

當在批次處理，或稱分塊（chunking）的情境中應用**請求綑綁**時，協程（coroutine）可以改善效能。《Improving Batch Perfor- mance when Migrating to Microservices with Chunking and Coroutines》有討論這個此選項的細節（Knoche 2019）。

總結

本章介紹考慮 API 品質的模式，尤其在 API 設計顆粒度、運行效能和支援多個不同的客戶端之間找到甜蜜點（sweet spot）。相關研究著重在交換多個小訊息或是幾個大訊息。

套用**嵌入實體**模式，會使 API 交換成為自包含的。**連結資訊持有者**導致參照到其他 API 端點的較小訊息，且因此導致多次來回以檢索相同的資訊。

分頁讓客戶端依資訊需求去分段檢索資料集，如果在設計時期，不知道要檢索的正確細節選擇，且客戶端希望 API 能滿足所有的需求，則**願望清單**和**願望模板**能提供所需彈性。

請求綑綁中的大批訊息只需要一次互動。雖然可以透過發送和接收正確粒度的酬載來仔細提升效能，也可引入**條件請求**，和避免重送資訊給已經有相同資訊的客戶端。

注意，一般情況下，尤其是在分散式系統中，都很難預測效能。通常，當系統環境演進時，會在穩定的條件下測量；如果效能控制顯示有可能違反一或多個具體**服務水準協議**，或其他運行品質政策的負面趨勢時，則應該修正 API 設計與實現。這對所有分散式系統來說是範圍寬廣的重要議題；當系統拆分成多個小型部件時，問題甚至變得更為嚴苛，例如互相獨立擴展和演進的微服務。即使服務之間是鬆耦合，為了滿足執行特定業務層級功能的終端使用者回應時間需求的效能預算，也只能以整體和端對端的方式來評估。存在負載／效能測試和監控的商業產品和開源軟體，挑戰包括需要設置可以產生有意義、可重現結果環境的工作，以及應付改變，包括需求、系統架構與實現的能力；模擬效能是另一個選項，軟體系統和軟體架構的預測效能建模有大量學術研究成果，例如，《The Palladio-Bench for Modeling and Simulating Software Architectures》（Heinrich 2018）。

接下來要介紹 API 演進，包括版本控制方法和生命週期管理，請見第 8 章。

第 8 章

演進 API

本章介紹當 API 隨時間改變時的可用模式。大部分成功的 API 都會演進，相容性和擴充性是有點互相衝突的需求，必須在 API 生命週期期間找出平衡，客戶端和提供者可能無法在最有效的組合上達成共識，維持支援多個版本成本很高，可能期望完全向後相容。然而，要實現這點，通常比看起來還要困難，不良的演進決策可能使顧客與其 API 客戶端失望，並給提供者與其開發人員帶來壓力。

本章首先說明演進模式的需求，接著介紹在實務中所發現的模式：用於版本控制和相容性管理的兩種模式，以及描述不同生命週期管理保證的四種模式。

本章對應到 ADDR 流程的校正（Refine）階段。

API 演進介紹

按定義，API 不是靜態獨立的產品，而是屬於公開、分散且互聯系統的一部分。API 目的是提供一個可建構客戶端應用程式的堅固基礎，然而，時間久了之後，如海浪塑造出其上的岩石峭壁般，API 會改變，尤其一波又一波的客戶端使用後。

當 API 演進以適應變化中的環境時，會增加新功能、修復臭蟲和缺陷，與停用某些功能。我們的演進模式有助於以受控制的方式來引入 API 變更、處理後果，和管理變更對客戶端造成的影響。它們可以支持 API 負責人、設計人員和顧客，以回答以下問題：

> **在 API 演進期間，平衡穩定性和相容性，與可維護性和擴展性的支配規則是什麼？**

API 演進時的挑戰

我們的演進模式直接或間接涉及以下品質需求：

- **自治：**允許 API 提供者和客戶端遵循不同的生命週期，提供者能推出新的 API 版本，而不破壞現有客戶端。
- **鬆耦合：**最小化因 API 變更對客戶端的影響。
- **擴展性：**讓提供者可以改善和擴展 API，和改變它以適應新需求。
- **相容性：**保證 API 變更不會導致客戶端和提供者之間語義的「誤解」。
- **持續性：**最小化支援舊客戶端的長期維護工作。

不同和獨立的生命週期、部署頻率，和 API 提供者與客戶端的時間表，使其有必要及早且持續地計畫 API 演進，禁止任意變更已經發布的 API。隨著更多客戶端開始使用和依賴 API 時，這問題變得更加嚴重。如果許多客戶端存在的話，或提供者不曉得有哪些客戶端，提供者對客戶端的影響或管理能力可能縮小。*公開 API* 在演進上尤其是個挑戰：如果存在替代提供者的話，客戶端可能偏好能提供最穩定 API 的提供者；然而，即使沒有競爭提供者，API 客戶端也可能完全無法適應新的 API 版本，因此要完全依靠提供者演進 API。尤其是客戶端是由專案中的一些約聘開發人員所實現，而這些約聘開發者已經不在的情況。例如，一個小公司可能付費給外部顧問，透過支付 API 來整合其線上商店與支付提供者，當 API 前進到新版本時，外部顧問可能已經換到其他工作任務。

相容性和**擴展性**通常是衝突的品質需求，API 演進中的許多問題都由相容性考量所驅動。相容性是提供者和客戶端之間的一種關係特性，如果兩個團體可以處理它們的訊息交換，並根據各自 API 版本的語義正確解讀和處理所有訊息，則它們是相容的。例如 API 版本 n 的提供者，和為此版本編寫的客戶端定義上是相容的；假設已經通過可互相操作性測試的話。如果 API 版本 n 的客戶端和 API 版本 n-1 的提供者相容，則提供者會**向前相容**新的客戶端版本；如果 API 版本 n 的客戶端和 API 版本 n+1 的提供者相容，提供者會**向後相容**舊的 API 版本。

API 提供者與其客戶端初次部署時，很容易實現相容性，或至少可以假設存在一個初始版本，並記錄在 *API 敘述*中，以便 API 客戶端和提供者達成共識和分享相同的知識；可為此設計和測試可互相操作性。當 API 演進時，共同理解可能開始消散；客戶端和提供者逐漸疏遠，因為只有一邊實際上可能有機會繼續變更。

當 API 提供者和所有客戶端的生命週期不再同步時，相容性問題會顯得更加重要且難以實現。隨著更多應用程式移動到雲端計算，遠端客戶端的數量增加許多，且客戶端 - 提供者的關係會不斷變化。現代的架構典範例如微服務，其中一個重要特色是獨立擴展的能力，即同時運行多個服務實例，且可以在不停機的情況下部署新版本，方法是透過在同時間運行的多個服務實例，和將它們逐一轉移到新版本，直到所有實例都升級完成，這意味著當設計構思演進 API 並保證相容性時，必須考慮可能有多個客戶端版本與許多 API 版本互動的情況。

可擴展性是在 API 中提供新功能的能力。例如，API 的目前版本可能暴露包含單一個用來表示金額的「價格」*資料元素*回應訊息，見第 6 章〈設計請求與回應訊息表現〉；而 *API 敘述*則可能說明價格的貨幣是美元。在 API 的未來版本中，應該支援多種貨幣，實現這種擴展很容易破壞現存的客戶端，因為它只能處理美元；如果引入新的「貨幣」*元資料元素*，則必須更新後才能處理。因此，可擴展性有時會與可維護性互相衝突。

本章的演進模式涉及有關承諾程度和生命週期的支援，以及在不同情況下，保持或破壞相容性的有意識決策。它們也說明如何傳達破壞和非破壞性變更。

不同的生命週期、部署頻率，和提供者與客戶端的部署日期在實務中經常出現，尤其是在*公開 API* 和*社群 API* 的情況，見第 4 章〈模式語言介紹〉介紹的兩種模式。這使得在發布任何軟體之前，必須先計畫 API 演進，因為要變更已發布的 API 很困難，有時甚至不可能。取決於 API 提供者和客戶端的比例，這值得讓提供者維護舊的 API 版本，或客戶端更常更新至新的 API 版本承受。顧客的重要性等政治要素，也會影響解決方案空間：為了避免失去不滿意的客戶，提供者會投資更多心力來支援舊 API 版本，在提供者地位較強勢的情況下，可以透過減少 API 支援期或 API 中的功能，來迫使客戶端必須更頻繁的更新 API 版本。

有時發布的 API 沒有維護和更新策略，這種臨時方法會導致日後出現問題，造成客戶端故障和使用者無法存取。更糟的是，這樣的問題很難注意到，當沒有措施來避免客戶端錯誤解讀訊息時，這些訊息雖然仍維持相同或類似的語法，但新的 API 版本已經改變了，例如，價格元素是否包含附加稅，以及稅率多少？對整個 API 所有端點、操作和訊息進行版本控制是粒度相當粗的策略，並導致許多發布版本，甚至會太多。客戶端可能要花許多心力來追蹤和適應新的 API 版本。

如果沒有明確的保證，客戶端經常默默期待 API 會永遠提供，而在多數情況下這不符提供者的意願。API 最終都會結束，但客戶端卻期望永遠可用，尤其是在有匿名客戶端的**公開** *API*，或甚至已協商過延展生命週期，而讓提供者的聲譽受到損害。

有時提供者太常更新版本，這會造成同時維護多個版本或強制客戶端升級的問題。避免因為過多版本而導致客戶流失至關重要，而這些版本新增的價值並不足以投入時間和資源來升級。此外，有些 API 必須假設 API 客戶端不總是存在可用的開發人員；在那種情況下，API 提供者常必須支援 API 之前的版本。舉例來說，這種情況會發生在小型商業網站所雇用的客戶端開發人員，他們必須持續運行，而不會收到更多報酬，來升級至新的 API 版本；用來接收線上支付的 The Stripe API 可能就有這種小型商業客戶端（Stripe 2022）。學生學期專案經常使用公開 API；對這些 API 的破壞變更也常在專案結束之後，導致專案停止工作。

本章模式

圖 8.1 顯示本章的模式地圖。

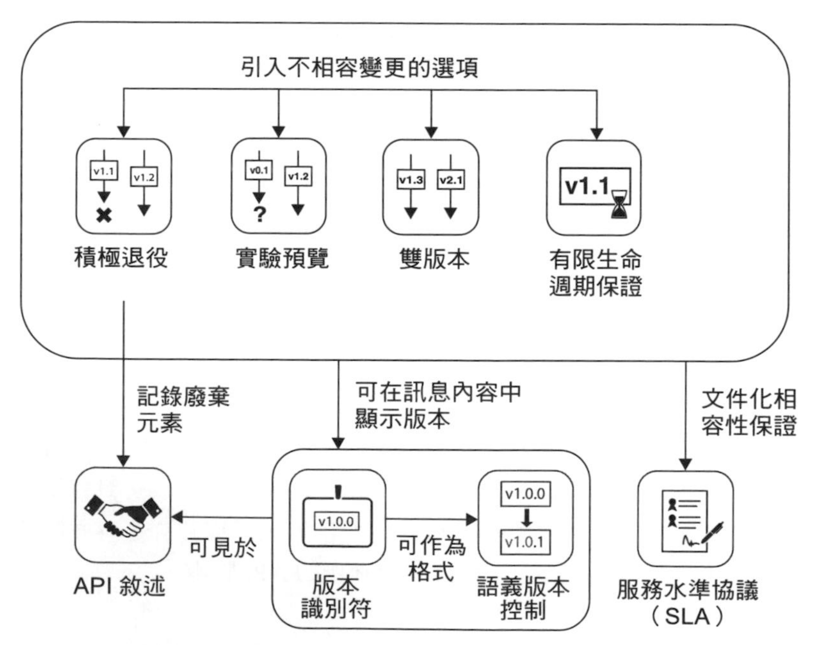

圖 8.1 本章模式地圖（API 品質）

引入訊息接收者可看見和正確驗證的明確**版本識別符**，將有助於客戶端和提供者區別可相容和不可相容的變更；這種識別符對於 API 的監控和支援也有幫助。遵循**語義版本控制**的三段式**版本識別符**，說明變更之間的可相容性，且因此比單個版本號碼傳遞更多資訊。

有限生命週期保證在支援的 API 加上時間範圍，讓客戶端適時計畫必要的 API 遷移。當套用**雙版本**模式時，提供者提供多個 API 版本，來避免因為不良的向後或向前相容實現而造成的語義誤解，和給予客戶端選擇自由；每個在生產環境運行的版本，都有獨立的**版本識別符**，這是可以逐漸轉移的折衷方案。有時 API 提供者明示不想提供任何保證，例如，當正在開發 API 且仍在微調確切的訊息結構和端點設計時，在這種情況下，可以使用**實驗性預覽**模式，它不提供保證，但允許未來的客戶端學習和實驗仍在開發中的 API；若是使用**積極退役**，API 提供者可以隨時棄用和淘汰 API，或至少其中一部分，而不用一次提供多個版本。

版本控制和相容性管理

本節中的兩個模式為**版本識別符**和**語義版本控制**。

模式：版本識別符

使用時機及原因

在生產環境中運行的 API 需要演進，隨時間提供改進功能的新版本。最終，新版本中的變更不再向後相容，而對現存客戶端造成破壞。

> API 提供者如何向客戶端指示其目前功能以及可能存在不相容變更，以避免因為未發現的解釋錯誤而造成客戶端的故障？

- **準確性和正確識別**：當發布一個新的 API 版本時，新的和較舊的 API 版本之間，不應該發生語義不符或其他差異問題。客戶端必須能夠依賴 API 版本的語法和語義，即使該版本已改善、擴展或者是修改。
- **不會意外破壞相容性**：如果在往返 API 的訊息中標明版號，通訊參與者若碰到未知或不相容的版號，可以拒絕請求或回應。這樣的話，當現存的表現元素語義在未注意的情況下發生改變時，不可能意外破壞相容性。
- **客戶端的影響**：API 的破壞性變更需要改變客戶端，這些變更通常沒有增加任何業務價值。因此，客戶端喜歡一個穩定可靠的 API，這樣的 API 不會為了跟上 API 變更，引起頻繁維護發布版本的隱藏成本。
- **使用中的 API 版本可追蹤性**：API 提供者可以監測有哪些和／或多少客戶端依賴特定的 API 版本，這個資料可用來計畫進一步的治理活動，例如，淘汰舊的 API 版本或優先增強功能。

有時組織在沒有計畫管理 API 生命週期的方法下推出 API，他們可能認為這種計畫可以在 API 推出後再執行；然而，缺乏治理和版本控制，常是過去造成服務導向架構倡議和專案失敗的原因之一（Joachim 2013）。

運作方式

引入明確的版本指示符。在 *API 敘述*和交換訊息中包含這個**版本識別符**。要實現後者，可在端點位址、協議標頭或訊息酬載添加**元資料元素**。

明確的**版本識別符**常採用數值來指示演進進程和成熟度。它可以包含在特定的表現元素、屬性／元素名稱後綴、端點位址的某些部分例如 URL 網域名稱、XML 命名空間，或 HTTP 內容類型標頭。為了避免一致性問題，在所有 API 支援的訊息交換中，**版本識別符**應該出現在獨一無二之處，除非客戶端或中介軟體強烈希望在多個地方看到它。

為了生成識別符，通常會使用三段式的**語義版本控制**模式。透過參照這種結構化的**版本識別符**，通訊團體可以檢查是否可理解和正確解釋訊息，容易發現不相容性和與功能擴展分開。

透過使用不同的**版本識別符**指示新版本，接收團體可以在任何問題發生之前中止訊息解釋，和回報不相容錯誤，例如在**錯誤回報**。*API* **敘述**可以參考曾經在某一特定時間點引入的功能，例如在某個版本發布時；或只在某些 API 版本提供，但在後來的版本已停用的功能，例如，使用**積極退役**模式時。

注意，請求與回應訊息綱要也可以被版本控制，例如，在 HTTP 資源 API 中定義為自訂媒體類型，可能只是大概與端點／操作的版本控制對齊。Alexander Dean 和 Frederick Blundun 稱這方法為 **SchemaVer**（Dean 2014）。

也要注意 API 的演進和實現的演進是兩個不同的東西，因為實現可以和介面分開演進，並更頻繁地更新。這可能導致使用多個版本識別符，一個用於遠端 API，一個用於每次實現。

所有的實現依賴應該包含在版本控制概念中，和／或必須確保依賴的向後相容性：如果支持有狀態 API 呼叫的底層元件，例如資料庫的綱要演進速度無法和 API 本身一樣快，可能會降低發布頻率。必須清楚知道在生產中的這兩個或更多個 API 版本，是使用後端系統和其他下游的哪個依賴。可以考慮「向前滾動」策略，或添加解耦實現版本控制和 API 版本控制門面（facade）。

範例

在 HTTP 資源 API 中，不同功能的版本可以指示如下。客戶端支援的特定表現格式版本，會出現在 HTTP 的內容類型（content-type）協議標頭中，例如 Accept 標頭（Fielding 2014c）：

```
GET /customers/1234
Accept: text/json+customer; version=1.0
...
```

特定端點和操作的版本成為資源識別符的一部分：

```
GET v2/customers/1234
...
```

也可以在主機網域名稱中指明整個 API 的版本：

```
GET /customers/1234
Host: v2.api.service.com
...
```

在基於 SOAP/XML 的 API 中，通常指示版本為頂級訊息元素的命名空間部分。

```
<soap:Envelope>
  <soap:Body>
    <ns:MyMessage xmlns:ns="http://www.nnn.org/ns/1.0/">
    ...
    </ns:MyMessage>
  </soap:Body>
</soap:Envelope>
```

另一種可能是在酬載中說明版本，如下面的 JSON 範例。在出帳 API 的初始版本 1.0 中，價格定義為歐元。

```
{
  "version": "1.0",
  "products": [
    {
      "productId": "ABC123",
      "quantity": 5;
      "price": 5.00;
    }
  ]
}
```

在新版本中實現了多貨幣需求，而導致新的資料結構和新的版本元素內容 `"version": "2.0"`：

```
{
  "version": "2.0",
  "products": [
   {
      "productId": "ABC123",
      "quantity": 5;
      "price": 5.00;
      "currency": "USD"
   }
  ]
}
```

如果沒有**版本識別符**或任何其他機制，來指出已使用破壞性變更，解釋訊息版本 2.0 的舊軟體會假設產品成本為 5 歐元，但實際成本是 5 美元，這是因為新的屬性已經改變現有的版本語義。在 HTTP 內容類型中傳遞版本，如之前所顯示那樣，可以消除這個問題。雖然可能會引入新的欄位 `priceInDollars`，來避免這個問題，但這種改變會導致技術債的累積，尤其是較複雜的範例。

討論

使用**版本識別符**模式允許提供者清楚地傳遞 API、端點、操作和訊息的相容性和可擴展性。這減少了因為未察覺 API 版本之間的語義變更而意外破壞相容性的問題可能。這也可以追蹤客戶端實際上是使用哪一個訊息酬載版本。

使用**連結識別符**（LINK IDENTIFIERS）的 API，例如 HTTP 資源 API 中的超媒體控制，當對其進行版本控制時需要特別注意。互相緊密耦合的端點和 API，例如形成 API 產品的那些端點和 API，應該一起以協調方式進行版本控制。耦合相當鬆散的 API，例如由組織中不同團體擁有和維護的微服務所暴露的 API，在演進上會更具有挑戰性。以 Lakeside Mutual 為例，如果顧客管理後端 API 版本 5，回傳參照保單管理後端中保單**資訊持有者資源**的**連結識別符**，顧客管理後端要假設哪一個保單端點版本？它可能不知道保單管理後端 API 版本，即接收保單連結的 API 客戶端可以處理的版本，這些連結存在於顧客自助服務前端，可見圖 2.6 Lakeside Mutual 的架構元件介紹。

當**版本識別符**發生變化時，客戶可能需要遷移到新的 API 版本，即使他們依賴的功能並未改變；而這會增加一些 API 客戶端的工作量。

引入**版本識別符**不會允許提供者任意改變 API，也不會最小化支援舊客戶端所需的變更。然而，有可能去套用有這些好處的模式，例如，提供**雙版本**時。這模式本身不支援提供者和客戶端生命週期的解耦，但其他支援解耦的模式會需要它，例如，當版本明確標記時，**雙版本**和**積極退役**的實現會被簡化。

這個模式描述一種簡單卻有效，指出破壞性變更的機制，尤其是那些「寬容的讀者」（Tolerant Reader）（Daigneau 2011）可以成功解析，但無法正確地理解和使用的變更。透過明確版本，提供者可以強制客戶端拒絕新版本的訊息，或拒絕過期請求，以提供不相容變更的安全機制；然而，它也會迫使客戶端遷移到新的支援版本，而**雙版本**等模式則可以提供客戶端遷移到新版本的寬限期。

選擇明確的版本控制時，必須決定進行的層級：在網路服務描述語言（Web Services Description Language, WSDL）中，可以將整體規約版本化，例如透過修改命名空間；而它的個別操作也可以版本化，例如透過版本後綴和表現元素／綱要。HTTP 資源 API 也可以不同的方式版本化：例如，內容類型、URL 和酬載中的版本元素可以用來指示版本。版本控制範圍「主題」，和版本控制方案「手段」不應該混淆，例如，表現元素可以攜帶版本資訊，但本身也受到版本控制。

使用較小的版本控制單位，例如單一操作，可以減少提供者和客戶端之間的耦合：消費者可能只使用未受到變更影響的 API 端點功能。並非為每個客戶端提供個別的 API 端點，操作或訊息表現元素層級的細緻版本控制，可以限制變更的影響；然而，越多 API 元素被版本化，也就需要越多治理和測試工作。提供者和客戶端組織需要持續追蹤可能許多版本化的元素與其現行版本，在這種情況下，為特殊客戶端或不同客戶端類型提供專門的 API，可能是比較好的設計選擇。

使用**版本識別符**會導致對軟體元件例如 API 客戶端的不必要變更請求，這可能發生在每當 API 版本變更時，就需要修改程式碼的情況，例如，XML 命名空間的修改需要客戶端變更和重新部署。當使用基礎代碼生成時，例如，沒有任何自訂的 JAXB（Wikipedia 2022f），這就會是個問題，因為命名空間中的變更造成 Java 包名稱的變更，而影響程式碼中對這些類別的所有生成類別和參照。至少應該自訂程式碼生成，或以更強健和穩定的機制來存取使用資料，以降低和控制這種技術變更的影響。

不同的整合技術會提供不同機制來進行版本控制，且有不同的相應社群接受對應實務。如果使用 SOAP，通常是透過交換的 SOAP 訊息的不同命名空間來指示版本，雖然有些 API 會使用版本後綴在頂級訊息元素上。相比之下，部分 REST 社群譴責使用明確的**版本識別符**，而其他則鼓勵使用 HTTP 的 accept 和 content-type 標頭來傳遞版本，例如 Klabnik（2011）。然而，在實務中，許多應用程式也會在交換的 JSON ／ XML 或 URL 中，使用**版本識別符**來指示版本。

相關模式

版本識別符可視為一種特殊的**元資料元素**類型，它可進一步結構化，例如，透過**語義版本控制**模式。生命週期模式**雙版本**需要明確的版本控制；其他生命週期模式：**積極退役**、**實驗性預覽**、**有限生命週期保證**也可能會使用它。

API 可見性和角色驅動了相關的設計決策。例如，不同的生命週期、部署頻率和提供者發布日期，以及在**前端整合**的**公開 *API*** 情境中的客戶端，可能必須在做出設計決策之前先計畫 API 演進。由於一些改變會對客戶端造成影響，例如，停機時間，所產生的測試和遷移工作，這些情境通常不允許客戶端任意臨時改變已經發布的 API；而一些或全部客戶端可能甚至不知道這些改變。一個為幾個穩定通訊團體之間提供**後端整合**能力的**社群 *API***，這些團體在相同的發布週期上維護，並共享共同發展路線圖，可能可以採用更寬鬆的版本控制策略。最後，一個連結手機 App 前端與由相同敏捷團體擁有、開發和操作的單一後端、用於**前端整合**的**解決方案內部** *API* 可能退回採用臨時、機會主義的演進方式，這有賴於在持續整合和交付實務中頻繁且自動化的單元及整合測試。

更多資訊

因為版本控制是 API 和服務設計的重要方面，在不同開發社群中有許多相關討論，這些策略差異很大且爭論激烈，從完全不採用明確的版本控制，因為根據《Roy Fielding on Versioning, Hypermedia, and REST》（Amundsen 2014），API 應該始終向後相容，到由 Mark Little（2013）比較的不同版本控制策略。James Higginbotham 在《When and How Do You Version Your API?》（2017a），和《Web API 設計原則：API 與微服務傳遞價值之道》（Principles of Web API Design: Delivering Value with APIs and Microservices, Higginbotham 2021），都有介紹可用的選項。

《SOA in Practice》（Josuttis 2007）的第 11 章介紹服務導向架構（SOA）設計情境中的服務生命週期；第 12 章討論版本控制。

《Build APIs You Won't Hate》（Sturgeon 2016b）第 13 章討論 7 種版本控制的選項，URL 中的**版本識別符**也是這些選項之一；和各自的優勢及劣勢。它也提供實現提示。

《SOA with REST》（Erl 2013）處理 REST 的服務版本控制。

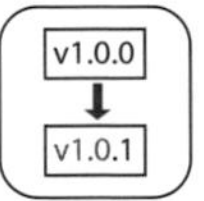

模式：語義版本控制

使用時機及原因

當添加**版本識別符**到請求與回應訊息中，或在 *API* **敘述**中發布版本資訊時，從單一數字不一定能清楚知道不同版本之間的變更重要性為何。事實上，這些變更的影響是未知的，且必須由每個客戶端分析，例如，透過深入檢查 API 文件或執行特殊的相容性測試。消費者想要提前知道版本升級的影響，以便他們計畫版本遷移時不用投入太多工作，或受到不必要的風險。為了實現對客戶端的保證，提供者必須管理不同的版本，且必須揭示計畫的 API 介面與實現變更相容，還是會破壞客戶端的功能。

利害關係人如何比較 API 版本，以立即偵測是否相容？

- **最小化檢測版本不相容工作：**當 API 變更時，對所有團體來說，尤其是客戶端，知道新版本的不同影響很重要。客戶端想要知道相容性的實現程度，以便可以決定是否能直接使用新的版本，或是計畫必要遷移。
- **變更影響的清晰度：**每當推出新的 API 介面版本時，API 提供者以及 API 客戶端的開發人員，都應該清楚有哪些變更影響和保證，尤其是與相容性有關的部分。要計畫 API 客戶端開發專案，必須知道適應新 API 版本的心力和風險。
- **清楚區隔不同影響與相容性程度的變更：**為了使變更影響清楚和解決不同客戶端的需求，通常必須以不同的向後相容性程度來區隔變更。例如，許多實現層級的錯誤修正能夠以保持向後相容性來完成；修正設計錯誤或修補概念性差距，經常需要在客戶端進行破壞性變更。
- **API 版本的可管理性和相關治理工作：**管理 API，尤其是有多個 API 版本時很困難，而且需要許多資源。對客戶端做出越多保證，且有越多可用的 API 和 API 版本，則管理起來通常也就需要更多心力。提供者通常會努力減少這些管理工作。
- **演進時程的清晰度：**一個 API 可能建立多個平行版本，例如使用**雙版本**模式時；在這種情況下，有必要去仔細追蹤每個 API 的演進。一個版本可能只包含錯誤修正，而另一個包含會破壞 API 相容性的重新結構化訊息。API 發布日期在這種情況下沒有意義，因為後續版本會在不同時間發布，這使得時間資訊對客戶端或提供者的保證失去意義。

當建立新的 API 版本時，不管是在訊息中添加明確的**版本識別符**，還是在其他地方指明版本，最簡單的方案是使用簡單的單一數字，如版本 1、版本 2 等等。然而，這樣的版本控制方案沒辦法知道哪些版本彼此相容，例如，版本 1 可能與版本 3 相容，但版本 2 是新的開發分支，且會針對版本 4 和版本 5 再進一步開發。因此，簡單使用單一數字的版本控制方案，對分支化的 API 來說比較困難，例如雙版本範例，因為必須追蹤一個隱形的相容性圖表和許多 API 分支，這是因為單一版本只表示發布的時間順序，但沒有處理其他考量。

另一個選項是使用 API 修訂版的提交 ID（commit ID）作為**版本識別符**，取決於程式碼源版本控制系統，這個 ID 可能不是數字，例如在 Git 中那樣。雖然這讓 API 設計和開發人員免於手動分派版本號碼，但不是每個提交 ID 都會部署，且 API 客戶端看不到任何分支和相容性的指示。

運作方式

> 引入階層的三號碼版本控制方案 x.y.z，讓 API 提供者能以組合識別符來表示不同程度的變更。這三個號碼通常稱為主要（major）、次要（minor）、修補（patch）版本。

圖 8.2 說明常見的編號方案。

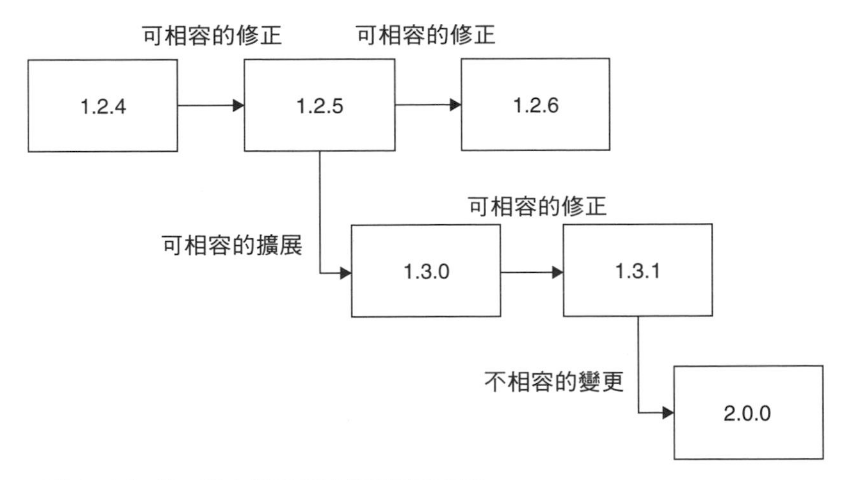

圖 8.2 **語義版本控制**。版本號碼指出變更是否相容

在**語義版本控制**中常見的編號方案使用下面三種號碼：

1. **主要版本（Major version）**。不相容的破壞性變更會增加此數字，例如移除現存操作；舉例來說，對版本 1.3.1 的破壞性變更會產生新版本 2.0.0。

2. **次要版本（Minor version）**。如果新版本以相容的方式提供新功能，例如新 API 操作或現存操作訊息的新可選資料元素，則會增加此數字。例如，對版本 1.2.5 的相容性擴展會產生新版本 1.3.0。

3. **修補版本（Patch version）**又稱為修正（fix）版本。相容的錯誤修正會增加此數字，例如在 API 規約中修改或澄清文件，或修改 API 實現來修復邏輯錯誤。例如，對版本 1.2.4 的相容錯誤修正會產生新版本 1.2.5。

語義版本控制只描述**版本識別符**的建構方式，而非放置和使用這些識別符的方法。這個備註適用於有版本的對象，例如整個 API、獨立的端點和操作，以及訊息資料類型；還有識別符的可見位置，例如命名空間、屬性內容和屬性名稱。不管是要不要通知客戶端的版本，**語義版本控制**皆適用。

注意，James Higginbotham 在《A Guide for When (and How) to Version Your API》（2017b）中解釋的 API 版本：客戶端可見，和 API 修訂版本：由提供者在內部選擇及處理的區別。《Web API 設計原則：API 與微服務傳遞價值之道》（Principles of Web API Design: Delivering Value with APIs and Microservices, Higginbotham 2021）的第 14 章也深入介紹這個主題。

範例

一間新創公司想要將本身打造為市場中的股票交易資料提供者。它的第一個 API 版本（1.0.0）提供搜尋操作，可用來搜尋股票代號的子字串，並回傳相符的股票清單，包括完整名稱和美元價格。在收到顧客回饋後，這間新創公司決定提供歷史搜尋功能，將現有搜尋操作擴展為可選擇性地接收時間範圍，以便存取歷史價格紀錄；如果沒有提供時間範圍，將會執行現有搜尋邏輯，並回傳最後已知的報價。這個版本完全向後相容於舊版本，舊的客戶端可以呼叫這項操作並解讀結果，因此稱為版本 1.1.0。

版本 1.1.0 的搜尋功能有一項錯誤：不會找全部含有子字串的股票，只會回傳子字串為**開頭**的那些股票。API 規約是正確的，但沒有完全實現且未得到充分測試，修復這個 API 實現後，以版本 1.1.1 推出。

國際顧客受到新創公司提供的服務吸引，並請求支援國際股票交易。因此，回應擴展成包括一個必填的貨幣元素。從客戶端的角度來看，這項變更是不相容的，所以新的版本編號為 2.0.0。

注意，這個範例特意無關技術。提供的資料可以轉成任何形式，例如 JSON 或 XML 物件，而操作可使用任何整合技術，如 HTTP、gRPC 等等來實現。這個模式處理了基於 API 介面，和／或其實現引入變更類型的發行**版本識別符**概念性問題。

討論

語義版本控制清楚表示兩個 API 版本之間變更的相容性影響。然而，它增加分派正確的**版本識別符**工作，因為有時很難決定變更屬於哪一種類別。這種有關相容性的討論尤其困難，但對作出的變更提出重要見解。然而，如果這個模式沒有一致地使用，破壞性變更可能偷偷地出現在次要更新中；應該在每日站會（standup）和程式碼審查等注意和討論這些違反情形。

要清楚區分破壞性變更和非破壞性變更，可透過主要 vs 次要／修補版本號碼的語義來實現。這種區分讓 API 客戶端和提供者能進一步評估變更的影響，因此，**語義版本控制**的應用增加變更的透明度。

其他方面包括 API 版本的可管理性和相關治理工作。這個模式為解決這個相當廣泛且橫切的力量奠定了基礎。藉由提供一種清楚標示相容性程度的方法，可以套用其他模式和措施。

這模式的一種簡化版本只使用兩個號碼，`n.m`，例如，Higginbotham（2017a）就建議使用簡化的主要．次要（major.minor）語義版本控制方案。另一個選項為使用三個號碼，但對客戶端隱藏第三個號碼且只在內部使用，或許可作為內部修訂號碼。不揭露修補版本，是避免與解釋接收訊息中的第三個版本號碼，以一種無意接收和使用的編碼方式，與客戶端發生意外耦合。

API 與其規約與 API 實現，可以或將會以某種方式版本化，要小心謹慎並清楚地傳達差異，因為介面與實現的版本號碼通常不相符。當官方標準緩慢地演進時，API 版本與其實現的版本通常有差異。例如，診所管理系統可能在其系統軟體版本 6.0、6.1 和 7.0 實現了 HL7 標準（International 2022）的版本 3。[1]

支援訊息重放的 API，例如分散式交易日誌像 Apache Kafka 提供的那些 API，在進行版本控制時需要特別注意。要是客戶端選擇重放訊息歷史，分散式日誌交易必須向後相容，訊息的不相容版本會破壞客戶端。因此，所有訊息版本必須一致同步，

---

1 HL7 定義系統交換醫療資料的方式。

以支援處理未來和歷史訊息。這同樣適用於基於微服務系統中的備份和復原功能，假設較舊且不相容的資料版本復原且重新暴露在 API 中（Pardon 2018）。

相關模式

語義版本控制需要版本識別符。三個數字的**版本識別符**可能以單一字串與格式化限制，或許作為**原子參數列表**的三個項目來傳送。***API 敘述***和／或**服務水準協議**，可以攜帶對客戶端重要的部分版本控制資訊。引入**速率限制**通常是破壞性變更的一個例子，其要求回應訊息攜帶新的**錯誤回報**來指出已經超過限制。

所有 API 提供者不同承諾程度的生命週期模式都和此模式有關：**有限生命週期保證**、**雙版本**、**積極退役**和**實驗性預覽**。當套用這些模式時，**語義版本控制**有助於區分過去、現在和未來的版本，指出相容性保證與其改變。

可以使用「寬容的讀者」（Tolerant Reader）（Daigneau 2011）模式，來改善兩個版本間的相容性，尤其是次要版本。

更多資訊

網路上的 Semantic Versioning 2.0.0（Preston-Werner 2021），可以找到更多實現**語義版本控制**的資訊。

關於在 REST 中使用語義版本控制的更多訊息，可以查看《REST CookBook》網站（Thijssen 2017）關於版本控制的章節。《The API Stylebook》網站也涵蓋治理和版本控制（Lauret 2017）。

Apache Avro 規範（Apache 2021a）區分寫入者綱要與讀取者綱要，且識別這些綱要匹配和不匹配的情況。後者的情況表示不相容和／或可互相操作性問題，需要新的主要版本。

Alexander Dean 和 Frederick Blundun 介紹用於綱要版本控制的結構和語義（Dean 2014），它利用此模式的三個版本號碼，特別定義它們在資料結構上下文中的意義。第一個號碼稱為**模型（model）**且所有資料讀取者破壞時會變更；第二個稱為**修訂（revision）**，若有些資料讀取者破壞會增加；第三個稱為附加（addition），若所有修改是向後相容的則會增加。

LinkedIn 在《API Breaking Change Policy》（Microsoft 2021）中定義了破壞性變更和非破壞性變更。

生命週期管理保證

這節介紹 4 種模式，來說明發布和停用 API 版本的時機和方法：**實驗性預覽**、**積極退役**、**有限生命週期保證**和**雙版本**。

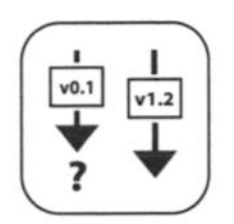

模式：實驗性預覽

使用時機及原因

提供者正在開發一個與已發布版本明顯不同的新 API 或新 API 版本，而且仍在積極開發，因此提供者想要自由地進行必要的修改，然而，提供者也想要提供客戶端早期存取，這樣這些客戶端可以開始整合新 API 和評論新的 API 功能。

> 提供者如何以對客戶端風險較少的方式引入新 API 或新 API 版本，並且獲得早期採用者的回饋，而不用提前凍結 API 設計？

- **創新和新功能**：提早獲得新功能增加顧客對新 API 及其版本的了解，並且讓顧客有時間決定是否使用新 API 和啟動開發專案。支援迭代且漸進的，或敏捷式的整合開發過程；敏捷實務建議即早和頻繁發布。
- **回饋**：提供者希望來自早期客戶和／或關鍵使用者的回饋，以確保他們在 API 暴露適當品質的正確功能。許多顧客想要透過開發人員的相關體驗評論和建議，而影響 API 設計。
- **專注工作**：提供者不想要以和正式版本相同嚴格程度的方式記錄、管理和支援 API 原型。這有助於他們聚焦在工作上並節省資源。

- **提早學習：**消費者想要及早學習新 API 或 API 版本，以便可以事先計畫和利用新功能來打造創新產品。
- **穩定性：**消費者偏好穩定的 API，以便最小化頻繁更新所引起的修改工作，因為他們尚無法從更新中獲益。

提供者可以只在開發完成後才發布完全成熟的新 API 版本，然而，這意味者客戶端無法在發布日以前開始對 API 開發和測試。開發第一個客戶端實現可能會花上數個月；在這段期間，API 皆無法使用，對於商業 API 提供者來說，這將導致收益損失。

反制這些問題的一種方法是頻繁地發布 API 版本。雖然這種做法允許客戶提前看到 API，但提供者必須管理許多版本。提供者可能發布許多不相容變更，這進一步增加治理工作，且客戶端難以緊密追蹤最新的 API 版本。

運作方式

盡力提供 API 的存取而不做出任何有關所提供的功能性、穩定性和持續性的承諾。清楚且明確地表示缺乏 API 成熟度，以符合客戶期待。

圖 8.3 說明這個模式。

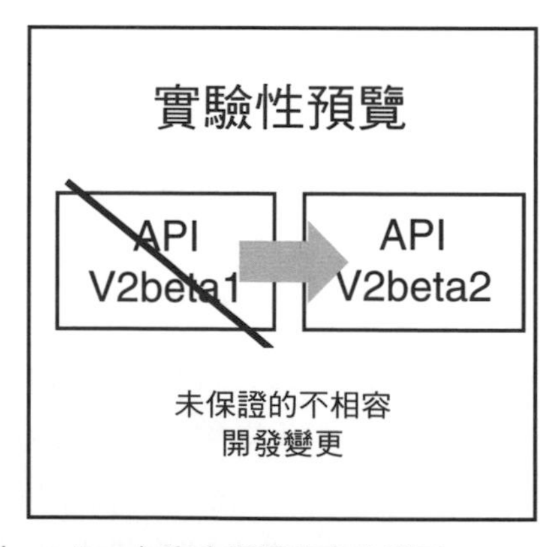

圖 8.3 實驗性預覽沙盒（sandbox）和生產環境中的變更

在未受監管的開發沙盒發布不穩定版本，將其視為**實驗性預覽**，讓提供者在正常的管理流程外部提供 API 版本給客戶端。例如，預覽可能沒有受到**服務水準協議**監管，但仍可在 ***API 敘述***中進行草稿紀錄。自願去測試和實驗新 API 版本的消費者知道他們不能依賴其可用性、穩定性，或任何其他品質水準。按定義，**實驗性預覽** API 可能忽然消失，或只在一個短暫且固定的時間內可用。提前取得 API 預覽，對於估算整合最終版本需要的工作量，或在 API 開發時想要啟動自行開發的客戶特別有益。

涵蓋預先保證的**實驗性預覽**，經常搭配**雙版本**應用程式來管理生產 API 生命週期。**實驗性預覽**可提供給所有已知或未知客戶，或是選擇封閉的使用者團體來使用，以限制支援和溝通心力。

範例

假設有一家虛構的軟體工具公司想要創造一個新產品，使其超出現存產品的功能範圍而離開舒適區。這間公司一直在積極開發一套持續建構和部署的解決方案，目前以雲端軟體服務的形式提供，具有基於網頁的線上使用者介面，這家軟體工具公司的顧客開發團隊，就使用這項服務打造自己的軟體，透過從儲藏庫獲取一個修訂版本，並將建構好的構件部署到可配置的伺服器上。大型顧客要求更易觸發和管理建構的 API，且可在網頁介面外接收建構狀態的通知。因為該軟體工具公司尚未為其產品提供任何 API，且因此缺乏相關知識和經驗，開發人員選擇提供 API 的**實驗性預覽**，並藉由吸收早期採用顧客的回饋以持續改善。

討論

實驗性預覽允許客戶端可趁早存取 API 的創新，和有機會影響 API 設計，這忠於敏捷價值和原則，例如歡迎改變和持續對其作出回應。提供者在宣告穩定之前有自由和迅速改變 API 的彈性，會學習並協助提供者嘗試新的 API 及其功能，與撰寫生產應用程式不同；提供者可引入一段延緩期，來慢慢地從預覽版本轉移到生產版本。早期採用者執行一種接收測試，因為他們可能在這個 API 版本發現不一致和遺失的功能，造成的改變不需要提供者遵循成熟的治理流程。

不利的是，由於缺乏對實驗性 API 的長期承諾，提供者可能發現這樣很難吸引客戶，因為看起來不夠成熟。客戶端必須持續修改他們的實現，直到發布穩定版本。

客戶端也可能面臨總投資損失，若穩定 API 版本從未發布，和／或預覽版本忽然消失的話。

透過在非生產環境中提供和目前開發版本緊密相連的 API，提供者可以提供新 API 或新 API 版本的預覽給感興趣的客戶。對於這種環境，會保證不同且通常非常寬鬆的服務水準，例如可用性。顧客可以故意使用這個相對不穩定的環境，以回饋新 API 的設計與其功能性，並開始開發；然而，客戶也可以選擇等待新的 API 生產版本，或堅守目前官方支援的版本，也就是仍然提供標準的服務水準，通常比較穩定和可靠。

當在正確的時間和範圍套用**實驗性預覽**時，會允許和／或加深提供者與客戶之間的合作，且讓客戶端可更快速推出利用新 API 功能的軟體。然而，提供者組織必須運營一個額外的執行環境，例如，在同一個或另一個實體或虛擬主機位置提供不同的 API 端點；額外的存取通道可能會增加系統管理工作和必須得到適當保護。它也會讓新 API 的開發進度更加透明，包括使不屬於最終 API 部分的變更和錯誤變得對外可見。

相關模式

實驗性預覽類似傳統的 beta（測試）計畫。這是 API 提供者所能給的最低支援承諾，緊接著是**積極退役**。當 API 轉移到生產環境時，必須選擇另一種生命週期治理模式，例如**雙版本**，和／或**有限生命週期保證**。套用**雙版本**的 N 版本變體時，**實驗性預覽**可以與這些模式的任一結合。

實驗性預覽可能有**版本識別符**，但非絕對性。***API 敘述***應該清楚說明哪個版本是實驗性預覽，哪個又是生產版本，可以分派特定 ***API 金鑰***，來允許某些客戶端存取預覽或 beta 版本。

更多資訊

Vimal Maheedharan 在〈Beta Testing of Your Product: 6 Practical Steps to Follow〉（2018）一文，分享了 beta 測試的技巧與訣竅。

James Higginbotham（2020）建議將受支援和未支援的操作區分開來，且儘早和經常取得回饋。他推薦以下 API 操作的穩定狀態：實驗性、預發布、已支援、已廢棄、已淘汰。

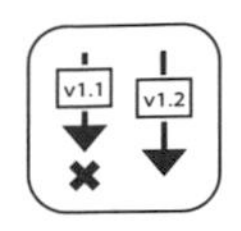

模式：積極退役

使用時機及原因

API 一旦發布，就會演進和提供新增、移除或更改功能的新版本。為了減少工作量，API 提供者會停止支援客戶端某些功能，例如，不再固定使用，或已經有其他版本替代的功能。

> 提供者如何減少維護有保證服務品質水準的整個 API，或其部分工作量，例如端點、操作或訊息表現？

- **最小化維護工作：**允許提供者不繼續支援部分或整體 API 的少用部分，有助於減少維護工作。支援舊客戶端可能尤其痛苦；例如，需要的技能和經驗，特定版本中的標記、工具和平台，可能都和演進到目前版本的需要不同。
- **減少由於 API 變更而在一定時間內強制客戶端變更：**通常不可能直接關閉舊版本。客戶端一般來說都不會與他們的提供者遵循相同生命週期：即使在同個組織內，在同個時間點去升級兩套系統經常是困難或不可能的事，尤其這些系統是屬於不同團隊的話；如果擁有系統的是不同組織，問題會更嚴重；在這種情況下，API 提供者可能甚至不知道客戶的開發人員。因此，經常有必要去解耦客戶端和提供者的生命週期，可以透過給予客戶端時間好執行必要變更，來實現這解耦。為了減少變更對客戶端的影響，只移除某些 API 的過時部分，例如，請求與回應中的操作或訊息元素，而非整個 API 版本也有幫助。相比於抽回對整個 API 版本的支援，只移除 API 的部分會減少 API 變更對客戶端的影響。這種移除可能不會影響到那些不依賴特定已停用功能的客戶端。
- **尊重／承認權力動態：**組織單位和團隊可能會以不同的方式互相影響，從正式或非正式的聽證會到官方投票與核准。政治要素總能影響設計決定，例如，知名的顧客經常會利用可以輕鬆汰換的競爭提供者，因為他們的 API 類似或相同。相比之下，提供獨特 API 的壟斷者可以對數百萬客戶端施行改變而不用過於顧慮他們，因為他們無法轉向其他地方。這取決於每個提供者和 API 客戶端的比例，將更多實現心力移到其中之一可能比較值得。

- **商業目標及限制：**如果商業**計價方案**存在的話，移除過時的 API 或 API 功能可能會造成財務影響。若砍去功能，則產品可能會變得較沒有價值，但價格維持相同，甚或增加。提供者可能試著鼓勵客戶端換到另一個方案，例如新的產品線，來減少舊產品的維護成本。為此，可以要求客戶端為某些舊功能支付額外費用或提供新功能的折扣。

可以不提供保證或提供相當短的**有限生命週期保證**，但這種微弱的承諾無法總是如預期般將變更影響最小化；可以將 API 宣告為**實驗性預覽**，但這個承諾更空洞，客戶端不太可能會接受。

運作方式

儘早宣布整個 API 或過時部分的停用日期。宣告過時的 API 部分仍然可用，但不再建議使用，以便客戶端在所依賴的 API 部分消失之前，有足夠時間升級到較新或替代版本。在超過截止日期後，立刻移除廢棄的 API 部分和支援。

積極退役能相當迅速地讓整個舊 API 版本，或其部分不可用，例如，企業級應用 API 期限是一年之內，或甚至更短。

當發布 API 時，提供者應該清楚表示其遵循**積極退役**策略，意思是可能會棄用特定功能，且接下來會在未來任意時間停用，即不再支援和維護。當移除 API、操作或表現元素時，提供者宣告 API 為已棄用，並指明完全將功能移除的一個時間點。這取決於客戶端的市場地位和可用的替代方案，客戶端可以選擇升級或換不同的提供者。

當提供者發布 API 時，它保留了對其部分棄用且在之後移除的權利。這個部分可以是整個端點、暴露某些功能的操作，或在請求與回應中的特定表現元素，例如特定的輸入或輸出參數；因此，計畫淘汰和移除涉及 3 個步驟，如圖 8.4 所示。

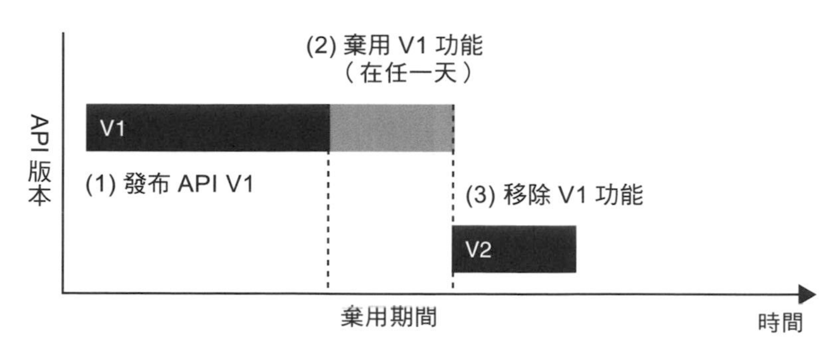

圖 8.4 積極退役的逐步方式：首先，API 提供者發布 V1 的 API 功能。當這個版本可用時，提供者就會棄用它，再將之移除

3 個步驟如下：

1. **發布（Release）**。API 版本在生產環境中使用，如圖中的 V1。客戶端用得很開心。

2. **棄用（Deprecate）**。提供者宣布棄用 API 或 API 版本中的部分，並指出這些部分的移除時間，例如，下個 API 版本發布時，圖中的 V2。客戶端收到通知並開始遷移到新版本，或在極端情況下，直接找替代提供者。

3. **移除／停用（Removal ／ decomission）**。提供者部署新 API 版本，且不再支援棄用的部分，如圖中為 V2。撤除舊版本後，發送到舊端點的請求會失敗或重新導向至新版本；當移除／停用發生時，仍依賴的客戶端再也無法存取已移除的 API 部分，因為他們沒有遷移到新版本。

積極退役策略可用於提供者需求超過客戶端需求的時候。透過明確宣布舊版 API 或 API 部件的棄用和移除時間表，提供者可以減少和限制廣義上那些不值得支援的 API 部件支援工作，例如經濟上，鮮少使用的那些功能維護成本太高；或與某些法律上牴觸，而使得一些功能無法使用，例如，引入國際銀行帳戶號碼（International Bank Account Number, IBAN）來識別銀行帳號以取代舊帳號，及引入歐元取代其他貨幣時，處理帳號和貨幣的 API 也就必須做出相應改變。

棄用通知和之後的停用日期，讓客戶端可以計畫所需的工作和時間表，在遷移到實現所需功能替代方法的同時，繼續使用舊 API。要傳達棄用項目和移除時間，可能需要加入特殊的「日落」標記，例如，在協議標頭或元資料元素；還有一個簡單的替代做法，寄送 E-Mail 給客戶端開發人員，提醒和警示他們仍在使用即將消失的 API。

有時候，**積極退役**可能是尚未宣告任何生命週期政策的 API 提供者唯一選項。如果沒提供保證，棄用功能和宣布還算寬鬆的過渡期，或許是引入不相容變更的適當方式。

範例

一個支付提供者提供 API，讓客戶可以從他們的帳號向其他帳號指示支付命令，帳號可以透過舊式的特定國家帳號和銀行帳號，或透過 IBAN 來識別帳戶。[2] 因為 IBAN 是新標準，且舊帳號和銀行帳號很少使用，API 提供者決定不再支援舊帳號。這讓提供者可以刪除實現來減少維護工作。

為了讓舊客戶轉移到 IBAN 架構，提供者在它的 API 文件網頁發布移除公告，將帳號和銀行帳號在 API 文件中標記為已棄用，並通知已註冊客戶，公告中並說明舊的特定國家功能，會在一年後移除。

一年後，支付提供者部署了不支援舊的帳號，和銀行帳號的新 API 實現，並把舊的特定國家的功能從 API 文件中移除。之後，呼叫舊的移除功能就會失敗。[3]

討論

這個模式提供一種相當細緻的 API 變更方法：在最好的情況下，若不使用變得過時的功能，客戶端根本不用改變；它同時提供者維持較小的程式碼庫，因此維護簡單。這個模式不僅可在 API 維護期間主動應用，也可以被動應用。

提供者必須宣布要棄用哪些功能，和停用它們的時間。然而，依賴很少使用的功能或完全利用所有 API 功能的客戶端，不得不在時間表內實作修改來改變，而這個時間表在做出要使用該特定 API 的決定時，根本不存在。相較於**有限生命週期**模式，停用時間是在棄用而非 API 發布時傳達給客戶；因此，可能或不可能配合客戶端的發布計畫；加上每個 API 部件可能都有不同的棄用時間和停用期間。另一個挑戰是必須通知客戶端過時的部件，這在某些**公開 *API*** 情境中可能具有挑戰性；在這種情況下，規模適當和務實的 API 治理會很有幫助。

2　IBAN 原本在歐洲發展，但現在世界其他地方也可使用。已經成為 ISO 標準：ISO 2020。

3　注意在這案例中，立法機構也已規定轉移到 IBAN 系統的過渡期，實際上廢棄了舊的特定國家帳號架構。

積極退役可用來在所提供的 API 周圍實施一致和安全的生態系：例如，取代薄弱的密碼學演算法、過時標準或沒效率的函式庫，有助於對所有參與團體實現更好的整體經驗。

積極退役模式強調減少提供者端的工作，而由客戶端承受。基本上，它需要客戶端持續隨著 API 演進。因此，客戶端保持在有最新功能和改善的最新狀態，且因此得到從舊版本離開的好處；例如，被迫使用新的或更新後改善的安全程序。客戶端可以計畫和遵循 API 變更，但需要保持積極，這取決於棄用期間長度，

依照**版本識別符**和**語義版本控制**模式中解釋的 API，和 API 端點類型及它們的版本控制政策，要提出適合的棄用和停用方法都不容易，要把主資料從訊息表現中移除，可能比移除操作資料更困難。在 API 敘述中維護正確的棄用部件清單需要心力，再者，計畫這些部件最終的 API 移除時間也很重要。

特別是在內部環境中，了解一個系統目前正在使用的 API，或棄用的 API 子集，對決定功能或某個 API 是否應該移除非常有幫助。公司間的服務通常有更多限制，以確保其他系統繼續正常運作，因此，在 API 或功能最終移除之前必須額外注意。兩種情況：了解系統間的關係，並建立依賴的可追蹤性，有助於解決這個問題。開發維運實務和支援工具可用在這種任務，例如，用在監控和分散式日誌分析。企業架構管理可以提供關於活躍系統和老舊系統關係的洞見。

在某些業務情境中，外部客戶端沒有得到太多支援，因為其 API 用量對於 API 提供者不是很重要，例如，驗證資料或從一個標記法、語言，轉換成另一種的商品服務。在這種情況下，使用**計價方案**模式，或至少一些計量機制將有助於識別出要棄用並且最終要移除的服務。**計價方案**有助於從財務上計量 API 的經濟價值，可以和維護與開發工作比較，藉此得出有關延長 API 生命週期的經濟決策。

相關模式

在**雙版本**和**有限生命週期保證**模式中，有介紹停用 API 部件的幾種可施行策略。可以細緻的方式來使用**積極退役**模式，儘管其他模式施用於整個 API、端點或操作，只有特定表現元素可能在**積極退役**中棄用和移除，藉此減少阻礙性的變更。

積極退役和其他模式的另一個差別是，它總是使用相對時間範圍來移除功能：因為功能在 API 生命週期期間變得過時，在活動期間會標記為已棄用，而棄用期間從這開始起算。相反地，**雙版本**或**有限生命週期保證**可以使用基於初次發布日期的絕對時間。

積極退役也許會使用版本識別符。如果有的話，*API 敘述*或*服務水準協議*應該指示其使用方式。

更多資訊

《Managed Evolution》（Murer 2010）分享服務治理和版本控制的一般資訊，例如，定義品質門檻（quality gate）和監測流量的方法，如第 7 章所討論，測量受管理演進的方法。

計畫性淘汰可見《Microservices in Practice, Part 1》（Pautasso 2017a）的相關討論，此處，該計畫預期一個相當短的生命週期。

模式：有限生命週期保證

使用時機及原因

API 已經發布且至少提供給一個客戶端使用。API 提供者無法管理或影響客戶端的演進路線圖，或者認為強制客戶端改變實作，會造成很高的財務或聲譽損失；因此，提供者不想對發布的 API 做出任何破壞性變更，但仍想要在未來改進 API。

> 提供者如何讓客戶端知道可以依賴的 API 發布版本時間？

- **由 API 變更引起的客戶端變更是可計畫的：**當客戶端因為 API 的不相容變更而必須修改程式碼時，這修改在新的 API 版本發布之前必須經過審慎計畫。這使得客戶端可以在專案計畫中調整發展路線圖和分配資源，藉此減少太晚遷移的問題。有些客戶端無法或不想太早遷移到較新的 API 版本。
- **限制對舊客戶端的支援工作：**提供者努力降低開發和營運成本。重構 API 可能讓 API 容易使用，並降低開發和維護工作（Stocker 2021a）。然而，其他要素會增加提供者的工作量，包括支援較舊或較少使用的 API 部件。

運作方式

> 作為提供者，保證在固定時間內不破壞已發布的 API，為每一個 API 版本標記一個到期日。

圖 8.5 說明源於**有限生命週期保證**的時間線。

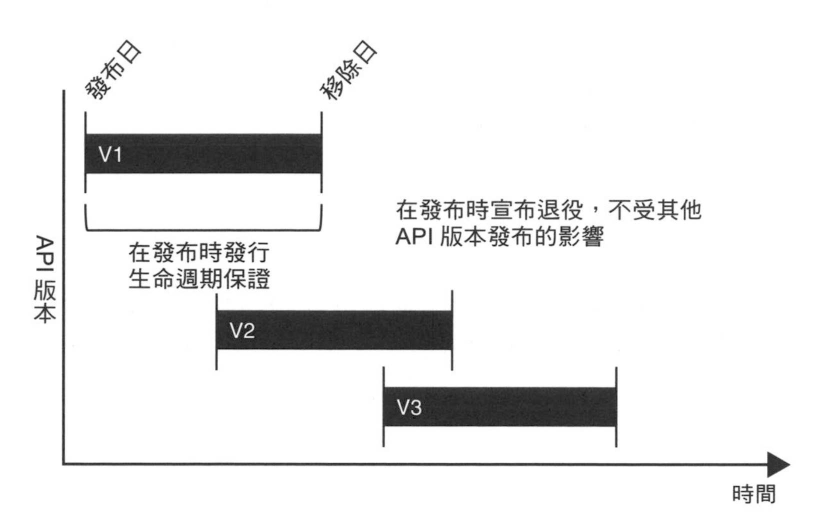

圖 8.5 使用**有限生命週期保證**的 API 生命週期，在發布時間指定移除時間

提供者承諾會在一段明確定義、但相當長的有限時間內保持 API 的可用性，並且在這之後讓其退役。這種作法使客戶端免於負面影響或中斷，也為每一次版本發布設定固定的截止日，以便客戶端可以推行相應計畫。

不同於**雙版本**模式所採用的固定數目活躍版本方式，**有限生命週期保證**固定時間窗口的優點是，提供者和客戶端組織之間不需要進一步協調。當第一次使用 API 版本時，客戶端已經知道調整，和發布與目前 API 版本相容的應用程式版本時間。

有限生命週期保證模式透過內建的到期日，施壓客戶端的穩定性；時間一到，就會馬上停用過時的版本。提供者保證 API 在宣告的時間範圍內不會做出不相容的變更，並且同意以任何合理措施，來保持 API 在這段時間內以向後相容的方式運行。

實務上，保證的時間範圍經常是 6 個月的倍數，例如 6、12、18 或 24 個月，這似乎為提供者和客戶端需求提供良好平衡。

範例

我們的**有限生命週期保證**範例由歐洲 IBAN 引入。2012 年的歐洲會議決議明確有限生命週期（EU 2012），規定在 2014 年後的舊國家帳號，都必須替換成新的標準；在那之後強制使用 IBAN。這個監管需求自然對要識別帳戶的軟體系統造成影響，這些系統提供的服務必須為使用舊帳號的舊 API 操作發行**有限生命週期保證**。這個例子說明，版本控制和演進策略不只由 API 提供者獨自決定，也受到外部力量，例如法規或產業聯盟的影響，或甚至操控。

討論

一般來說，這個模式因為預先知道的固定時間窗口，而可以事先做好計畫，方法是透過限制提供者對緊急變更請求的回應能力，若這些請求影響相容性的話。

強迫顧客在一個定義良好且固定的時間點升級他們的 API 客戶端，這可能與本身的演進路線和生命週期相衝突。如果仍在使用的 API 客戶端不再得到積極維護，就會產生問題。

要改變既有的客戶端更是不可能，例如，如果軟體販售商不再積極維護其產品。如果提供者可以在固定生命週期保證期間內，去限制 API 演進只包含向後相容的變更，則該模式可適用。隨著時間過去，這種做法的工作會增加，且 API 將會透過引入客戶端仍可解讀的向後相容變更，而累積技術債。這技術債增加了提供者端的工作，例如，回歸測試和維護 API；提供者必須忍受增加的技術債，直到允許變更或廢除 API。

儘管**有限生命週期保證**通常是提供者和客戶端之間**服務水準協議**的一部分，但和提供者有很大的關係。保證有效期間越長，提供者開發組織的負擔就越高。為了保持已發布 API 的穩定性，提供者通常會在第一次試著讓所有變更都向後相容，而為了同時支援舊和新的客戶端，可能會導致奇怪命名的不清楚介面。如果無法有效地變更現有版本，也可能會開發新的 API 版本，但這個新版本必須和舊版本平行運行，以滿足保證。

此外，由保證引起的 API 凍結，也可能會阻礙提供者端的新科技和功能進展與整合，接著可能也會妨礙到客戶端。

在某些情況下，提供者可能想擺脫當生命週期保證到期時沒有升級的客戶端。例如，由於 API 設計中的錯誤或密碼學領域的進展，可能會升高提供者和所有客戶端整個生態系的安全性風險；引入**有限生命週期保證**模式提供一種強制客戶端即時更新的制度化做法。

相關模式

更寬鬆的方式給予提供者更多發布不相容更新的自由，**積極退役**和**雙版本**模式會繼續介紹。**有限生命週期保證**模式和**積極退役**共享了一些特性，在兩種案例中，API 在發布的時間範圍內無法以不相容的方式變更，**有限生命週期保證**中的固定時間範圍，表示一種隱性棄用通知；保證的結束即是停用時間。在保證時間到期後，提供者可能做出任何修改，包括破壞性變更，或完全停用過期的 API 版本。

有限生命週期保證通常有明確的**版本識別符**。*API 敘述*和如果有的話，**服務水準協議**應該指示 API 版本的實際到期日，以便通知 API 客戶端即將要採取的行動和升級。

更多資訊

《Managed Evolution》（Murer 2010）對服務版本控制和服務管理流程，提供不少豐富建議，例如品質門檻等；3.6 節也提到了服務退役。

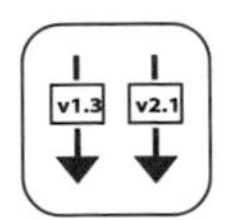

模式：雙版本

使用時機及原因

API 持續演進且定期推出改善功能的新版本。在某些時刻，新版本的變更不再向後相容，因此破壞現存的客戶端，然而，API 提供者與其客戶端的演進速度不同，尤其是**公開** *API* 或**社群** *API*；其中有些無法在短期內強制升級到最新版本。

> 提供者如何逐漸更新 API 而不破壞現存的客戶端，而且不用在生產環境中維護大量的 API 版本？

- **允許提供者和客戶端遵循不同的生命週期：**當隨時間改變 API 時，其中一個主要問題是如何支援，且要支援多久較舊 API 版本的客戶端。維持舊的 API 版本存活通常需要額外的營運和維護資源，例如，每個版本需要的錯誤修正、安全修補、外部依賴升級和後續回歸測試等工作，這會增加成本，也會占用開發人員資源。

  終止舊版本，有時候不見得是件容易的事，因為 API 客戶端與其提供者的生命週期和演進不一定相同。即使在同一間公司內，也很難或無法在同個時間點推出互相依賴的多個系統，尤其這些系統屬於不同組織單位時。如果多個客戶端是由不同的組織所擁有，或提供者對客戶端來說充滿未知，例如在**公開 *API*** 的情境，則問題會更惡化。因此，經常需要解耦客戶端和提供者的生命週期。實現這種自治生命週期是微服務的核心原則之一（Pautasso 2017a）。

  在有不同 API 發布頻率，和 API 提供者實現與客戶端發布日期的獨立生命週期下，有必要在一開始的 API 設計和開發時，就規劃 API 演進，因為之後就無法任意變更已經發布的 API。

- **保證客戶端和提供者之間的 API 變更，不會導致未察覺的向後相容性問題：**僅引入向後相容的變更很困難，對不使用自動檢查不相容工具而完成的情況來說尤其如此。有變更就有默默引發問題的風險，例如，改變請求和回應中現存元素的意義，而不在訊息語法中顯示這些改變的時候。一個例子是在價格中包含附加稅的決定，而這沒有改變參數名稱或類型。這種語義的改變，訊息接收者和 API 測試都無法輕易察覺。

- **確保新 API 版本設計不良時能夠回滾：**當徹底重新設計和重新建構 API 時，新的設計可能運作不如預期，例如，可能會意外移除一些客戶端仍需要的功能。可以回退和撤銷變更，將有助於在一段時間內避免破壞這些客戶端。

- **最小化對客戶端的變更：**客戶端一般偏好 API 的穩定性。API 發布時，可以假設它如預期運作，更新會占用資源且花費金錢，而錢最好花在提供更多業務價值上。然而，提供穩定性高的 API 需要提供者端的事先努力，提供者端的敏捷性可能會引發頻繁的客戶端變更，這些變更不一定在意料之中，也不一定都受歡迎。

- **最小化支援依賴舊 API 版本的客戶端維護工作：**任何生命週期管理策略不只會考慮客戶端，也必須平衡提供者端維護多個 API 版本的工作，包括支援不常使用而因此沒有利潤的功能版本。

運作方式

部署和支援 API 端點與操作的兩個版本，提供同個功能的變體。**雙版本**不必彼此相容，可使用輪流和重疊的方式更新和停用版本。

這種滾動和重疊的支援策略可以下面方法來實現：

- 選擇如何識別版本，例如，透過使用**版本識別符**模式。
- 同時提供固定的 API 版本數量，通常是兩個，如模式名稱所示；並通知客戶端關於這個生命週期的選擇。
- 當推出新的 API 版本時，淘汰仍在生產環境中運行的最舊 API 版本，原本是第二舊的版本；且如果有的話，通知剩下客戶端他們的遷移選項。繼續支援前一個版本。
- 透過協議層級功能例如 HTTP，來重新導向對淘汰版本的呼叫。

遵循這些步驟，能建立活躍版本的移動窗格，如圖 8.6。提供者藉此允許客戶端選擇遷移到較新版本的時間，如果發布新版本，客戶端可以繼續使用前一個版本並在稍後遷移。他們可以了解 API 變更和所需要的客戶端修改，而不會讓自己的主要生產系統穩定性遭受風險。

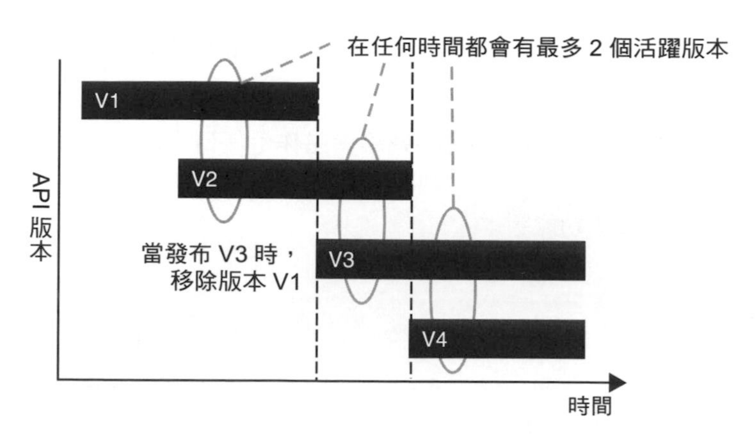

圖 8.6 使用**雙版本**的版本生命週期。客戶端永遠可以在兩個版本之間做出選擇

變體 雖然通常是同時提供兩個版本，但這個模式可以在稍微改變的變體中使用：即在 N 版本中支援超過兩個版本。

在 N 版本中，活躍版本的移動窗格增加到大於 2 的 N 個。這個策略賦予客戶端更多升級時間和選項，但顯然也會對提供者造成更多維護工作和營運成本。

範例

業務軟體銷售商發布企業資源規劃（ERP）系統的薪酬 API 版本 1。在這個 ERP 系統的持續發展中，薪酬 API 擴展新的退休金規劃管理功能，此新功能在某些點上破壞了 API，因為資料保留政策和前一個使用政策不相容；於是發布新的主版本：版本 2。因為銷售商支援**雙版本**，它同時發布有舊 API「版本 1」，和有退休金規劃管理功能的新版本「版本 2」，使用版本 1 的顧客可以更新 ERP 系統，然後開始遷移到版本 2；需要退休金規劃管理功能的新顧客則可以馬上開始使用版本 2。

隨著發布 ERP 系統的下一個版本，軟體銷售商再一次發布新的 API「版本 3」，並停止支援版本 1；於是，版本 2 和 3 現在是**雙版本**。仍在使用版本 1 的顧客將中斷，直到他們遷移到重新導向到的版本 2 或 3。使用版本 2 的客戶端則可以繼續使用，直到推出版本 4，而版本 5 也將結束版本 3 的生命週期，以此類推。

討論

雙版本分離了提供者和客戶端的生命週期，API 客戶端不用每次在提供者以破壞性方式發布軟體時，來發布他們的軟體；相反地，賦予他們的是一個可以遷移、測試和發布本身軟體更新的時間窗口。然而，客戶端最終必須向前移動，因為他們不能依賴永久的 API 生命週期保證，這意味著他們必須規劃和配置資源，好隨著軟體的生命週期來升級軟體，因為生產環境中的雙版本會不斷變化。

提供者可以在新的 API 版本使用這個模式來推動嶄新改變，因為現存的客戶端會維持在舊版本直到遷移，這能給予提供者更多逐漸完善 API 的自由。

使用**雙版本**，會平衡提供者和客戶端的工作：顧客有時間窗口，來將他們的 API 客戶端遷移到新的 API 版本；而 API 提供者，也不用在未定義且不適當的長時間，支援無限數量的版本。這樣一來，這個模式也能明確雙方規劃生命週期的責任：提供者可以引入新的但可能不相容的版本，而必須支援多個版本；客戶端則必須在有限的時間內遷移到新版本，但可以相當自由和彈性地規劃發布時間表。

對客戶端而言，可能很難知道何時需要進行開發活動：不同於**有限生命週期保證**模式，API 版本的移除是動態，且取決於其他 API 的發布，因此，除非結合這些模式，否則無法輕易規劃。

相關模式

使用這個模式需要**版本識別符**模式，好分辨目前同時活躍和支援的 API 版本。完全相容的版本，例如**語義版本控制**中的修補版本，可以取代活躍版本而不違反**雙版本**限制，因為**雙版本**是兩個主版本。這必須在 ***API* 敘述**，和／或**服務水準協議**中說明。

積極退役可以用在**雙版本**模式中的一個版本，來強制客戶端停止使用較舊的 API 版本，並遷移到較新的 API 版本，以便提供者可以引入更新的 API 版本。如果客戶端需要更多對於舊 API 版本到期日的保證，最好是結合**雙版本**和**有限生命週期保證**。

採用這模式時，**實驗性預覽**可以是生產環境中運行的兩個，或 N 版本中的一個。

更多資訊

《Managed Evolution》（Murer 2010）涵蓋一般層面上的生命週期管理，但也深入探討 API 版本控制。第 3.5.4 節介紹結合使用的**語義版本控制**和**雙版本**；三版本（Three vesions）已證實是在提供者複雜度和適應步調之間的良好折衷方案。

在 IBM 開發者入口（IBM Developer portal）中的兩部分文章：〈Challenges and Benefits of the Microservice Architectural Style〉，也推薦使用這個模式。

總結

本章介紹關於 API 演進的 6 種模式。其中兩種模式涵蓋版本控制和相容性管理：**版本識別符**和**語義版本控制**。如果可正確識別每個 API 修訂，要察覺到變更的存在和影響會容易許多，**版本識別符**應該明確指出新版本是否相容之前的版本，也應該區別主要、次要和修補版本。

其餘的 4 種模式透過平衡客戶端對穩定性的需求，和提供者限制維護工作的需要，而專注在 API 生命週期上。**實驗性預覽**有助於引入變更，並從感興趣的客戶取得回饋，而不用保證其穩定性，如同在正式發布中那樣。**雙版本**透過同時提供兩個或更多 API 版本，使客戶端遷移變得容易。**積極退役**和**有限生命週期保證**讓非永久持續的 API 變得明確，客戶應該意識到有一天會停止運作，或至少一部分。可以隨時宣布有保證寬限期，即棄用期的淘汰；按照定義，生命週期保證是在 API 發布時建立。

對 API 提供者來說，極端的解決方案是**生產環境中的實驗性預覽**，又稱為「活在最前頭」或「追隨新浪潮」。在不給予相容性保證的情況下，有意保持長期運作的客戶端，必須和最新 API 版本保持同步；然而，這樣做需要花費心力，且經常是不是可行的選項。

相較於本書中大部分的其他模式，只有幾個演進模式會直接影響請求與回應的語法：**版本識別符**可能放在訊息中，並使用**原子參數**作為**元資料元素**來傳送版本，不論其是否遵循**語義版本控制**架構。

版本化的主題可以存在不同的抽象層級：整個 API、端點、個別操作，和／或請求與回應訊息中的資料類型，這同樣適用於**積極退役**政策提出的生命週期保證。採用

請求綑綁的操作是種特殊情況，引出請求容器中的所有請求是否必須擁有相同版本的問題。混合版本或許是種理想，但也會讓提供者端的請求分派變得複雜。

實現關鍵任務、創新功能的**可操作資料持有者**，經常在**實驗性預覽**中暴露給測試客戶端和早期採用者；可能也會實現**積極退役**，以及頻繁地由較新的 API 與 API 實現所取代。**主資料持有者**較容易賦予比其他類型的資訊持有者更長的**有限生命週期保證**，它的客戶端特別從**雙版本**政策中受益許多。**參照資料持有者**可能較少演進；如果有的話，**雙版本**也適用於此情境。**當版本識別符**升級到新的主要版本時，表現業務活動的長運行**處理資源**及**狀態轉移操作**，可能不只要遷移 API 與 API 實現（包括資料庫定義），還必須升級所有處理實例。

演進策略應該記錄在 API 的 ***API* 敘述**和**服務水準協議**中。當 API 演進時，必須修改**速率限制**和**計價方案**；而這些結果的改變可能也會引發版本升級。

《Service Design Patterns》（Daigneau 2011）一書的「演進」（Evolution）章節，之中 6 種模式中的兩種：**破壞性變更（Breaking Changes）**、**版本控制（Versioning）**無法在線上取得，只出現在書本中。另有**寬容的讀者（Tolerant Reader）**和**消費者驅動合約（Consumer-Driven Contracts）**處理演進問題；而剩餘的兩個模式：**單訊息參數（Single Message Arguemnt）**、**資料集修正（Dataset Amendment）**，則專注在訊息建構及表現，會對演進造成影響。涵蓋 API 管理解決方案的 IBM Redpiece 中，也介紹一種特殊的生命週期模型（Seriy 2016）。

《RESTful Web Services Cookbook》（Allamaraju 2010）第 13 章專門介紹在 RESTful HTTP 上下文中的可擴展性和版本控制。共介紹 7 種相關手法，例如，實現 URI 相容性及實現客戶端支援可擴展性的方法。Roy Fielding 在 InfoQ 訪談中提到他對於版本控制、超媒體和 REST 的觀點（Amundsen 2014），James Higginbotham 在《When and How Do You Version Your API?》（2017a）涵蓋相關主題。微服務運動提出非傳統的生命週期管理及演進方式，請見〈Microservices in Practice, Part 2〉（Pautasso 2017b）的討論。

接下來是第 9 章，〈API 規約文件與傳達〉涵蓋 API 規約和敘述，包括技術和業務方面。

第 9 章

API 規約文件與傳達

第二部分的最後一章，蒐集了用來記錄技術 API 規範，和分享給客戶端開發人員及其他利害關係人的模式；也涵蓋 API 產品負責人關心的業務方面，包括定價與使用限制。將軟體工程成果記錄成文件可能不是件受歡迎的任務，但卻是促進 API 可互相操作性和理解性的關鍵。對 API 的使用收費和限制資源使用能保護 API 目前和未來的健康，就 API 狀態和重要性來說，不這樣做短期內可能不會引起任何重大問題，但會增加業務和技術風險，長期則可能對 API 的成功造成傷害。

和之前的章節不同，本章不屬於 ADDR 的任一階段。由於 API 規範和補充文件的橫切本質，它們可以在任何時候引入並逐漸改善；因此，ADDR 有涵蓋相關活動的不同的文件步驟（Higginbotham 2021），本章的模式即適用這個額外的 ADDR 步驟。

API 文件介紹

第 4 到第 8 章介紹 API 端點與操作的角色和職責，深入探討幫助我們實現特定品質目標的訊息結構，和介紹 API 版本控制和長期演進策略。有些人認為，透過謹慎選擇和採用選擇的模式，就可以保障 API 成功；但不幸地，這樣只是打造一個還不錯的技術產品，其實不足以確保成功。API 提供者也必須將服務傳遞給既有和未來的客戶，以便客戶決定特定服務是否符合他們本身的技術和商業期待。在 API 演進的所有階段，包括開發和運行，都需要對 API 功能有共同理解；沒有的話，開發者體驗和軟體互相操作性會受到影響。因為這些疑慮，本章的模式將協助 API 產品負責人回答以下問題：

要如何記錄、傳遞和施行 API 的功能、品質特性和業務相關方面？

撰寫 API 文件的挑戰

程式碼層級需要的文件量，經常是開發人員之間熱烈討論的話題。例如，一種敏捷開發的價值是偏好「軟體開發工作優於全面的文件」（Beck 2001）。然而，如果文件的主題是 API，且假設客戶端無法存取 API 實現程式碼，那提供適當、足夠的豐富文件才是最重要的事，介紹材料有助於在沒有障礙下快速開始[1]。所需的文件量取決於客戶端 – 提供者的關係。如果同個個體或同個敏捷團隊同時開發 API 客戶端和 API 提供者的實現，暫時只靠隱性知識（tacit knowledge）或許沒有問題；但如果客戶端開發人員屬於其他團隊或組織，或完全不知道是誰，則詳細且全面的文件肯定會是合理且有用的投資。

文件主要是針對人類；如果也是機器可讀的，可使用工具來轉換，例如轉換成網頁顯示，和為不同程式語言產生測試資料及客戶端程式碼。

撰寫 API 文件時會產生以下問題：

- **互相操作性**：API 客戶端和 API 提供者如何在服務調用的功能面上達成明確的協議？例如，應該需要和傳送哪一種資料傳輸表現？成功的調用是否存在任何前置條件？這種功能資訊如何以其他技術規範元素（例如協議標頭、安全政策、錯誤紀錄）和業務層級文件，例如操作語義、API 擁有者、出帳資訊、支援程序、版本控制來改善？文件應該是跨平台的，或提供協議層級的細節？
- **合規性**：客戶端如何了解提供者對於政府規定、安全與隱私規則和其他法律責任的合規性？
- **資訊隱藏**：服務品質（QoS）規範的正確程度是什麼？包括避免規範不足，可能導致客戶端和提供者之間的緊張；和過度規範，可能造成開發、營運和維護上的許多工作？

API 文件也必須回答以下問題：

- **經濟面**：API 提供者如何選擇平衡本身、顧客和競爭者經濟利益的計價模型？
- **效能與可靠性**：提供者如何維持令所有客戶端滿意效能的同時，又能節省資源？提供者如何提供可靠、具成本效益的服務，而不過度限制客戶端使用其服務的能力。

1 第 1 章定義過開發者體驗，透過 4 個支柱：功能性、穩定性、易用性和清晰性。

- **計量粒度：**API 消費的計量應該多準確和精細，以滿足客戶端的資訊需求，而不會引起不必要的效能損失或可靠性問題。
- **從顧客觀點的吸引力：**假設有超過一個提供者提供這種服務，API 提供者如何向客戶傳達其服務的吸引力、可用性和效能目標，而不會做出可能令客戶端不滿或經濟損失的不切實際的承諾？

API 客戶端可能聲明他們想要百分之百正常運行保證、無限資源，以及最小或零成本的突出效能服務，這當然這是不切實際的。API 提供者必須在節省可用資源，與獲得利潤之間取得平衡，或保持最小成本，例如提供開放政府服務時。

本章模式

*API 敘述*最初建立來詳細說明 API，並且提供一套機制，不只用來定義語義結構，且涵蓋組織事務例如所有權、支援和演進策略。這種描述的詳細程度可以從最簡單到非常詳盡。

提供者可以為 API 用量定義**計價方案**，以出帳給客戶端或其他利益相關人員，常見的選項是簡單的定額訂閱，和基於消費量的計價方式。

API 客戶端可能過度使用許多資源，因此對伺服器或其他客戶端造成負面影響。要限制這樣的濫用，提供者可以建立**速率限制**來限制指定客戶端。客戶端可以因避免不必要的 API 呼叫，來遵守**速率限制**。

客戶端必須知道提供者可以提供可接收的服務品質，且提供者希望在有效使用其可用資源的同時，提供高品質服務。**服務水準協議**在服務水準目標和相關罰則中表達妥協結果，它經常針對可用性，但也會參照其他非功能性的品質屬性。

圖 9.1 顯示本章模式之間的關係。

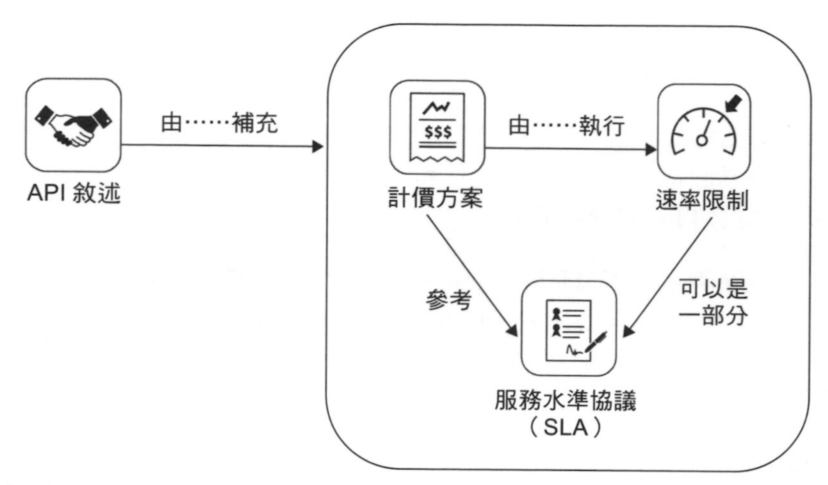

圖 9.1 本章模式地圖（API 文件）

文件模式

最後這 4 個模式說明明確 API 規約的方法，以及傳送和／或施行協議好的使用條款方式：*API 敘述*、*計價方案*、*速率限制*和*服務水準協議*。

模式：API 敘述

使用時機及原因

API 提供者已決定暴露 API 端點中一個或更多個操作。客戶端開發人員，例如實現*前端整合*的網頁或手機 App 開發人員，或為*後端整合*撰寫轉接器的系統整合人員，尚未撰寫操作調用程式碼，且不清楚回應內容為何。以及缺少補充介面敘述，包括非正式的 API 操作意義說明，例如在訊息表現中的參數，API 實現中對應用程式狀態的影響；和相關特性，包括冪等性和可交易性。

API 提供者與其客戶端之間應該分享哪些知識？又要如何記錄這些知識？

在分散式系統中定義共享知識時，要解決和平衡的高級力量要素包括以下：

- **可互相操作性**：平台自治是鬆耦合的多個維度之一，因此也是 SOA 原則和微服務原則的關鍵（Zimmermann 2017）。客戶端和伺服器可能以不同程式語言撰寫，且運行在不同的作業系統上，它們需要在運行期間協議出一個共通、跨程式語言的交換訊息編碼，及序列化格式。此外、客戶端必須在 API 敘述本身的共通表現格式與提供者達成共識，以便實現建構 API 與其客戶端開發工具的可交換性。這可視為格式自治的一面，另一個鬆耦合維度（Fehling 2014）。

- **可消費性，包括可理解性、可學習性和簡單性**：有效理解和使用 API 需要的猜測工作，會增加消費 API 時的心力和成本。撰寫第一個與提供者端的 API 實現成功交換訊息的 API 客戶端，應該只要花幾分鐘而非幾小時或幾天的時間；程式人員偏好快速致勝和持續的成就感，而不是許多令人感到挫折的反覆試誤。閱讀冗長的參數列表與其效果和意義，並從回應範例反向工程結構，通常會比複製貼上一段程式碼範例，或消化可用來生成程式碼和測試案例的定義良好、可驗證的介面敘述花上更多時間，順便一提，某些社群團體將這視為是一種反模式。一般來說，工具與其文件應該是「誠實的」，API 敘述和支援工具不應該隱藏遠端網路通訊發生的事實，且不應該從客戶端和提供者的程式人員手上拿走控制權和職責。API 與其敘述越是誠實，也就越有可消費性，因為能在測試和維護期間避免掉令人討厭的意外。簡單的敘述和實現，通常會比意外複雜來得容易理解。

- **資訊隱藏**：提供者對於客戶端使用 API 的方法會有某些期望。客戶端會對正確調用操作做出一些假設，可能涉及需要存在及允許的參數值、調用順序、呼叫頻率等等。如果客戶端的假設符合提供者的期望，則互動將會成功；然而，提供者不應該洩漏祕密的實現細節到介面中，而且成功的互動不應該依賴客戶端猜測提出的假設。

- **可擴展性和演進性**：客戶端和提供者的演進速度不同；一個提供者可能必須滿足多個客戶端現在和未來的需求，這些客戶端有不同的使用案例和技術選擇。這可能導致引入可選的功能和表現元素，旨在促進相容性，但也對其造成損害。除錯和加強功能的速度很重要，我們的演進模式會深入探討這些力量要素，當 API 演進時，相應的文件必須更新以反映這些變化，而這都需要承受風險和成本。

可以選擇只提供基本資訊，例如網路位址和 API 呼叫與回應範例，而且許多公開 API 只這麼做。這種方法能留下解讀空間，而且是可互相操作問題的來源，減輕提供者端 API 團隊的負擔，因為服務演進和維護期間要更新的資訊較少。代價是在客戶端創造額外學習、實驗、開發和測試工作。

運作方式

建立 *API 敘述*，其定義請求與訊息結構、錯誤回報，和在提供者與客戶端之間共享的技術知識等相關部分。

除了靜態和結構訊息，也涵蓋動態或行為面，包括調用順序、前置與後置條件和不變量。

搭配語法介面敘述與品質管理政策，以及語義規範和組織資訊。

*API 敘述*同時可供人類與機器閱讀，可以用簡單的文本或更正式的語言來具體說明，這取決於支援的情境、開發文化和開發實務的成熟度。

確保語義規範符合業務需求，在技術上也要準確；必須以領域術語來揭露支援的業務功能，以便業務分析師，或稱領域事務專家可以理解，同時也涵蓋資料管理上的問題，例如一致性、新鮮度和冪等性。

涵蓋授權和條款，或將這資訊分離出來，定義為**服務水準協議**，例如，針對業務和關鍵任務 API。考慮使用公認的功能性規約描述語言，例如前身為 Swagger 的 OpenAPI 規範，作為 HTTP 資源 API 的技術規約部分。注意，OpenAPI 規範（OAS）版本 3.0 有分享授權資訊的屬性。

變體 實務上流行兩種變體：**極簡敘述（Minimal Description）**和**詳盡敘述（Elaborate Description）**，代表光譜兩端；但也可找到混合形式。

- **極簡敘述**。客戶端至少需要知道 API 端點位址、操作名稱，和請求與回應訊息表現的結構與含義，第 1 章〈應用程式介面（API）基礎〉介紹的領域模型的定義。極簡敘述形成了技術 API 規約。在 HTTP 資源 API 中，操作名稱受限於 HTTP 動詞／方法；和這些依慣例／隱含定義的動詞用法，仍需要清楚說明它們和資料規約。圖 9.2 顯示這個變體。

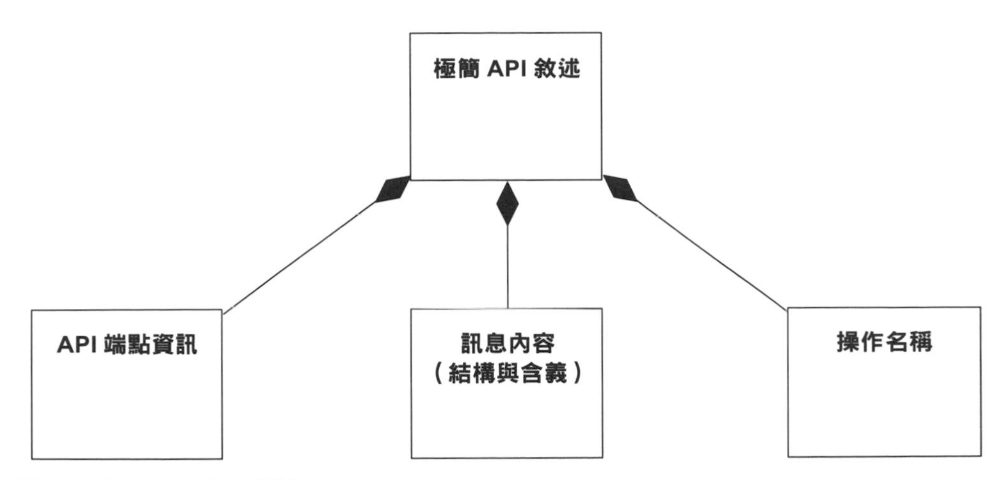

圖 9.2 極簡 *API* 敘述變體

- **詳盡敘述**。更詳盡的 API 敘述多了使用範例；詳細的功能表說明參數意義、資料類型和限制，列舉回應中的錯誤代碼和錯誤結構，且可能包括檢查提供者合規性的測試案例，如圖 9.3 所示。《RESTful Web Services Cookbook》（Allamaraju 2010）的第 1 章，以及手法 3.14 和 14.1 有相關建議。

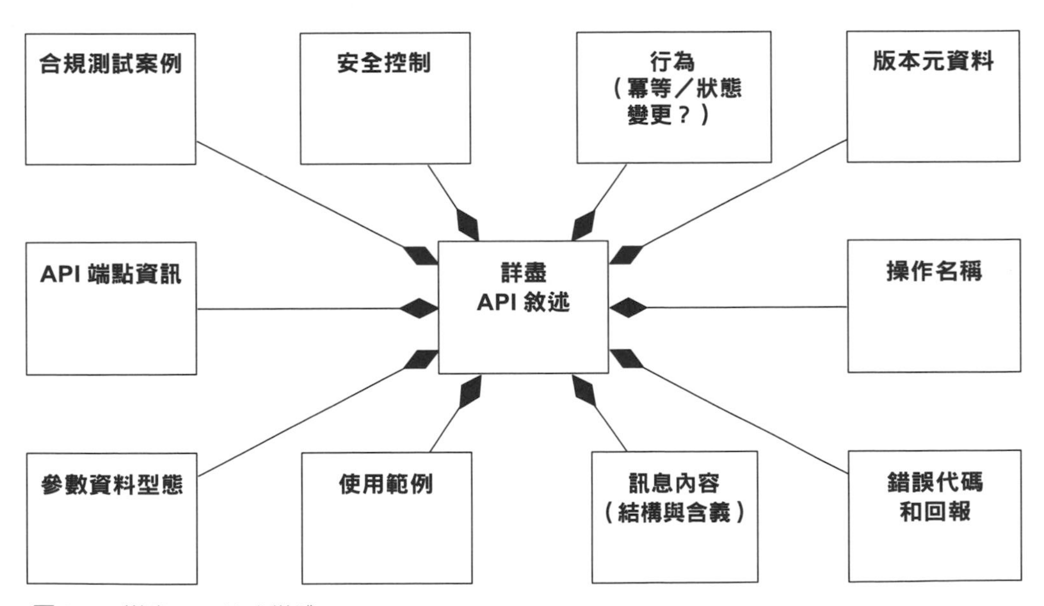

圖 9.3 詳盡 *API* 敘述變體

範例

圖 9.4 的「詳盡 API 敘述模板」同時涵蓋業務資訊和功能技術的 API 設計問題。

服務規約：〔名稱〕	
業務領域（情境觀點、功能區域）： …	使用者故事和品質屬性（設計力量要素）： …
服務快速參照（提供給客戶端的服務內容概要） …	
調用語法（功能規約）：IDL 規範、安全政策；請求／回應資料範例；端點位址（測試部署、生產實例）；服務顧客程式範本（原始碼）；錯誤處理資訊（錯誤代碼、例外） …	
調用語義（行為規約）：前置條件、後置條件、不變量、參數意義的非正式敘述；FSM；服務組合範例；整合測試案例 …	
服務水準協議（SLA）及服務級別目標（SLO）；服務品質政策 …	
帳務資訊（服務計價）；外部依賴／資源需求 …	
生命週期資訊：目前和之前版本；限制；未來路線圖；服務負責人和聯絡資訊、支援和錯誤追蹤系統的連結 …	

圖 9.4 詳盡 *API* 敘述模板，又稱服務規約。IDL 為介面敘述語言（interface description language），FSM 為有限狀態機（finite-state machine）

實務上，API 敘述經常可由開發者入口，專案維基百科，或服務文件網站取得。附錄 C 中介紹的微服務特定領域語言（MDSL），原生支援 *API 敘述*模式。

討論

極簡敘述簡潔且容易演進和維護，詳盡敘述則具表達性，它們都促進可互相操作性。

極簡敘述可能造成開發人員猜測或反向工程提供者端的行為；這種隱含假設違反資訊隱藏原則，且有時在長期中變得無效。此外，模糊可能會傷害可互相操作性；如果未明確指出無法向後相容的新版本，也會增加測試和維護工作。詳盡敘述可能因本身冗餘而引入不一致，相同的元素則會出現在規範中的不同部分。如果敘述揭露提供者端的實現細節，例如下游／對外依賴關係，則違反資訊隱藏原則。詳盡敘述在演進時會造成維護工作，因為需要有系統地更新敘述，再一致地實現變更。

滿足客戶端資訊需求的 *API 敘述*，需要的工作量取決於所選擇的規範深度和細節等級，才會讓溝通有意義和正確。如果規約過度規範，則很難對其消費和維護，且會認為反精實，因為已視為可消除的不必要文件。如果規範不足，則容易閱讀和更新，但仍可能不會導致可操作的客戶端－伺服器會話，也無法在運行時產生期望的結果。必須猜測、假設或簡單逆向工程的遺漏資訊，例如，伺服器端的呼叫影響，包括狀態改變、資料準確性和一致性等，或錯誤輸入的處理、安全執行政策等等，都沒有提供者對客戶端所做假設正確性的保證。或許可以考慮在明確的**服務水準協議**解釋品質服務（QoS）政策，例如可用性。

雖然實務中廣泛使用非正式的 *API 敘述*，但可用來生成代理（proxy）和模擬（stub）程式碼的機器可讀技術 API 規約價值一直有爭議。標記法例如 API Blueprint（API Blueprint 2022）、JSON:API（JSON API 2022）和 OpenAPI 規範（OpenAPI 2022），以及工具例如 Apigee 控制台和 API 管理閘道，都成功說明，就算不是全部，但大部分整合情境需要有機器可讀的技術 API 規約。許多 REST 書籍和文章承認一定會有一份規約（Erl 2013），有時稱為**統一規約（uniform contract）**，只是它看起來不同，且由不同利益相關人員創建和維護。

實務上，規約是否真的是經由協商並達成共識，或僅是由 API 提供者單方面決定，也存在爭論。業務情境和 API 使用情境不同：使用領導雲端服務供應商所提供的雲端 API 小型新創或論文專案團隊，不太可能請求新功能或提出條款協商。在光譜的另一端，大型軟體銷售商和擁有企業級協議（ELA）的企業使用者，在他們的策略外包交易和雲端合作關係中也會做到這點，例如，推出多租戶的關鍵業務應用程式時。市場動態和開發文化將決定投入 *API 敘述*的範圍和品質的努力程度。當客戶端開發人員選擇 API 與其提供者時，可以也應該考慮這些敘述在決策過程中的準確性和使用性。

相關模式

本書中的其他所有模式無論如何都會與此模式有關。取決於任務的重要性和市場動態，*API 敘述*可以使用**服務水準協議**以完善並指定品質目標，以及未能達成目標的後果；也可以包含版本資訊和演進策略，請見**版本識別符**和**雙版本**模式。

「服務描述者」（Service Descriptor）（Daigneau 2011）和「介面描述」（Interface Description）（Voelter 2004），涵蓋了 *API 敘述*的技術部分。

更多資訊

線上 API Stylebook 專門蒐集和參考「設計主體」中的相關文件說明。《RESTful Web Services Cookbook》（Allamaraju 2010）的手法 14.1，討論記錄 RESTful 網路服務的方式。《Perspectives on Web Services》（Zimmermann 2003）中的「參與觀點」（Engagement Perspective），蒐集了 WSDL 和 SOAP 的最佳實務；所給的許多建議也適用於其他的 API 規約語法。《Web API 設計原則：API 與微服務傳遞價值之道 》（Principles of Web API Design: Delivering Value with APIs and Microservices, Higginbotham 2021）涵蓋不同的 API 敘述格式，和其他有效的 API 文件元件。

由 Chris Richardson 提出的「微服務畫布」（Microservices Canvas）模板，填寫完成後會建立詳盡敘述（Elaborate Description）。這模板包含實現資訊、服務調用關係和產生的／訂閱的事件（2019）。

「按規約設計」（Design-by-Contract）是 Bertrand Meyer 在物件導向軟體工程背景中建立起來的概念（Meyer 1997）；定義遠端 API 規約時，也可採納他的建議。Pat Helland 也在《Data on the Outside versus Data on the Inside》（2005）中，解釋介面規約的特定資料角色。

實務集合《Design Practice Reference》（Zimmermann 2021b）介紹逐步服務設計（Stepwise Service Design）活動，和 *API 敘述*成品；MDSL 則實現這個模式（Zimmermann 2022）。

模式：計價方案

使用時機及原因

API 是所建造組織或個人的資產，從商業組織角度來看，這意味著它具有貨幣和無形價值，這個資產的開發和營運必須以某種方式獲得資助。可以向 API 客戶端收取 API 的使用費，但 API 提供者也可銷售廣告或找出其他籌措資金的方式。

API 提供者如何計量 API 服務的消費並收取費用？

當計量和出帳時，要想到讓 API 消費者和提供者可同時接受的方式以解決下列問題，不是件容易的事：

- **經濟面：**決定計價模型是一項涉及組織多方面的決策：組織能見度、定價公平性、品牌、市場上的公司認知、貨幣化、顧客獲取策略，如免費試用、向上銷售等，還有競爭者、顧客滿意度。另一項要素是計量與向顧客收費所需的心力和成本，必須和計量與收費獲得的好處相比較。
- **準確性：**API 使用者只希望為他們實際使用的服務付費，他們甚至可能想在花費限額上獲得某些控制權。詳細的計量報告和帳單可以增加 API 使用者的信心，但這種對每一個 API 呼叫的深入會計，可能也會產生不必要的效能減損。
- **計量粒度：**計量和報告可以不同詳細程度來執行。例如，API 提供者可能提供實時報告的持續計量，而另一個提供者可能只提供每日的彙總數字。當計量停止時，提供者會損失金錢。
- **安全性：**計量和收費資料可能含有需要保護的使用者敏感資訊，例如，遵守資料隱私法規。提供者必須向正確的顧客收費，也必須防止冒充另一個顧客身分或使用別人 *API* **金鑰**的情形。在多租戶系統，例如雲端服務，租戶甚至不應該知道其他租戶的存在，更不應出現在蒐集詳細的**錯誤回報**情況中，因為其他租戶可能包括競爭對手或業務夥伴，且已簽署保密協議。雖然租戶可能對其他租戶的效能資料感到興趣，但故意或不小心分享這些資料並不道德，甚至是非法的。

可以向顧客開立一次性的註冊費發票，但這種方法可能以同等方式對待業餘嗜好者和高用量企業使用者。在某些情況這是個有效做法，但可能也過度簡化了整體狀況，對於某些使用者太便宜，而對其他使用者則太昂貴。

運作方式

在 *API* **敘述**中，為 API 的使用分派一個**計價方案**，用來出帳給 API 顧客、廣告商或其他利益相關人員。

定義和監控計量 API 使用的指標，例如每項操作的 API 使用統計資料。

變體 計價方案存在許多變體。最常見的是**訂閱計價**（**subscription-based pricing**）和**用量計價**（**usage-based pricing**）；**基於市場分配**（**market-based allocation**）**又稱資源競價式分配**（**auction-style allocation**），較不常見。這些方案可和**免費增值模式**（**freemium model**）結合，特定低用量或業餘用量程度是免費的，較高用量或一旦初始試用期間到期時就要開始付費。也可以結合不同方案，例如，基本套餐的每月**定額訂閱**（**flat-rate subscription**）費用，和額外消費服務的**用量計價**（**usage-based pricing**）。

- **訂閱計價，見圖 9.5**。在訂閱或定額計價中，會出帳給顧客一筆循環費用，例如每月或每年，和服務的實際用量無關，有時候會與速率限制結合以確保公平使用。在這些界線內，訂閱通常允許顧客近乎無限的使用，且需要的簿記工作比用量計價要少。另一種方案是，提供者提供不同的計費等級，使用者可以選擇最符合預期用量的等級，如果顧客超過允許的使用量，可以提供升級到更高價的計費等級。如果顧客不想升級，則會阻擋進一步呼叫，或以低服務等級回應。

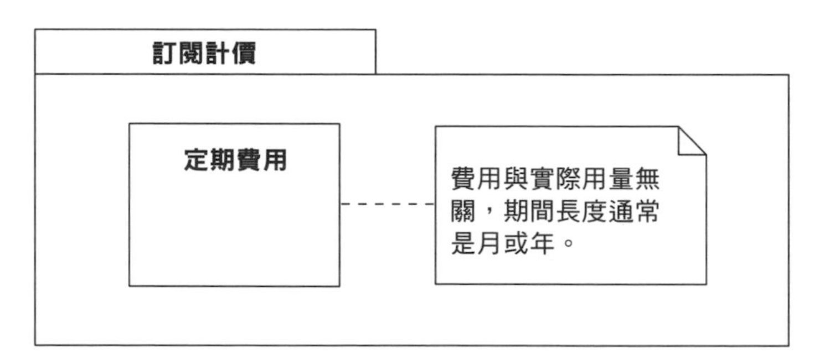

圖 9.5 訂閱計價變體

- **用量計價，見圖 9.6**。只針對服務資源的實際用量出帳給顧客，例如，API 呼叫或資料傳輸量。不同的 API 操作可以有不同定價；例如，簡單資源讀取的成本可能比建立資源少，然後定期將這些使用出帳。另一個方案是提供充值的預付包，就像手機合約，再開始花費。[2]

2 例如，當使用 CloudConvert 時，一種一個文件轉換的軟體即服務（SaaS），顧客可以購買轉換分鐘包，然後可以隨時間使用。

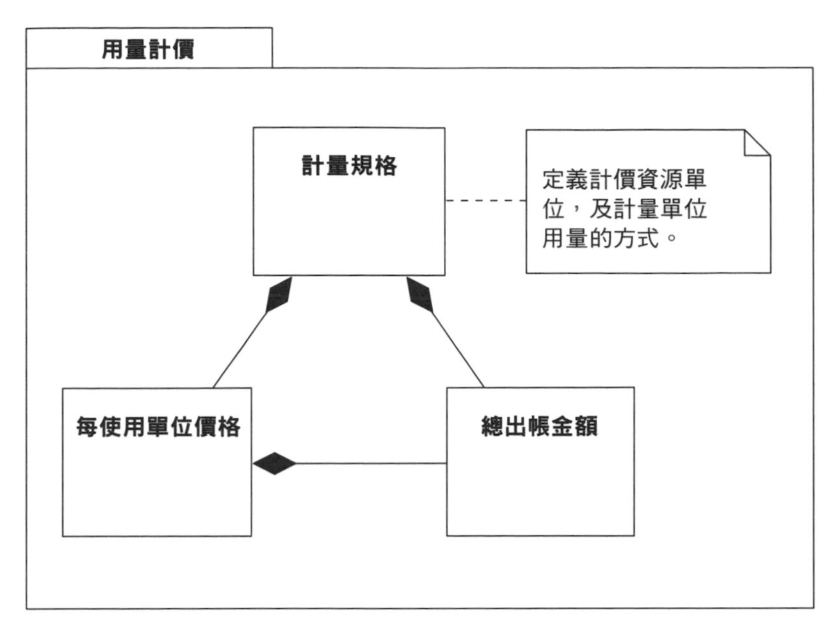

圖 9.6 用量計價變體

- **市場計價（Market-based Pricing），見圖 9.7**。彈性市場計價是第三種變體。要形成市場，資源的價格必須隨著服務需求移動。顧客接著以最大價格出價來使用該服務，當市場價格跌落或低於出價時，顧客會獲得服務，直到價格再次上升到出價以上。

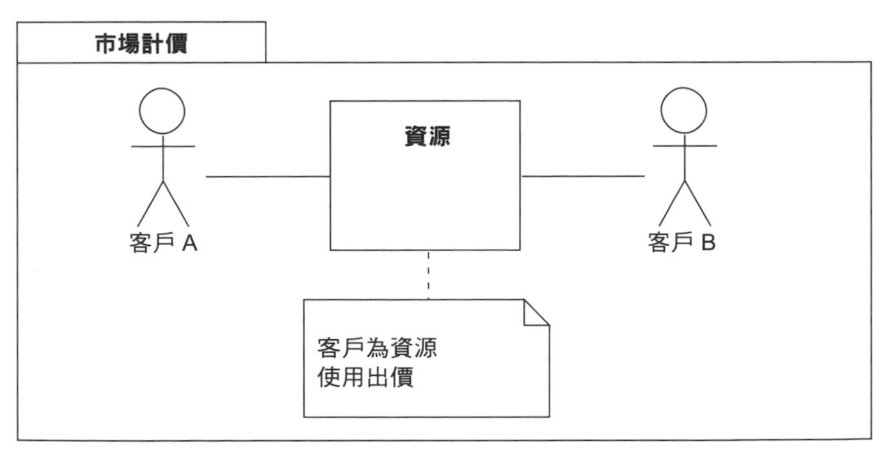

圖 9.7 市場計價變體

這些**計價方案**的變體，在定義和更新價格上所需的心力不同，也會對吸引和留住顧客造成影響；在賺取可維持利潤上也有不同目標。最後，它們在範圍上不同：整個 API 端點、相對個別操作和 API 存取、相對後端服務，例如，實際計算／資料檢索／通訊，是兩種範圍維度。

建議客戶端開發人員和應用程式負責人，在決定使用特定服務之前，閱讀細節和執行一些實驗以熟悉出帳粒度和操作程序。可能需要一些實驗，來找出同時在技術上和財務上滿足他們的 API 消費概況。

範例

想像一個虛構的提供者，提供以程式發送和接收 E-Mail 的 API，讓客戶端不需要直接使用 SMT 和 POP ／ IMAP 協定。提供者決定實現用量**計價方案**，有低用量的免費增值等級，和依一個月發送多少 E-Mail 的不同計價等級，如表 9.1。

表 9.1 有不同出帳等級的虛構提供者用量計價方案

每月 E-Mail（最多）	每月價格
100	免費
10,000	$20
100,000	$150
1,000,000	$1,000

提供者的競爭對手，為了試著做出差異化並保持最低監控，可能決定採用每個月 $50 的定額訂閱費，並提供顧客無限 E-Mail 用量。

討論

藉由**計價方案**，顧客與提供者對發生成本和彼此義務，例如開立發票和支付結算方面等，達成一份清楚協議。**計價方案**有時又稱為費率計畫（Rate Plan）。

撰寫並發布敏感的**計價方案**具有挑戰性，需要顧客興趣和商業模型兩方面的許多知識。API 產品負責人和開發人員必須密切合作，才能選出可以平衡成本和收益的變體，也必須使用 *API* **金鑰**或其他驗證媒介，來識別 API 客戶端。用量計價需要客戶端操作的仔細監控與計量，為了避免爭議，顧客會想要詳細報告以追蹤及監控本身的 API 用量，這就需要提供者端付出更多心力。可以加入超過用量時觸發通知的限制。

另個考量是，如何處理計價方案實現中，計量功能的故障：如果不能計量，則無法為顧客之後的消費出帳。最後造成計量系統再次回復之前必須關閉 API，或在故障期間免費提供服務。

訂閱計價在實現上比用量計價容易；開發人員應該告知非技術利益相關人員，例如產品負責人更昂貴實現選項的後果。可以的話，就從訂閱計價開始，然後在之後階段實現用量計價。

安全需求必須透過底層的 API 實現和營運基礎設施來滿足。

相關模式

計價方案可以使用**速率限制**來強制執行不同的出帳等級，使用時，應參考**服務水準協議**。

也可以使用 *API* **金鑰**或其他驗證實務，來識別發出請求的客戶端。如果資料傳輸量是**計價方案**定義的一部分，**願望清單**或**願望模板**也可助於保持低成本。

更多資訊

「API 閘道」（API Gateway）（Richardson 2016）和《Enterprise Integration Patterns》（Hohpe 2003）中的系統管理模式，尤其是「竊聽」（Wire Tap）和「訊息存儲」（Message Store），可以用來實現計量和作為執行點。可以在訊息的來源和目的之間插入竊聽，將傳入的訊息複製到次級通道或訊息存儲中，用來計算每個客戶端的請求數，而不用在 API 端點實現。

模式：速率限制

使用時機及原因

已建立 API 端點，以及暴露操作、訊息和資料表現的 API 規約。已定義用來明確訊息交換模式和協議的 *API 敘述*。API 客戶端已向提供者註冊，並同意支配端點與操作用量的使用條款。有些 API 可能不需要任何合約關係，例如公開資料服務或試用期的時候。

> API 提供者如何避免 API 客戶端過度使用 API？[3]

要避免可能損害提供者營運或其他客戶端的 API 過度使用時，必須找出以下設計問題的解決方案：

- **經濟面**：避免 API 客戶端濫用需要資源去實現和維持。客戶端可能會因為額外的工作，例如了解限制額度而對額度與施行做出負面反應，這會是客戶轉向競爭者的一種標準。因此，只有在 API 濫用的影響和嚴重性高到足以成為成本和業務風險時，才會採許相應措施。
- **效能**：API 提供者通常希望，或可能根據規約或規定要求，對所有客戶端維持高品質的服務。具體細節可能定義在服務水準協議中。
- **可靠性**：如果 API 客戶端故意或意外濫用服務，必須採取行動來防止對其他客戶的損害，可以拒絕個別請求或撤銷 API 的存取。如果提供者的限制太多，有可能使潛在顧客感到不滿；如果太過寬鬆，則提供者會不堪負荷，且可能會影響其他顧客例如付費者感受到的回應時間，碰到這種事，其他客戶可能會開始尋找替代方案。

3 API 提供者定義何謂過度使用。付費的定額訂閱通常會施加不同限制，與免費方案不同，見計價方案模式來取得不同訂閱模型權衡的詳細討論。

- **API 濫用風險的影響和嚴重性：**必須分析和評估 API 客戶端故意或意外濫用的可能負面結果，權衡這些結果與所採取任何防止濫用措施的成本。例如，可預見的使用模式可能指出濫用負面結果的低可能性，和／或低影響，例如經濟影響或名聲損害。如果能和緩或接受剩下的風險，API 提供者可能決定不採取任何行動防止 API 客戶端過度使用 API。
- **客戶意識：**負責的客戶會希望管理他們的額度，也會監控用量，以免碰到因超額而被鎖住的風險。

為了避免過度使用的客戶對其他客戶造成損害，可以簡單地增加更多處理能力、儲存空間和網路頻寬。然而就經濟面來說，這樣經常不可行。

運作方式

引入並施行*速率限制*，防止客戶端過度使用 API。

將這些限制以公式表示為一段時間窗口內允許的特定請求數量。如果客戶端超過這個限制，就會拒絕進一步請求，或稍後處理，或以最大努力保證來服務，並分配較小的資源量。圖 9.8 顯示這種定期重置的時間間隔*速率限制*。

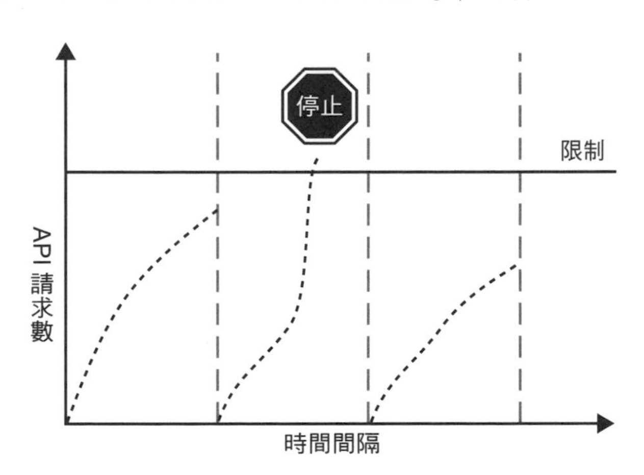

圖 9.8 *速率限制*：客戶超過一段時間內的允許請求數量，若有更多請求，都會被拒絕

設定**速率限制**的範圍，可以是整個 API、單個端點、一組操作或個別操作。不用統一的方式處理請求，端點可能有不同的營運成本，因此使用不同的令牌[4]。

為每個 API 操作或每組 API 操作定義一個適當的時間間隔，例如，每日或每月，在那之後會重置**速率限制**。這個間隔可以滾動，透過監控或日誌記錄，在定義的時間間隔內追蹤客戶端的呼叫數。

速率限制也可能限制允許的併發量，即客戶端允許發送的併發請求數，例如，在免計費方案下，可能限制客戶端只能發送單個併發請求。當客戶端超過**速率限制**時，提供者可以停止服務客戶端或降低速度；或者對於商業服務而言，提供升級到更高成本的方案，這樣的情況有時會形容為**節流（throttling）**。注意，確切術語因提供者而異，通常會交互使用**速率限制**和節流這兩個詞。

如果客戶端太常達到速率限制，可能會暫停帳號或相對應的 *API 金鑰*，並放入「拒絕名單」中。[5]

範例

GitHub 使用這個模式來控制它的 RESTful HTTP API 存取：一旦超過**速率限制**，後續的請求會回應 HTTP 狀態碼 `429 Too Many Requests`。為了通知客戶端關於每個速率限制的目前狀態，和幫助客戶端其管理令牌使用額度，每個**速率限制**回應都會隨附自訂的 HTTP 標頭來發送。

下面程式碼顯示 GitHub API 的速率限制回應摘要。API 限制每小時 60 個請求，還剩下 50 個：

```
curl -X GET --include https://api.github.com/users/misto
HTTP/1.1 200 OK
...
X-RateLimit-Limit: 60
X-RateLimit-Remaining: 59
X-RateLimit-Reset: 1498811560
```

4 例如，YouTube API 中，取得簡單的 ID 會耗費一個令牌單位，而上傳影片就耗費約 1600 個單位。

5 拒絕名單又稱黑名單（blocklist），是一種存取控制機制，禁止已封鎖的特定元素通過，但允許其他所有元素通過。這和允許名單（allow list），也就是歡迎名單（welcome list）相反，只有名單上的元素可以通過。

`X-RateLimit-Reset` 指出，以 UNIX 時間戳表示限制被重置的時間。[6]

討論

速率限制讓提供者可以控制客戶端的 API 消費。透過實現速率限制，API 提供者可以保護服務免於惡意的客戶端，例如不受歡迎的機器人（bot），並維持服務品質。由於最大用量有其上限，提供者可以更精確分配資源，從而改善所有客戶端的效能和可靠性。

決定合適的限制並不容易。如果**速率限制**設定太高，會無法得到預期的效果，過於嚴格的限制也會讓 API 使用者感到困擾。需要一些實驗和調校來找出正確的限制程度。例如，提供者的**計價方案**可能允許每個月 30,000 個請求，而在沒有額外的限制下，客戶端可以在極短時間消費掉所有請求，這樣可能會使提供者不堪負荷，於是為了減緩這種問題，提供者可以額外限制客戶端每秒一個請求。客戶端需要控制用量和管理達到**速率限制**的情況，例如，透過追蹤 API 用量，和／或讓請求排隊等候，這可以透過快取和安排 API 呼叫的優先順序來實現。速率限制使 API 實現變得有狀態，這點在擴展的時候必須考慮進去。

付費服務提供較好的方式，來管理多個訂閱等級和對應不同的**速率限制**。過度的 API 用量甚至可視為是某種正面意義，因為會增加收入。然而，免費服務也不必給予所有客戶相同的速率限制；相反地，可以考慮其他指標來滿足不同規模和階段的客戶，例如，Facebook 就根據安裝客戶端應用程式的使用者數量，照比例的給予 API 呼叫次數。

為了計量和施行**速率限制**指標，提供者必須識別客戶端或使用者。因為識別目的，API 客戶端會獲得一個在端點識別本身的方式；更精確地說，是在 API 中的安全政策執行點[7]，例如，透過 ***API 金鑰***或授權協議。如果在免費服務不需要註冊，端點必須建立其他方法來識別客戶端，例如 IP 位址。

6　UNIX 時間戳記從 1970 年 1 月 1 號開始計算。

7　在可擴展存取控制標記語言（XACML）（OASIS 2021）中，政策執行點保護資源免於未經授權的存取；執行時，它會在背景諮詢政策決策點。

相關模式

速率限制的細節可以是**服務水準協議**的一部分。**速率限制**也可以取決於客戶端的訂閱等級，可見**計價方案**模式的介紹。在這些情況中，**速率限制**用來施行計價方案的不同計費等級。

願望清單和**願望模板**有助於確保不會違反資料界限的速率限制。可以透過訊息酬載中的明確的**上下文表示**，來傳達**速率限制**的目前狀態，例如，目前計費期間還剩多少請求。

更多資訊

「漏桶計數器」（Leak Bucket Counter）（Hanmer 2007）提供**速率限制**可能的實現變體。《Site Reliability Engineering》（Beyer 2016）第 21 章也介紹處理過載的策略。

Hohpe（2003）發表的系統管理模式有助於實現計量，因此也可作為施行點，例如「控制匯流排」（Control Bus）可在運行期間動態增加或減少特定限制，而「訊息存儲」（Message Store）則有助於實現隨時間對資源用量的持續監控。

《The Cloud Architecture Center》（Google 2019）介紹實現**速率限制**的不同策略和技術。

模式：服務水準協議

使用時機及原因

*API 敘述*定義一個或更多個 API 端點，包括操作的功能性介面和請求與回應訊息。這些操作動態調用行為的服務品質（QoS）特性還未清楚說明。此外，API 服務生命週期中的支援，包括保證生命週期和平均修復期間，也都還沒有具體規定。

API 客戶端如何得知具體的 API 與其端點操作的服務品質特性？

如何以可衡量的方式定義，並傳遞這些特性與未達成時的後果？

部分衝突問題，讓以一種客戶端和提供者皆可同時接受的方式，來具體規定服務品質特性顯得異常困難，需要解決以下問題：

- **商業靈活性和活力：**API 客戶端的商業模式可能有賴於特定 API 服務的可用性，以及一些其他之前提到的品質，例如可擴展性或隱私性。商業靈活性和活力可能有賴於前面三項品質的保證，因為違反這些品質可能對客戶端造成干擾。
- **消費者觀點的吸引性：**假設有提供所需功能的多個 API，保證服務特性可以是提供者對自身能力信心的一種表達，包括 API 實現和下游系統。例如，當從有不同可用性保證的兩個相似功能中選擇時，消費者比較可能選擇有較高可用性保證的服務，除非其他因素例如價格，而偏好提供較低保證的 API。
- **可用性：**API 客戶端通常關心 API 提供者服務的高可用性。在許多領域中，正常運行時間非常重要，並使 API 客戶端可以對自身消費者提出某些保證。
- **效能和可擴展性：**API 客戶端通常關心低延遲，而提供者希望有高吞吐量。
- **安全性和隱私性：**如果 API 有處理機密或私人資料，API 客戶端關心的是，提供者採取確保安全和隱私的方式和措施。
- **政府法規和法律責任：**必須符合政府法規，例如，個人資料保護相關[8]或規定資料必須儲存在本地[9]。這些規定可能禁止本土公司使用外國提供者的服務，除非提供者合乎法規。例如，瑞典新創公司可能使用遵守瑞典 - 美國隱私防護架構（Swiss-US Privacy Shield Framework）的美國提供者服務。API 提供者的保證可作為記錄合規性的一種方式。
- **提供者觀點的成本效益和業務風險：**提供者想要節約可用資源，且通常目標為獲利，或保持最小成本，例如開放政府服務。提供不切實際的高服務水準保證，或同意支付懲罰性罰款時都需要仔細考慮，且必須符合提供者端的風險管理策略。如果沒有明確的價值，則不建議提供任何形式的保證，因為實現和減緩違反保證的風險和成本很高。

客戶端可以單純信任提供者在付出商業和技術上的合理努力，來提供令人滿意的 API 使用體驗，而許多公開 API 和解決方案內部 API 都選擇這麼做。然而，如果 API 的使用對客戶來說是關鍵業務，則帶來的風險可能無法被接受。可能只依賴無

8 歐盟一般資料保護規則（The EU General Data Protection Regulation）（EU 2016）規定公司必須保護所處理的個人資料規範。

9 例如，巴西和俄羅斯的法律要求提供者在本地儲存資料（The Economist 2015）。

結構、自由形式文本，來非正式地說明 API 使用的商業和技術條款：許多公開 API 都有提供這類文件。然而，這種自然語言文件就像是口頭臨時協議，模糊且留下解釋空間，可能導致誤解和隨之而來的嚴重專案狀況。當競爭壓力增加時，這種方式可能不再足夠，沒有替代方案或沒有協商自訂協議的空間時，決定使用 API，簡單說就是信任提供者，和／或基於歷史資料、之前經驗，而預設未來的服務品質（QoS）特性。

運作方式

> 身為 API 產品負責人，會建立品質導向的**服務水準協議**，並在其中定義可測試的服務水準目標。

在任何**服務水準協議**（SLA）中，定義至少一個服務水準目標（service-level objective, SLO）和罰則、賠償金或賠償動作，以及違反**服務水準協議**的回報程序。SLA 與其 SLO 必須識別出所屬的 API 操作，接著，API 客戶端開發人員可以在決定使用特定 API 端點與操作之前，仔細研究 SLA 和 SLO。SLA 的結構應該是可辨識的，理想上是多個服務中的標準化，撰寫風格應該堅定且明確。圖 9.9 顯示 SLA 與 SLO 的結構。

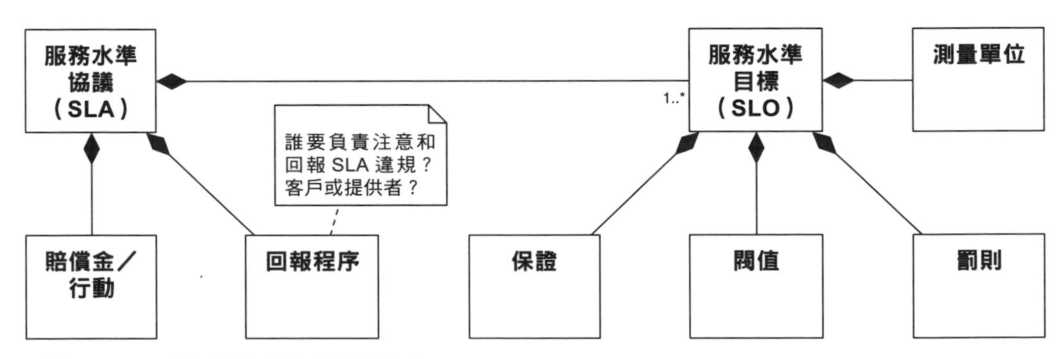

圖 9.9 服務水準協議的結構與內容

為每個受控制的服務，從 API 相關具體可測量品質屬性中導出 SLO，這些屬性通常在分析和設計時就已經明確定義好（Cervantes 2016）。SLO 也會從監管方針產生；例如，個人資料保護法像是一般資料保護規則（General Data Protection Regulation）

（EU 2016）可能規定一旦資料不需要時就必須刪除。SLO 廣義上可組成多個類別；例如歐洲執委會的 SLA 指南（C-SIG 2014），就將 SLA 分成效能、安全、資料管理和個人資料保護類別。

在對應特定品質屬性的每個 SLO 中，指定**閥（threshold）**值和測量單位。提供要多少時間才達成的**保證**，即最小百分比，和沒有達成的**罰則**。例如，一個 SLO 可能規定 99% 的情況下（保證），30 天的時間窗口內，請求的回應時間應該少於 500 毫秒（閥值、測量單位）。如果無法達成 SLO，顧客下一次的帳單可以獲得 10% 折扣（罰則）。

重要的是清楚說明執行和解釋測量的方式，才能避免困惑和不切實際的期待。例如，前面的例子清楚說明 99% 是以超過 30 天的窗口來計算，這很重要。

在定義 SLA 時，所有相關內部和外部利益相關人員，如高級主管、法律部門和安全執行官，都必須及早參與。API 提供者應該讓 SLA 規範一組定義好的利益相關人員，例如法律部門的審視和核准。通常需要數次反覆審視，可能由於忙碌的行程而相當耗時；SLA 內容和措辭的完整度，是極為針鋒相對，且涉及大量人為因素的協商過程。[10]

範例

Lakeside Mutual 提供自助服務應用程式，讓顧客請求不同類型保險的報價。作為新成長策略的一部分，該公司開始提供白牌（white-label）保險產品，第三方可以在網站上，將 Lakeside Mutual 的產品包括在其自有品牌下，而 Lakeside Mutual 會從保險費中拿走一小部分。為了增加這項服務的信心，定義了以下 SLA：

> 白牌保險 API 服務的最大回應時間為 0.5 秒。

> 回應時間可能需要一些澄清：

> 回應時間是從請求抵達 API 端點開始測量，到送出回應為止。

10 想想日常生活的採購和決策過程！

注意，這不包含請求與回應從 API 提供者到客戶端的網路傳遞時間。此外，提供者保證：

> 白牌保險 SLO 會滿足 30 天窗口測量中百分之 99% 的請求，否則顧客將會收到目前計費期間 10% 的折扣。顧客必須向顧客支援中心提交索賠，包括發生的日期和時間以獲得折扣。

討論

這個模式的主要目標受眾，為提供者端的 API 產品負責人，而非 API 端點與操作的開發人員。SLA 經常屬於（服務）條款或主服務合約中的一部分，也包括其他政策，如可接受使用政策或隱私政策。

客戶與提供者建立了對於可期待的服務水準和品質水準的共同理解。SLA 可能針對所有提供服務，或在特定 API 端點暴露的一組具體操作，例如，與個人資料保護法規有關的 SLO 可能由整體 SLA 處理，但資料管理目標，如資料備份頻率等可能會隨每個端點和／或而有不同操作。精心製作且具可衡量 SLO 的 SLA 是服務成熟度和透明度的指標。值得注意的是，許多公開 API 和雲端服務並沒有提供任何，或只有相當弱化的 SLA。這可以歸因於市場動態和缺乏監管。

提供者可能因無法提供服務而被咎責，有時組織不想為故障承擔責任，因此，建立定義明確的責任，例如**服務水準協議**，可能會引發內部組織因擔心造成的抗拒。

只有在客戶要求並支付費用後，或提供者在業務觀點上認為是有益的情況下，定義 SLA 和明確 SLO，並發布給客戶才能顯得有其意義；否則 SLA 可能造成不必要的業務風險，因為其經常具有法律約束。不可能一直都滿足它們的需求，若沒辦法要求的話，為什麼要提供強力保證呢？設計、實現和監控 SLA 需要大量心力；緩解 SLA 違規也需要心力，維持可快速處理 SLA 違規的營運人員十分昂貴，與 SLA 相關的業務風險可以透過限制 API 提供者的責任來緩解，例如，提供服務點數作為 SLA 違規時的罰則。

如本模式所介紹的，可衡量 SLO 的 SLA 替代方案是不定義 SLA，或以寬鬆條款來設定品質目標，即在非正式明確的 SLO 的 SLA 中。SLA 可能同時包含關於某些品質的可衡量 SLO 和其他非正式 SLO，例如，安全性方面很難在不過度複雜、不實際或難以驗證的情況下獲取。提供者可能同意採取「商業上合理的努力」來保護 API。

甚至內部 SLA 形式的 SLA 也有益於 API 提供者，產生此模式的變體，其中 API 提供者使用 SLA 來指定和衡量本身在相關品質上的的表現，但不與組織外部客戶分享這項資訊，這方法可能來自《Site Reliability Engineering》（Beyer 2016）。

相關模式

服務水準協議伴隨著 API 規約，或參考**服務水準協議**的 *API* **敘述**。SLA 可能決定此模式語言中許多模式實例的使用，例如此模式語言的表現和品質類別中的那些模式。

可將**速率限制**和**計費方案**包涵在**服務水準協議**中。

更多資訊

《Site Reliability Engineering》（Beyer 2016）專門介紹 SLO，包括測量方式，稱「服務水準指標」（Service Level Indicators, SLIs）。

Jay Judkowitz 和 Mark Carter 在 Google Cloud Platform Blog 的部落格貼文中涵蓋 SLA、SLO 和 SLI 的管理（Judkowitz 2018）。

總結

本章呈現同時從技術和業務觀點來關注 API 文件的 4 種模式：*API* **敘述**、**計價方案**、**速率限制**和**服務水準協議**。

雖然 *API* **敘述**專注於記錄 API 功能，但補充的**服務水準協議**明確說明客戶可期待的 API 品質。**計價方案**將這兩方面合在一起，因為它定義了客戶存取 API 功能的不同子集，與特定品質應支付的費用。**速率限制**可以防止客戶使用超出其支付範圍外的 API 提供者資源。

這 4 種模式自然與第 5 到第 7 章中的許多模式有著密切關係。*API* **敘述**應該使 API 端點的角色明確：**資訊持有者資源**是資料導向的，且這些資料在其使用、生命週期和連結上有所不同；**處理資源**是活動導向的，涵蓋從簡單活動到複雜業務流程的各種粒度等級，同樣適用於這些以不同方式存取提供者端應用程式狀態的端點類型中的操作職責：寫入存取：**狀態建立操作**、讀取存取：**檢索操作**、讀寫存取：**狀態轉移操作**，和無存取：**計算函式**。這些端點角色和操作職責影響**計價方案**和**速率限制**，以及**服務水準協議**的需求與內容。例如，**資訊持有者資源**可能按照資料傳輸和儲存量向客戶收取費用，而**處理資源**可能想要限制客戶端可發起多少併發活動請求，和這類請求需要多少計算強度。API 文件中的端點和操作的命名慣例為，讓它們的角色和職責在第一眼看到時就很清楚。

速率限制和**計價方案**都經常利用 ***API 金鑰***來識別客戶端。當套用改變訊息大小和頻繁交換的模式，例如**請求綑綁**時，**速率限制**會受到影響。如果有了**計價方案**，客戶就會期待某些服務水準保證，例如效能、可用性和 API 穩定性。

最後，第 8 章〈演進 API〉討論的版本控制方法和生命週期保證，是 ***API 敘述***和**服務水準協議**的一部分。**計價方案**和**實驗性預覽**的結合，和對套用**雙版本**和／或**有限生命週期保證**的 API 消費收費，可能更沒有意義。

我們完成了模式目錄！下一章，將在廣大真實世界中應用它們。

Part 3

模式實戰（現在和過去）

第三部分回到 API 設計和演進的大方向。

既然前文已經介紹和深入討論 44 種模式，這裡會將這些模式應用到**第 10 章〈真實世界的模式故事〉**呈現的廣大和真實的 API 設計中；也會在**第 11 章〈結論〉**中反思和分享 API 未來展望。

第 10 章

真實世界的模式故事

本章研究在真實世界業務領域和應用程式類型中的 API 設計與演進，會介紹兩個現存以 API 為中心的系統，及它們的背景、需求和設計挑戰，來作為更大範圍領域特定的模式使用範例。這兩個系統已經在生產環境中運行許久。

回到第 3 章〈API 決策敘事〉中模式選擇的問題、選項和準則。為此，本章結合應用第 4 到第 9 章的模式，重點在：

- 套用某種模式的時間和原因。
- 偏好某種替代選擇的時間和原因。

第一個模式故事，「瑞士抵押貸款業務的大規模業務流程整合」，是關於現有電子政府和業務流程數位化解決方案；第二個故事：「建築營造業的報價和訂單處理」，會介紹在營造業，也就是物理真實世界建築物的建造，支援業務流程 Web API。

閱讀本章以後，應該就能夠結合之前各章的模式，並採用業務情境特定，和品質屬性驅動的方法來設計 API。兩個範例案例提供更廣大且真實的模式使用說明，並解釋背後原理。

瑞士抵押貸款業務的大規模業務流程整合

本節將介紹 Terravis 案例與它對模式的應用。

業務背景和領域

Terravis（Lübke 2016）是在瑞士發展和使用的大型流程整合平台，連結並整合土地登記、公證、銀行和其他團體，以完全電子化的方式推行土地登記和抵押業務流程。這個專案始於 2009 年，最終成就一個獲獎的產品（Möckli 2017）。

儘管土地登記、土地、抵押貸款和土地所有權人這塊領域已經存在了幾個世紀，但長久以來它一直是紙本流程的**庇護所**。此處的瑞士因聯邦結構，而導致不同聯邦下的州使用不同流程、資料模型和法律，來管理土地登記業務。2009 年，瑞士聯邦引入一條法律，成為該國土地登記業務的基礎，首次定義和宣告強制（1）通用資料模型和瑞士範圍內的土地唯一識別符，稱為 EGRID，其識別符是電子土地 ID；和權利，稱為 EREID：電子權利 ID；和（2）土地登記資料存取介面，稱為 GBDBS（Meldewesen 2014）[1]，來存取這些資料。這 API 和資料模型必須由所有的瑞士土地登記處提供。

Philippe Kruchten 定義的 8 個背景維度中（Kruchten 2013），Terravis 平台具有以下特色：

1. **系統大小**：從業務觀點來看，Terravis 對機構客戶和州政府官員提供 3 種服務：（1）**查詢**，在受限於存取權限和稽核下，允許統一存取瑞士土地登記資料，（2）**流程自動化**，不同合夥人之間端對端流程的完全數位化，以及（3）**受託**，允許銀行外包抵押貸款管理。技術上，Terravis 含有約一百個（微）服務，執行例如文件產生或業務規則實現等不同任務；Terravis 整合數百個合作夥伴系統，當所有夥伴系統都參與進來時，預期會連線到約 1000 個系統。
2. **系統關鍵性**：Terravis 對瑞士金融基礎設施來說，扮演相當關鍵的角色。
3. **系統年齡**：該系統在 2009 年首次發布，並持續發展至今。
4. **團隊分布**：團隊位在瑞士蘇黎世的一個辦公室。
5. **變更率**：Terravis 仍然將越來越多流程加入到它的流程自動化與代理元件，和在查詢元件上更好的資料整合。衝刺長度為一個月。最近在業務流程執行語言（BPEL）的流程建模中的變更分析顯示，流程仍不斷演進（Lübke 2015）。

1 德文是 *Grundbuchdatenbezugsschnittstelle*

6. **穩定架構**：Terravis 是獨一無二的應用程式。雖然它必須符合一些之前的內部架構約束，例如使用其母公司 SIX Group 的專有內部框架；整體來說，它是以「全新專案／綠地專案」（greenfield project）啟動。
7. **治理**：Terravis 被建造為 SIX Group 中的公開－私有夥伴專案。它有代表瑞士聯邦、土地登記代表州、銀行和公證的治理主體，因此，治理反應了系統中所有利益相關人員，且與技術環境一樣複雜。
8. **商業模型**：推廣 Terravis 的方式是基於費用的軟體即服務，允許機構和行政管理夥伴使用這個平台。

雖然這專案的最初範圍只是要建立查詢元件，讓土地登記業務流程中的重要參與人員可存取相關的聯邦主資料，但很快就決定將整個業務流程數位化，以提供更多價值。這導致了 Terravis 擁有的 API 定義，允許銀行，公證人等與 Terravis 對接，而土地登記 API 是瑞士聯邦所有，這種多樣性展現在 API 的不同命名慣例和不同發布週期中。Terravis 不能在它的查詢元件中儲存或快取土地登記資料，以遵守聯邦和州的主資料所有權。

技術挑戰

Terravis 的許多技術挑戰源自於它的複雜業務環境（Berli 2014），使用不同軟體系統的不同合作夥伴，會透過 API 連線到 Terravis，但這導致了技術整合問題，且受到所有夥伴系統的不同生命週期而加劇。無法同步部署，實現和更新頻率是以月和年來衡量，而非週來計算，因此，適當地 API 演進是一項挑戰。

技術整合也因為相當通用的土地登記 API 而變得更複雜，這個 API 參照了許多常用的土地登記資料模型細節，因此要求客戶端必須熟悉資料模型。在研討會中出現明顯的一對多和一對一關係之間的差異，因此，Terravis 決定要提供全新、更容易使用的資料模型來獲得認可。

雖然只規劃合作夥伴對合作夥伴，或機器對機器的整合，但很快就了解到不是所有合作夥伴，都可以藉由更改系統來實現 Terravis API；而其他合作夥伴的更新頻率可能不如 Terravis。因此，Terravis 決定也提供基於網頁的介面：**入口（Portal）**，Terravis 允許每一個合作夥伴同時透過入口或整合系統來處理業務流程實例，這樣一來，只實現舊 API 有限功能的合作夥伴，有需要的話也可以利用入口來使用新功能。

信任是 Terravis 成功的重要原因：透過證明專案能夠（1）帶來一個難以打造的平台，（2）保持快速發布節奏和（3）提供高可靠性和安全性的服務，Terraivs 成為在銀行、公證人、土地登記處和其他相關團體間一個受尊敬的中介角色。

為了與作為土地登記所有人的州建立信任，Terravis 有責任不成為瑞士中央範圍的土地登記漏洞。雖然該平台旨在提供透明的資料存取，而不用管主要的土地登記，但這個責任暗示了 Terravis 既不能快取，也不能儲存土地登記資料。這個限制造成資料查詢的回應時間問題，因為可能必須聯繫所有瑞士土地登記，才能傳送結果。

許多重要的需求與長期維護性和安全性有關，如先前所討論那樣透過適應不同的生命週期。安全性包括在 Terravis 和所有合作夥伴之間使用傳輸層安全性、所執行交易和業務流程步驟的完全稽核性，以及平台指定的不可否認性。Terravis 是第一個提供符合瑞士所有法律規定電子簽章需求的集中簽署服務平台，這使各個團體可以簽署文件，並完全數位化處理他們的業務流程。

本書撰寫時，該平台每年處理超過 50 萬個端對端的土地登記業務流程，甚至更多土地查詢業務。

API 角色與狀態

因為 Terravis 對合作夥伴業務和技術整合受到強烈關注帶來業務流程的數位化，所以 API 是最重要的成品。由於其連接器的角色，可見第 1 章〈應用程式介面（API）基礎〉介紹，API 是整合的實現者，而更好的 API 設計會帶來更好的 Terravis 服務。

雖然查詢元件的 API 相對比較穩定，但流程自動化元件的 API 變更比較頻繁。隨著時間過去，加入越來越多支援的業務流程和業務流程變體。

每當業務流程推出重大變更或實現新的數位化流程時，API 定義與業務流程文件都是文件中最重要的兩個部分之一。因此，具表達性的 API 規約和清楚的 API 操作意義及語義，是 Terravis API 的關鍵品質，且是整個產品的關鍵成功因素。

模式使用與實現

Terravis 應用本書的許多模式。這一節，首先介紹套用到所有元件的模式，接著逐一介紹元件。

所有元件套用的模式

如圖 10.1 所示，Terravis 區分**社群 *API*** 和**解決方案內部 *API***，因為只有機構合作夥伴合法允許使用 Terravis 服務，因此沒有提供**公開 *API***。各團體例如銀行和公證人必須註冊、證明他們在法律上有權使用服務，並簽署合約；完成這些流程後，才能使用可用的**社群 *API***。此外，Terravis 使用**解決方案內部 *API***，因為許多大型元件會分成較小的內部通訊微服務，這些決定屏蔽了合作夥伴；Terravis 將其作為實現細節處理，且限於團隊的謹慎變更。因此，為了避免不想要的耦合，**解決方案內部 *API*** 既沒有發布，也不提供合作夥伴使用。

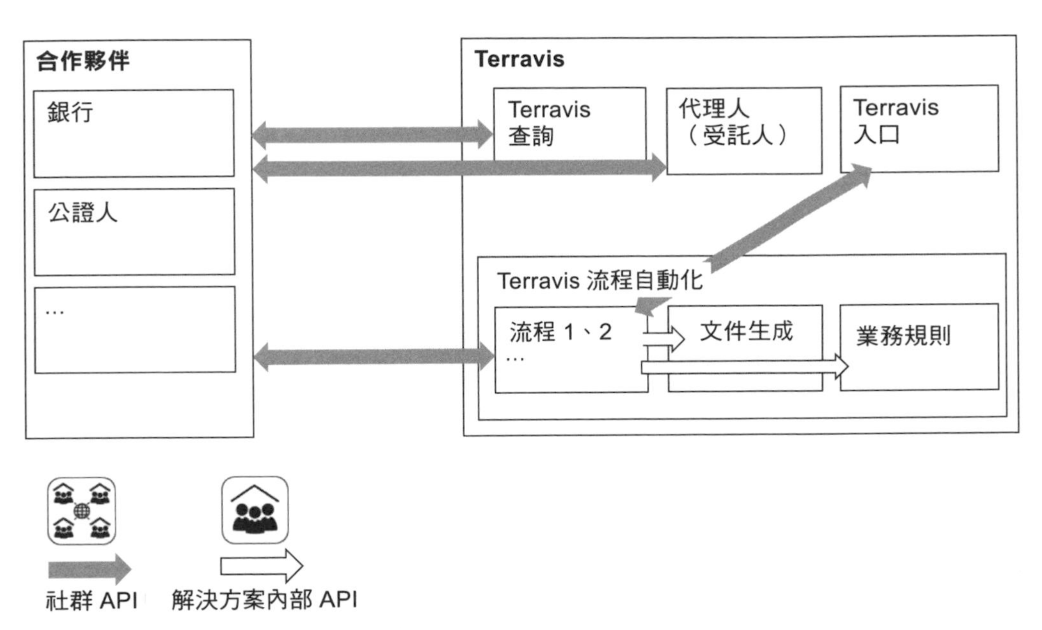

圖 10.1 Terravis 的 API 高層級概覽

服務是功能特定的，例如，文件生成和抵押貸款建立流程，但通常不會直接提供任何使用者介面。尤其 Terravis 的目標是完全自動化流程整合平台，使用者介面對所有的合作夥伴並非必要。例如，當土地登記處使用 Terravis 時，是使用他們的軟體供應商 API 整合。另一個原因是將使用者介面部分，即 Terravis 入口，與後端流程和處理邏輯，即 Terravis 流程自動化分開；如圖 10.1，Terravis 入口網站只使用**社群 *API*** 來連線到後端服務。Terravis 入口作為合作夥伴系統的替代，支援所有平台功能。Terravis 入口讓人類使用者可以使用系統，但無法獲得直接系統整合的效率；如之前所討論，無法迅速整合的合作夥伴必須適應。這個設計產生一個重要的額外功能：作為所有 Terravis API 的參照實現，且因此有助於在發展期間驗證 API 設計。從後端服務的觀點來看，入口只是另一個合作夥伴系統。

所有的 API 都記錄在 *API 敘述*中，其中包含網路服務描述語言（WSDL），與對應的 XML 綱要，和需要的資料類型範例、圖形化模型文件。然而，偏好以 WSDL 和 XML 綱要文件，以至於所有 API 相關資訊都只有單一來源。除了 *API 敘述*，Terravis 也定義**服務水準協議**作為合作夥伴規約的一部分，合作夥伴需要簽署此規約來取得社群 API 的存取權；這種**服務水準協議**定義了例如可用性、安全性和機密性保證。介面規約的一部分是所有團體必須按照相應的 XML 綱要，來驗證接收和發送的 SOAP 訊息。正確的資料解讀非常重要，因為會根據它來觸發法律行動，完整的 XML 驗證確保不會有語法可互相操作性問題產生，這也減少了系統之間的語義誤解風險。常用的框架例如 Spring，可以輕鬆地開啟驗證，而且是 Terravis 品質保證和可互相操作性施行的一層。

Terravis 沒有在請求訊息中使用 *API 金鑰*模式來傳送驗證資訊。相反地，它完全依賴雙向 SSL 透過客戶端憑證來驗證 API 請求。

如前所述，允許許多合作夥伴系統與 Terravis 一起演進是關鍵的成功因素。因此，Terravis 使用了許多演進模式：Terravis 為每個 API 設定了**雙版本**保證，且第三個 API 版本不會立刻淘汰；相反地，會從第三個 API 版本發布開始，使用**有限生命週期保證**模式的修改版本，最舊的 API 版本則安排在一年內停用。這方法在 Terravis 需要減少維護舊 API 版本工作的同時，仍允許鮮少部署的合作夥伴有機會跟上 API 變更節奏，兩者間取得平衡。

Terravis 使用客製的**語義版本控制**變體架構 `n.m.o`，為 API 發布分派版本號碼。中間號碼的語義，也就是次要版本，寬鬆表示具有相同主版本，但不同次版本的兩個 API 版本，在業務意義上是語義相容的，而且兩個 API 版本的訊息可以互相轉換，不會丟失。這種寬鬆定義允許結構重構，只要語義完全保持不變的話。以第三個號碼標示的修正版本，也用來添加不破壞相容性的新次要功能。

Terravis 同時使用**版本識別符**模式，在 XML 命名空間和訊息標頭元素來傳遞版本資訊；命名空間只包含主要和次要版本，從而保證了修正版本的相容性。一開始，傳送完整的版本資訊可說是適當的，這資訊不能用在業務邏輯但可用於診斷資訊，因此，完整版本會儲存在個別標頭元素。然而，不可避免地，根據 Hyrum 法則

（Hyrum's law）（Zdun 2020），合作夥伴最終會如依賴 API 其他部分一樣，依賴這個版本號碼，並根據傳送的資訊來實現業務邏輯。

所有的 API 和元件，都會用**錯誤回報**模式。Terravis 以機器可讀的方式，例如錯誤碼 `MORTGAGE_NOT_FOUND`，利用所有 API 共通資料結構來發送錯誤訊號。這個資料結構包含上下文資訊，和未找到抵押資料的錯誤細節等，以及預設的英文錯誤描述，以防止將錯誤直接呈現給使用者或操作員的情況，例如「Mortgage CH12345678 not found」。

查詢元件

第一個開發的元件為查詢元件（Query component），也是之後加入的流程自動化元件（Process Automation component）前置條件，如圖 10.2。

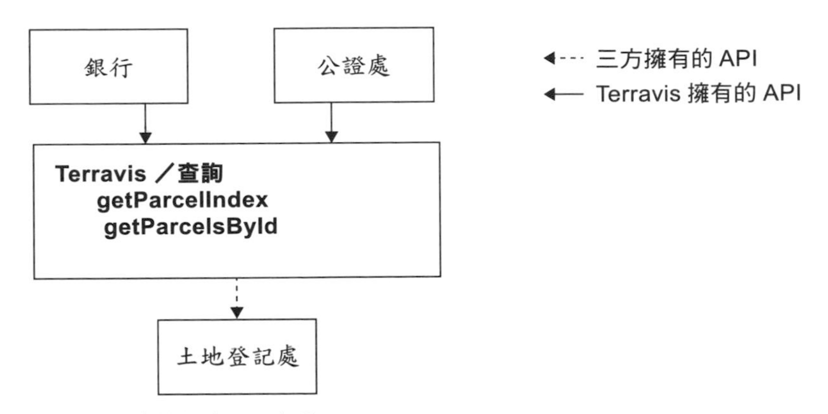

圖 10.2 Terravis 查詢相應 API 概覽

查詢 API 有兩個主要操作：`getParcelIndex` 和 `getParcelsById`，銀行和公證處等可以由此呼叫。這兩個**檢索操作**的請求訊息酬載，部分包含一個訊息 ID 的**上下文表示**，在問題分析期間，這個 ID 作為來自 Terravis 合作夥伴的傳入請求，與對土地登記處呼叫之間的「關聯識別符」（Correlation Identifier）（Hohpe 2003）。`getParcelIndex` 會根據有限的查詢條件，例如社區、州特定的舊地塊號碼，或電子權利 ID（EREID）來搜尋地塊 ID；它會回傳可透過 `getParcelsById` 獲取主資料的地塊 ID 清單（EGRID）。

這兩個操作功能都可視為一種門面（facade），因為皆不包含業務邏輯，而是遵循「訊息路由器」模式（Hohpe 2003），負責將傳入請求分派到土地登記系統的技術路由元件。因為 Terravis 不允許快取土地登記資料，所以它有一個定位土地登記系統的有限對映集，例如，這個土地登記處服務特定社區，或知道哪些 EGRID／EREID 是由特定的土地登記處管理。然而，如果這些對映集中找不到對映項目，則會執行瑞士範圍的搜尋，將請求分派到每個土地登記系統。查詢元件的主要好處是集中路由：合作夥伴不需要在法律和技術上釐清和設置對土地登記資料的存取，這對於一個超過 100 個不同的系統來說是一件可怕的任務；相反地，可以使用 Terravis 作為分派請求的存取點。

getParcelsById 操作也利用了**主資料持有者**和**願望清單**模式：它允許對儲存在土地登記處的主資料僅供讀取權限。列舉定義 3 種可能的結果資料大小，可以根據目前合作夥伴的需求和權限來做出選擇。例如，不是所有合作夥伴都可以存取土地登記的歷史資料，且一次最多只能查詢 10 筆土地資料；因此，沒有實現額外的防護例如**分頁**，來防止過度使用。作為門面，這個操作可以對瑞士範圍的請求強制施行整體**速率限制**，以便管理 Terravis 系統的負載。這些請求在自有的佇列中處理，佇列受限於同時活躍請求的數目，然而事先縮小到一筆土地登記的搜尋，在處理時不會受到**速率限制**。

提供存取土地登記資料一是種商業服務。現有一個**計價方案**，根據這個方案來建立每個月的發票，合作夥伴送出的 API 請求會記錄在專門的費用資料表；Teravis 索取自身服務費用以及土地登記費，再轉送至相應的土地登記處。

查詢是一個僅供讀取的服務。變更土地登記資料的所有操作會清楚地劃分到流程自動化元件，可見下一節的介紹。Terravis 因此遵循《Object-Oriented Software Construction》（Meyer 1997）一開始介紹的命令和查詢職責分離（CQRs）。

流程自動化元件

Terravis 的流程自動化元件提供超過 20 個長運行業務流程，涉及多個團體／合作夥伴，最終會改變土地登記資料。其中，最複雜且有價值的 API，是作為業務流程技術等效的**處理資源**，封裝了與土地登記相關流程的端對端邏輯。圖 10.3 顯示簡化的架構，例如圖中顯示的合作夥伴透過 SOAP 和雙向 SSL 存取系統。請求在反向代理中得到驗證和授權；額外的基礎設施服務路由和轉換訊息。Terravis 也透過類似基礎設施元件發送對外請求，例如企業服務匯流排（enterprise service bus, ESB）封裝了到合作夥伴端點的路由，和轉換合作夥伴的 API 版本；即圖 10.3 中的雙向箭頭表示。它們對所有業務流程提供這個邏輯，每一個業務流程建模在業務流程執行語言（BPEL）中，並部署成為單個流程構件。

所有涉及流程自動化的 API 一切請求訊息，都包含一個實現**上下文表示**模式的特別標頭。這個標頭含有由 Terravis 產生的唯一業務流程 ID，即 *ID 元素*模式實例、客戶端產生的訊息 ID、Terravis 合作夥伴 ID、為稽核目的發送的關聯使用者，和支援目的，由客戶端實現的 API 完整版本。

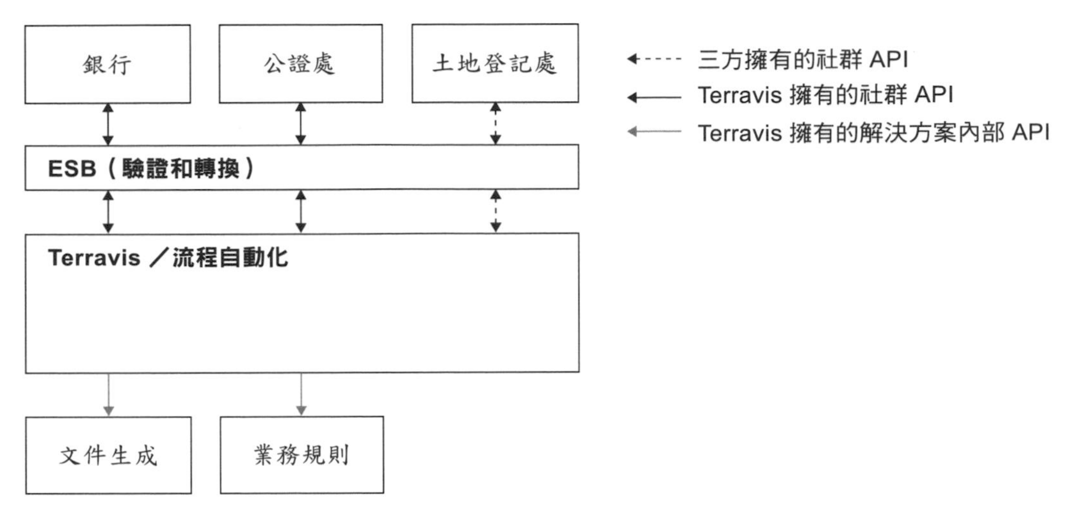

圖 10.3 Terravis 流程自動化概覽，與選擇的合作夥伴和內部服務。每個箭頭表示一個 API 提供者，例如銀行同時是回呼操作的 API 客戶端和提供者

業務流程開始於使用**狀態建立操作**。這些操作的名稱以「start」開頭，例如 `startNewMortgage` 為建立新抵押的業務流程。圖 10.4 顯示被選擇的部件，例如銀行是合作夥伴的一個例子。名稱以「request」開頭的操作，觸發了在其業務活動處理器（Business Activity Processor）變體中，實現狀態轉移操作模式的業務活動。這些操作永遠有一個回呼操作：例如，如果 Terravis 請求銀行的活動，銀行會透過回呼來發送結果給 Terravis；反之亦然。依業務活動的結果，回呼操作的名稱以「confirm」或「reject」開頭，以「do」開頭的操作名稱就表示非 Terravis 監管的活動請求。例如，發送文件會透過這些操作來啟動，而 Terravis 不能驗證是否已經執行該操作，同樣地，圖中未顯示的還有發送部分業務流程結果的「通知」操作。do 和 notify 這兩種操作也很可能實現為**狀態轉移操作**，但不需要回應給原本的客戶

端，因此，最終的實現設計則由 API 提供者決定。最後，透過「end」操作來表示流程結束，會發送給所有參與合作夥伴，以關閉他們各自的業務案例，和通知達成業務流程目標的成功或失敗。因此，Terravis 在 BPM 服務變體中，將它的業務流程實現為**處理資源**。

按照定義，業務流程服務是有狀態的，而設計目標是將所有狀態轉移到流程中；然而，可用共享的無狀態服務來協助這些流程。例如，在許多流程中生成的特定電子文件必須以數位簽署，這些操作是以**計算函式**，透過**解決方案內部 *API*** 來提供。

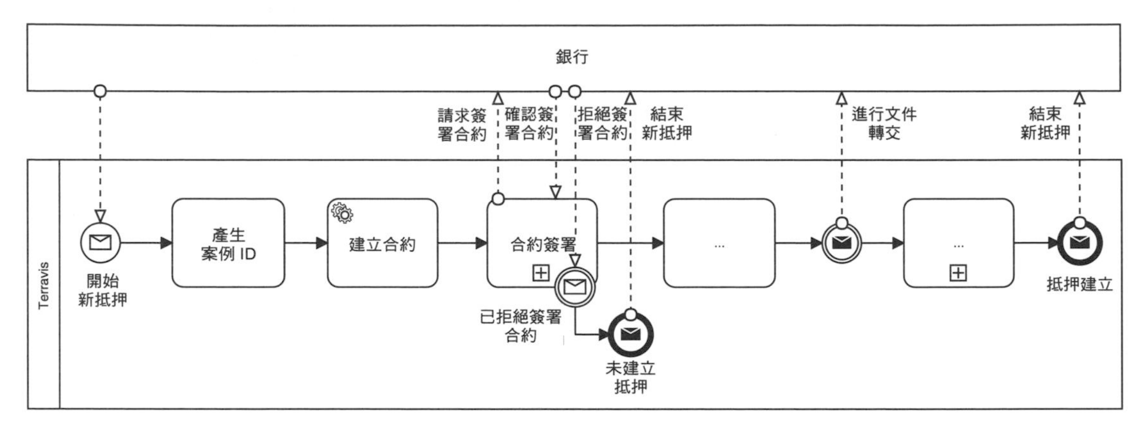

圖 10.4 業務流程與合作夥伴銀行概覽

流程**元資料元素**，例如目前的流程狀態或等待付款，是透過 API 暴露，利用**分頁**模式將回應分塊成合理大小。因為有一個需求是顯示總點擊數，Microsoft SQL Server 專有的 SQL 擴展被用來獲取請求頁面和單一查詢的總結果數，這個設計能明顯提高這些 API 回應速度。

提供流程自動化元件網頁存取功能的 Terravis 入口，有其他的**解決方案內部 *API***，這包括透過也是使用**分頁**的 API 來管理等待任務。

代理元件

代理服務（Nominee service）是 Terravis 的最新元件。代理相對於紙本抵押貸款，是受託人提供銀行處理所有登記抵押貸款的部分。這個元件需要簿記服務，實現了將**可操作資料持有者**模式，實現了**操作資料持有者**模式，**狀態建立操作**模式添加登記抵押貸款到系統，**狀態轉移操作**模式修改登記抵押貸款資訊，其他**狀態轉移操作**用來核可登記抵押貸款等。

每當透過 API 提供會產生無限數量回應紀錄的查詢時，**分頁**模式也會應用在這個元件中。因為抵押貸款可能在不同所有者之間大批移轉，所以提供這種實現**請求綑綁**模式版本之一的轉移操作變體。這模式允許在一次 API 呼叫中，在不同所有人之間轉移上千筆抵押貸款。

模式實現技術

Terravis API 是基於 WS-* 技術：介面使用 WSDL 和 XML 綱要來設計。雖然 HTTP 可用於同個主機中容器之間的服務呼叫，但跨主機通訊則是使用 HTTPS。API 呼叫另外受到雙向 SSL，即客戶端憑證保護。例如，從合作夥伴到傳入反向代理的連線會受到客戶端機器憑證的保護，這同樣適用在反向代理到對應服務的連線。

有許多用來實現 SOAP 客戶端和提供者的技術選擇，JAX-WS 一開始是用來實現提供業務邏輯的服務；之後，Terravis 遷移到了 Spring-WS。

為了從訊息中有效地抽取和處理資訊，尤其是**上下文表示**，因此定義可產生日誌和請求上下文的攔截器（interceptor），以便簡化授權和記錄日誌邏輯，從而犯下較少錯誤的可能。所有以 Java 實現的服務中，都可使用這些攔截器。

基礎設施元件的實現，尤其是在企業服務匯流排中的傳輸元件，會使用更多通用的技術，例如 XML DOM（W3C 1998）、XSLT（W3C 2007）或 XQuery（[W3C 2017）。當實現基礎設施元件時，這些 XML 規範語言帶來更高的開發人員效率。

回顧與展望

Terravis 的成功有部分是因為它的業務流程和相應的 API 設計。管理環境和技術複雜性是一項具挑戰的任務，如果以可存取方式和清楚語義來定義介面，就會讓事情變得比較容易。API 設計非常受到業務需求和技術限制的影響，與如此多的合作夥伴協調 API 設計更是令人卻步；然而，這個任務隨著時間過去有變得比較容易，因為所有團體，包括技術和業務的利益相關人員，都變得更了解彼此和基礎設計原則。

起初，Terravis API 比較龐大且按合作夥伴的類型劃分。例如，流程自動化元件為銀行提供一個大型 API，為公證處又提供另一個大型 API，但每個 API 都包含所有業務流程需要的一切操作。因此，API 跨越不同的技術元件，而更重要的是橫跨了不同領域：這些粗粒度、利益相關人員導向的 API 設計，導致不希望看見的耦合，而這已經透過使用介面隔離原則來解決（Martin 2002）。新定義的 API 根據合作夥伴的角色和業務流程劃分，導致更多但更小的 API，比較容易討論和傳輸。更小且任務為中心的 API 也比較容易演進，如果發生變更，只有使用特定 API 的客戶端會受到影響。這消除了未受影響客戶端的工作，也使得受影響團體更容易進行變更影響分析，因為變更範圍較小且定義更清楚。

一開始在不同欄位傳送完整版本資訊，包括修復版本的想法，在實務上失敗了。儘管一再強調不應該有邏輯依賴這個欄位，但合作夥伴卻已經開始這麼做了。

實現**錯誤回報**模式的資料結構，擴展為允許完全支援機器可讀的錯誤，和可以用多種語言表現錯誤，可說是非常適合瑞士四種官方語言的功能。從非結構化錯誤，到結構化錯誤訊息的需要變更，已經逐漸引入到不同的 API 中，現在這已經是任何新 API 或 API 版本的預設，重點在用來發送錯誤的結構化資料提高了通訊的清晰度，也有助於小心設計錯誤條件和給客戶端的其他重要資訊。

分頁模式已隨著時間而廣泛使用。起初，一些操作在設計時沒有考慮到最小化酬載，和需要的處理時間及資源。例如，透過使用這模式來分析、識別和減緩在運行時期發生的問題。利用底層資料庫的完全潛能，而非物件關聯映射器例如 Java 持久 API 或 Hibernate，就不需要第二次的筆數查詢。

這個專案發現了通用設計 API 和任務特定 API 之間的顯著差異：土地登記 API 設計成非常通用，因此，在 10 年之間只發布了兩個版本；該 API 在語法上非常穩定。為了請求更新土地登記資料，會建立和發送一個包含通用命令類型的資料結構訊息，減少了暴露操作的數量，但將複雜性轉移到訊息酬載中。由於通用的結構，API 難以學習、理解、實現和測試，相比之下，Terravis 的綱要，受到利害關係人的需求驅動，是在規約優先的設計中，支援的業務流程情境中被特別設計的，讓這些 API 更容易理解和實現，然而，它們暴露許多操作且變更更頻繁；事後看來，任務特定和領域驅動的 API 結果證明更為合適。

整體來看，Terravis 是一個成功的平台，部分是因為它的 API 設計允許各種利害關係人之間的完全整合。利用本書介紹的模式，以及其他模式如「企業整合模式」

（Enterprise Integration Pattern），皆有助於產生設計良好的 API。雖然由於牽涉的系統和組織類型與數量，業務環境並不常見且複雜，但整合許多不同系統是一項普遍性挑戰。因此，從這個專案學習到的經驗，仍可使其他人受益。

建築營造業的報價和訂單處理

本節介紹水泥柱製造商 SACAC 部分內部系統所使用的模式，該製造商建構內部微服務架構，來改善報價和訂購流程。

業務背景和領域

SACAC 是一家為建築公司製造水泥柱的瑞士公司，每一根柱子皆為特定建築工地量身訂製。這種柱子的報價流程比想像中複雜，根據需要的柱子強度和大小、不同的材料，例如鋼鐵，和／或不同的水泥柱末端變化需求，以確保新建築的穩定性。此外，SACAC 也會調整水泥柱形狀，以配合建築師在建築美學上的創意，這種極大的產品彈性需要許多計算和設計，且要遵守許多業務規則，市場非常競爭；建築公司可能代表物業業主，為同個建築的相同水泥柱，向競爭製造商請求報價。

為了支援報價流程，現存的不同軟體系統，例如，企業資源規劃（ERP）和電腦輔助設計（CAD）系統必須一起合作。新的功能，例如建立報價的配置系統已經在新的系統中完成開發。就 Philippe Kruchten（2013）定義的專案大小而言，SACAC 的報價和訂購系統可以描述如下：

1. **系統大小：**包含 15 個設計為垂直型微服務的服務，運行在一台虛擬機上，每個服務皆為 Ruby on Rails（2022）或 Sinatra（2022）所實現的 Ruby 應用程式，包含使用者介面、業務邏輯和對訊息匯流排及 MongoDB 資料庫存取。
2. **系統關鍵性：**這系統對這家公司來說非常重要，因為某些核心流程只能透過新系統執行。
3. **系統年齡：**10 年前發布，且從那之後有一直持續開發。
4. **團隊分布：**從瑞士開始開發，但隨著專案進展，越來越多工作由在德國的遠端團隊完成。

5. **變更率：**這系統仍在維護和開發，一開始，每年發布大約 20 個版本，之後這數字下降到每年發布 6 個版本。開發團隊也隨著時間改變：最多有 3 個開發人員，加上 1 個測試人員和 1 個 IT 成員，總共曾有 12 個人參與。
6. **先存在的穩定架構：**公司沒有管理的 IT 架構，所以這是個全新專案。
7. **治理：**專案團隊本身需要定義所有架構限制和管理規則，但也可直接與 CEO 聯繫。
8. **商業模型：**這個專案最初專注於流程改善，旨在減少錯誤率，建立更多流程意識、移除複製貼上的重複和自動化流程。

這個系統促使了在兩年內實現銷售量 100% 的增加，並透過更精準的成本估算來提供更低的價格，因此可以用更小的風險邊際來提供水泥柱的報價。在成功之後，這個專案轉變為業務流程改善措施，以進一步減少整體處理成本和處理週期。

技術挑戰

SACAC 的關鍵需求是所有計算和最終報價的正確性。必須將技術決策改為更昂貴的選項，可能會導致成本增加和更少的利潤，或導致顧客不下單。

專案的動態環境曾是一項挑戰，因為是第一次對核心流程改善和數位化，要管理許多變更和利害關係人，且新想法隨著時間出現。抽取正確的需求，和理解目前業務流程，必須優先於最佳化和開發相應的軟體支援，這也包含想法上從「購買軟體」，到「為特定需求開發自訂軟體」的轉變，以及「整合的應用程式樣貌」，而非「單一軟體系統」思考上的轉移。

報價流程橫跨多個合作角色，例如顧客、工程師、繪圖人員、規劃人員等等。顧客透過能明顯影響水泥柱的限制和價格，提出報價需求，必須將這個資料用在 CAD，和用來設計與評估方案的結構分析系統。在這個專案之前，業務流程靠人類驅動，且由獨立軟體支援；這個樣貌已轉變為使用 HTTP 和 WebDev API 的整合軟體，以及遵循微服務架構的非同步訊息。

主要的架構選擇包括基於瀏覽器的整合、RESTful HTTP API，和透過使用媒體及 JSON 家文件（JSON home document）解耦（Nottingham 2022）。所有的微服務透過一組共同命名慣例和架構限制來管理，例如使用同步或非同步訊息技術的時機（Hohpe 2003）。

API 的角色與狀態

解決方案包括由各領域組成的不同微服務，例如，報價管理、訂單管理、差異計算和生產計畫。

SACAC 軟體的自訂開發部分組成微服務，提供和消費以 HTTP 和 JSON 為訊息交換格式而實現的 RESTful HTTP API，如圖 10.5 所示。商用現成軟體使用它們的相應的介面來整合，主要是根據檔案轉換。

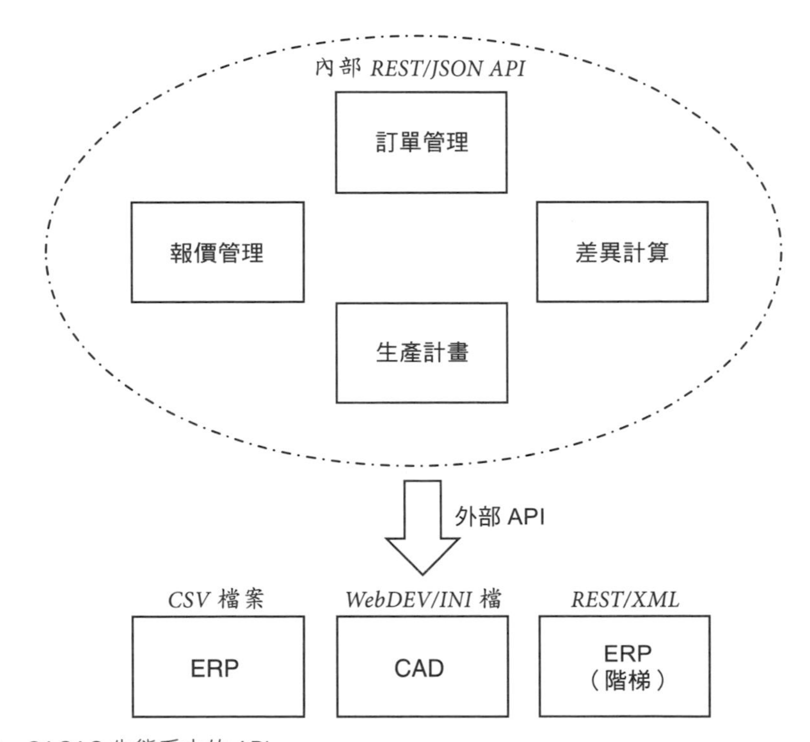

圖 10.5 SACAC 生態系中的 API

CAD 系統是設計水泥柱所需的一個獨立應用程式，整合一個沒有伺服器元件的獨立系統是項挑戰：選定的方案會透過虛擬 WebDAV（Dusseault 2007）共享，來提供配置檔給應用程式。WebDAV 通常作為檔案分享網路協議，用來從遠端伺服器儲存和讀取檔案，這個 WebDAV 實現中的檔案可以像普通檔案般讀取和寫入，但同時也會觸發業務邏輯。例如，上傳合格的水泥柱 CAD 檔案到 WebDAV 共享，會觸發進一步的訂單流程處理，例如移動到下一個活動。

除了提供基於檔案的介面，CAD 整合必須對映應用程式資料模型。這是非常特定於水泥柱的資料模型，儘管 CAD 資料模型是一種設計給任何類型的 CAD 工作模型。要縮小這個語義差異，需要在實現正確匯出和匯入 CAD 資料之前，與許多利害關係人討論。另一個外部系統為 ERP 系統，缺少用於外部整合、容易消費的 API，因此，決定使用由 WebDAV 發布的 CSV 檔案來傳輸資料，第三個外部系統在之後被整合，是用來規劃水泥階梯的不同 ERP 系統，會反應產品範圍增加，並提供使用 XML 酬載的合適 Web API。

系統本身提供的 API 僅供其他微服務使用，因此，**前端整合**和**後端整合**都是***內部解決方案 API***。一個開發團隊負責所有的微服務，這讓 API 變更容易協商。總之，API 必須是穩定的，API 可能會從一個微服務移到另一個；然而，***API 敘述***的技術規約部分必須保持相容。

位置透明性是透過集中包含所有 API 端點的中央文件來實現。因為專案整合使用 REST 原則，資源端點發布在這個集中文件。如果重新安排 API，或在**雙版本**情境中部署新版本，都會發布在中央文件中，這允許其他微服務仍可以正常工作，且無須重新部署。

如圖 10.6 所示，API 的使用會受到限制，更改資料的操作必須只能由同個微服務來呼叫，跨微服務的呼叫必須專門使用僅供讀取 API。所以，要如何修改資料呢？不同微服務的整合可透過**嵌入（transclusion）**實現，嵌入意指將特定微服務提供的 HTML 片段，包含在另一個可能由其他微服務提供的頁面之中。這些嵌入頁面因此可能包含來自其他微服務的內容，而允許改變資料關注的順序。

在這種系統中儲存了許多集中資訊，包含用在每個地方關於訂單的共享資訊。不是複製這些資料到每個微服務資料庫中的讀取模型，而是在一個共享資料庫中建立僅供讀取的視圖。在既有團隊結構和專案規模下，更多複雜解決方案無法提供足夠好處，微服務仍各自擁有專屬的資料專用資料庫。

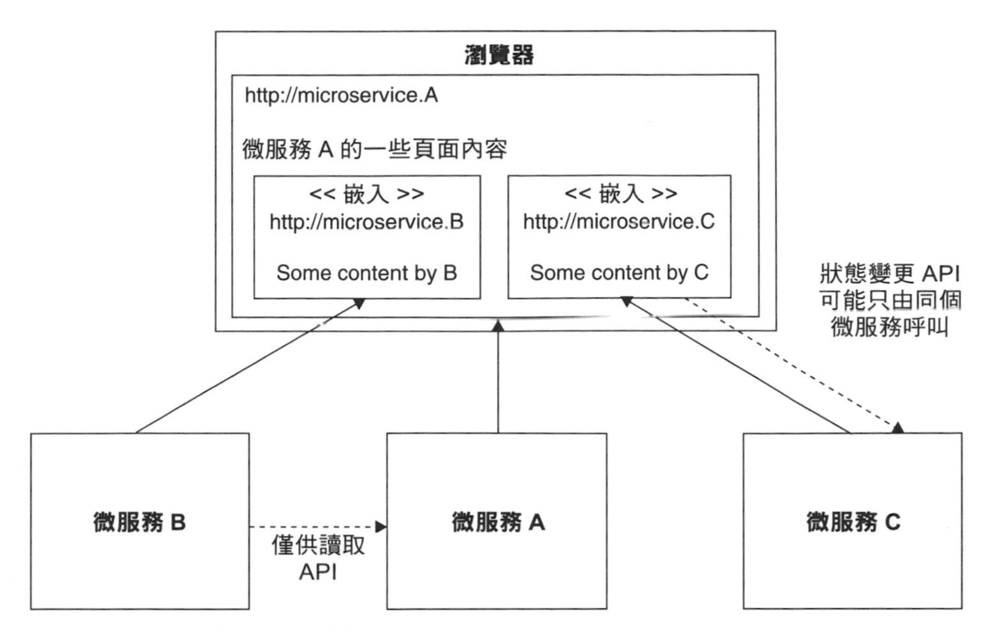

圖 10.6 HTML 嵌入和 API 限制

模式使用與實現

在這個解決方案中使用了許多不同的模式。首先，主要的 API 使用**前端整合**，允許 HTML 頁面和嵌入片段調用它們原始微服務的業務邏輯。這些 API 允許讀取和寫入操作，後者包括寫入：**狀態建立操作**，與讀取和寫入：**狀態轉移操作**；寫入操作受限於由相同微服務傳送的頁面或部分頁面。此外，**後端整合**用於在不同微服務之間的僅供讀取 API，這些 API 操作例子是獲取不同領域物件的**檢索操作**，以及複雜的**計算函式**，例如，用來計算結構工程的公制單位。

API 整體沒有版本化。有時候不同的版本需要同時支援舊和新的業務流程類型。在這些情況下，透過**雙版本**模式來提供所需的舊版本，而它們的 URL 會以**版本識別符**來區別。

為了改善使用者體驗，許多結果以漸進方式展現。因此，資料**檢索操作**支援**分頁**模式，回傳顧客、報價和約定領域物件時通常會使用此模式。另一個用來減少訊息酬載大小的模式是**條件請求**，可避免回傳自上次請求後沒有改變的資料。

因為業務流程以及與系統的個別互動可能包含多個步驟，且因此多次呼叫系統，所以**上下文表示**會隨著所有 API 呼叫和 HTML 頁面請求傳送：這包括像是安全資訊等共用元素。一個常見的需求是透過管理或支援帳號來模擬使用者，這也會在**上下文表示**中表示。業務上下文也包含在內，可能是特定的流程步驟、訂單或任何其他業務物件，這些上下文元素是透過各自的通用唯一識別符（UUID）來識別，並在上下文中傳遞，這符合 *ID 元素*模式。請求上下文可能包含「來自」（from）和「前往」（to）跳轉點，允許使用者可輕易地導航系統。可以指定讓使用者跟隨或返回的非預設 URL。這是透過**連結元素**來實現。由於業務流程導航和選擇正確的 API 版本使用了 REST 且依賴超媒體，**連結元素**是傳送訊息中的一種重要資訊類型。如之前解釋，這些是透過集中 JSON 中央文件來改善，在模式術語中，這是以**連結查詢資源**來提供 API 端點的位置透明性。

請求可能因為不同原因而失敗，例如技術故障、權限不足或業務邏輯中的簡單錯誤，起初只回傳簡單的 HTTP 錯誤代碼。隨時間過去，透過回傳提供更多問題資訊的**錯誤回報**，來改善面向使用者的重要錯誤訊息。

系統已經使用 Ruby 語言的 Ruby on Rails 框架實現，該框架可以輕鬆實現某些模式，例如，框架本身支援**條件請求**；Ruby on Rails 也支援 HTTP、JSON，以及 REST 風格的 API。為了透過 WebDAV 整合外部系統，已經開發一套自訂函示庫 RailsDAV 並開源。

為了能進一步且輕易地管理請求上下文和嵌入內容，所有微服務都可透過由反向代理（reverse proxy）所管理的一個 TCP 網域存取，反向代理使用 URL 來將請求路由至正確的微服務。這樣一來，所有資產和腳本將由相同網域提供，且可避免瀏覽器端的安全問題，例如，與同源政策（same-oriign policy）相關的問題。

回顧與展望

總結來說，這個專案已經成功且成為 SACAC 實現許多業務利益的主要基石，並帶來競爭優勢。解決方案中和對外部系統的 API 整合，對於實現端對端業務流程支援極其重要，事後來看，增加一些 API 來匯出用於統計和商業智慧目的的資料也很有用。整體來看，這個解決方案有效整合了資料和系統；之前沒有專注在匯出資料到其他系統和與外部使用案例整合上，是因為這個需求一開始沒有這麼明顯。

學習到的其中一課是，受歡迎的使用者介面必須由契合使用者需求和業務，而非技術的 API 所支援。以本書為例，職責模式是作為中間的橋梁。

儘管已經使用了微服務，但結構良好的單體應用程式是否會是更有效率的開發模型？這仍然是個疑問。然而，事後很難去評估；微服務促成結構和邊界的施行，這些邊界為軟體架構師提供優秀的工具。

這個專案開始於可以從主流函式庫中取得許多技術之前，例如，今日嵌入可以透過標準工具來實現。如果專案是在今天從頭開始，則許多功能就不用以自訂程式碼來實現，而是可以重用函式庫中的功能。為了改善可靠性和使用者體驗，更多的操作可能會以非同步方式來處理。

這個專案有賴於經驗豐富的專案團隊，並專注在業務價值和利益，最終取得成功。它擴展了開發人員的責任，讓他們也是業務顧問和業務流程經理，與業主同共處在真實世界領域中，實現比人們想像更軟體密集的數位轉型。

總結

本章介紹兩個大型真實世界 API 設計的範例，不論是否刻意為之，它們分別應用本書中的模式。兩個系統都已經在生產環境中運行，並隨著時間演進。

第一則故事描述大規模業務流程整合中心，和瑞士抵押貸款的業務入口網站。可看出應用許多品質模式，包括**願望清單**和**上下文表示**。演進模式**版本識別符**和**雙版本**也在這個涉及許多團體、業務和政府組織的情境中，扮演著重要的角色；使用其**社群** ***API*** 必須按照**計價方案**支付費用。

第二則故事涉及軟體架構師和 API 設計人員外的建築師。該故事描述網路報價和訂單管理系統，用來自訂用於建築基地的水泥柱設計。本書中的 API 模式有助於打造有彈性和資源效率的軟體設計，包括第一則故事中的許多模式，例如**錯誤回報**；以及端點角色模式，像是**連結查詢資源**。

注意，即使有良好的模式選擇和應用，API 實現仍可能傷害品質，例如可擴展性、效能、一致性和可用性。這種品質相關力量和處理它們的模式，與其他關鍵成功要素之間存在著多對多關係。模式總是必須有所採納和適應專案情境，整個過程中，都要由應用良好的軟體設計工程實務開發和測試。

至此，本書幾乎完成所有介紹，接下來就用總結和展望劃下句點。

第 11 章

結論

先來回顧本書的內容，反思前三部介紹的 API 設計和演進模式；本章也會說明相關研究，並包含我們對未來 API 和相關架構知識的一些推測及風險看法。

分散式系統在今天是常態，這種系統中，許多服務會一起合作，也會透過遠端 API 來通訊。組成分散式系統時，API 與其實現必須滿足相當多元的整合需求，因不同的 API 可能使用不同通訊協定和訊息交換格式，實現元件也可能存在不同安全區域，和／或在不同的地點運行等。根據需要的品質和現存的限制，有不同的選項可用來微調訊息和端點設計。例如，API 經常必須有回應、可擴充和可靠的，但也要對開發人員友善和可演進的。其中許多 API 自動化涉及顧客、產品和業務合作夥伴的業務流程和活動；這些業務活動和支援軟體經常改變，好回應功能需求和品質目標的變更。

本書所介紹的模式語言目的，是幫助整合架構師、API 開發人員和其他參與 API 設計和演進的角色，在為特定客戶群體與其目標和領域背景打造 API 時，做出更具見識、適合和明智的決策。我們的模式為這些決策提供了經過驗證的設計選項。

簡短回顧

本書共介紹 44 種 API 設計和演進模式，包括相當常見的模式，例如第 7 章的**分頁**、第 9 章的 ***API 敘述***；也有較少見的模式，例如第 6 章的**上下文表示**、第 8 章的**雙版本**等。第 4 章提供一個語言預覽和模式，用來劃分 API 範圍和結構訊息，包括**前端整合**和**參數樹**。

假設應用這些模式的 API 是交換純文本訊息而非遠端物件，可能是透過同步通訊通道或非同步佇列通道來交換。第 2 章的 Lakeside Mutual 範本應用程式和第 10 章的兩個真實世界案例中，就實現了選定模式。儘管許多激勵人的例子，和已知的模式應用都來自於微服務導向系統，但所有包含遠端 API 的軟體系統，也都可能因應用這些模式而獲益。

我們是否有遺漏一些模式呢？當然有，例如，只稍微提到響應式、長運行的事件驅動 API，光這些主題就可以寫滿一本書。在具有某些領域特定語義的先進複合結構上挖掘模式也很有趣，例如資源預約、概覽詳細展示或案例管理活動。可以考慮把 Martin Fowler 的**分析模式（Analysis Pattern）**（1996），轉成預先定義的 API 設計。關於資料建模（Hay 1996）的書籍可以為這種努力提供補充。而常見的資料定義倡議例如微格式（microfomat）（Microformats 2022）和 Schema.org[1] 也有各自作用。業務的責任驅動設計在這種「領域 API」的工作中會取得重要位置。

在 API 實現層面上，可以區分呼叫其他 API 的聚合、居間「守衛資源」，與不依賴在別處提供的其他 API「基礎資源」；也可以繼續研究關於 API 編排流程或對話的模式（Pautasso 2016），或許之後還有機會。雖然提到 API 實現選項，但本書並未涵蓋太多系統交易對業務層級補償（ACID 保證對比 BASE 特性的不同形式[2]）等各種主題；「Saga」（Richardson 2018）或「嘗試－確認／取消」（Try-Confirm/Cancel）步驟（Pardon 2011）也可能支援業務層級補償。

本書的範例和討論部分只稍微提到協議的具體內容；《RESTful Web Services Cookbook》（Allamaraju 2010）中的方法，和許多其他書籍也都有提供關於 RESTful API 的詳細建議。前者並提供相關的模式語言和其他值得一讀的資訊。

我們也沒有強調太多操作 API 的實現；就像任何應用程式的部署，API 實現必須在運行時期受到管理。有許多用於 API 實現和服務導向系統的部署和託管選項，包括無伺服器函式和其他雲端計算服務。API 端點和 API 閘道必須配置、保護、歸責，和監控例如故障和效能等方面。這些活動屬於 **API 管理（API management）**，這個術語總結一套 API 設計與演進的實務和工具。[3]

1 https://schema.org
2 譯註：ACID 是指單一資料庫交易特性；BASE 是分散式系統資料交易原則。
3 我們似乎在本書玩第二輪的流行語賓果遊戲。還記得第一輪嗎？

API 研究：模式重構，MDSL 及更多

在全新專案上的「API 優先」設計是一回事，但如果生產環境的 API 碰到品質問題呢？如同兩位作者的調查顯示，品質缺陷和功能需求的改變可能會引發 API 變更，就像現有和新的需求那樣（Stocker 2021a）。

改善軟體系統品質面和功能性變更準備的一種方法是**重構（refactoring）**，指在不改變外部可見行為的同時，實踐對軟體系統的改善。可以是清埋程式碼的重構，例如重新命名類別和方法以增加可讀性，或將一長段程式碼拆分成數個部分，來獲得較佳的可維護性。

API 重構延伸了程式碼重構的概念，且稍微擴展這個術語的意義：

> **API 重構讓系統遠端介面在不改變其功能集和語義的情況下演進，以改善至少一個品質屬性。**

《Interface Refactoring Catalog》（Stocker 2021b）出版時，本書仍在撰寫。重構的目的可以是將軟體調整成一致的語言設計模式（Kerievsky 2004），但非必須。不意外地，《Interface Refactoring Catalog》參考和建議本書中的許多模式，目錄中對 API 模式重構的例子是「增加願望清單」（Add Wish List）、「引入分頁」（Introduce Pagination）和「外部化上下文」（Externalize Context）。

微服務特定領域語言（MDSL）工具支援目錄中的許多重構。如附錄 C 所示，這是因為 MDSL 從第 1 章介紹的 API 領域模型開始，就以某種方式包含本書所有模式，可見第 4 到第 9 章，它通常作為規範元素的裝飾，例如 API 端點、操作和訊息表現元素。

我們之中有 4 個人在研究 API 和 DDD 的關係的模式。兩個例子是「以 API 作為領域模型門面」（Domain Model Facade as API），和「以 API 端點作為聚合根」（Aggregate Roots as API Endpoints）（Singjai 2021a; Singjai 2021b; Singjai 2021c）。為了支援這種轉移，正在進行與領域模型相關的 API 建模和偵測 API 與 DDD 映射模式方法的研究。API 分析研究是另一個有前景的方向，產生新的模式例如「可變集合資源」（Mutable Collection Resource）（Serbout 2021）。

API 的未來

眾所皆知，未來難以預測，本書撰寫時很難想像 HTTP 會消失，原協定的主要修訂版本 HTTP/2 從 2015 年以來一直在進行標準化作業，而提議的後繼版本 HTTP/3 也在 2022 年 6 月達成「提議標準」（Proposed Standard）狀態。過去幾年中，還看到引入其他協定，其中有些在內部使用 HTTP/2；gRPC 是一個明顯的例子。即使協定發生變化，訊息冗長度和服務粒度，以及通訊團體間的耦合／解耦，會繼續讓 API 設計人員忙不過來，尤其是那些在資源受限環境中運行的 API 與客戶端。硬體會改進，但歷史教訓告訴我們，客戶的期待也會隨著硬體的進步成長。

訊息交換格式的變化頻率似乎比協定更高；例如，XML 已經不流行了，而 JSON 在撰寫本書時具有領導地位。然而，曾幾何時，XML 可是公認的標記語言演進終極和最後階段。以後會拋棄 JSON 嗎？如果會的話，下一個是什麼？這些問題都沒有答案，只能有自信的說，與訊息設計的相關模式，例如，嵌入實體和連結資訊持有者將繼續保持相關，如果有的話，也會適用於下一代格式的 API 設計。[4]

目前 OpenAPI 規範是基於 HTTP 的領導性 API 敘述語言，AsyncAPI 作為描述基於訊息的 API 的一種類似方法，正逐漸變得重要，MDSL 有支援 OpenAPI 規範和 AsyncAPI，以及其他當代 API 描述語言的綁定和生成器。會有其他的 API 描述語言出現並持續存在，且涵蓋兩個主要整合陣營，即同步和異步通訊，以及其他整合技術和協議嗎？是否有機會出現統一的語言呢？時間會說明一切，只能期望在這些語言中找到我們模式的已知用法，和使用這些語言的 API 設計。

其他資源

本書的隨附網站有模式摘要和其他背景資訊：

https://api-patterns.org

4 在未來，或許一些半智能、格式獨立的工具可以自動化其應用？

介面重構目錄可在這取得：

https://interface-refactoring.github.io

在軟體和服務《Design Practice Reference》（DPR，Zimmermann 2021b）中提出的「逐步服務設計」活動，利用了本書中的許多模式。DPR 還提供分析和設計的開源儲藏庫，可應用於服務分析與設計。

https://socadk.github.io/design-practice-repository

最終備註

雖然 IT 流行用語和技術概念來來去去，但整合風格和設計模式始終維持不變。模式並非最終的解決方案，但可以幫助你做得更好和避免常見的錯誤，讓你有機會去創造新的錯誤，進而在學習過程中得到教訓，最終帶來新的模式或反模式。請將我們的模式視為設計努力的起點，而不是最終目的地！

可以有自信地說，本書的架構知識與其模式，有潛力指導你在真實世界的 API 設計和開發專案的架構決策。如果這真有其事，我們很高興得到這些模式幫助你打造出一流 API 的回饋。

感謝你購買和閱讀完本書！

Olaf、Mirko、Daniel、Uwe 和 Cesare

附錄 A

端點識別與模式選擇指南

此附錄以備忘錄形式，提供該套用模式時機的指南，也連結我們的模式語言，和 RDD、DDD 及 ADDR 流程。

模式選擇備忘錄

這份備忘錄提供問題－模式表，來說明適用特定模式的選項和時間；請注意，這是複雜設計問題和考量的粗略簡化。第一部分的決策模型和第二部分的模式文本，已深入討論相關解決方案的上下文、力量和後果，第 4 章則提供更多書籍內容和模式語言的切入點。

開始 API 設計

基本模式處理早期和基本的 API 範圍問題。表 A.1 列出這些問題和相符的模式。

這些模式的選擇會透過準則來驅動，例如客戶類型、業務模型、產品／專案願景和專案／產品背景等。客戶端組合，即客戶端的數量和位置，這些客戶端的資訊需求，和安全需求是重要的考量準則；第 1、3 和第 4 章即蒐集許多決策驅動要素和期望品質。

表 A.1 API 基礎模式適用性，可見第 4 章介紹

問題	考慮的模式
終端使用者應用程式想要來自後端的資料或活動	實現前端整合 API
兩個後端必須合作，以滿足業務需求	實現後端整合 API

問題	考慮的模式
新的 API 應該可以廣泛存取	引入*公開 API*
新的 API 應該只限於一組客戶端可見	引入*社群 API*
新的 API 只針對單一應用程式，例如分解成多個服務	引入*解決方案內部 API*

接下來的表 A.2 中，職責模式可以推動 API 端點設計。

表 A.2 如何透過角色（role）識別和分類 API 端點，可見第 5 章

問題	模式
識別候選 API 端點	套用 DDD 和／或逐步 API 設計實務。例如 ADDR 或《Design Practice Reference》（DPR, Zimmermann 2021b）中編制的實務之一
建造活動導向的業務功能模型，以代表業務活動或命令	定義*處理資源*，並在其操作中實現需要的活動，以及協調和狀態管理；可見表 A.3
建造資料導向的業務功能模型	定義*資訊持有者資源*，注意引入的耦合，並為其提供適合的建立、讀取、更新、刪除和搜尋操作，可見表 A.3
讓應用程式在不直接耦合的情況下交換傳輸資料	定義*資料傳輸資源*，並將 API 客戶端添加到應用程式中。
解耦提供者位置和客戶端	提供*連結查詢資源*作為服務動態端點參照的目錄
暴露短期的交易資料	標記*資訊持有者資源*為*可操作資料持有者*
暴露長期的可變資料	標記*資訊持有者資源*為*主資料持有者*
為客戶端暴露長期不可變的資料	標記*資訊持有者資源*為*參照資料持有者*

在識別端點過程中，如果邏輯和資料的凝聚度很高，可能考慮為每個 DDD 的「限界上下文」（Bounded Context），定義一個 API 或一個 API 端點（Singjai 2021a）。如果需要且可能細粒拆分，則「聚合」就有希望啟動 API 和 API 端點識別（Singjai 2021b; Singjai 2021c）。

API 端點暴露操作的方式不同於存取提供者端狀態：讀取、寫入、讀寫或不讀不寫（表 A.3）。

表 A.3 操作分類之法，可見第 5 章

問題	模式
允許 API 客戶端初始化提供者端的狀態，包括領域層實體	標記操作為僅限寫入的*狀態建立操作*
允許 API 客戶端查詢和讀取提供者端的狀態	標記操作為僅限讀取的*檢索操作*
允許 API 客戶端更新或刪除提供者端的狀態	標記操作為可讀寫的*狀態轉移操作*（變體：完全／部分狀態替換、狀態刪除）
允許 API 客戶端調用未知狀態的操作	標記操作為*計算函式*

設計請求與回應訊息結構

一旦 API 端點與其操作的角色與職責特性確定後，就是指定資料規約，也就是請求與回應訊息中標頭和主體結構的時候了，表 A.4 顯示不同選項。

表 A.4 基本訊息結構模式，可見第 4 章

問題	模式
簡單資料	為請求與回應訊息設計*原子參數*，和／或*原子參數列表*
複雜資料	為請求與回應訊息設計*參數樹*，可能編排成*參數森林*；*參數樹*可能包含其他*原子參數*或以*原子參數列表*為樹葉

表 A.5 顯示，在訊息酬載設計中，基本和結構化的訊息元素可能接受特定的刻板角色。

表 A.5 元素刻板，可見第 6 章

問題	模式
交換結構化資料（例如，領域實體表現）	將資料元素及嵌入實體添加至訊息酬載中（遵循實體關係）
區分表現元素或其他 API 部分	將 ID 元素添加到訊息酬載中（本地或全域唯一）
使操作流程具有彈性	從 ID 元素升級到連結元素，以支援 REST 的超文本原則，作為應用程式狀態引擎（超媒體控制）；連結可能參照處理資源或資訊持有者資源
標註酬載以便於處理	添加元資料元素，如控制、出處、聚合元資料

改善 API 品質

與 API 品質相關的模式有助於解決互相操作性問題，和將訊息調整為正確大小，如果目標是實現資料傳輸節約（表 A.6）

表 A.6 何時套用哪一種品質改善，可見第 6、7 和第 9 章

問題	模式
API 客戶端回報互相操作和使用性問題	從簡單轉為詳盡的 API 敘述
	將元資料元素添加到參數樹中
	在酬載中引入上下文表示，封裝控制元資料例如服務品質屬性
API 使用錯誤且其他故障難以分析和修正	將錯誤回報添加到回應表現，來描述錯誤細節
API 客戶端回報效能問題	從嵌入實體轉為連結資訊持有者，來調整訊息大小和服務粒度；可以彈性結合兩種模式
	使用願望清單或願望模板來減少傳輸資料量
	考慮其他改善資料傳輸節約的品質模式，例如條件請求或請求綑綁
	引入分頁
需要存取控制	引入 API 金鑰或更多先進的安全解決方案

API 支援與維護

API 提供者必須處理變化和必須平衡相容性和可擴展性。表 A.7 的兩種演進模式涵蓋實現這目標的策略和戰略。

表 A.7 何時套用哪一種演進模式，可見第 8 章

問題	模式
指示不向後相容的變更	引入新的 API 主版本和新且明確的**版本識別符**
通知從一個版本到另一個版本的影響和重大變更	套用**語義版本控制**來區別主要、次要和修補版本
維護 API 端點和操作的數個版本	提供**雙版本**（變體：N 版本）
避免支援 API 端點與其部件的多個版本（包括訊息結構元素）	宣布**積極退役**策略，和在任何時間宣布除役／移除日期；但允許一段中間的棄用期間
承諾在一段固定時間保持 API 可用及獲得支援	提供**有限生命週期保證**，並在 API 發布時通知
避免承諾 API 的穩定性和未來存在	將 API 定位為**實驗性預覽**

API 發布與產品化

一旦 API 投入生產，文件和管理任務就會開始參與，表 A.8 介紹一些常見問題和適用的模式。

表 A.8 API 規範與文件，可見第 9 章

問題	模式
客戶需要知道如何呼叫 API	建立並發布簡單或詳盡的 ***API 敘述***
確保 API 的公平使用	實施**速率限制**
對 API 使用收費	建立**計價方案**
傳達服務品質特性	發行**服務水準協議**或非正式規範

「驅動」API 設計

這節提供 RDD 的背景資訊，總結利用 DDD 來打造 API 的方法，並重新造訪第二部分開頭介紹的 ADDR 流程，與我們模式的互補性。

RDD 概念

為了制定和結構化端點與操作的設計空間，或 ADDR 定義階段，我們採用來自 RDD 的一些術語和角色刻板（Wirfs-Brock 2002），RDD 原本是為物件導向分析與設計（OOAD）的情境所創建的，其核心有明顯定義：

- **應用程式（application）**是互動物件的集合。
- **物件（object）**是一個或更多個角色的實現。
- **角色（role）**將相關職責分組。
- **職責（responsibility）**是執行任務或知曉資訊的責任。
- **合作（collaboration）**可以是物件或角色的互動，或是兩者結合。
- **規約（contract）**是描述合作條款的協議。

根據經驗，RDD 在程式碼層面和在架構層面上同等適用。由於 API 設計同時有架構與開發上的延伸，RDD 的**角色刻板（role stereotype）**是表達 API 行為的自然選擇。例如，可以將所有 API 端點視為有（遠端）介面，用來提供對服務提供者、控制器／協調器，和資訊持有者角色的存取及保護。API 端點暴露的可讀寫操作對應於職責。*API 敘述*明確 RDD 規約，且協作發生在對 API 操作的呼叫。

第 5 章的模式採用了這些術語和概念，以作為 API 設計的情境。

DDD 與 API 設計

DDD（Evans 2003; Vernon 2013）與我們的模式在各方面也有關聯。

- DDD「服務」是遠端 API 暴露的良好候選對象。
- DDD「限界上下文」（Bounded Context）可能對應到單一個 API（和許多端點）。

- DDD「聚合」（Aggregate），也可以透過 API 來對外暴露（可能有許多從根「實體」開始的端點）。根據聚合的本質，通常比較偏好**處理資源**，而非**資訊持有者資源**；請見這兩個模式的討論來了解根本原因。
- DDD「儲存庫」（Repository）負責實體的生命週期管理，涉及 API 提供者端的應用程式狀態讀取和寫入存取，如我們的操作職責模式定義。例如，儲存庫通常提供查詢功能，可能轉化成 API 層級的**檢索操作**，特殊用途的儲存庫可能產生**連結查詢資源**。DDD「工廠」（Factory）也用來處理生命週期管理，且可能提供其他 API 操作；除非它們的功能性應該保留 API 實現細節。
- DDD「值物件」（Value Object）的公開方式可以是已發布語言（Published Language）的資料傳輸表現（DTR），而這是建立在 ***API 敘述***的部分資料上。第 6 章的**資料元素**是相關模式。

在 DDD 中，聚合（Aggregate）和實體（Entity）模式通常暴露如流程般的性質，因為在運行期間，它們代表具有身分和生命週期的領域概念群組。因此，這些模式有助於在端點識別期間分辨出**狀態建立操作**，和**狀態轉移操作**的候選對象。然而，重要的是不要在 API 層級將整個領域模型暴露為已發布語言，因為這會在 API 客戶端與提供者端的 API 實現之間，產生不想要的緊密耦合。

DDD 在策略模式中不區分主資料和操作資料，這兩者可能都是已發布語言的一部分，且在專用的限界上下文（Bounded Context）和聚合（Aggregate）中，以實體（Entity）的形式出現（參見 Vernon 2013）。在 DDD 中，領域事件溯源（Fowler 2006）是整合聚合（Aggregate）的建議實務，同時在相同和不同的限界上下文中，因為它解耦了聚合，並在導致一致性問題的故障情況中，允許重放事件直到當前狀態。API 可能會支援這個功能。

《Web API 設計原則：API 與微服務傳遞價值之道》（Principles of Web API Design: Delivering Value with APIs and Microservices, Higginbotham 2021）中，James Higginbotham 提醒「資源不是資料模型」和「資源不是物件或領域模型」，這些資源對應到技術中立術語中的端點。而且「REST 從不是關於 CRUD」。也就是說，持保留態度時，資料和領域模型還是有可能作為 API 設計**參考**。

ADDR 與我們的模式

《Web API 設計原則：API 與微服務傳遞價值之道》（Principles of Web API Design: Delivering Value with APIs and Microservices, Higginbotham 2021）也是第二部分稍微提到的 ADDR 流程出處。

表 4.9 總結 ADDR 階段／步驟和本書模式的對照，提供範例案例中應用程式，注意第 3 章〈API 決策敘事〉中的一些模式選擇決策。

表 A.9 ADDR 與模式對映（與範例）

階段／步驟	模式	範例
對齊		
1. 識別數位功能	基礎模式（第 4 章）	第 2 章中關於「規約資訊更新」的使用者故事
2. 捕捉活動步驟	無	**可以**套用的故事切分的敏捷實務；同樣適用於事件風暴（可在線上取得範例）[1]
定義		
3. 識別 API 界線	基礎模式（第 4 章）	第 2 章中的 Lakeside Mutual 領域模型和上下文地圖
	職責模式（第 5 章）	例如在 Lakeside Mutual 中使用的**處理資源**、**資訊持有者資源**
4. 建立 API 配置模型	基礎模式（第 4 章）	參見第 3 章的「插曲」小節
	職責模式（第 5 章）	參見第 3 章的「插曲」小節
	初始服務水準協議（第 9 章）	參見第 3 章的「插曲」小節
設計		

1 https://ozimmer.ch/categories/#Practices

階段／步驟	模式	範例
5. 高等級設計	基本結構模式（第 4 章）	參見第 3 章的「插曲」小節
	元素刻板模式（第 6 章）	參見第 3 章的「插曲」小節
	嵌入實體和連結資訊持有者模式（第 7 章）	Lakeside Mutaul 的 HTTP 資源 API 使用 Java 實現，提供模式的使用範例（見附錄 B）
	模式的技術實現（例如作為 HTTP 資源）	參見附錄 B
改善		
6. 改善設計	*API 敘述*、速率限制（第 9 章）	參見附錄 B 中的 OpenAPI 程式碼片段，並取得最小技術規約
7. 撰寫 API 文件	演進模式，例如版本識別符（第 8 章）	參見第 3 章中的範例決策

識別 API 邊界步驟的更多細節。我們的訊息相當符合 James Higginbotham 的建議；例如，這些模式有助於避免他所提到的反模式（Higginbotham 2021, p. 70 ff.）。透過在端點的活動或資料導向語義之間做出決策時，考慮在第 5 章的端點角色模式，以及注意操作職責的差異，可以避免掉如「超級多功能 API」（Mega All-In-One API）、「超載 API」（Overloaded API）和「輔助 API」（Helper API）的反模式。

建立 API 配置模型的更多細節。這是我們的許多模式都適用的 ADDR 步驟。例如，第 6 章的連結元素模式和相關的元資料元素，可能用來描述「資源分類法」（獨立／依賴／關聯資源）（Higginbotham 2021, p. 87）；而「操作安全分類」（安全／不安全／冪等操作）可以使用第 5 章（p. 91）的操作職責表示。

更多高級設計步驟的細節。這個 ADDR 步驟是第 4、5 和第 7 章的補充；這些章的模式都可適用。速率限制（第 9 章）可以是「API 管理層」（API Management Layer）的一部分；嵌入實體和連結資訊持有者模式，涵蓋在「超媒體序列」的背景下（Higginbotham 2021, p. 127），討論決定是否包含相關或巢狀資源。願望模板模式則提供關於「基於查詢的 API」的補充建議。

改善設計步驟的更多細節。請注意，不像第 6 和第 7 章的模式，ADDR 並未涵蓋平台中立層級的效能最佳化；也就是說，這兩章的模式屬於 ADDR 中的這個階段和步驟。Higginbotham 的流程與我們的模式彼此互補。

附錄 B

Lakeside Mutual 案例實現

這個附錄會回到第 2 章介紹過的虛構案例，「Lakeside Mutual 案例研究」。第二部分提供案例中的許多例子，這裡會介紹選定的規範和實現細節。

模式應用

Lakeside Mutual 案例應用本書中的許多模式。以下是一些例子：

- 保單管理微服務中的類別 `InsuranceQuoteRequestProcessingResource.java`，是活動導向的**處理資源**，由其名稱後綴指示出來。顧客核心服務的資料導向的 `CustomerInformationHolder.java` 是**資訊持有者資源**。
- `CustomerDto.java` 中的表現元素 `customerProfile`，套用了**資料元素**和**嵌入實體**。
- 在顧客自助服務微服務中的 `RateLimitInterceptor.java` 內可以找到**速率限制**的實現。

在 Lakeside Mutual 的 GitHub 儲藏庫有更完整的概覽。[1] 下面我們會對顧客核心**資訊持有者資源**的**檢索操作** `getCustomers` 提供兩個不同的觀點。

1 https://github.com/Microservice-API-Patterns/LakesideMutual/blob/master/MAP.md

Java 服務層

第 2 章中的圖 2.4 展示保險業務概念實現的領域模型；在這介紹的 Java 服務層（Java Service Layer）實現了這個領域模型的部分，由於空間限制，這裡只展示每一個構件的部分；在 GitHub 儲藏庫可以找到更完整的實現。

下面是作為 Spring `@RestController` 的 `CustomerInformationHolder` 類別：

```
@RestController
@RequestMapping("/customers")
public class CustomerInformationHolder {
/**
 * 回傳顧客「頁面」。
 *
 * 查詢參數 {@code limit} 和 {@code offset}
 * 可用來指示每頁最大筆數限制和首位顧客的偏移量
 *
 * 回應包含了顧客、筆數和目前頁面的偏移量
 * 以及顧客的總筆數
 *（資料集大小）
 * 此外還包含了 HATEOAS 風格的連結，
 * 連到目前頁面、前一頁和下一頁的端點位址。
 */
  @Operation(summary =
      "Get all customers in pages of 10 entries per page.")
  @GetMapping // 操作職責：檢索操作
  public ResponseEntity<PaginatedCustomerResponseDto>
      getCustomers(
    @RequestParam(
        value = "filter", required = false, defaultValue = "")
      String filter,
    @RequestParam(
        value = "limit", required = false, defaultValue = "10")
      Integer limit,
    @RequestParam(
        value = "offset", required = false, defaultValue = "0")
      Integer offset,
    @RequestParam(
        value = "fields", required = false, defaultValue = "")
      String fields) {

    String decodedFilter = UriUtils.decode(filter, "UTF-8");

    Page<CustomerAggregateRoot> customerPage = customerService
```

```
      .getCustomers(decodedFilter, limit, offset);

    List<CustomerResponseDto> customerDtos = customerPage
      .getElements()
      .stream()
      .map(c -> createCustomerResponseDto(c, fields))
      .collect(Collectors.toList());

    PaginatedCustomerResponseDto response =
      createPaginatedCustomerResponseDto(
        filter,
        customerPage.getLimit(),
        customerPage.getOffset(),
        customerPage.getSize(),
        fields,
        customerDtos);

    return ResponseEntity.ok(response);
  }
```

OpenAPI 規範和 API 客戶端範例

由實現細節往後退一步，下面來自 Java 服務層 `getCustomers` 操作的 OpenAPI 規範，能提供另一種 API 設計觀點，以下為清楚顯示所以沒有完整收錄：

```
openapi: 3.0.1
info:
  title: Customer Core API
  description: This API allows clients to create new customers
    and retrieve details about existing customers.
  license:
    name: Apache 2.0
  version: v1.0.0
servers:
  - url: http://localhost:8110
    description: Generated server url
paths:
  /customers:
    get:
      tags:
        - customer-information-holder
      summary: Get all customers in pages of 10 entries per page.
      operationId: getCustomers
```

```
      parameters:
        - name: filter
          in: query
          description: search terms to filter the customers by name
          required: false
          schema:
            type: string
            default: ''
        - name: limit
          in: query
          description: the maximum number of customers per page
          required: false
          schema:
            type: integer
            format: int32
            default: 10
        - name: offset
          in: query
          description: the offset of the page's first customer
          required: false
          schema:
            type: integer
            format: int32
            default: 0
        - name: fields
          in: query
          description: a comma-separated list of the fields
            that should be included in the response
          required: false
          schema:
            type: string
            default: ''
      responses:
        '200':
          description: OK
          content:
            '*/*':
              schema:
                $ref: "#/components/schemas\
                        /PaginatedCustomerResponseDto"
components:
  schemas:
    Address:
      type: object
      properties:
        streetAddress:
```

```
      type: string
    postalCode:
      type: string
    city:
      type: string
CustomerResponseDto:
  type: object
  properties:
    customerId:
      type: string
    firstname:
      type: string
    lastname:
      type: string
    birthday:
      type: string
      format: date-time
    streetAddress:
      type: string
    postalCode:
      type: string
    city:
      type: string
    email:
      type: string
    phoneNumber:
      type: string
    moveHistory:
      type: array
      items:
        $ref: '#/components/schemas/Address'
    links:
      type: array
      items:
        $ref: '#/components/schemas/Link'
Link:
  type: object
  properties:
    rel:
      type: string
    href:
      type: string
AddressDto:
  required:
    - city
    - postalCode
```

```
          - streetAddress
        type: object
        properties:
          streetAddress:
            type: string
          postalCode:
            type: string
          city:
            type: string
        description: the customer's new address
      PaginatedCustomerResponseDto:
        type: object
        properties:
          filter:
            type: string
          limit:
            type: integer
            format: int32
          offset:
            type: integer
            format: int32
          size:
            type: integer
            format: int32
          customers:
            type: array
            items:
              $ref: '#/components/schemas/CustomerResponseDto'
          links:
            type: array
            items:
              $ref: '#/components/schemas/Link
```

使用 curl 來查詢端點，以下是回傳的 HTTP 回應：

```
curl -X GET --header \
'Authorization: Bearer b318ad736c6c844b' \
http://localhost:8110/customers\?limit\=2

{
  "limit": 2,
  "offset": 0,
  "size": 50,
  "customers": [ {
    "customerId": "bunlo9vk5f",
    "firstname": "Ado",
```

```
    "lastname": "Kinnett",
    "birthday": "1975-06-13T23:00:00.000+00:00",
    "streetAddress": "2 Autumn Leaf Lane",
    "postalCode": "6500",
    "city": "Bellinzona",
    "email": "akinnetta@example.com",
    "phoneNumber": "055 222 4111",
    "moveHistory": [ ]
  }, {
    "customerId": "bd91pwfepl",
    "firstname": "Bel",
    "lastname": "Pifford",
    "birthday": "1964-02-01T23:00:00.000+00:00",
    "streetAddress": "4 Sherman Parkway",
    "postalCode": "1201",
    "city": "Genf",
    "email": "bpiffordb@example.com",
    "phoneNumber": "055 222 4111",
    "moveHistory": [ ]
  } ],
  "_links": {
    "self": {
      "href": "/customers?filter=&limit=2&offset=0&fields="
    },
    "next": {
      "href": "/customers?filter=&limit=2&offset=2&fields="
    }
  }
}
```

附錄 C

微服務領域特定語言（MDSL）

本附錄介紹理解本書第一部分和第二部分範例需要知道的**微服務領域特定語言**（**Microservice Domain-Specific Language, MDSL**）。MDSL 的應用與任何架構風格和支援技術無關；因此，也可以作為**訊息與資料規範語言**（**Message and Data Specification Language**）。

MDSL 允許 API 設計人員明確 API 規約、資料表現和技術綁定，這個語言在語法和語義上支援本書的領域模型和模式。它的工具提供介面描述和服務程式語言的產生器，例如 OpenAPI、gRPC protocol buffers、GraphQL、應用程式層級配置語義（Application-Level Profile Semantics, ALPS）和 Jolie；也支援網路服務描述語言（Web Services Description Language, WDSL），和 XML 綱要的轉換。

MDSL 語言規範和支援工具可從線上取得。[1]

開始使用 MDSL

MDSL 支援第 9 章的 *API 敘述*模式，這很重要。為了明確這種 API 規約，MDSL 採用了領域模型概念，例如第 1 章介紹的 **API 端點**、**操作**、**客戶端**和**提供者**等。

本書的模式很自然地整合到這個語言中。例如，第 4 章的*原子參數*和*參數樹*結構化了資料定義；此外，第 5 章介紹可分派至端點和操作的角色與職責。在訊息表現層級上，MDSL 包含用於第 6、7 和第 9 章的元素刻板及品質模式的修飾符；`<<Pagination>>` 是一個例子。最後，第 8 章的演進模式也整合到語言之中：API 提

1 https://microservice-api-patterns.github.io/MDSL-Specification.

供者與其服務層級協議（Service Level Agreement）可能揭露生命週期保證，例如實驗性預覽或有限生命週期保證；許多語言元素可能會接受一個版本識別符。

設計目標

作為服務和 API 設計的規約語言，MDSL 旨在促進**敏捷建模實務**、**API 草稿**和 **API 設計作坊**。它對所有參與 API 設計與演進的利益相關團體來說應該是可閱讀的。MDSL 應該支援可反覆精煉的部分規範，為了在教學和出版物例如本書中使用，它的語法必須精簡，以便複雜的 API 規約仍可以容納在一頁或更少的書頁與簡報投影片中。

MDSL 可以用在**由上而下**的 API 設計中，從需求，例如整合情境的使用者故事及 API 草稿，到程式碼和部署構件；以及用在現存系統中，由下而上的內部介面發現，可能包裹在公開、社群或解決方案內部遠端 API 中。一個由上而下的設計流程例子是第二部分開頭介紹過的 ADDR：校正 - 定義 - 設計 - 改善（Higginbotham 2021）；MDSL 支援的發現工具是領域驅動的上下文對映（Context Mapper）（Kapferer 2021）。

MDSL 旨在 API 設計的**平台獨立性（platform independence）**。以 MDSL 建立的 *API 敘述*，並不限於 HTTP 或任何其他單一協議或訊息交換格式，HTTP 協定的設計在許多方面與多數介面定義語言和 RPC 風格的通訊協議不同。因此，MDSL 必須提供可配置的提供者到技術綁定，以此來克服協議差異，且不會造成通用性或是特定性的損失。

「Hello World」（API 版本）

MDSL 和服務的「Hello World」API 設計看起來如下：

```
API description HelloWorldAPI

data type SampleDTO {ID<int>, "someData": D<string>}

endpoint type HelloWorldEndpoint
exposes
  operation sayHello
    expecting payload "in": D<string>
    delivering payload SampleDTO
```

```
API provider HelloWorldAPIProvider
  offers HelloWorldEndpoint
  at endpoint location “http://localhost:8000”
  via protocol HTTP
    binding resource HomeResource at “/”
      operation sayHello to POST
```

有一個端點類型 HelloWorldEndpoint，其暴露一個操作 sayHello。這個操作有單個行內請求參數 "in": D<string>，和回傳一個未命名的資料傳輸物件（DTO）SampleDTO 來作為輸出。這個 DTO 已清楚地建模完成，以便其規範可以重複使用。範例 DTO 是一個*參數樹* {ID<int>, "someData": D<string>}，在這案例中是攤平的。參數樹中的資料元素 D 稱為 "someData" 且為字串型態；未命名的 ID 參數是一個整數型態的 *ID 元素*。

每一個端點類型都描述了平台獨立的 API 規約，可能被提供了多次。除了端點類型 HelloWorldEndpoint，範例還包含了 API 提供者實例 HelloWorldAPIProvider，其對外公開了 API 實作，將抽象端點類型與 HTTP 綁定。範例中，端點類型被綁定至單一個 HTTP 資源 HomeResource。在這個單一資源中，單一端點操作 sayHello 被綁定到 POST 方法。資源 URI 由兩個以關鍵字 at 標記的部分組成，一個在端點層級、一個在資源層級。請求參數可能個別且明確地綁定到 QUERY 或 PATH，或其他在 HTTP RFCs 中所定義的參數類型；這在範例中沒有展示，而假設了一個預設的請求 BODY 綁定。

可能預先指定資料型態：

```
data type SampleDTOStub {ID, “justAName”}
```

SampleDTOStub 的指定不完整。這個扁平*參數樹*的第一個元素有一個識別符角色 ID，但未命名且型態仍未確定；第二個參數的角色和形態也還未指定，僅包含 "justAName"。在早期設計階段只有介面草稿時，或不用關心建模上下文中的細節時，這種未完整的預先規範會很有用。

線上的「Primer: Getting Started with MDSL」[2] 和專案儲藏庫有提供額外範例。

2 https://microservice-api-patterns.github.io/MDSL-Specification/primer.

MDSL 參考

現在來深入討論這個語言概念。

API 端點類型（和訊息規範）

MDSL 的文法受到第 1 章領域模型的啟發。MDSL 中的 *API* 敘述包括一或多個暴露**操作**的端點類型，這些操作預期和傳送請求，和／或回應**訊息**，由操作送出和接收的請求與回應訊息，包含簡單或結構化的資料，綜合範例如下：

```
API description CustomerRelationshipManagementExample

endpoint type CustomerRelationshipManager
  serves as PROCESSING_RESOURCE
data type Customer P
exposes
  operation createCustomer
    with responsibility STATE_CREATION_OPERATION
    expecting payload "customerRecord": Customer
    delivering payload "customerId": D<int>
    compensated by deleteCustomer
  // 沒有 GET 操作
  operation upgradeCustomer
    with responsibility STATE_TRANSITION_OPERATION
    expecting payload "promotionCode": P // 部分指定
    delivering payload P // 回應未指定
  operation deleteCustomer
    with responsibility STATE_DELETION_OPERATION
    expecting payload "customerId": D<int>
    delivering payload "success": MD<bool>
    transitions from "customerIsActive" to "customerIsArchived"
  operation validateCustomerRecord
    with responsibility COMPUTATION_FUNCTION
    expecting
      headers "complianceLevel": MD<int>
      payload "customerRecord": Customer
    delivering
      payload "isCompleteAndSound": D<bool>
    reporting
      error ValidationResultsReport
        "issues": {"code":D<int>, "message":D<string>}+
```

CustomerRelationshipManagerAPI 對外暴露及作為一個 PROCESSING_RESOURCE；或遵循我們的模式名稱編排慣例，是一個**處理資源**，此為第 5 章其中一個職責模式。它的 4 個操作在讀寫功能上不同；可透過職責修飾符來表示，例如，upgradeCustomer 是一個 STATE_TRANSITION_OPERATION（狀態轉移操作）。這個範例中的所有操作都有請求與回應訊息，在 MDSL 中這非必要性，訊息交換模式可能會改變。請求與回應訊息的標頭和酬載內容，會透過 MDSL 資料傳輸表現來建模，可見接下來的「資料型態和資料規約」一節介紹。

一些操作定義了撤銷（undo）操作（compensated by）和狀態轉移（transitions from … to）。操作 validateCustomerRecord 會回傳**錯誤回報**，這是第 6 章的模式。注意，在 ValidationResultsReport 中可能回報一或多個問題，由於它「至少一個」基數性質，以加號 "+" 表示。這個操作也包含具有元資料角色和整數型態的請求標頭，"complianceLevel": MD<int>。

請參見線上語言規範中的「MDSL 服務端點規約」（Service Endpoint Contracts in MDSL），來獲得更多詳細說明（Zimmermann 2022）。

資料型態和資料規約

本書一直強調資料建模的重要性；API 發布語言在數個地方包含了扁平或巢狀的資料表現：

- 端點類型定義了操作，其含有請求與包含酬載內容和元資料標頭的（可選）回應訊息。必須清楚地指定這些訊息的結構並達成共識，以實現可互相操作性和準確性，且必須確保良好的客戶端開發者體驗。
- 當特定資料結構使用在多個操作時，這些操作可能參照共享的資料傳輸表現，對應程式內部資料傳輸物件的訊息層級。這種表現會變成一或多個 API 端點規約的一部分。
- API 可能用來發送和接收事件。這些事件也需要資料定義。

API 資料定義對於 API 的成功影響很大，因為客戶端與提供者的耦合程度會受到這些定義的影響。MDSL 以多種方式來支援資料建模，解決之前的使用情境。MDSL 的資料型態是由訊息交換格式，例如 JSON 所啟發和泛化而來。這裡有兩個例子：

```
data type SampleDTO {ID, D<string>}

data type Customer {
  "name": D<string>,
  "address": {"street": D<string>, "city": D<string>}*,
  "birthday": D<string> }
```

第 4 章的基本結構模式，尤其是*原子參數*和*參數樹*，提供了 MDSL 的型別系統。在範例中，`"name": D<string>` 是一個*原子參數*，而 `Customer` 是巢狀的*參數樹*，含有一個表示一或多個 `"address"` 元素的內部*參數樹*，可透過定義結尾的星號 `*` 來指示。

參數樹和森林

支援巢狀以實現*參數樹*模式。結構以類似物件或區塊的語法來表示：`{...{...}}`。語法類似資料表現語言，例如 JSON 的物件：

```
"address": {"street": D<string>, "city": D<string>}
```

*參數樹*模式的使用以方括弧來指示 `[...]`：

```
data type CustomerProductForest [
  "customers": { "customer": CustomerWithAddressAndMoveHistory}*;
  "products": { "product": ID<string> }
]
```

原子參數（完整或部分指定）

完整的*原子參數*定義為**識別符 - 角色 - 型別（Identifier-Role-Type）**三段式定義：`"aName":D<String>`

- 可選的**識別符** `"aName"` 相應於程式語言和資料表現語言，例如 JSON 中的變數名稱。必須將識別符置於雙引號中：`"somePayloadData"`。可能含有空白：`" "` 或底線：`"_"`。
- 必要的**角色**可以是 `D`（資料）、`MD`（元資料）、`ID`（識別符）或 `L`（連結）。這些角色直接對應到第 6 章的 4 種元素刻板模式：*資料元素*、*元資料元素*、*ID 元素*和*連結元素*。

- 基本型態為 bool、int、long、double、string、raw 和 void，這個型態資訊為選填。

例如，D<int> 是一個整數資料值，而 D<void> 是一個空的表現元素。

識別符 - 角色 - 型別概念背景

主要的規範元素是訊息酬載中的角色，表示在標頭或酬載中的特定部分，或在我們的領域模型術語中稱為表現元素；識別符和資料型態是選擇性的。當 API 設計未完成時，使識別符和型態為可選性支援了 MDSL 的早期使用：

```
operation createCustomer
  expecting payload "customer": D
  delivering payload MD
```

三段式定義的規範與在程式語言中經常使用的一對識別符 - 型態有點不同，如之前所述，只有角色是必要的，這讓在敏捷 API 建模期間有可能建立起相當簡要的規範。抽象未明確的元素可以用 P 來表示，代表參數（parameter）或酬載占位符（placeholder）；P 可以取代識別符 - 角色 - 型態三段式定義的角色 - 型態元素；占位符也可以取代整個三段式定義：

```
operation upgradeCustomer
  expecting payload "promotionCode": P // placeholder
  delivering payload P // response unspecified
```

重複（Multiplicity）

基數類別符 "*"、"?" 和 "+" 將型態定義轉為集合（"*"：零個或多個，"?"：一個或多個，"+"：至少一個）。預設是 !（就只有一個），不用特別指定。

線上語言參考在「MDSL 中的資料規約和綱要」下提供更多說明（Zimmermann 2022）。

提供者和協議綁定（HTTP，其他技術）

MDSL 的設計是從其他 API 規約語言中的概念泛化和抽象。大部分的設計是相當直覺，而且已經在其他介面定義語言完成過了。對於 HTTP 資源 API 來說，需要額外的概念和中間步驟，因為 MDSL 端點沒有一對一對映到 HTTP 資源和 URI。尤其是 RFC6570「URI 模板」（URI Template）（Fielding 2012）所提倡的動態端點定址，以及用於 HTTP 的路徑參數是特定於 HTTP 的。此外，因為 HTTP GET 和請求主體合作不良，而讓表達檢索操作的複雜請求酬載並不明顯[3]，出於善意，HTTP 也以特定的方式來處理定址、請求與回應參數、錯誤和安全性問題。

遺失的對映資訊可以在明確的提供者層級 HTTP 綁定中指定：

```
API provider CustomerRelationshipManagerProvider version "1.0"
offers CustomerRelationshipManager
  at endpoint location "http://localhost:8080"
via protocol HTTP binding
  resource CustomerRelationshipManagerHome
    at "/customerRelationshipManagerHome/{customerId}"
    operation createCustomer to PUT // POST taken
      element "customerRecord" realized as BODY parameter
    // no GET yet
    operation upgradeCustomer to PATCH
      element "promotionCode" realized as BODY parameter
    operation deleteCustomer to DELETE
      element "customerId" realized as PATH parameter
    operation validateCustomerRecord to POST
      element "customerRecord" realized as BODY parameter
provider governance TWO_IN_PRODUCTION
```

從 MDSL 規範生成 OpenAPI，和後續伺服器端模擬物件和客戶端代理時，並非所有需要的綁定資訊都可以從抽象端點類型中獲得。一個特別重要的例子是 MDSL 操作與 HTTP 動詞，例如 GET、POST、PUT 等的對映。因此，還可以提供額外的對映細節，例如是否在查詢（QUERY）字串或訊息主體（BODY）；或 URI PATH 或 HEADER、COOKIE 中傳輸酬載參數。也可以找到錯誤報告和安全政策，以及可以提供的媒體類型資訊。

參見線上語言規範中的「HTTP、gRPC、Jolie、Java 的協議綁定」（Protocol Bindings for HTTP, gRPC, Jolie, Java），來取得更多說明（Zimmermann 2022）。

3 協議規範在這並不完全清楚和精確；也就是說，許多工具和協議運行時不支援這種組合。

微服務 API 模式支援總結

MDSL 以多種方式支援本書介紹的微服務 API 模式（Microservice API Patterns, MAP）：

1. 基本表現元素作為資料規約部分中的 MDSL 文法規則。**參數樹**和**原子參數**為主要結構；以及支援**原子參數列表**和**參數森林**。**參數樹**相應於 JSON 物件 `{...}`；集合基數 `"*"` 和 `"+"` 代表使用 JSON 作為訊息交換格式的 API，應該發送或接收 JSON 陣列 `[...]`。在 MDSL 中也可以找到基本型態例如 `int`、`string` 和 `bool`。
2. 基礎模式可能會以完整 API 敘述的修飾符注釋來顯示，例如 `PUBLIC_API` 和 `FRONTEND_INTEGRATION`。也支援第 4 章的其他可見性和指示模式：`PUBLIC_API`、`COMMUNITY_API`、`SOLUTION_INTERNAL_API`。
3. 角色與職責修飾符存在於端點和操作層級。一些模式是 API 端點層級的修飾符，例如表達 `PROCESSING_RESOURCE` 和 `MASTER_DATA_HOLDER` 角色。其他職責模式則是作為代表操作職責的修飾符來顯示，例如 `COMPUTATION_FUNCTION` 和 `RETRIEVAL_OPERATION`（第 5 章）。
4. 表現元素刻板提供用於識別符 - 角色 - 型態三段式定義的角色部分的選項，分別定義了**原子參數**：`D`（資料）、`MD`（元資料）、`L`（連結）和 `ID`（識別符）。
5. 明確的資料型態和行內表現元素也可以使用模式修飾符來標註。修飾表現元素的刻板範例有第 6 章的 `<<Context Representation>>` 和 `<<Error_Report>>`，以及第 7 章的 `<<Embedded_Entity>>` 和 `<<Wish_List>>`。

下面的詳細範例說明 MDSL 中，共 5 種微服務 API 模式（MAP）的支援類型：

```
API description CustomerManagementExample version "1.0.1"
usage context SOLUTION_INTERNAL_API
  for FRONTEND_INTEGRATION

data type Customer <<Data_Element>> {ID, D} // preliminary

endpoint type CustomerRelationshipManager
 serves as INFORMATION_HOLDER_RESOURCE
 exposes
  operation findAll with responsibility RETRIEVAL_OPERATION
    expecting payload "query": {
      "queryFilter":MD<string>*,
```

```
    "limit":MD<int>,
    "offset":MD<int> }
  delivering payload
   <<Pagination>> "result": {
     "responseDTR":Customer*,
     "offset-out":MD<int>,
     "limit-out":MD<int>,
     "size":MD<int>,
     "self":Link<string>,
     "next":L<string> }*
```

在 findAll 操作中指示分頁模式的使用，見第 7 章；在 CustomerRelationship Manager 規範中的訊息設計遵循模式中解決方案草稿，和模式特定表現元素，例如 "limit"。和模式敘述一致，客戶端在基於偏移量的分頁中指定了 "limit" 和 "offset"。

範例包含這 4 種元素刻板類型的實例，例如*元資料元素*和*連結元素*。長名稱和短名稱都可以指定資料元素；兩種選項在範例中都有使用；參見 "self" 和 "next"：

- Data 或 D 代表簡單／基本的資料／值角色。
- D 相應於*資料元素*。Identifier 或 ID 代表識別符，相應於 *ID 元素*模式。
- Link 或 L 代表網路也可存取的識別符（例如 URI 連結），如同在*連結元素*模式中介紹的那樣。
- Metatdata 或 MD 代表控制、來源或聚合*元資料元素*。

元素角色刻板可以和基本型態結合，以產生精確的*原子參數*規範。

使用 MDSL 修飾符注釋和刻板具選擇性。如果有使用的話，它可以讓 API 敘述更有表達性且可以使用工具處理，例如 API 檢查器／規約驗證器、程式碼／配置生成器、MDSL 轉 OpenAPI 轉換器等。

MDSL 工具

有一套基於 Eclipse 的編輯器和 API 檢查器可以使用，提供快速、目標驅動的 API 設計，即「API 優先」的轉換，以及依照本書中許多模式的重構。不僅可以驗證 MDSL 規範，還可以生成平台特定的規約，如 OpenAPI、gRPC、GraphQL 和

Jolie。原型階段的 MDSL 網站[4]工具也以開源專案的形式提供。命令列介面提供大部分的 IDE 功能；因此在建立和使用 MDSL 規範時不一定要使用 Eclipse。

存在一個中介生成器模型和 API，以便支援可以添加其他目標語言和與其他工具的整合。可透過 Apache Freemaker 來使用基於模板的報告。其中一個可用的範本模板會將 MDSL 轉為 Markdown 格式。

參見「MDSL 工具：使用者指南」（MDSL Tools: Users Guide）來取得更新資訊（Zimmermann 2022）。

線上資源

在線上可以找到確切且最新的語言參考。[5] MDSL 網站也有提供 MDSL 入門、教學和快速參考。

第 11 章的〈介面重構目錄〉（Interface Refactoring Catalog），指定許多 API 重構以及前後的 MDSL 片段：

https://interface-refactoring.github.io

部落格文章有提供 MDSL 工具的逐步指示和演示：

https://ozimmer.ch/categories/#Practices

4 https://github.com/Microservice-API-Patterns/MDSL-Web
5 https://microservice-api-patterns.github.io/MDSL-Specification

參考書目

[Allamaraju 2010] S. Allamaraju, *RESTful Web Services Cookbook*. O'Reilly, 2010.

[Alur 2013] D. Alur, D. Malks, and J. Crupi, *Core J2EE Patterns: Best Practices and Design Strategies*, 2nd ed. Prentice Hall, 2013.

[Amundsen 2011] M. Amundsen, *Building Hypermedia APIs with HTML5 and Node*. O'Reilly, 2011.

[Amundsen 2013] M. Amundsen, "Designing & Implementing Hypermedia APIs." Slide presentation at QCon New York, June 2013. https://www.slideshare.net/rnewton/2013-06q-connycdesigninghypermedia.

[Amundsen 2014] M. Amundsen, "Roy Fielding on Versioning, Hypermedia, and REST." *InfoQ*, December 2014. https://www.infoq.com/articles/roy-fielding-on-versioning/.

[Amundsen 2020] M. Amundsen, *Design and Build Great Web APIs: Robust, Reliable, and Resilient*. Pragmatic Bookshelf, 2020.

[Amundsen 2021] M. Amundsen, L. Richardson, and M. W. Foster, "Application-Level Profile Semantics (ALPS)." Internet Engineering Task Force, Internet-Draft, May 2021. https://datatracker.ietf.org/doc/html/draft-amundsen-richardson-foster-alps-07.

[Apache 2021a] "Apache Avro Specification." Apache Software Foundation, 2021. https://avro.apache.org/docs/current/spec.html#Schema+Resolution.

[Apache 2021b] "Apache Thrift." Apache Software Foundation, 2021. https://thrift.apache.org/.

[API Academy 2022] "API Academy GitHub Repositories." API Academy, accessed June 24, 2022. https://github.com/apiacademy.

[API Blueprint 2022] "API Blueprint. A Powerful High-Level API Description Language for Web APIs." API Blueprint, accessed June 24, 2022. https://apiblueprint.org/.

[Apigee 2018] Apigee, *Web API Design: The Missing Link*. Apigee, 2018, EPUB. https://cloud.google.com/apigee/resources/ebook/web-api-design-register/index.html/.

[Arlow 2004] J. Arlow and I. Neustadt, *Enterprise Patterns and MDA: Building Better Software with Archetype Patterns and UML*. Addison-Wesley, 2004.

[Atlassian 2022] "Bitbucket Cloud Reference." Atlassian Developer, accessed June 24, 2022. https://developer.atlassian.com/cloud/bitbucket/rest/intro/#serialization.

[Baca 2016] M. Baca, *Introduction to Metadata,* 3rd ed. Getty Publications, 2016. http://www.getty.edu/publications/intrometadata.

[Beck 2001] K. Beck et al., "Manifesto for Agile Software Development." 2001. https://agilemanifesto.org/.

[Bellido 2013] J. Bellido, R. Alarcón, and C. Pautasso, "Control-Flow Patterns for Decentralized RESTful Service Composition." *ACM Transactions on the Web (TWEB)* 8, no. 1 (2013): 5:1–5:30. https://doi.org/10.1145/2535911.

[Belshe 2015] M. Belshe, R. Peon, and M. Thomson, "Hypertext Transfer Protocol Version 2 (HTTP/2)." RFC 7540; RFC Editor, May 2015. https://doi.org/10.17487/RFC7540.

[Berli 2014] W. Berli, D. Lübke, and W. Möckli, "Terravis—Large-Scale Business Process Integration between Public and Private Partners." In *Proceedings of INFORMATIK 2014,* Gesellschaft für Informatik e.V., 2014, 1075–1090.

[Beyer 2016] B. Beyer, C. Jones, J. Petoff, and N. R. Murphy, *Site Reliability Engineering: How Google Runs Production Systems.* O'Reilly, 2016.

[Bishop 2021] M. Bishop, "Level 3 REST." Draft, 2021. https://level3.rest/.

[Borysov 2021] A. Borysov and R. Gardiner, "Practical API Design at Netflix, Part 1: Using Protobuf FieldMask." Netflix Technology Blog, 2021. https://netflixtechblog.com/practical-api-design-at-netflix-part-1-using-protobuf-fieldmask-35cfdc606518.

[Brewer 2012] E. Brewer, "CAP Twelve Years Later: How the 'Rules' Have Changed." *Computer* 45, no. 2 (2012): 23–29.

[Brown 2021] K. Brown, B. Woolf, C. D. Groot, C. Hay, and J. Yoder, "Patterns for Developers and Architects Building for the Cloud." Accessed June 24, 2022. https://kgb1001001.github.io/cloudadoptionpatterns/.

[Buschmann 1996] F. Buschmann, R. Meunier, H. Rohnert, P. Sommerlad, and M. Stal, *Pattern-Oriented Software Architecture — Volume 1: A System of Patterns.* Wiley, 1996.

[Buschmann 2007] F. Buschmann, K. Henney, and D. Schmidt, *Pattern-Oriented Software Architecture: A Pattern Language for Distributed Computing.* Wiley, 2007.

[Cavalcante 2019] A. Cavalcante, "What Is DX?" October 2019. https://medium.com/swlh/what-is-dx-developer-experience-401a0e44a9d9.

[Cervantes 2016] H. Cervantes and R. Kazman, *Designing Software Architectures: A Practical Approach*. Addison-Wesley, 2016.

[Cisco Systems 2015] "API Design Guide." Cisco DevNet, 2015. https://github.com/CiscoDevNet/api-design-guide.

[Coplien 1997] J. O. Coplien and B. Woolf, "A Pattern Language for Writers' Workshops." *C Plus Plus Report* 9 (1997): 51–60.

[C-SIG 2014] C-SIG, "Cloud Service Level Agreement Standardisation Guidelines." Cloud Select Industry Group, Service Level Agreements Subgroup; European Commission, 2014. https://ec.europa.eu/newsroom/dae/redirection/document/6138.

[Daigneau 2011] R. Daigneau, *Service Design Patterns: Fundamental Design Solutions for SOAP/WSDL and RESTful Web Services*. Addison-Wesley, 2011.

[Daly 2021] J. Daly, "Serverless." 2021. https://www.jeremydaly.com/serverless/.

[DCMI 2020] "Dublin Core Metadata Initiative Terms." DublinCore, 2020. https://www.dublincore.org/specifications/dublin-core/dcmi-terms/.

[Dean 2014] A. Dean and F. Blundun, "Introducing SchemaVer for Semantic Versioning of Schemas." *Snowplow Blog*, 2014. https://snowplowanalytics.com/blog/2014/05/13/introducing-schemaver-for-semantic-versioning-of-schemas/.

[Dubuisson 2001] O. Dubuisson and P. Fouquart, *ASN.1: Communication between Heterogeneous Systems*. Morgan Kaufmann Publishers, 2001.

[Dusseault 2007] L. M. Dusseault, "HTTP Extensions for Web Distributed Authoring and Versioning (WebDAV)." RFC 4918; RFC Editor, June 2007. https://doi.org/10.17487/RFC4918.

[Erder 2021] M. Erder, P. Pureur, and E. Woods, *Continuous Architecture in Practice: Software Architecture in the Age of Agility and DevOps*. Addison-Wesley, 2021.

[Erl 2013] T. Erl, B. Carlyle, C. Pautasso, and R. Balasubramanian, *SOA with REST: Principles, Patterns and Constraints for Building Enterprise Solutions with REST*. Prentice Hall, 2013.

[EU 2012] European Parliament and Council of the European Union, "Technical Requirements for Credit Transfers and Direct Debits in Euros." Regulation (EU) 260/2012, 2012. https://eur-lex.europa.eu/legal-content/EN/TXT/?uri=CELEX:52012AP0037.

[EU 2016] European Parliament and Council of the European Union, "General Data Protection Regulation." Regulation (EU) 2016/679, 2016. https://eur-lex.europa.eu/eli/reg/2016/679/oj.

[Evans 2003] E. Evans, *Domain-Driven Design: Tackling Complexity in the Heart of Software*. Addison-Wesley, 2003.

[Evans 2016] P. C. Evans and R. C. Basole, "Revealing the API Ecosystem and Enterprise Strategy via Visual Analytics." *Communications of the ACM* 59, no. 2 (2016): 26–28. https://doi.org/10.1145/2856447.

[Fachat 2019] A. Fachat, "Challenges and Benefits of the Microservice Architectural Style." IBM Developer, 2019. https://developer.ibm.com/articles/challenges-and-benefits-of-the-microservice-architectural-style-part-2/.

[Fehling 2014] C. Fehling, F. Leymann, R. Retter, W. Schupeck, and P. Arbitter, *Cloud Computing Patterns: Fundamentals to Design, Build, and Manage Cloud Applications*. Springer, 2014.

[Ferstl 2006] O. K. Ferstl and E. J. Sinz, *Grundlagen der wirtschaftsinformatik*. Oldenbourg, 2006.

[Fielding 2012] R. T. Fielding, M. Nottingham, D. Orchard, J. Gregorio, and M. Hadley, "URI Template." RFC 6570; RFC Editor, March 2012. https://doi.org/10.17487/RFC6570.

[Fielding 2014c] R. T. Fielding and J. Reschke, "Hypertext Transfer Protocol (HTTP/1.1): Semantics and Content." RFC 7231; RFC Editor, June 2014. https://doi.org/10.17487/RFC7231.

[Fielding 2014a] R. T. Fielding and J. Reschke, "Hypertext Transfer Protocol (HTTP/1.1): Conditional Requests." RFC 7232; RFC Editor, June 2014. https://doi.org/10.17487/RFC7232.

[Fielding 2014b] R. T. Fielding and J. Reschke, "Hypertext Transfer Protocol (HTTP/1.1): Authentication." RFC 7235; RFC Editor, June 2014. https://doi.org/10.17487/RFC7235.

[Foundation 2021] "Split the Contents of a Website with the Pagination Design Pattern." Interaction Design Foundation, 2021. https://www.interaction-design.org/literature/article/split-the-contents-of-a-website-with-the-pagination-design-pattern.

[Fowler 1996] M. Fowler, *Analysis Patterns: Reusable Object Models*. Addison-Wesley, 1996.

[Fowler 2002] M. Fowler, *Patterns of Enterprise Application Architecture*. Addison-Wesley, 2002.

[Fowler 2003] M. Fowler, "AnemicDomainModel." November 25, 2003. https://martinfowler.com/bliki/AnemicDomainModel.html.

[Fowler 2006] M. Fowler, "Further Patterns of Enterprise Application Architecture." Updated July 18, 2006. https://martinfowler.com/eaaDev/.

[Fowler 2009] M. Fowler, "TwoHardThings." July 14, 2009. https://martinfowler.com/bliki/TwoHardThings.html.

[Fowler 2011] M. Fowler, "CQRS." July 14, 2011. https://martinfowler.com/bliki/CQRS.html.

[Fowler 2013] M. Fowler, "GiveWhenThen." August 21, 2013. https://www.martinfowler.com/bliki/GivenWhenThen.html.

[Fowler 2016] S. J. Fowler, *Production-Ready Microservices: Building Standardized Systems across an Engineering Organization.* O'Reilly, 2016.

[Furda 2018] A. Furda, C. J. Fidge, O. Zimmermann, W. Kelly, and A. Barros, "Migrating Enterprise Legacy Source Code to Microservices: On Multitenancy, Statefulness, and Data Consistency." *IEEE Software* 35, no. 3 (2018): 63–72. https://doi.org/10.1109/MS.2017.440134612.

[Gambi 2013] A. Gambi and C. Pautasso, "RESTful Business Process Management in the Cloud." In *Proceedings of the 5th ICSE International Workshop on Principles of Engineering Service-Oriented Systems (PESOS).* IEEE, 2013, 1–10. https://doi.org/10.1109/PESOS.2013.6635971.

[Gamma 1995] E. Gamma, R. Helm, R. Johnson, and J. Vlissides, *Design Patterns: Elements of Reusable Object-Oriented Software.* Addison-Wesley, 1995.

[Good 2002] J. Good, "A Gentle Introduction to Metadata." 2002. http://www.language-archives.org/documents/gentle-intro.html.

[Google 2008] "Protocol Buffers." Google Developers, 2008. https://developers.google.com/protocol-buffers/.

[Google 2019] "Rate-Limiting Strategies and Techniques." Google Cloud Architecture Center, 2019. https://cloud.google.com/architecture/rate-limiting-strategies-techniques.

[GraphQL 2021] "GraphQL Specification." GraphQL Foundation, 2021. https://spec.graphql.org/.

[gRPC] gRPC Authors, "gRPC: A High Performance, Open Source Universal RPC Framework." Accessed June 24, 2022. https://grpc.io/.

[gRPC-Gateway 2022] gRPC-Gateway Authors, "gRPC-gateway." Accessed June 24, 2022. https://grpc-ecosystem.github.io/grpc-gateway/.

[GUID 2022] "The Quick Guide to GUIDs." Better Explained, 2022. https://betterexplained.com/articles/the-quick-guide-to-guids/.

[Gysel 2016] M. Gysel, L. Kölbener, W. Giersche, and O. Zimmermann, "Service Cutter: A Systematic Approach to Service Decomposition." In *Proceedings of the European Conference on Service-Oriented and Cloud Computing (ESOCC)*. Springer-Verlag, 2016, 185–200.

[Hanmer 2007] R. Hanmer, *Patterns for Fault Tolerant Software*. Wiley, 2007.

[Hardt 2012] D. Hardt, "The OAuth 2.0 Authorization Framework." RFC 6749; RFC Editor, October 2012. https://doi.org/10.17487/RFC6749.

[Harrison 2003] N. B. Harrison, "Advanced Pattern Writing Patterns for Experienced Pattern Authors." In *Proceedings of the Eighth European Conference on Pattern Languages of Programs (EuroPLoP)*. UVK - Universitaetsverlag Konstanz, 2003, 1–20.

[Hartig 2018] O. Hartig and J. Pérez, "Semantics and Complexity of GraphQL." In *Proceedings of the World Wide Web Conference (WWW)*. International World Wide Web Conferences Steering Committee, 2018, 1155–1164. https://doi.org/10.1145/3178876.3186014.

[Hay 1996] D. C. Hay, *Data Model Patterns: Conventions of Thought*. Dorset House, 1996.

[Heinrich 2018] R. Heinrich et al., "The Palladio-Bench for Modeling and Simulating Software Architectures." In *Proceedings of the 40th International Conference on Software Engineering (ICSE)*. Association for Computing Machinery, 2018, 37–40. https://doi.org/10.1145/3183440.3183474.

[Helland 2005] P. Helland, "Data on the Outside versus Data on the Inside." In *Proceedings of the Second Biennial Conference on Innovative Data Systems Research (CIDR)*. 2005, 144–153. http://cidrdb.org/cidr2005/papers/P12.pdf.

[Hentrich 2011] C. Hentrich and U. Zdun, *Process-Driven SOA: Patterns for Aligning Business and IT*. Auerbach Publications, 2011.

[Higginbotham 2017a] J. Higginbotham, "When and How Do You Version Your API?" Tyk Blog, 2017. https://tyk.io/blog/when-and-how-do-you-version-your-api/.

[Higginbotham 2017b] J. Higginbotham, "A Guide for When (and How) to Version Your API." Tyk Blog, 2017. https://tyk.io/blog/guide-version-api/.

[Higginbotham 2018] J. Higginbotham, "REST was NEVER about CRUD." Tyk Blog, 2018. https://tyk.io/blog/rest-never-crud/.

[Higginbotham 2019] J. Higginbotham, "How to Add Upsert Support to Your API." Tyk Blog, 2019. https://tyk.io/blog/how-to-add-upsert-support-to-your-api/.

[Higginbotham 2020] J. Higginbotham, "Tyk Tips Limit Breaking Changes." Tyk Blog, 2020. https://tyk.io/blog/tyk-tips-limit-breaking-changes/.

[Higginbotham 2021] J. Higginbotham, *Principles of Web API Design: Delivering Value with APIs and Microservices*. Addison-Wesley, 2021.

[Hohpe 2003] G. Hohpe and B. Woolf, *Enterprise Integration Patterns: Designing, Building, and Deploying Messaging Solutions*. Addison-Wesley, 2003.

[Hohpe 2007] G. Hohpe, "Conversation Patterns: Interactions between Loosely Coupled Services." In *Proceedings of the 12th European Conference on Pattern Languages of Programs (EuroPLoP)*. UVK - Universitaetsverlag Konstanz, 2007, 1–45.

[Hohpe 2016] G. Hohpe, I. Ozkaya, U. Zdun, and O. Zimmermann, "The Software Architect's Role in the Digital Age." *IEEE Software* 33, no. 6 (2016): 30–39. https://doi.org/10.1109/MS.2016.137.

[Hohpe 2017] G. Hohpe, "Conversations between Loosely Coupled Systems." Last updated 2017. https://www.enterpriseintegrationpatterns.com/patterns/conversation/.

[Hornig 1984] C. Hornig, "A Standard for the Transmission of IP Datagrams over Ethernet Networks." RFC 894; RFC Editor, April 1984. https://doi.org/10.17487/RFC0894.

[IANA 2020] "Link Relations." Internet Assigned Numbers Authority, 2020. https://www.iana.org/assignments/link-relations/link-relations.xhtml.

[International 2022] HL7 International, "Health Level 7 International." Accessed June 24, 2022. http://www.hl7.org.

[ISO 2005] International Organization for Standardization, *Industrial Automation Systems and Integration—Product Data Representation and Exchange—Part 1179: Application Module: Individual Involvement in Activity*, ISO 10303-1179:2005. ISO, 2005.

[ISO 2020] International Organization for Standardization, *Financial Services—International Bank Account Number (IBAN)—Part 1: Structure of the IBAN*, ISO 13616-1:2020. ISO, 2020.

[Joachim 2013] N. Joachim, D. Beimborn, and T. Weitzel, "The Influence of SOA Governance Mechanisms on IT Flexibility and Service Reuse." *Journal of Strategic Information Systems* 22, no. 1 (2013): 86–101. https://doi.org/https://doi.org/10.1016/j.jsis.2012.10.003.

[Jones 2012] M. Jones and D. Hardt, "The OAuth 2.0 Authorization Framework: Bearer Token Usage." RFC 6750; RFC Editor, Oct. 2012. https://doi.org/10.17487/RFC6750.

[Jones 2015] M. Jones, J. Bradley, and N. Sakimura, "JSON Web Token (JWT)." RFC 7519; RFC Editor, May 2015. https://doi.org/10.17487/RFC7519.

[Josefsson 2006] S. Josefsson, "The Base16, Base32, and Base64 Data Encodings." RFC 4648; RFC Editor, October 2006. https://doi.org/10.17487/RFC4648.

[Josuttis 2007] N. Josuttis, *SOA in Practice: The Art of Distributed System Design*. O'Reilly, 2007.

[JSON API 2022] JSON API, "JSON:API: A Specification for Building APIs in JSON." 2022. https://jsonapi.org/.

[Judkowitz 2018] J. Judkowitz and M. Carter, "SRE Fundamentals: SLIs, SLAs and SLOs." Google Cloud Platform Blog, 2018. https://cloudplatform.googleblog.com/2018/07/sre-fundamentals-slis-slas-and-slos.html?m=1.

[Julisch 2011] K. Julisch, C. Suter, T. Woitalla, and O. Zimmermann, "Compliance by Design–Bridging the Chasm between Auditors and IT Architects." *Computers & Security* 30, no. 6 (2011): 410–426.

[Kapferer 2021] S. Kapferer and O. Zimmermann, "ContextMapper: A Modeling Framework for Strategic Domain-Driven Design." Context Mapper, 2021. https://contextmapper.org/.

[Kelly 2016] M. Kelly, "JSON Hypertext Application Language." Internet Engineering Task Force; Internet Engineering Task Force, Internet-Draft, May 2016. https://datatracker.ietf.org/doc/html/draft-kelly-json-hal-08.

[Kerievsky 2004] J. Kerievsky, *Refactoring to Patterns*. Pearson Higher Education, 2004.

[Kimball 2002] R. Kimball and M. Ross, *The Data Warehouse Toolkit: The Complete Guide to Dimensional Modeling*, 2nd ed. Wiley, 2002.

[Kircher 2004] M. Kircher and P. Jain, *Pattern-Oriented Software Architecture, Volume 3: Patterns for Resource Management*. Wiley, 2004.

[Klabnik 2011] S. Klabnik, "Nobody Understands REST or HTTP." 2011. https://steveklabnik.com/writing/nobody-understands-rest-or-http#representations.

[Knoche 2019] H. Knoche, "Improving Batch Performance When Migrating to Microservices with Chunking and Coroutines." *Softwaretechnik-Trends* 39, no. 4 (2019): 20–22.

[Krafzig 2004] D. Krafzig, K. Banke, and D. Slama, *Enterprise SOA: Service-Oriented Architecture Best Practices (the COAD Series)*. Prentice Hall, 2004.

[Kruchten 2000] P. Kruchten, *The Rational Unified Process: An Introduction,* 2nd ed. Addison-Wesley, 2000.

[Kruchten 2013] P. Kruchten, "Contextualizing Agile Software Development." *Journal of Software: Evolution and Process* 25, no. 4 (2013): 351–361. https://doi.org/10.1002/smr.572.

[Kubernetes 2022] Kubernetes, "The Kubernetes API." Accessed June 24, 2022. https://kubernetes.io/docs/concepts/overview/kubernetes-api/.

[Lanthaler 2021] M. Lanthaler, "Hydra Core Vocabulary—A Vocabulary for Hypermedia-Driven Web APIs." Unofficial draft, July 2021. http://www.hydra-cg.com/spec/latest/core/.

[Lauret 2017] A. Lauret, "API Stylebook: Collections of Resources for API designers." 2017. http://apistylebook.com/.

[Lauret 2019] A. Lauret, *The Design of Web APIs*. Manning, 2019.

[Leach 2005] P. J. Leach, R. Salz, and M. H. Mealling, "A Universally Unique IDentifier (UUID) URN Namespace." RFC 4122; RFC Editor, July 2005. https://doi.org/10.17487/RFC4122.

[Lewis 2014] J. Lewis and M. Fowler, "Microservices: A Definition of This New Architectural Term." martinFowler.com, 2014. https://martinfowler.com/articles/microservices.html.

[Leymann 2000] F. Leymann and D. Roller, *Production Workflow: Concepts and Techniques*. Prentice Hall, 2000.

[Leymann 2002] F. Leymann, D. Roller, and M.-T. Schmidt, "Web Services and Business Process Management." *IBM System Journal* 41, no. 2 (2002): 198–211. https://doi.org/10.1147/sj.412.0198.

[Little 2013] M. Little, "The Costs of Versioning an API." *InfoQ,* 2013. https://www.infoq.com/news/2013/12/api-versioning/.

[Lübke 2015] D. Lübke, "Using Metric Time Lines for Identifying Architecture Shortcomings in Process Execution Architectures." In *Proceedings of the 2nd International Workshop on Software Architecture and Metrics (SAM)*. IEEE Press, 2015, 55–58.

[Lübke 2016] D. Lübke and T. van Lessen, "Modeling Test Cases in BPMN for Behavior-Driven Development." *IEEE Software* 33, no. 5 (2016): 15–21. https://doi.org/10.1109/MS.2016.117.

[Maheedharan 2018] V. Maheedharan, "Beta Testing of Your Product: 6 Practical Steps to Follow." *dzone.com,* 2018. https://dzone.com/articles/beta-testing-of-your-product-6-practical-steps-to.

[Manikas 2013] K. Manikas and K. M. Hansen, "Software Ecosystems—A Systematic Literature Review." *Journal of Systems and Software* 86, no. 5 (2013): 1294–1306. https://doi.org/10.1016/j.jss.2012.12.026.

[Martin 2002] R. C. Martin, *Agile Software Development: Principles, Patterns, and Practices.* Prentice Hall, 2002.

[Meldewesen 2014] eCH-Fachgruppe Meldewesen, "GBDBS XML Schema." Accessed June 24, 2014. https://share.ech.ch/xmlns/eCH-0173/index.html.

[Melnikov 2011] A. Melnikov and I. Fette, "The WebSocket Protocol." RFC 6455; RFC Editor, December 2011. https://doi.org/10.17487/RFC6455.

[Mendonça 2021] N. C. Mendonça, C. Box, C. Manolache, and L. Ryan, "The Monolith Strikes Back: Why Istio Migrated from Microservices to a Monolithic Architecture." *IEEE Software* 38, no. 5 (2021): 17–22. https://doi.org/10.1109/MS.2021.3080335.

[Meyer 1997] B. Meyer, *Object-Oriented Software Construction*, 2nd ed. Prentice Hall, 1997.

[Microformats 2022] Microformats Web site. Accessed June 24, 2022. http://microformats.org.

[Microsoft 2021] Microsoft, "LinkedIn API Breaking Change Policy." *Microsoft Docs,* 2021. https://docs.microsoft.com/en-us/linkedin/shared/breaking-change-policy.

[Moats 1997] R. Moats, "URN Syntax." RFC 2141; RFC Editor, May 1997. https://doi.org/10.17487/RFC2141.

[Möckli 2017] W. Möckli and D. Lübke, "Terravis—the case of process-oriented land register transactions digitization." In *Digital Government Excellence Awards 2017: An Anthology of Case Histories,* edited by D. Remenyi. Academic Conferences and Publishing, 2017.

[Monday 2003] P. B. Monday, *Web Services Patterns: Java Edition*. Apress, 2003.

[Murer 2010] S. Murer, B. Bonati, and F. Furrer, *Managed Evolution—A Strategy for Very Large Information Systems*. Springer, 2010.

[Neri 2020] D. Neri, J. Soldani, O. Zimmermann, and A. Brogi, "Design Principles, Architectural Smells and Refactorings for Microservices: A Multivocal Review." *Software-Intensive Cyber Physical Systems* 35, no. 1 (2020): 3–15. https://doi.org/10.1007/s00450-019-00407-8.

[Neuman 2005] C. Neuman, S. Hartman, K. Raeburn, and T. Yu, "The Kerberos Network Authentication Service (V5)." RFC 4120; RFC Editor, July 2005. https://doi.org/10.17487/RFC4120.

[Newman 2015] S. Newman, "Pattern: Backends for Frontends." Sam Newman & Associates, 2015. https://samnewman.io/patterns/architectural/bff/.

[Nottingham 2007] M. Nottingham, "Feed Paging and Archiving." RFC 5005; RFC Editor, September 2007. https://doi.org/10.17487/RFC5005.

[Nottingham 2017] M. Nottingham, "Web Linking." RFC 8288; RFC Editor, October 2017. https://doi.org/10.17487/RFC8288.

[Nottingham 2022] M. Nottingham, "Home Documents for HTTP APIs." Network Working Group, Internet-Draft, 2022. https://datatracker.ietf.org/doc/html/draft-nottingham-json-home-06.

[Nygard 2011] M. Nygard, "Documenting Architecture Decisions." Cognitect, 2011. https://www.cognitect.com/blog/2011/11/15/documenting-architecture-decisions.

[Nygard 2018a] M. Nygard, *Release It! Design and Deploy Production-Ready Software,* 2nd ed. Pragmatic Bookshelf, 2018.

[Nygard 2018b] M. Nygard, "Services by Lifecycle." Wide Awake Developers, 2018. https://www.michaelnygard.com/blog/2018/01/services-by-lifecycle/.

[Nygard 2018c] M. Nygard, "Evolving Away from Entities." Wide Awake Developers, 2018. https://www.michaelnygard.com/blog/2018/04/evolving-away-from-entities/.

[OASIS 2005] OASIS, *Security Assertion Markup Language (SAML) v2.0.* Organization for the Advancement of Structured Information Standards, 2005.

[OASIS 2021] OASIS, *eXtensible Access Control Markup Language (XACML) version 3.0.* Organization for the Advancement of Structured Information Standards, 2021.

[OpenAPI 2022] OpenAPI Initiative, "OpenAPI Specification." 2022. https://spec.openapis.org/oas/latest.html.

[OpenID 2021] OpenID Initiative, "OpenID Connect Specification." 2021. https://openid.net/connect/.

[OWASP 2021] "OWASP REST Security Cheat Sheet." OWASP Cheat Sheet Series, 2021. https://cheatsheetseries.owasp.org/cheatsheets/REST_Security_Cheat_Sheet.html.

[Pardon 2011] G. Pardon and C. Pautasso, "Towards Distributed Atomic Transactions over RESTful Services." In *REST: From Research to Practice*, edited by E. Wilde and C. Pautasso. Springer, 2011, 507–524.

[Pardon 2018] G. Pardon, C. Pautasso, and O. Zimmermann, "Consistent Disaster Recovery for Microservices: The BAC theorem." *IEEE Cloud Computing* 5, no. 1 (2018): 49–59. https://doi.org/10.1109/MCC.2018.011791714.

[Pautasso 2016] C. Pautasso, A. Ivanchikj, and S. Schreier, "A Pattern Language for RESTful Conversations." In *Proceedings of the 21st European Conference on Pattern Languages of Programs*. Association for Computing Machinery, 2016.

[Pautasso 2017a] C. Pautasso, O. Zimmermann, M. Amundsen, J. Lewis, and N. M. Josuttis, "Microservices in Practice, Part 1: Reality Check and Service Design." *IEEE Software* 34, no. 1 (2017): 91–98. https://doi.org/10.1109/MS.2017.24.

[Pautasso 2017b] C. Pautasso, O. Zimmermann, M. Amundsen, J. Lewis, and N. M. Josuttis, "Microservices in Practice, Part 2: Service Integration and Sustainability." *IEEE Software* 34, no. 2 (2017): 97–104. https://doi.org/10.1109/MS.2017.56.

[Pautasso 2018] C. Pautasso and O. Zimmermann, "The Web as a Software Connector: Integration Resting on Linked Resources." *IEEE Software* 35, no. 1 (2018): 93–98. https://doi.org/10.1109/MS.2017.4541049.

[Preston-Werner 2021] T. Preston-Werner, "Semantic Versioning 2.0.0." 2021. https://semver.org/.

[Reschke 2015] J. Reschke, "The 'Basic' HTTP Authentication Scheme." RFC 7617; RFC Editor, September 2015. https://doi.org/10.17487/RFC7617.

[Richardson 2016] C. Richardson, "Microservice Architecture." Microservices.io, 2016, http://microservices.io.

[Richardson 2018] C. Richardson, *Microservices Patterns*. Manning, 2018.

[Richardson 2019] C. Richardson, "Documenting a Service Using the Microservice Canvas," Chris Richardson Consulting Blog, 2019, https://chrisrichardson.net/post/microservices/general/2019/02/27/microservice-canvas.html.

[Riley 2017] J. Riley, *Understanding Metadata: What Is Metadata, and What Is It For? A Primer.* NISO, 2017. https://www.niso.org/publications/understanding-metadata-2017.

[Rosenberg 2002] M. Rosenberg, *Nonviolent Communication: A Language of Life.* PuddleDancer Press, 2002.

[Rozanski 2005] N. Rozanski and E. Woods, *Software Systems Architecture: Working with Stakeholders Using Viewpoints and Perspectives.* Addison-Wesley, 2005.

[Ruby on Rails 2022] Ruby on Rails Web site. Accessed June 24, 2022. https://rubyonrails.org/.

[Saint-Andre 2011] P. Saint-Andre, S. Loreto, S. Salsano, and G. Wilkins, "Known Issues and Best Practices for the Use of Long Polling and Streaming in Bidirectional HTTP." RFC 6202; RFC Editor, April 2011. https://doi.org/10.17487/RFC6202.

[Schumacher 2006] M. Schumacher, E. Fernandez-Buglioni, D. Hybertson, F. Buschmann, and P. Sommerlad, *Security Patterns: Integrating Security and Systems Engineering.* Wiley, 2006.

[Serbout 2021] S. Serbout, C. Pautasso, U. Zdun, and O. Zimmermann, "From OpenAPI Fragments to API Pattern Primitives and Design Smells." In *Proceedings of the 26th European Conference on Pattern Languages of Programs (EuroPLoP).* Association for Computing Machinery, 1–35, 2021. https://doi.org/10.1145/3489449.3489998.

[Seriy 2016] A. Seriy, *Getting Started with IBM API Connect: Scenarios Guide.* IBM Redbooks, 2016.

[Sermersheim 2006] J. Sermersheim, "Lightweight Directory Access Protocol (LDAP): The Protocol." RFC 4511; RFC Editor, June 2006. https://doi.org/10.17487/RFC4511.

[Simpson 1996] W. A. Simpson, "PPP Challenge Handshake Authentication Protocol (CHAP)." RFC 1994; RFC Editor, August 1996. https://doi.org/10.17487/RFC1994.

[Sinatra 2022] Sinatra Web site. Accessed June 24, 2022. http://sinatrarb.com/.

[Singjai 2021a] A. Singjai, U. Zdun, and O. Zimmermann, "Practitioner Views on the Interrelation of Microservice APIs and Domain-Driven Design: A Grey Literature Study Based on Grounded Theory." In *Proceedings of the 18th International Conference on Software Architecture (ICSA),* IEEE, 2021, 25–35. https://doi.org/10.1109/ICSA51549.2021.00011.

[Singjai 2021b] A. Singjai, U. Zdun, O. Zimmermann, and C. Pautasso, "Patterns on Deriving APIs and Their Endpoints from Domain Models." In *Proceedings of the European Conference on Pattern Languages of Programs (EuroPLoP),* Association for Computing Machinery, 2021, 1–15.

[Singjai 2021c] A. Singjai, U. Zdun, O. Zimmermann, M. Stocker, and C. Pautasso, "Patterns on Designing API Endpoint Operations." In *Proceedings of the 28th Conference on Pattern Languages of Programs (PLoP)*, Hillside Group, 2021. http://eprints.cs.univie.ac.at/7194/.

[Siriwardena 2014] P. Siriwardena, *Advanced API Security: Securing APIs with OAuth 2.0, OpenID Connect, JWS, and JWE*. Apress, 2014.

[Sookocheff 2014] K. Sookocheff, "On Choosing a Hypermedia Type for Your API - HAL, JSON-LD, Collection+JSON, SIREN, Oh My!" March 2014. https://sookocheff.com/post/api/on-choosing-a-hypermedia-format/.

[Stalnaker 1996] R. Stalnaker, "On the Representation of Context." In *Proceeding from Semantics and Linguistic Theory*, vol. 6. Cornell University, 1996, 279–294.

[Stettler 2019] C. Stettler, "Domain Events vs. Event Sourcing: Why Domain Events and Event Sourcing Should Not Be Mixed Up." innoQ Blog, January 15, 2019. https://www.innoq.com/en/blog/domain-events-versus-event-sourcing.

[Stocker 2021a] M. Stocker and O. Zimmermann, "From Code Refactoring to API Refactoring: Agile Service Design and Evolution." in *Proceedings of the 15th Symposium and Summer School on Service-Oriented Computing (SummerSOC)*, Springer, 2021, 174–193.

[Stocker 2021b] M. Stocker and O. Zimmermann, Interface Refactoring Catalog Web site. 2021. https://interface-refactoring.github.io/.

[Stripe 2022] "API Reference." Stripe API, 2022. https://stripe.com/docs/api.

[Sturgeon 2016a] P. Sturgeon, "Understanding RPC vs REST for HTTP APIs." *Smashing Magazine*, 2016. https://www.smashingmagazine.com/2016/09/understanding-rest-and-rpc-for-http-apis/.

[Sturgeon 2016b] P. Sturgeon, *Build APIs You Won't Hate*. LeanPub, 2016. https://leanpub.com/build-apis-you-wont-hate.

[Sturgeon 2017] P. Sturgeon, "You Might Not Need GraphQL." Runscope Blog, 2017. https://blog.runscope.com/posts/you-might-not-need-graphql.

[Swiber 2017] K. Swiber et al., "Siren: A Hypermedia Specification for Representing Entities." kevinswiber / siren, April 2017. https://github.com/kevinswiber/siren.

[Szyperski 2002] C. Szyperski, *Component Software: Beyond Object Oriented Programming*, 2nd ed. Addison Wesley, 2002.

[Tanenbaum 2007] A. S. Tanenbaum and M. Van Steen, *Distributed Systems: Principles and Paradigms*. Prentice Hall, 2007.

[The Economist 2015] "New EU Privacy Rules Could Widen the Policy Gap with America." *The Economist*, 2015. https://www.economist.com/international/2015/10/05/new-eu-privacy-rules-could-widen-the-policy-gap-with-america.

[Thijssen 2017] J. Thijssen, "REST CookBook." restcookbook.com: How to Do Stuff Restful, 2017. https://restcookbook.com/.

[Thoughtworks 2017] "APIs as a Product." Thoughtworks, 2017. https://www.thoughtworks.com/radar/techniques/apis-as-a-product.

[Tödter 2018] K. Tödter, "RESTful Hypermedia APIs." Online slide deck, SpeakerDeck, 2018. https://speakerdeck.com/toedter/restful-hypermedia-apis.

[Torres 2015] F. Torres, "Context Is King: What's Your Software's Operating Range?" *IEEE Software* 32, no. 5 (2015): 9–12. https://doi.org/10.1109/MS.2015.121.

[Twitter 2022] Twitter Ads API Team, "Pagination." Twitter Developer Platform, 2022. https://developer.twitter.com/en/docs/twitter-ads-api/pagination.

[UI Patterns 2021] "Pagination Design Pattern." UI Patterns: User Interface Design Pattern Library, 2021. http://ui-patterns.com/patterns/Pagination.

[Vernon 2013] V. Vernon, *Implementing Domain-Driven Design*. Addison-Wesley, 2013.

[Vernon 2021] V. Vernon and T. Jaskula, *Strategic Monoliths and Microservices: Driving Innovation Using Purposeful Architecture*. Pearson Education, 2021.

[Voelter 2004] M. Voelter, M. Kircher, and U. Zdun, *Remoting Patterns: Foundations of Enterprise, Internet, and Realtime Distributed Object Middleware*. Wiley, 2004.

[Vogels 2009] W. Vogels, "Eventually Consistent." *Communications of the ACM* 52, no. 1 (2009): 40–44. https://doi.org/10.1145/1435417.1435432.

[Vollbrecht 2004] J. Vollbrecht, J. D. Carlson, L. Blunk, B. D. Aboba, and H. Levkowetz, "Extensible Authentication Protocol (EAP)." RFC 3748; RFC Editor, June 2004. https://doi.org/10.17487/RFC3748.

[W3C 1998] W3C, *Level 1 Document Object Model Specification*. World Wide Web Consortium, 1998. https://www.w3.org/TR/REC-DOM-Level-1/.

[W3C 2004] W3C, *Web Services Addressing.* World Wide Web Consortium, 2004. https://www.w3.org/Submission/ws-addressing/.

[W3C 2007] W3C, *XSL Transformations (XSLT), Version 2.0.* World Wide Web Consortium, 2007. https://www.w3.org/TR/xslt20/.

[W3C 2010] W3C, *XML Linking Language (XLink), Version 1.1.* World Wide Web Consortium, 2010. https://www.w3.org/TR/xlink11/.

[W3C 2013] W3C, *SPARQL 1.1 Query Language.* World Wide Web Consortium, 2013. https://www.w3.org/TR/sparql11-query/.

[W3C 2017] W3C, *XQuery 3.1: An XML Query Language.* World Wide Web Consortium, 2017. https://www.w3.org/TR/xquery-31/.

[W3C 2019] W3C, *JSON-LD 1.1: A JSON-Based Serialization for Linked Data.* World Wide Web Consortium, 2019.

[Webber 2010] J. Webber, S. Parastatidis, and I. Robinson, *REST in Practice: Hypermedia and Systems Architecture.* O'Reilly, 2010.

[White 2006] A. White, D. Newman, D. Logan, and J. Radcliffe, "Mastering Master Data Management." Gartner Group, 2006.

[Wikipedia 2022a] Wikipedia, s.v. "Wicked Problem." Last edited August 24, 2022. https://en.wikipedia.org/wiki/Wicked_problem.

[Wikipedia 2022b] Wikipedia, s.v. "Reference Data." Last edited December 23, 2021. http://en.wikipedia.org/w/index.php?title=Reference%20data&oldid=1000397384.

[Wikipedia 2022c] Wikipedia, s.v. "Metadata." Last edited December 23, 2021. http://en.wikipedia.org/w/index.php?title=Metadata&oldid=1061649487.

[Wikipedia 2022d] Wikipedia, s.v. "Metadata Standard." Last edited December 6, 2021. http://en.wikipedia.org/w/index.php?title=Metadata%20standard&oldid=1059017272.

[Wikipedia 2022e] Wikipedia, s.v. "Uniform Resource Name." Last edited November 27, 2021. http://en.wikipedia.org/w/index.php?title=Uniform%20Resource%20Name&oldid=1057401001.

[Wikipedia 2022f] Wikipedia, s.v. "Jakarta XML Binding." Last edited November 13, 2021. http://en.wikipedia.org/w/index.php?title=Jakarta%20XML%20Binding&oldid=1055101833.

[Wikipedia 2022g] Wikipedia, s.v. "Compensating Transaction." Last edited July 5, 2021. https://en.wikipedia.org/wiki/Compensating_transaction.

[Wikipedia 2022h] Wikipedia, s.v. "Open Data." Last edited January 4, 2022. https://en.wikipedia.org/wiki/Open_data.

[Wilde 2013] E. Wilde, "The 'profile' Link Relation Type." RFC 6906; RFC Editor, March 2013. https://doi.org/10.17487/RFC6906.

[Wirfs-Brock 2002] R. Wirfs-Brock and A. McKean, *Object Design: Roles, Responsibilities, and Collaborations*. Pearson Education, 2002.

[Wirfs-Brock 2011] "Agile Architecture Myths #2 Architecture Decisions Should Be Made at the Last Responsible Moment" (posted by Rebecca). wirfs-brock.com, January 18, 2011. http://wirfs-brock.com/blog/2011/01/18/agile-architecture-myths-2-architecture-decisions-should-be-made-at-the-last-responsible-moment/.

[Wirfs-Brock 2019] R. Wirfs-Brock, "Cultivating Your Design Heuristics." Online slide deck, wirfs-brock.com, 2019. https://de.slideshare.net/rwirfs-brock/cultivating-your-design-heuristics.

[Yalon 2019] E. Yalon and I. Shkedy, "OWASP API Security Project." OWASP Foundation, 2019. https://owasp.org/www-project-api-security/.

[Zalando 2021] Zalando, "*RESTful API and Event Guidelines.*" Zalando SE Opensource, 2021. https://opensource.zalando.com/restful-api-guidelines.

[Zdun 2013] U. Zdun, R. Capilla, H. Tran, and O. Zimmermann, "Sustainable Architectural Design Decisions." *IEEE Software* 30, no. 6 (2013): 46–53. https://doi.org/10.1109/MS.2013.97.

[Zdun 2018] U. Zdun, M. Stocker, O. Zimmermann, C. Pautasso, and D. Lübke, "Guiding Architectural Decision Making on Quality Aspects in Microservice APIs." In *Service-Oriented Computing: 16th International Conference, ICSOC 2018, Hangzhou, China, November 12–15, 2018, Proceedings*. Springer, 2018, 73–89. https://doi.org/10.1007/978-3-030-03596-9_5.

[Zdun 2020] U. Zdun, E. Wittern, and P. Leitner, "Emerging Trends, Challenges, and Experiences in DevOps and Microservice APIs." *IEEE Software* 37, no. 1 (2020): 87–91. https://doi.org/10.1109/MS.2019.2947982.

[Zeng 2015] M. L. Zeng, Metadata Basics Web site. 2015. https://www.metadataetc.org/metadatabasics/types.htm.

[Zimmermann 2003] O. Zimmermann, M. Tomlinson, and S. Peuser, *Perspectives on Web Services: Applying SOAP, WSDL and UDDI to Real-World Projects*. Springer, 2003.

[Zimmermann 2004] O. Zimmermann, P. Krogdahl, and C. Gee, "Elements of Service-Oriented Analysis and Design." Developer Works, IBM Corporation. 2004.

[Zimmermann 2007] O. Zimmermann, J. Grundler, S. Tai, and F. Leymann, "Architectural Decisions and Patterns for Transactional Workflows in SOA." In *Proceedings of the Fifth International Conference on Service-Oriented Computing (ICSOC)*. Springer-Verlag, 2007, 81–93. https://doi.org/10.1007/978-3-540-74974-5.

[Zimmermann 2009] O. Zimmermann, "An Architectural Decision Modeling Framework for Service-Oriented Architecture Design." PhD thesis, University of Stuttgart, Germany, 2009. http://elib.uni-stuttgart.de/opus/volltexte/2010/5228/.

[Zimmermann 2015] O. Zimmermann, "Architectural Refactoring: A Task-Centric View on Software Evolution." *IEEE Software* 32, no. 2 (2015): 26–29. https://doi.org/10.1109/MS.2015.37.

[Zimmermann 2017] O. Zimmermann, "Microservices Tenets." *Computer Science–Research and Development* 32, no. 3–4 (2017): 301–310. https://doi.org/10.1007/s00450-016-0337-0.

[Zimmermann 2021a] O. Zimmermann and M. Stocker, "What Is a Cloud-Native Application Anyway (Part 2)?" Olaf Zimmermann (ZIO), 2021. https://medium.com/olzzio/what-is-a-cloud-native-application-anyway-part-2-f0e88c3caacb.

[Zimmermann 2021b] O. Zimmermann and M. Stocker, *Design Practice Reference: Guides and Templates to Craft Quality Software in Style*. LeanPub, 2021. https://leanpub.com/dpr.

[Zimmermann 2021c] O. Zimmermann, "Architectural Decisions—The Making Of." Olaf Zimmermann (ZIO), 2021. https://ozimmer.ch/practices/2020/04/27/ArchitectureDecisionMaking.html.

[Zimmermann 2022] O. Zimmermann, "Microservice Domain Specific Language (MDSL) Language Specification." Microservice-API-Patterns, 2022. https://microservice-api-patterns.github.io/MDSL-Specification/.

索引

※ 提醒您：由於翻譯書排版的關係，部分索引名詞的對應頁碼會和實際頁碼有一頁之差。

A

B

C

D

E

F

G

H

I

J – K

L

M – N

O

P

S

T

U

V

W

X – Y – Z

API 設計模式｜簡化整合的訊息交換技術

作　　者：Olaf Zimmermann 等
譯　　者：洪國超
企劃編輯：詹祐甯
文字編輯：江雅鈴
設計裝幀：張寶莉
發 行 人：廖文良

發 行 所：碁峰資訊股份有限公司
地　　址：台北市南港區三重路 66 號 7 樓之 6
電　　話：(02)2788-2408
傳　　真：(02)8192-4433
網　　站：www.gotop.com.tw
書　　號：ACL068000
版　　次：2024 年 08 月初版
建議售價：NT$850

國家圖書館出版品預行編目資料

API 設計模式：簡化整合的訊息交換技術 / Olaf Zimmermann 等原著；洪國超譯. -- 初版. -- 臺北市：碁峰資訊, 2024.08
面；　公分
譯自: Patterns for API design
ISBN 978-626-324-853-3(平裝)
1.CST：系統程式　2.CST：電腦程式設計
312.5　　113009517